国际焊接学会(IIW) 2021研究进展

李晓延 主 编

邹贵生 副主编

清华大学出版社
北京

内 容 简 介

本书对国际焊接学会（IIW）2021年年会交流的学术文献进行了介绍与评述，包括国际焊接学术领域在增材制造、热切割和热喷涂，电弧焊与填充金属，压焊，高能束流加工，焊接结构的无损检测与质量保证，微纳连接，焊接健康、安全和环境，金属焊接性，焊接接头性能与断裂预防，压力容器、锅炉和管道，弧焊工艺与生产系统，焊接构件和结构的疲劳，焊接教育与培训，焊接结构设计、分析和制造，聚合物连接与胶接技术，钎焊与扩散焊技术，焊接物理，焊接培训与认证等方面的研究进展，同时，还介绍了国际焊接学会2021年年会的整体进程与综合活动。

本书可供从事焊接及相关领域学科研究、工程应用、认证与培训、学会建设等方面工作的技术人员和管理者参考，还可供焊接及相关学科的高年级研究生参考。

图书在版编目（CIP）数据

国际焊接学会（IIW）2021研究进展 / 李晓延主编. —北京：清华大学出版社，2022.4
ISBN 978-7-302-60355-9

Ⅰ.①国… Ⅱ.①李… Ⅲ.①焊接工艺 Ⅳ.① TG44

中国版本图书馆 CIP 数据核字（2022）第 042233 号

责任编辑：戚　亚
封面设计：张砚铭
责任校对：赵丽敏
责任印制：丛怀宇

出版发行：清华大学出版社
　　　　网　　　址：http://www.tup.com.cn，http://www.wqbook.com
　　　　地　　　址：北京清华大学学研大厦A座　　　　　邮　　编：100084
　　　　社 总 机：010-83470000　　　　　　　　　　　邮　　购：010-62786544
　　　　投稿与读者服务：010-62776969，c-service@tup.tsinghua.edu.cn
　　　　质量反馈：010-62772015，zhiliang@tup.tsinghua.edu.cn
印 装 者：三河市东方印刷有限公司
经　　销：全国新华书店
开　　本：210mm×297mm　　　　印　　张：21　　　　字　　数：508千字
版　　次：2022年6月第1版　　　　　　　　　　　　　印　　次：2022年6月第1次印刷
定　　价：198.00元

产品编号：094817-01

编审委员会

序

随着科学技术的飞速发展，人类社会对低碳环保、节能、高效的要求也越来越高，从新材料的研发到各类产品或构件的成形制造都推动了焊接技术向自动化、信息化、智能化和低碳减排方向发展。近年来，我国也和世界各个工业强国一样，在焊接与连接应用基础研究、关键焊接技术攻关方面取得了很大进展，部分研究方向已经在国际上处于并跑地位，一批具有自主知识产权的焊接及连接新技术在我国各个工业领域的制造中发挥了很大作用，为国民经济建设和国防建设做出了巨大贡献。

积极开展国际交流是促进基础理论研究、提升我国焊接技术不断提高的一个有效途径，也是焊接创新不可缺少的过程。国际焊接学会每年组织的学术年会是世界焊接领域的学术盛会，来自全球的焊接专家学者齐聚一堂，共同研讨焊接领域的学术前沿问题，推动焊接领域的技术发展与革新，代表着国际焊接领域的最高水平。注重国际交流并加强国际合作，是老一代焊接学者一直倡导、几代焊接人一直付诸实践的优良传统，多年来一直受到中国机械工程学会焊接分会和焊接工作者的高度重视。

受新冠肺炎疫情的影响，2021 年的国际焊接年会仍然在网上召开，无法面对面交流给收集资料和出版焊接研究进展带来很大困难，在学会李晓延副理事长的领导下，几十位焊接学者克服了重重困难，经过精心努力和多次讨论修改，完成了《国际焊接学会（IIW）2021 研究进展》的编写工作。

本书详细介绍了 2021 年度国际焊接领域的研究热点与前沿技术，相信该书将对提升我国焊接技术人员的知识水平、推动我国焊接事业的创新发展和促进国际焊接技术交流起到很好的作用。

中国机械工程学会焊接分会理事长

2021 年 12 月

前　　言

全球范围内的新冠肺炎疫情，使国际焊接学会（International Institute of Welding，IIW）2021 年度的学术年会再次以虚拟会议的形式在线举办。

来自 IIW 44 个成员国的 700 多位专家学者在 2021 年 7 月 7—21 日的 48 个单元的专委会会议上交流了 210 篇学术论文。围绕国际焊接研究和应用、焊接培训和资格认证、焊接标准的制定和推广等方面的最新进展进行了深入的研讨，旨在凝聚最佳焊接实践经验，探寻焊接整体解决方案。

IIW 年会期间相关的国际会议以往均由年会承办国主办。在 IIW 2021 年会期间，IIW 技术委员会主办了主题为 "Artificial Intelligence to Innovate Welding and Joining" 的国际会议。由 IIW 技术委员会组织并主持国际会议在 IIW 的历史上还是第一次。

有 65 位中国学者参加了 IIW 2021 年会及其国际会议。

在中国机械工程学会的支持下，焊接分会自 2017 年起持续开展 IIW 研究进展的专项工作，组织业内专家学者对 IIW 年会所报道的学术研究与应用的最新进展进行全面的跟踪、报道与评述。《国际焊接学会（IIW）2019 研究进展》《国际焊接学会（IIW）2020 研究进展》已由机械工业出版社出版。

为了编好《国际焊接学会（IIW）2021 研究进展》，中国机械工程学会焊接分会向国际焊接学会各专业委员会选派了 2021 年度的成员国代表和专家，并于 2021 年 6 月 30 日在上海召开了"《国际焊接学会（IIW）2021 研究进展》编写启动会"。会议成立了编审委员会，制订了编写计划，落实了编写任务。

《国际焊接学会（IIW）2021 研究进展》的主要内容及编审分工为：增材制造、热切割和热喷涂（IIW C-Ⅰ）研究进展由叶福兴教授编写，李慕勤教授审阅；电弧焊与填充金属（IIW C-Ⅱ）研究进展由陆善平研究员编写，邸新杰教授审阅；压焊（IIW C-Ⅲ）研究进展由李文亚教授等人编写，陈怀宁研究员审阅；高能束流加工（IIW C-Ⅳ）研究进展由陈俐研究员等人编写，李铸国教授审阅；焊接结构的无损检测与质量保证（IIW C-Ⅴ）研究进展由马德志教授级高级工程师等人编写，韩赞东副教授审阅；微纳连接（IIW C-Ⅶ）研究进展由刘磊副教授编写，田艳红教授审阅；焊接健康、安全和环境（IIW C-Ⅷ）研究进展由石玗教授等人编写，李永兵教授审阅；金属焊接性（IIW C-Ⅸ）研究进展由常保华副教授编写，吴爱萍教授审阅；焊接接头性能与断裂预防（IIW C-Ⅹ）研究进展由徐连勇教授编写，陈怀宁研究员审阅；压力容器、锅炉和管道（IIW C-Ⅺ）研究进展由吴素君教授等人编写，徐连勇教授审阅；弧焊工艺与生产系统（IIW C-Ⅻ）研究进展由华学明教授等人编写，朱锦洪教授审阅；焊接构件和结构的疲劳（IIW C-ⅩⅢ）研究进展由邓德安教授等人编写，张彦华教授审阅；焊接教育与培训（IIW C-ⅩⅣ）研究进展由闫久春教授等人编写，胡绳荪教授审阅；焊接结构设计、分析和制造（IIW C-ⅩⅤ）研究进展由张敏教授等人编写，张建勋教授审阅；聚合物连接与胶接技术（IIW C-ⅩⅥ）研究进展由许志武教授等人编写，李永兵教授审阅；钎焊与扩散焊技术（IIW C-ⅩⅦ）研究进展由曹健教授编写，黄继华教授审阅；焊接物理（IIW SG-212）研究进展由樊丁教授等人编写，武传松教授审阅；焊接培训与认证（IIW IAB）研究进展由解应龙教授等人编写，金世珍研究员审阅；国际焊接学会（IIW）第74届年会综述由黄彩艳副秘书长等人编写，金世珍研究员审阅。

全书的统稿、协调沟通等工作主要由邹贵生教授和黄彩艳副秘书长完成。

编委会各位专家在较短的时间内投入了大量的精力，克服了新冠肺炎疫情带来的困难，高质量地完成了 IIW 2021 研究进展的编写和评审工作。在此对他们的辛勤工作表示衷心的感谢！

由于网上会议及资料收集的限制，本书的编写中难免有疏漏甚至差错，真诚希望广大读者批评指正，以为后续编写提供指导。

《国际焊接学会（IIW）2021 研究进展》由清华大学出版社出版发行。在此对清华大学出版社的辛勤工作表示衷心的感谢。

衷心希望《国际焊接学会（IIW）2021 研究进展》的出版能为我国焊接事业的发展贡献微薄之力。

中国机械工程学会焊接分会副理事长（2018—2022）
国际焊接学会执委会（IIW-BOD）委员（2018—2021）
国际焊接学会技术委员会（IIW-TMB）副主席（2021— ）
北京工业大学教授（1998— ）
2021 年 12 月

目　　录

增材制造、热切割和热喷涂（IIW C-Ⅰ）研究进展

叶福兴

（天津大学材料科学与工程学院　天津　300072）

摘　要： 在第 74 届线上国际焊接学会年会（2021）期间，C-Ⅰ 专委会（Additive Manufacturing, Thermal Cutting and Thermal Spray）中来自德国、奥地利、比利时、芬兰、西班牙和中国等地的学者的报告均为增材制造领域。本文基于各国学者的报告内容进行了整理和分析，其中激光增材制造的报告主要是激光粉末床熔融增材制造和轻金属方面的研究，电弧增材制造的报告侧重于工艺参数优化以及数值模型完善、增材制造设备开发、工业应用，另外报告还涉及在工业 4.0 时代对增材制造技术的展望。值得注意的是，增材制造方法与技术虽然有了长足的发展，但仍然存在一系列技术难题和科学挑战需要更深入的探索、研究。

关键词： 增材制造；光纤传感器；工业 4.0

0　序言

增材制造（additive manufacturing，AM）是一种通过在基底或基板上，或不在基底或基板上逐层沉积材料来制造零部件的方法。与传统的机械加工工艺（减量制造）相比，AM 基于完全相反的原则，是进行材料的增量制造，材料的种类涉及低熔点聚合物材料到高熔点金属和陶瓷材料。同时，材料的形式包括液体、粉末、丝材等。增材制造可提高材料利用率、降低加工成本、缩短加工时间和改善零部件的各种性能等，因此增材制造技术引起了全世界研究人员的极大关注。在某些情况下，增材制造方法在生成复杂几何图形时非常精确，因此不需要进行精加工，在生产制造航空航天领域和汽车行业中的质量轻、强度高的部件时具有突出优势。工业领域的增材制造集计算机软件、材料、机械、控制、网络信息等多学科知识于一体化，是具有巨大优势的系统化、综合化的现代高科技制造模式。借助 AM 技术，制造公司能够消除限制和障碍，使设计文件可以在一个中心位置进行数字处理，然后将三维模型传真到全球网络上的任何 AM 操作站，从而创建全球数字工厂。该流程的优势之一是消除了与全球运输零件相关的时间和成本，无论何时何地需要，零件均可以在附近的数字工厂制造。此外，AM 技术允许实时查看零件的生产和接收情况，从而增加了产品制造企业的灵活性，降低了成本，因此在推动制造业变革、加快进入工业 4.0 时代的过程中具有不可忽视的重要作用。

本文对 2021 年第 74 届 IIW C-Ⅰ 专委会线上交流会的报告及部分素材进行了整理分析，对增材制造的发展进行了评述。

1　电弧增材制造

1.1　电弧增材制造高强钢的性能

Muller 等人[1]采用福尼斯 TPS500i 设备（CMT 模式）配合库卡 6 轴机器人进行了高强钢丝材（牌号：AM80，直径：1.2mm）的电弧增材制造，通过改变线能量、层间温度、熔覆速度、送丝速度等工艺参数（表 1）获得了金属单边墙，然后采用线切割技术加工拉伸试验、夏比冲击试验和界面组织分析的不同试样，其取样位置和试样尺寸如图 1 所示。

表 1 电弧增材制造实验参数

试　样	送丝速度 / （m/min）	熔覆速度 / （cm/min）	层间温度 /℃	能量密度 / （kJ/cm）
W/C-2.7-200	2	25	200	2.7
W/C-4.6-400	6	45	400	4.6
W/C-2.7-200	2	25	200	2.7
W/C-4.6-400	6	45	400	4.6

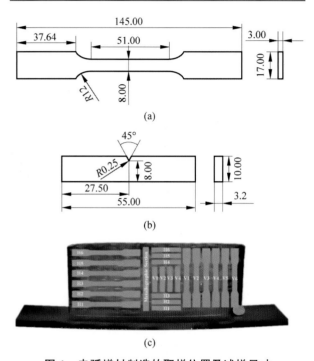

图 1 电弧增材制造的取样位置及试样尺寸

（a）拉伸试验试样形状及尺寸；（b）夏比冲击试验试样形状及尺寸；（c）试样取样位置

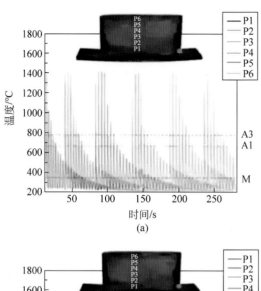

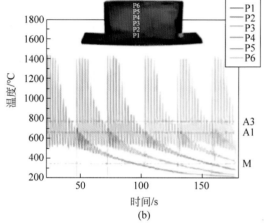

图 2 试样的实时温度

（a）W/C-2.7-200实时温度；（b）W/C-4.6-400实时温度

通过对比不同工艺参数下的试样可以得出：随着层数的增加，$t_{8/5}$增加并趋于稳定；在给定的参数下，$t_{8/5}$最短为17s，最长为40s；主动冷却可以有效减少大线能量和高层间温度下试样的$t_{8/5}$。同时，在不同增材制造参数下，对试样的温度进行实时采集，其结果如图2所示。可以看出在电弧增材制造过程中由于采用逐层叠加的方式进行生产，前期沉积的金属会被频繁地重复加热，与顶层金属相比，越靠近基板的金属经历的焊接热循环次数越多，导致增材制造试样在增材方向上性能发生差异；而且在高参数时，相变点以上的停留时间更长。

图3是不同冷却条件下材料的力学性能变化。根据图3可知，线能量的提高显著降低了试

样的屈服强度，而采用较高的层间温度对试样屈服强度的影响与高线能量类似，同时还会造成延伸率的大幅下降，但也会使试样具有较高的拉伸强度。研究还发现，通过主动冷却可以有效改善高线能量所造成的屈服强度下降问题，并且还可以提升试样的拉伸强度。但由层间温度较高而造成的屈服强度下降却很难通过主动冷却进行补偿抵消。此外，由于不同高度沉积层经历的热循环具有较大差异，试样性能在增材方向上表现出不均匀性。具体为屈服强度和抗拉强度取决于沉积金属到基板的距离，屈服强度和抗拉强度沿着堆积方向降低，且强度变化在高层间温度下更明显。

对于试样韧性的研究则采用在−40℃的温度下进行V形缺口夏比冲击试验，结果如图4所示。从图中可以看出在自然冷却条件下，较低层间温度和较低的能量输入会增加冲击能量。在主动冷

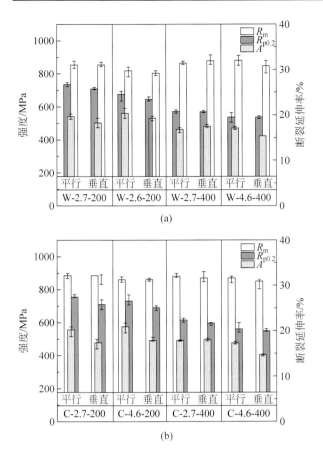

图3 试样的抗拉强度（R_m）、屈服强度（$R_{p0.2}$）和
延伸率（A）
（a）自然冷却条件；（b）主动冷却条件

却条件下，马氏体含量的减少可以提高高层间温度下的冲击韧性，但降低了低层间温度和高线能量下的冲击韧性。这是由热量可以更快地散失从而加速冷却，形成更多的下贝氏体所致。

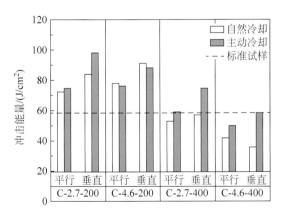

图4 不同试样的夏比冲击能量

1.2 电弧增材制造路径对铝合金的影响

Kohler 等人[2]为了探究路径规划对电弧增材制造的影响，采用 Al-4046（AlSi10Mg）丝

材按照之字形、螺旋形和 S 形三种典型制造路径进行了实验，具体路径规划如图 5 所示。

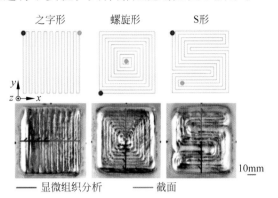

图5 电弧增材路径规划及取样位置

对试样表面进行机械打磨和抛光等处理后，采用相关图像处理软件对增材过程中产生的气孔大小和分布进行了分析研究，结果如图 6 所示。采用三种不同的路径都会产生大量细小且分散的气孔，但相较于采用之字形路径，螺旋形和 S 形的气孔总体积稍有减少，同时 S 形路径的气孔尺寸分布更加均匀。此外，对于气孔尺寸的分布研究还发现，较大的气孔主要出现在起弧、熄弧和峰值温度的位置。

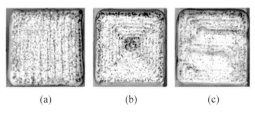

图6 不同路径规划下试样的气孔分布
（a）之字形；（b）螺旋形；（c）S 形

对不同路径规划下试样的截面进行 EBSD 分析可以清晰直观地看到不同增材路径下晶粒的分布方向和形状（图 7），发现三种试样的显微结构较为相似。但通过对 IPF 图晶粒尺寸的统计发现螺旋形路径的增材晶粒尺寸最大，之字形和 S 形的平均晶粒尺寸大致相当。

不同路径增材试样的残余应力分布测量位置见图 8，具体残余应力分布见图 9。三种试样的残余应力分布整体上大小接近，但在起弧和熄弧的位置出现较大的差异，数值模拟表明熄弧位置的残余应力最高。

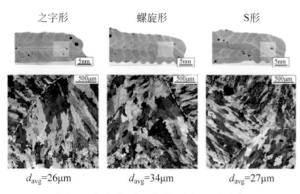

之字形　　　螺旋形　　　S形

$d_{avg}=26\mu m$　　　$d_{avg}=34\mu m$　　　$d_{avg}=27\mu m$

图7　在之字形、螺旋形和S形路径规划下试样的IPF图

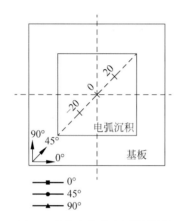

图8　残余应力分布测量位置

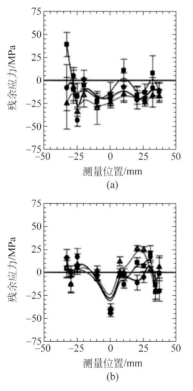

(a)

(b)

图9　在不同路径规划下试样的残余应力分布

（a）之字形；（b）螺旋形；（c）S形

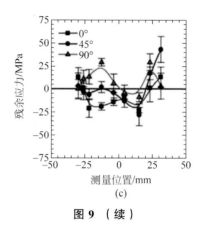

(c)

图9　（续）

1.3　黏塑性蠕变模型在电弧增材制造热机械模拟中的应用

在增材制造过程中，由于高能量的持续输入与积累，电弧增材制造结构件将产生残余应力和变形，这会对工艺的稳定性产生影响。为了提高工艺稳定性、减少不必要的工艺成本，在增材制造过程中采用热机械模拟评估结构件的残余应力状态、温度场和变形等成为不可或缺的手段。考虑在电弧增材过程中沉积层会发生蠕变等黏塑性效应，以及常用的Ti-6Al-4V在应力、时间和温度的影响下的独特的蠕变行为，Springer等人[3]创造性地引入了Norton Bailey蠕变模型，其具体推导过程如图10所示。将该模型应用于电弧丝材增材制造三层过程的建模和模拟，同时采用应变片和热电偶对应变和实时温度进行了测量，具体实验过程和抽象简化的三维模型如图11所示。残余应力的测量则采取如图12所示的X射线法。

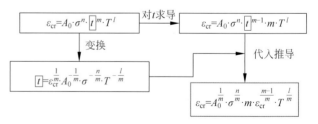

图10　黏塑性蠕变模型公式推导

为了对比，还进行了不引入蠕变模型的模拟，其中温度场的模拟结果和实验测量结果如图13所示。从图中可以看出，引入与不引入蠕变模型时的模拟温度相近，仅仅在220s附近有些不同。二者温度模拟结果与实验测量结果的

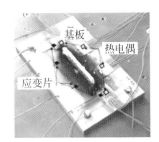 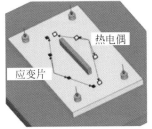

图 11　电弧增材应变、温度测量和建模

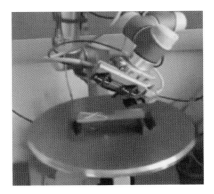

图 12　电弧增材残余应力测量

温度曲线同样比较接近，误差仅为 6% 左右。基板 Z 方向变形模拟结果如图 14 所示。在不考虑蠕变的情况下，模拟结果明显高于实测结果，通过计算可得误差约为 12.2%，而在考虑蠕变的情况下模拟误差仅为 2.7%，误差降低 34%。因此，引入蠕变模型对变形模拟具有重要的意义。

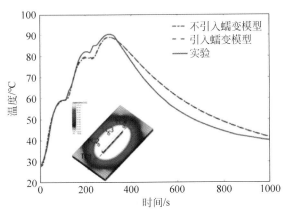

图 13　实验与模拟的温度曲线

图 15（a）为拆开夹具固定后，残余应力在 X 方向上的分布模拟结果和实际测量的比较；图 15（b）为在增材制造过程中，SG2 位置的残余应力在 Y 方向上的分布模拟结果和实时测量的比较。显然蠕变模型的引入使模拟结果更贴近实验测量结果。通过以上模拟和实验结果

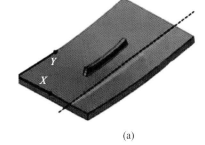

(a)

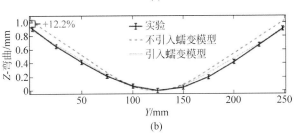

(b)

图 14　实验与模拟的扭曲变形分布

（a）变形测量方向；（b）实验与模拟的扭曲变形分布

的比较认为：引入蠕变模型，温度曲线的模拟误差很小，而变形模拟误差可以减少大约 34%，局部残余应力模拟误差可以降低约 60%。因此，在 WAAM 过程的模拟中引入蠕变模型对提高模拟精度至关重要。

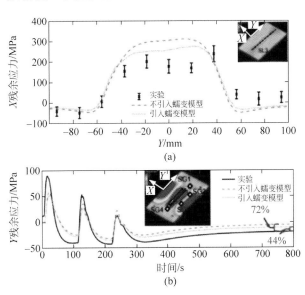

图 15　实验与模拟的残余应力曲线

（a）X 方向；（b）Y 方向

1.4　将光纤传感器集成到通过丝材电弧增材制造的铝制部件中

无论是优化工艺参数还是完善数值模拟模型都是为了使电弧增材过程能够更加深入地为人理解，更好地应用于实际生产。因此也有许

多学者进行电弧增材设备的开发并将其直接应用于实际生产制造。

Iturrioz等人[4]通过大气等离子沉积方法将光纤传感器覆盖固定于金属表面（图16）；或者采用结构件开槽放置光纤传感器并在表面进行金属沉积的方式将光纤传感器置于结构件内部（图17）。其中，光纤由二氧化硅芯和包层组成，针对传统聚合物包层不耐高温（150~300℃）的特点，采用了金属包层（熔化温度大于1100℃），因此可以承受极高的温度，而且分布式光纤传感器允许在同一光纤内同时传输数百或数千个测量点数据，克服了传统点式传感器或准分布式传感器需要进行预处理的缺点，使用安装更加方便快捷。同时，由于光纤传感器的光纤直径很小，可以整合在电弧增材结构件内部，且对结构的完整性的影响可以忽略不计，从而给予了结构形状设计极大的自由。因此，通过光纤传感器进行测试点的信息采集和处理，可以实现应变、温度、振动等的实时和多点空间测量。

图16 在平板表面上的光纤在张紧状态下采用大气等离子沉积方法固定

图17 将光纤放置于机加工沟槽中固定

图18为电弧增材制造结构件光纤传感器的导出信号波形。根据光纤信号随外部因素（应变、温度等）而变化的原则，通过测量由温度作用引起的光谱偏移量可以得到结构件中不均匀分布的温度云图（图19）。

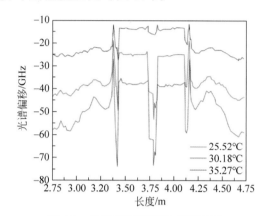

图18 由温度引起的光谱偏移量

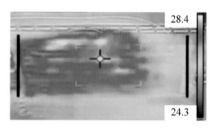

图19 结构件中温度分布云图

Iturrioz等人的研究结果表明，在铝电弧增材结构件中嵌入表面为镍和铜包层的光纤进行信号实时采集传输是可行的。但目前依然要采用大气等离子沉积或者将光纤置于加工好的内部沟槽等方式避免光纤传感器与高温电弧直接接触，而且光纤传感器的信号采集的准确性也会受到电弧增材工艺参数、用于放置光纤的沟槽的尺寸、光纤表面金属包层厚度和光纤嵌入位置的影响。这些是研究分析的重点，同时对于光纤自动送入系统的开发也尤为重要。

2 激光粉末床熔融增材制造

2.1 层间时间和增材高度对激光粉末床熔融增材制造316L不锈钢结构件性能的影响

激光粉末床熔融（laser powder bed fusion，L-PBF）近年来在制造复杂的三维网状零件方面引起了广泛的关注。L-PBF 使用聚焦激光作为能量源来烧结 / 熔化粉末层，以产生固体零件。学者们在过去几年中对不同材料（铁和有色金属等）进行了许多研究，了解了使用 L-PBF 技术制造具有优异性能的无缺陷零件所需的各种粉末和加工条件。但大多数研究确定的是激光功率、扫描速率、扫描线间距和层厚等工艺条件对在 L-PBF 过程中粉末的致密化有显著影响，进而分析这些工艺参数对结构件强度等性能的影响并获得优化工艺参数；没有充分考虑在实际生产制造中具有复杂几何形状的结构件会导致二维截面变化，忽略了真实结构件复杂的热过程。因此，Mohr 等人[5] 为了完善工艺提出了层间时间和沉积面积比的概念。其中，层间时间（inter layer time，ILT）为激光作用时间与粉末重涂时间之和，这与传统焊接中的概念不同；沉积面积比（ratio of area exploitation，RAE）为零件二维截面面积与粉末床总面积之比。采用了如表 2 所示的参数进行了如图 20 所示的结构件的增材制造。

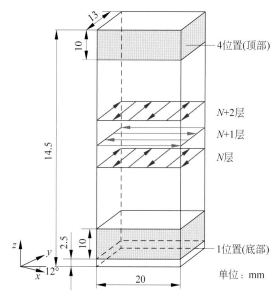

图 20　增材制造结构件示意图

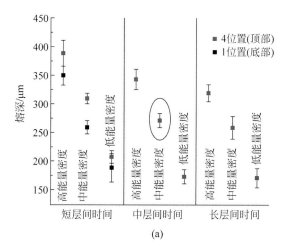

(a)

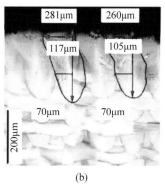

(b)

图 21　不同能量密度以及层间时间下结构件底部和顶部的熔深以及顶部显微组织

（a）在不同能量密度以及层间时间下结构件底部和顶部的熔深；
（b）在中层间时间和中能量密度下的结构件顶部显微组织

表 2　实验输入参数

固定参数	变化参数	
	层间时间 /s	能量密度 /（J/mm³）
激光功率：275W 线间距：12μm 层厚：50μm 基板预热：100℃ 保护气：Ar，O₂<0.1%	短：18	低：49.12
	中：65	中：65.48
	长：116	高：81.85

图 21 为三种不同层间时间下的熔深统计。可以看出在层间时间较短的情况下，不同能量输入 1 位置（底部）的熔深整体低于 4 位置（顶部）。而 4 位置的熔深随层间时间的增加而降低。这表明熔池深度主要受层间时间和单位体积能量密度（volume energy density，VED）的影响。

同时还通过电子背散射衍射（electron backscattering diffraction，EBSD）揭示了在单位体积能量密度和层间时间下，大角度晶界晶粒尺寸的变化，结果如图 22 所示。从图中可以看出，在相同层间温度下，大角度晶界晶粒尺寸随着单位体积能量密度的降低而减小，但在不同的单位体积能量密度下，顶部大角度晶界晶粒尺寸依然大于底部。而层间时间的变化对底部大角度晶界的长度基本没有影响，但在短层间时间的情况下，顶部大角度晶界晶粒尺寸远大于中等层间时间以及长层间时间。因此，尺寸大的大角度晶界晶粒易在高单位体积能量密度、短层间时间的条件下得到。

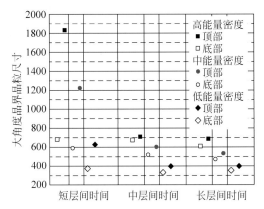

图22 不同能量密度以及层间时间下结构件底部和顶部大角度晶界晶粒尺寸

图23为在不同层间时间和单位体积能量密度下的硬度变化统计。从图中可以看到，1位置（底部）的硬度在不同层间时间和单位体积能量密度下基本没有变化。而4位置（顶部）的硬度则随着层间时间的增加而逐渐提高并趋于稳定。同时，在短层间时间下，4位置（顶部）的硬度在不同单位体积能量密度下表现出较大的差异，并随着单位体积能量密度的降低而提升，但这种差异随着层间时间的延长逐渐消失，最终趋于一致。图24说明了热积累影响缺陷密度

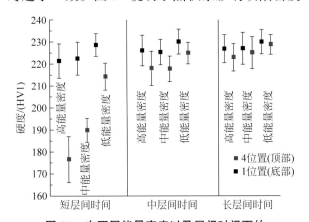

图23 在不同能量密度以及层间时间下的结构件底部和顶部的硬度

及缺陷分布。可以看出，层间时间的延长和单位体积能量密度的提高，都可以增加缺陷密度，在高单位体积能量密度和短层间时间时，试样缺陷密度最大，成形最差。

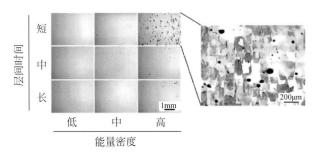

图24 在不同能量密度以及层间时间下的结构件的缺陷

通过以上研究，Mohr等人认为层间温度和沉积面积比对结构件微观组织、熔深、硬度以及缺陷密度等有较大的影响，应该在实际生产中引入并进行合理选择，进而完善L-PBF工艺参数文件。

2.2 轻质材料在激光增材制造中的应用

Catarino等人[6]对应用于激光增材制造的设备进行了完善和升级。比如采用了新型同轴送丝激光头，可以使熔池从焊接方向和重力上独立于焊接过程，进而在生产制造过程中产生较低的热冲击和稀释。同时增加了具有加热系统的新平台，该平台允许在各个方向运动，有效降低热应力和残余应力，并最大限度地降低裂纹敏感性。另外，该平台还升级改造了新型惰性室（图25），允许设备在氧气浓度50×10^{-6}以下工作，适用于钛、镁和铝等易氧化金属构件的生产制造。图26为在空气中和新型惰性室中制备的增材结构件，可以明显看出图26（a）的构件表面氧化严重，而图26（b）的构件则依然保持着钛合金的金属颜色，并无明显变化。说明新型惰性室可以有效避免金属材料在增材过程中发生氧化，从而提升结构件成形质量。同时，还开发了在线监测系统，可以更为直观地获得生产过程实时数据的变化，通过实时监测数据分析，可以有效地发现生产制造过程中存在的问题，对优化工艺参数、完善生产方案和提升生产率具有重大意义。

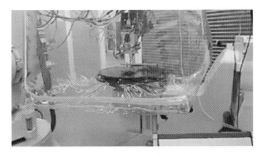

图 25   新型惰性室结构图

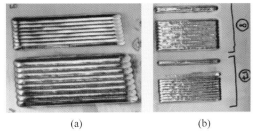

(a)   (b)

图 26   在不同环境下的增材制造结构件

（a）空气中；（b）新型惰性室中

3   电弧增材制造技术应用和发展前景

如今，"工业 4.0"的概念从机械化（工业 1.0）、电力驱动（工业 2.0）和计算机技术（工业 3.0）的基础上发展而来。与移动通信、信息技术（information technology，IT）系统、电子商务（银行系统）等其他领域一样，数字技术的进步正在提高企业的生产力和产品价值。向工业 4.0 的转型有望将自主机器、机器人、传感器、IT 系统等数字技术的不同元素与制造价值链连接起来，从而实现创新动力。工业 4.0 还确定了许多整合 AI、云计算和模拟仿真等技术，使制造过程形成一个自动化系统，并实现了数据的自主操作、收集和分析，以监控、优化系统性能和进行潜在故障预测，而增材制造是工业 4.0 概念中的关键推动技术。

工业 4.0 时代的丝材电弧增材制造集成了人类的感官（例如添加过程中的视觉、听觉和触觉）、经验知识（例如熔化行为、电弧声、焊缝外观）、推理和判断（用于添加制造经验的知识学习、推理和决策），以及添加制造过程和优化的知识，从而完全替代人类，其本质就是使用智能技术和 / 或机器智能来模仿、强化和 / 或取代人类智能。

基于工业 4.0 的电弧增材制造过程工业设计的基本流程如下：通过机械反向工程建立 WAAM 的方案规划—设计智能化的加工工艺—数值模拟仿真—工艺设计（专家系统）—成分识别传输（射频识别）—工业化的 WAAM 机器人—产品检查—产品移动和存储[7]。目前，其发展方向主要为：①开发以软件为核心的智能系统；②进行成形工艺优化及工艺库的建立；③发展添加剂与还原剂集成系统及电弧添加剂后处理技术；④开发适合 WAAM 的新材料；⑤建立和完善 WAAM 的技术标准。

北京 ARC 新兴科技有限公司采用增材制造修复的方式代替传统铸造或锻造工艺修复轧辊（图 27）和辊压机耐磨零件，可以实现全过程自动化进而提高了生产效率和零件的耐磨性，使其服役寿命延长为原来的 1.5 倍，同时还大大降低了能源以及材料的用量和成本，符合绿色经济可持续发展方向。贵州 Hancase 公司采用增材制造的方式进行自动驾驶汽车线控底盘整体成形，也取得了较好的效果，并应用于实际生产。电弧增材还可以用于零部件的维修与再制造等，北京 ARC 新兴科技有限公司在耐磨车轮和破碎机衬板维修方向也取得了不错的成果。

图 27   增材制造修复轧辊

4   结束语

本次 C-I 专委会的会议报告在关于增材制造方面的研究主要集中于工艺参数优化、数值模拟模型完善以及智能设备制造与开发。其中工艺参数优化和理论研究偏多，表明学者更倾向于通过对增材制造过程热、力等关键信息的变化的深入研究来为实际生产制造提供指导。同时，增材制造模拟模型的完善可以在实现节省增材制造实验成本的前提下为实验提供更加合理的预测参考，反之实验结果对模型的检验修正也可以使模型趋于完善，以此实现实验与模拟的相辅相成。无论是理论研究还是数值模拟模型完善都是为了提升实际生产制造的效率与质量，因此直接进行智能制造与设备开发对增材制造的应用也具有较大的实际意义。

虽然国内外学者对增材制造技术进行了大量深入研究，也取得了显著的研究成果，但其发展历史较短，仍面临一系列技术难题和科学挑战。相关的科学问题来自多个学科，包括机械工程学、材料科学、控制学、光学等。如在非平衡激光相互作用下的材料相变机制、材料冶金热力学和激光诱导熔池中的动力学行为，光学系统、闭环控制系统、处理系统等的集成方法和优化机制等问题仍然需要深入分析。

参考文献

[1] MULLER J, HENSEL J, DILGER K. Mechanical properties of wire arc additively manufactured high strength steel components [Z]. I-1470-2021.

[2] KOHLER M, SUN L, HENSEL J, et al. Comparative study of deposition patterns for DED-Arc additive manufacturing of Al-4046 [Z]. I-1471-2021.

[3] SPRINGER S, ROCKLINGER A, LEITNER M, et al. Implementation of a viscoplastic creep model in the thermomechanical simulation of the WAAM process [Z]. I-1475-2021.

[4] ITURRIOZ A, ANGULO X, ALVAREZ P, et al. Integration of optical fibre sensors in aluminium parts manufactured by wire and arc additive manufacturing [Z]. I-1472-2021.

[5] MOHR G, HILGENBERG K. Effects of inter layer time and build height on resulting properties of 316L stainless steel processed by laser powder bed fusion [Z]. I-1478-2021.

[6] CATARINO P, BOLA R. LightMe: Application of lightweight materials in additive manufacturing [Z]. I-1473-2021.

[7] LIU Z Y. WAAM technology and application [Z]. I-1479-2021.

作者：叶福兴，天津大学材料科学与工程学院教授、博士生导师。主要从事增材制造、超声波焊接、热喷涂及航空发动机热防护的研究。发表论文200余篇，授权发明专利20项。E-mail: yefx@tju.edu.cn。

审稿专家：李慕勤，佳木斯大学教授，博士生导师。主要从事耐磨堆焊材料及工艺、生物医用金属材料表面功能化研究。发表论文100余篇，授权发明专利15项。E-mail: jmsdxlimuqin@163.com。

电弧焊与填充金属（IIW C-Ⅱ）研究进展

陆善平

（中国科学院金属研究所　材料科学国家研究中心　沈阳　110016）

摘　要： 第 74 届国际焊接学会年会电弧焊与填充金属委员会（IIW C-Ⅱ）于 2021 年 7 月 12—14 日交流了 8 个学术报告。焊缝金属冶金部分涉及异质焊接接头组织研究、交替保护气氛的不锈钢 GMAW 焊工艺、高频脉冲氩弧焊接工艺、高强钢修复焊接结构组织与应力分析等报告。焊缝金属测试与测量部分涉及双相钢焊接热影响区铁素体控制研究、镍基合金熔敷金属 DDC 裂纹敏感性研究、火电马氏体钢焊接材料评估以及不锈钢焊缝金属铁素体规范与测量等报告。本文重点介绍了高效率的焊接方法、不锈钢焊缝中 δ 相的测量和 NiCrFe 焊缝组织与裂纹的研究进展，供国内相关研究人员参考。

关键词： 熔化焊；铁素体；镍基焊材；失塑裂纹；焊接应力评估

0　序言

国际焊接学会（International Institute of Welding，IIW）电弧焊与填充金属委员会（Commission Ⅱ-Arc Welding and Filler Metals，C-Ⅱ）下设三个分委会，分别为 C-Ⅱ-A 焊缝金属冶金（Metallurgy of Weld Metal）、C-Ⅱ-C 焊缝金属测试与测量（Testing and Measurement of Weld Metal）和 C-Ⅱ-E 焊缝金属的分类与标准化（Standardization and Classification of Weld Filler Metals）。2021 年 7 月 12—14 日，第 74 届 IIW 国际焊接年会通过线上模式顺利召开。在本届年会上，C-Ⅱ 委学术会议共收到学术论文 11 篇（宣读交流论文 8 篇），其中 C-Ⅱ-A 焊缝金属冶金分委会收录 6 篇，C-Ⅱ-C 焊缝金属测试与测量分委会收录 5 篇。焊缝金属标准主题会议就焊接材料相关标准的立项与修订进行了审议，对技术报告草案 DTR 22824：2021《焊接 - 不锈钢焊缝金属中铁素体规范与测量指南》进行了投票，对 2022 年需要修订的 11 项标准进行了系统评价。另外，在 C-Ⅱ 委员会与 C-Ⅷ 委员会的联合会议上介绍了有关焊接烟尘、烟尘中六价铬（Cr）的研究与控制的相关报告。

1　焊缝金属冶金

1.1　高效焊接方法研究

1.1.1　Super 304H 管材熔化极交替气体保护焊

新型奥氏体不锈钢 Super 304H 的 Cr 含量较高（表 1），具有优异的抗高温腐蚀和蒸汽氧化性能，与马氏体钢相比，具有更优异的蠕变性能。因此，Super 304H 被广泛用于超临界、超超临界和先进超超临界电站锅炉中的过热器和再热器。通过添加约 3wt.% 的 Cu、一定量的 C 及一定量的 Nb 和 N，Super 304H 的高温强度得到提升，尤其是蠕变性能得到改善，添加的 N 能引起固溶强化，提高了许用应力和抗应力腐蚀开裂的能力。

表 1　Super 304H 化学成分　　　　　　　　　　　　　　　　　　wt.%

材料名称	C	Cr	Ni	Mn	P	Si	Nb	N	Cu
Super 304H	0.07~0.13	17.0~19.0	7.5~10.5	≤ 1.0	≤ 0.03	≤ 0.30	0.3~0.6	0.05~0.12	2.5~3.5

美国电力研究所（The Eletric Power Research Institute，EPRI）的研究表明，钨极氩弧焊（gas tungsten arc welding，GTAW）更适合 Super 304H 的焊接，并认为熔化极气体保护焊（gas metal arc welding，GMAW）不适用于 Super 304H 的焊接，目前市场仅有用于 Super 304H 的 GTAW 焊丝，尚无 GMAW 焊丝，且 GMAW 的焊缝气孔常超出可接受的范围。但在工程制造中，GTAW 存在生产效率较低的问题。

印度通用汽车的 Rajasekaran 等人在本次会议上介绍了使用高效率 GMAW 新工艺焊接的 Super304H 管材，提出了交替通入不同保护气体的 GMAW 工艺，可获得满足 ASME 标准要求的无缺陷焊缝，且接头的拉伸及弯曲性能与 GTAW 接头相当。研究结果表明，使用交替通入保护气体的 GMAW 工艺（图1），可获得大壁厚 Super 304H 管材的全焊透焊缝并满足 ASME 要求 [1]。

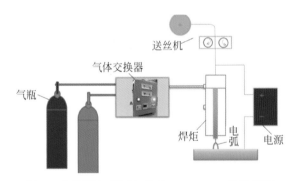

图 1 交替通入不同气体的 GMAW 工艺示意图

Rajasekaran 等人在试验过程中对比了使用混合保护气体的 GMAW 和使用交替通入不同保护气体的 GMAW 工艺的试验结果。试验中的 Ar 和 CO_2 混合保护气体通过气体混合配比器来调整。焊接试验发现混合气体中的 Ar 和 CO_2 的比例必须控制在 99.5∶0.5 才能获得低气孔含量的焊缝，但准确控制此比例的保护气体十分困难，导致实际应用中焊接接头存在气孔。在使用交替通入不同保护气体的 GMAW 工艺时，改变 CO_2 气压会影响焊缝内的气孔水平，减少 Ar 气通入时间或增加 CO_2 通入时间将增加气孔含

量，合理调整 Ar 和 CO_2 通入时间可获得无气孔缺陷的 Super 304H GMAW 焊缝。

试验结果表明：使用交替通入不同保护气体的 GMAW 焊缝金属的拉伸性能和在不同温度下的冲击性能均优于使用混合保护气体的 GMAW 焊缝金属（图2）。使用交替通入不同保护气体的 GMAW 焊缝金属与使用混合气体的 GMAW 焊缝金属相比，具有更细的晶粒尺寸和更少的夹杂物。Super304H 是火电机组中高温部件的常用材料，其长期服役在高温、腐蚀环境，报告仅给出了其在常温和低温下的性能，实验数据存在一定局限性，应根据服役环境补充高温拉伸性能、持久性能和耐腐蚀性能，以便全面反映该工艺的适用性。此外，报告对该工艺的作用机理和焊缝成形的稳定性未做出解释和说明。对于壁厚小于 10mm 的不锈钢管材，有研究采用含有极少量氧化性气体的混合气体或者双层气流来保护高效率 TIG 焊工艺，通过调整焊缝内活性元素含量改变 Marangoni 对流

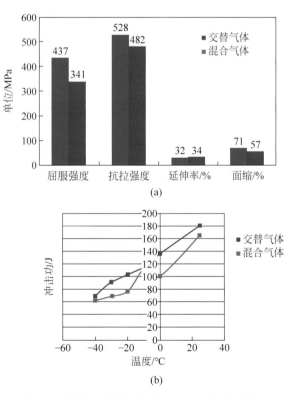

(a)

(b)

图 2 交替通入不同气体的 GMAW 与使用混合气体的 GMAW 焊接接头性能对比

（a）拉伸性能；（b）冲击性能

方向获得熔深增加，该工艺对焊接规范不敏感，有利于在工业生产中推广应用[2]。使用交替通入不同保护气体的 GMAW 工艺焊接 Super 304H 管材过程如图 3 所示。目前使用交替通入不同保护气体的 GMAW 工艺已在其他材料管件焊接中应用，如 ASTM SA210 Gr.C.，ASTM SA213 T12 和 ASTM SA213 T22[3]。

图 3　交替通入不同气体的 GMAW 管材焊接过程

（a）气体交换器；（b）焊接过程；（c）焊接完成

1.1.2　高频脉冲 TIG 焊接工艺研究

SWAT（sigma weld accelerated TIG）是使用 Sigma 焊接电源的加速 TIG 焊工艺。它是匙孔形 TIG 焊工艺的一种变体，最适合低电导率材料（如镍合金、钛合金、不锈钢）以及特殊和耐腐蚀材料的焊接，可以形成熔透、干净且高质量的焊缝；可以解决传统的 TIG 焊（直流 TIG 和低频脉冲 TIG）存在的生产效率低、熔深浅和热影响区大的问题[4]。采用 SWAT 工艺，可以焊接无需坡口加工的单晶和难以焊接的合金。

传统的 TIG 焊液态熔池在表面张力等作用下，阳极斑点热先由熔池中心传导到熔池边界，然后再传导到熔池底部，再返回中心，形成浅而宽的熔池，焊接电流常限制在 250A 以下，以避免熔池表面凹陷和变形。SWAT 控制电流范围为 320~600A。对于较厚的材料可使用更高的电流，

并且该过程可以在较高的焊接速度获得稳定的匙孔，不需要在电弧力（等离子柱）和表面张力之间寻求平衡，匙孔表面的性质可以自然地、动态地对电弧力的波动进行自我校正。采用 SWAT 工艺焊接速度可以达到 1000mm/min，而 TIG 焊（自动 TIG 焊）的最大速度仅为 300mm/min（取决于被焊接材料的厚度）。由于过程中的磁收缩和电流的高频调制，电弧被收缩，从而进一步降低净热输入。在这个过程中，高能量密度的电弧通过接头产生平滑一致的匙孔。SWAT 工艺的焊接速度、熔深和生产率通常是等离子弧焊的两倍。由于电弧结构和匙孔在整个焊接过程中由控制器自动维护，所以该过程操作简单，不需要等离子喷嘴或孔口，不需要精确的电极对准，只使用一种焊接气体，焊枪非常坚固。该工艺无须坡口准备和加工，坡口为方形，采用对接，板厚度范围可达 6~8mm，具体取决于材料。传统 TIG 焊接系统通常配备 300~500A 的电源，并且额定占空比仅为 60%。SWAT 工艺使用 500A 或 1000A 的电源，并且额定占空比为 100%。正常 TIG 模式和 SWAT 模式的对比如图 4 所示。

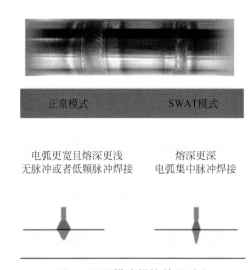

图 4　不同模式焊接效果对比

来自印度的 Chinoy 等人对比了在不同焊接工艺下、难以熔透且需要高技能焊接人员焊接的航空航天材料的实验结果[5]。这些材料是 Stellite-KC20WN（钴基合金）、Ti-6Al-4V、高

强度镍合金（625，718，C276等）和不锈钢（奥氏体）。采用加速 TIG 焊工艺极大提高了材料的焊接质量和生产率。获得的焊件已经通过 X 射线照相测试，与传统 TIG 焊工艺相比，获得了满意的屈服强度、抗拉强度和伸长率。

虽然传统 TIG 焊的焊缝质量好，但生产效率低，单道次焊接厚度一般在 2~3mm。提高 TIG 焊的焊接效率一直是本领域的一个研究热点，澳大利亚两个研究机构联邦科学与工业研究组织（Commonwealth Scientific and Industrial Research Organisation，CSIRO）和焊接结构合作研究中心（Cooperative Research Centre for Welded Structures，CRCWS）共同开发和商业化了一种新型 K-TIG（匙孔钨极电弧焊）工艺。K-TIG 工艺具有以前只有通过激光、等离子和电子束焊接才能获得的优势。该工艺结合了传统 TIG 焊工艺的内在质量，其穿透深度远远优于 TIG 或 MIG-MAG 工艺获得的穿透深度。该工艺的优点还包括简化坡口准备、减少甚至消除填充金属的使用和提高生产率。为了获得穿透性的匙孔，一般 K-TIG 工艺的电流需维持在 300~800A，可焊接厚度为 3~8mm 的铁素体钢和厚度范围为 3~12mm 的低导热性材料（如奥氏体不锈钢和钛合金）[6]。

1.2 高强度海工钢补焊结构应力分析

海洋工程结构（如海洋采油平台和海上风力发电装置等）采用高强度海工钢组焊而成。焊接区域常常出现严重的焊接缺陷，需将缺陷刨削去除后进行补焊。与整体海工结构相比，补焊区域尺寸小，易产生较大的应力，导致裂纹形成和部件失效。同时，补焊还会恶化高强钢的显微组织与力学性能。相关标准中也未提供焊补维修的要求。

德国联邦材料研究与测试研究所（Bundesanstalt für Material forschung und-prüfung，BAM）的 Becker 等人，以高强度海工钢 S500MLO（EN 10225-1）为研究对象，进行了多层多道补焊，研究了在补焊过程中约束（补焊长度）、补焊次数和热控制对应力的影响[7]。约束条件设置

如图 5 所示，与无约束相比，考虑了两种补焊长度，等效为施加不同约束。采用 DIC（digital image correlation method）方法测量补焊过程中钢板上选定区域的变形，采用 XRD 测量钢板表面残余应力。

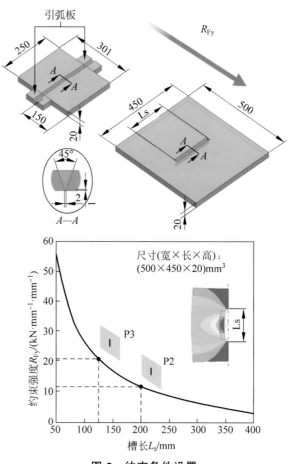

图 5　约束条件设置

图 6 为横向和纵向残余应力的测试结果。在焊缝和热影响区附近存在较高的残余应力，约束条件对局部应力峰值具有重要影响。

随着约束强度的增加，焊接区域的瞬态载荷增加，横向残余应力水平显著升高，见图 7。特别是在热影响区，随着拘束度的增加，拉伸残余应力高达屈服强度的 80%。

补焊在工程结构中广泛存在，合理设计补焊工艺对于实现安全补焊尤为重要。应进一步开展不同坡口型式、热输入等设计与工艺参数对焊接应力、微观组织和性能的影响研究，应特别注意研究在起弧和收弧处，因局部长时间作用的高热输入而引起的组织性能恶化和应力集中。

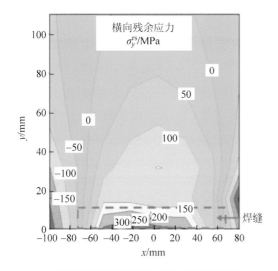

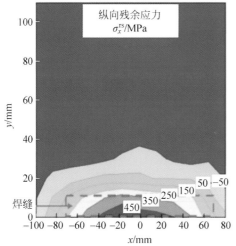

图6 钢板补焊后表面残余应力分布图

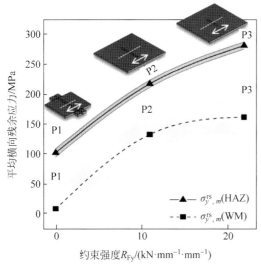

图7 约束对焊接应力的影响

1.3 SA-738 Gr.B 厚板焊接热影响区断裂韧性

钢制反应堆安全壳是 AP1000 和 CAP1400

压水反应堆核级设备的关键部件之一，是防止放射性物质泄漏的第三道安全屏障。安全壳部件采用 SA-738 钢焊接而成，其外壳厚度为52~55mm，容器直径为43m。根据钢制安全壳的设计标准，当焊缝平均厚度大于44mm时，应进行焊后热处理（ASME 锅炉及压力容器规范 BPVC）。焊后热处理的主要目的是释放焊接残余应力，改善焊接热影响区材料的性能。但是，已有研究表明，焊后热处理将导致 SA-738 钢的断裂韧性降低，给结构的安全运行带来隐患。

上海核工程研究设计院有限公司的张俊宝等人针对这一问题，研究了55mm厚 SA-738Gr.B 淬火回火钢板在焊态和焊后热处理态下的断裂韧性，以确定焊后热处理对热影响区性能的影响[8]。采用手工电弧焊的方法焊接了55mm厚的 SA-738 钢板，焊条牌号为 E9018-G（Φ4.0mm），焊接工艺参数：电流 140~180A，电压 21~27V，焊速 7~18cm/min，最大热输入 38.4kJ/cm。焊后热处理工艺参数：595~620℃下保温10h。沿着焊板的 T-L 方向制备热影响区标准夏比冲击试样，进行了一系列温度（-190~50℃）下的冲击试验。冲击功与温度的关系曲线如图8所示。根据图中曲线，可以获得焊态和热处理态试样的特征温度点 T_{28J} 和 T_{41J}，进而确定断裂韧性的试验温度为 -130℃，而热处理条件下的试验温度为 -120℃。在相应的试验温度下，对焊态和热处理态的热影响区 0.5TC（T）试样进行了紧凑拉伸试验。采用单温度法测定了在焊态和热处理态下的参考温度 T_0 分别为 -133.3℃ 和 -123.8℃。

经焊后热处理后，参考转变温度 T_0 增加了 9.5℃，表明焊后热处理并没有提高断裂韧性。图9显示了焊态和热处理态热影响区样品的 SEM 照片，与焊态相比，热处理后热影响区中的碳化物数量明显增多。在冲击过程中，碳化物将成为裂纹源，从而降低热影响区的冲击性能和断裂韧性。因此，焊后热处理会对热影响区的性能产生不利影响。

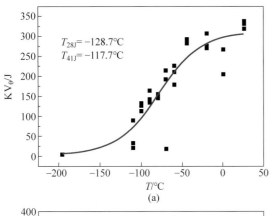

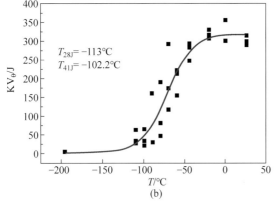

图8　不同温度下热影响区夏比冲击功

（a）焊态；（b）热处理态

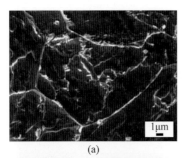

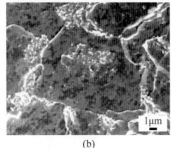

图9　热影响区试样的SEM照片

（a）焊态；（b）热处理态

焊后热处理是消除应力、改善材料性能的重要手段，是在实际制造过程中经常采用的重要工序。因此，如何改善热处理后焊接热影响区的冲击性能是进一步研究的重点。另外，人们已开展了SA-738Gr.B的焊接性[9]和辐照性能[10]方面的研究，应进一步开展辐照条件下焊接接头的寿命评估和延寿措施。

2　焊缝金属测试与量度

2.1　δ铁素体测量与控制

2.1.1　新型双相不锈钢的热影响区铁素体含量控制

双相不锈钢是奥氏体相和铁素体相之间平衡组合的材料。这种平衡是由铁素体形成元素（Cr和Mo）和奥氏体形成元素（Ni和N）[11]之间的化学成分和热处理制度共同决定的。与标准奥氏体不锈钢相比，双相不锈钢同时具有较高的强度和良好的耐腐蚀性，广泛应用于能源领域。在本次会议上，来自法国Industeel公司的Higelin等人介绍了通过调整化学成分来优化母材和焊接接头中奥氏体-铁素体的配比及力学性能。同时，分析了焊接工艺和测试方法对焊接热影响区中铁素体含量测试结果的影响[12]。

通过降低铁素体含量，Industeel开发了一种新的25%Cr双相不锈钢，称为"2205Arctic"，与标准2205双相材料具有相同的拉伸性能和耐腐蚀性，同时在-100℃仍可保持良好的韧性。2205Arctic含有较多的Ni和N，如表2所示，水淬后具有60%~40%的奥氏体-铁素体组织，如图10所示[13]。为了获得最佳的耐腐蚀和韧性性能，必须控制母材（base metal，BM）、热影响区（heat affected zone，HAZ）或焊缝金属（weld metal，WM）的铁素体含量。

表2　双相不锈钢2205典型的化学成分　　　　　　　　　　　　　　　　　wt.%

材料名称	UNS	EN	C	Cr	Ni	Mo	N
标准2205	S32205，S31803	1.4462	<0.020	22.5	5.3	2.7~3.1	0.16
2205 Arctic	S32205，S31803	1.4462	<0.020	22.5	6.0	2.7~3.1	0.19

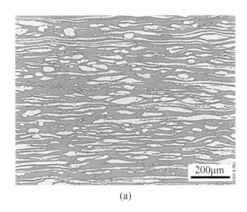

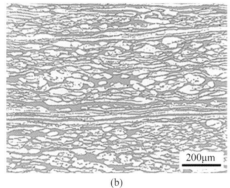

图10　双相不锈钢组织（×200）

（a）标准2205（铁素体含量49%）；
（b）2205 Arctic（铁素体含量38%）

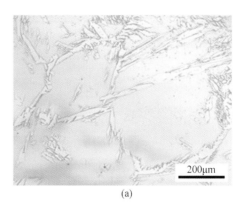

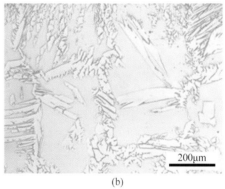

图11　双相不锈钢HAZ区组织（×200）

（a）标准2205（铁素体含量71%）；
（b）2205 Arctic（铁素体含量65%）

在焊接过程中，焊接热循环的峰值温度可达1300℃（2372℉），此时会发生奥氏体向铁素体转变。

由于焊接时冷却速度快，铁素体再转化为奥氏体的过程并未完全实现，导致双相不锈钢的HAZ和WM的铁素体含量高于BM，奥氏体呈针状（HAZ（图11），WM（图12））[13]。

为了限制焊缝金属中的铁素体，选择具有高Ni含量（通常为9%~10%）的填充金属，促进奥氏体的形成，并提高凝固组织的韧性。在GTAW或GMAW的情况下，可通过在保护气体中添加氮气来限制焊缝金属中的铁素体含量。

2205 Arctic双相不锈钢与标准2205双相不锈钢具有相同的屈服强度和抗拉强度（图13），以及更好的韧性（图14）。

焊缝和热影响区冷却后的铁素体含量主要取决于板材的化学成分和焊接工艺参数（热输入、焊接工艺）。在测量焊接接头的铁素体含量时，铁素体/奥氏体之比的测量结果不仅取决于

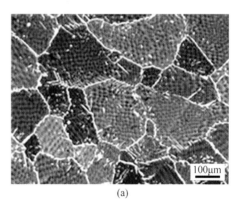

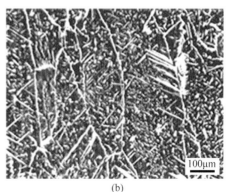

图12　双相不锈钢WM组织（×200）

（a）标准2205；（b）2205 Arctic

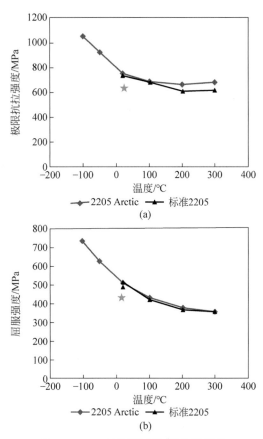

图 13　2205 双相不锈钢的抗拉性能

（a）极限抗拉强度；（b）屈服强度
★ 表示 ASTM A240 要求

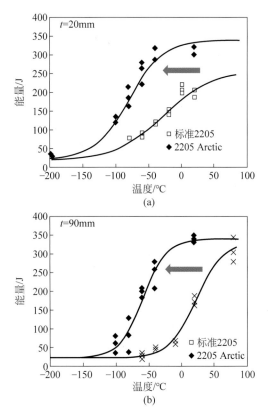

图 14　2205 双相不锈钢的韧性

（a）板厚 t=20mm；（b）板厚 t=90mm

之前的参数，还与测量参数有关，包括测量方法、位置和放大倍数[11]。铁素体含量不仅与热循环次数有关，还与焊接冷却速度有关，包括板厚、坡口形式（对接焊缝或角焊缝）、焊接过程的效率和焊接热输入。由于奥氏体的形成发生在高温下，预热、后热或层间温度对其影响不大。基于 Industeel 焊接接头数据库，已经确定了几个公式来预测双相焊接接头的微观组织和性能[14]。图 15 给出了最大铁素体含量与冷却速度的关系：冷却速度越高，铁素体含量越高。

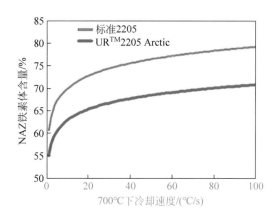

图 15　标准 2205（0.16%N₂）和 2205 Arctic（0.19%N₂）双相不锈钢热影响区中的铁素体含量与 700℃（1292℉）下焊缝的冷却速度关系

表 3 给出了不同规范对铁素体测量的要求。焊接热影响区铁素体含量的要求可按铁素体最大含量和放大倍数进行，铁素体含量从 60% 变到 70%、放大倍数从 400 变到 1000。

ASTM E562 规定了相测量方法，这里没有精确规定金相检查的放大倍数，但在石油和天然气领域的规范则要求得更精确：母材和焊接金属的放大倍数为 400，热影响区的放大倍数高于 400 或 500。根据 Industeel 的经验，400 的放大倍数并不完全具有代表性，而 1000 的放大倍数与评估热影响区的铁素体含量更相关。

VRV（意大利）、Enerfab（美国）和 FBM Hudson Italiana（意大利）对比了 55mm 厚的标准 2205 和 2205 Arctic 的双相不锈钢焊接实验结果，发现使用 2205 Arctic 可获得更好的性能和更低的铁素体含量。

表 3　关于铁素体含量和测量方法的要求

规范及方法	母　材	热影响区	焊缝金属
API RP 582（API A938C）	30%~65%	30%~65%	30%~65%
方法	ASTM E562 >100 点 放大倍数：400	ASTM E562 >100 点 放大倍数：400~1000	ASTM E562 >100 点 放大倍数：400
NORSOK M630 D45	35%~55%	30%~70%	
方法	ASTM E562 和 E1245 放大倍数：400	ASTM E562	
Current Oil & Gas specifications	35%~55%	<60%~65%	<60%
方法		ASTM E562 放大倍数：>400 或者 500	

2.1.2　奥氏体和双相不锈钢焊缝金属中的 δ 铁素体测试

本部分内容由国际焊接学会第二委员会Ⅱ-C分委员会（电弧焊和填充金属）与第九委员会Ⅸ-H分委员会（不锈钢和镍基合金焊接）合作编写。本节基于专家经验，为奥氏体或双相铁素体-奥氏体不锈钢焊缝金属内铁素体含量的测量提供指导[15-16]。

在室温条件下，指定成分不锈钢焊缝金属中的铁素体含量与凝固模式、冷却过程中的固态相变、后续焊道再热循环以及焊后热处理引起的固态相变有关，与第 73 届 IIW 国际焊接年会上的学术报告相比，本届国际焊接年会报告中又加入了 N 元素的影响。不锈钢的凝固模式包括奥氏体凝固模式、铁素体凝固模式和混合凝固模式（AF 和 FA 凝固模式），凝固模式对不锈钢的焊接性有重要影响。

预测室温下不锈钢焊缝金属内的铁素体含量一直以来都是一项研究重点，Schaeffler 图（图 16）可以合理预测奥氏体不锈钢焊缝中的铁素体含量，但没有考虑 N 促进形成奥氏体的作用，并且错误描述了 Mn 对铁素体含量和马氏体形成的作用以及 Si 促进铁素体的作用，结果导致对于高氮钢焊缝金属，Schaeffler 图的预测结果比实际的铁素体含量高。

Delong 图（图 17）是在 Schaeffler 图的基础上发展起来的，并考虑了 N 对奥氏体的促进作用，但其对铁素体含量的预测范围较小。

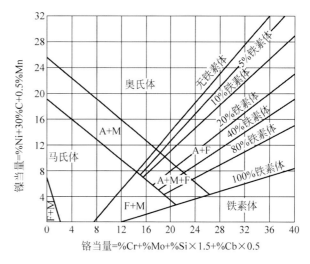

图 16　Schaeffler 图

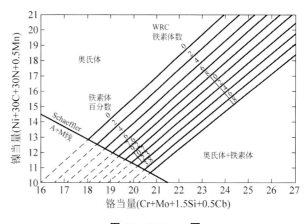

图 17　Delong 图

WRC-1992 图（图 18）改进了 Schaeffler 图和 Delong 图中没有 Mn 促进奥氏体的作用和没有小于 1.4% 的 Si 促进铁素体的作用的情况，并加入了 Cu 对镍当量的影响，将图分为四个凝固模式区域。此外，WRC-1992 图比 Delong 图具有更大的铁素体预测含量范围，且包含了焊缝内预计出现的马氏体。

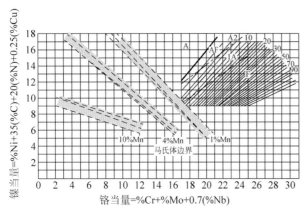

图 18 WRC-1992 图

焊接工艺对铁素体的影响包括两个方面，一是影响焊缝金属的化学成分，二是影响铁素体向奥氏体转变的冷却速率。奥氏体不锈钢焊缝金属由于化学成分或冷却速率的改变使其中的铁素体含量增加，引起强度小幅增加，韧塑性小幅降低。一般情况下，不锈钢焊缝内出现铁素体对抗腐蚀性能无害，但对于特定的腐蚀介质，铁素体会被优先腐蚀。在蠕变过程中，铁素体会发生转变形成其他相而影响蠕变性能。在焊后热处理过程中，铁素体内会形成 $M_{23}C_6$ 和金属间化合物，恶化焊缝金属的力学性能和耐蚀性能。

奥氏体和铁素体 - 奥氏体双相不锈钢焊缝金属铁素体含量可以通过金相法、X 射线衍射法、饱和磁化法、磁导率法、磁力法，以及电子背散射衍射法测定，不同方法和设备的铁素体含量测试会存在如下差异：

（1）对于磁导率法和磁力法，试样的表面质量会影响测试结果，表面粗糙导致结果偏低。另外，由于铁素体和马氏体均是铁磁性的，磁导率法和磁力法无法区分，如果在冷加工过程中形成马氏体，会导致测试结果偏高。由于接头热影响区尺寸较小，使用磁导率法和磁力法很难准确测试铁素体含量，只能使用金相法测试。

（2）金相法测试的结果取决于腐蚀过程的精度和一致性，以及对铁素体和奥氏体对比差异的判断。

（3）在一般情况下，二维平面的铁素体测试结果认为与三维整体结果一致，但其是否一致取决于铁素体分布是否均匀。

（4）EBSD 方法可以避免金相法的腐蚀问题，但由于设备昂贵，工业中并未广泛应用。

（5）由于焊缝的高织构组织导致 X 射线方法并不适合。

（6）奥氏体电化学溶解方法测试铁素体含量耗时较长，且不能确定所有奥氏体都被溶解或仅奥氏体被溶解，因此并未推广至工业应用，该方法与金相法、饱和磁化法相同，均属于破坏性试验。

ISO 8249 说明了磁力法设备的校准和焊缝试样的测试方法。磁力法要求试样表面平整、光滑，沿焊缝中心线至少测试 6 个位置，并取平均值，该方法是目前工业中广泛使用的铁素体含量测试方法。

2.2 镍基合金组织与裂纹

2.2.1 核用钢／镍基合金异种焊接接头熔合区显微组织研究

核电作为一种清洁、经济、高效的能源，受到了世界各国的高度重视。中国已成为世界上在建核电站数量最多的国家，其中大部分是压水堆核电站。异种金属焊接接头（dissimilar metal welding joint，DMWJ）由于其独特的材料性能而容易在主水回路中发生故障。主要的损伤和失效表现为应力腐蚀开裂、腐蚀开裂、热裂纹和熔合缺陷。这些缺陷的形成与多种因素有关，如沿焊缝机械性能的差异、不同材料热膨胀系数的差异，以及合金元素、焊接残余应力、碳迁移和工作环境的差异。

ERNiCrFe-13 镍基合金焊丝是在 ERNiCrFe-7A 焊丝合金体系的基础上，进一步提高 Nb 含量，添加 Mo 以提高抗高温塑性收缩开裂的能力而研制的。迄今为止，对 ERNiCrFe-13 焊丝的研究主要集中在焊缝性能和焊接缺陷方面[17-18]。在本届会议上，来自中国哈尔滨焊接研究所的 Guo 等人通过试制 ERNiCrFe-13 焊丝，研究核反应堆安全隔离层堆焊层 SA508 Gr.3 Cl.2/ERNiCrFe-13（以下简称"SA508/ERNiCrFe13"）DMWJ 的熔合区微观结构，分析了镍基堆焊层中海滩、半岛和岛状组织的形成机制，研究结果为核电站实际运行中焊接工艺及关键监测部位的评价提供了实验支持[19]。

实验选择的母材为 SA508 Gr.3 Cl.2 锻件，试验所用的填充金属为实验用 ERNiCrFe-13 镍基合金，母材和焊丝的化学成分见表 4。隔离层堆焊采用摆动非脉冲热丝钨极氩弧焊工艺，详细焊接参数见表 5。

表 4 母材和焊丝化学成分 wt.%

材料名称	C	Si	Mn	S	P	Fe	Ni	Cr	Nb+Ta	Mo
SA508	0.18	0.17	1.4	0.003	0.005	96.79	0.51	0.14	—	0.51
ERNiCrFe-13	0.014	0.15	0.74	0.001	0.001	8.3	Bal.	29.9	2.6	3.5

表 5 钨极氩弧焊堆焊焊接参数

电流/A	电压/V	焊接速度/（mm/min）	送丝速度/（mm/min）	预热温度/℃	道间温度/℃	摆动幅度/mm
290~360	10~18	90~200	3000~4000	121~150	≤177	10~16

图 19 为沿熔合线焊缝侧不同位置的 SA508/ERNiCrFe13 的 DMWJ 横截面显微金相组织。在沿熔合线的焊缝侧发现了以其形状命名的结构，包括海滩、半岛和岛屿。图 19（a）显示了沿熔合线分布的海滩结构，宽度为 30~50μm。图 19（b）显示沿熔合线焊缝侧没有海滩结构，而是在其附近有孤立的岛状结构。此外，在焊缝侧观察到垂直于熔合线的Ⅰ型晶界和平行于熔合线的Ⅱ型晶界，但它们并不连续。图 19（c）中同时存在海滩和岛屿结构。与图 19（b）相比，图 19（c）所示的海滩结构更窄，宽度仅约为 15μm。因此，沿熔合线的焊缝侧微观组织类型分布不均匀。

图 20 是沿 SA508/ERNiCrFe13 的 DMWJ 熔合线焊缝侧不同位置的扫描电子显微镜图像。海滩结构沿熔合线连续分布，宽度在 30~50μm，如图 20（a）所示。半岛结构与海滩结构相连，平行于熔合线和海滩结构。在海滩和半岛结构中可以部分发现明显的树枝状形态的组织。与图 20（a）相比，图 20（b）中的海滩结构也沿熔合线连续分布，但宽度更窄。岛状结构平行于熔合线和海滩结构。图 20（c）显示海滩结构的宽度不均匀，范围为 50~150μm。线扫结果表明海滩结构的成分处于母材和填充金属之间，如图 20（d）所示。

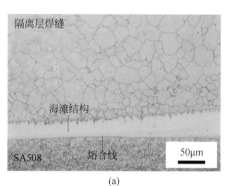
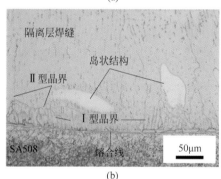
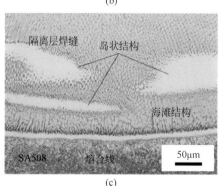

图 19 沿 SA508/ERNiCrFe13 的 DMWJ 熔合线
不同区域的微观组织
（a）海滩结构；（b）岛状结构；（c）海滩和岛状结构

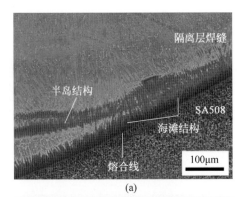

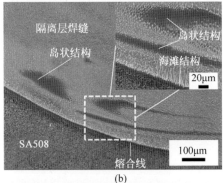

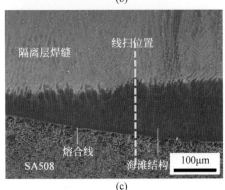

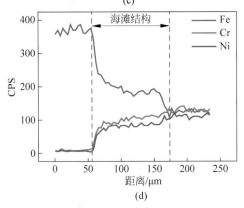

**图 20　沿 SA508/ERNiCrFe13 的 DMWJ 熔合线
不同区域的微观组织**

（a）海滩和半岛结构；（b）海滩和岛状结构；
（c）海滩结构；（d）线扫

表 6 给出了图 20 中相应结构的能谱分析结果。海滩、半岛和岛状结构的成分略有不同。岛状结构中的 Fe 含量低于海滩结构，而 Ni 和

Cr 含量则较高，半岛结构的混合程度介于海滩结构和岛屿结构之间。

表 6　EDS 分析结果

分析位置	Fe	Ni	Cr	Si	Mo	Mn
海滩结构	55.51	26.42	14.32	0.23	1.66	0.80
半岛结构	48.12	30.26	16.51	0.15	2.15	1.03
岛状结构	43.76	32.96	18.00	0.15	2.3	1.01

由于液态金属的黏性，在靠近熔合线的熔池边界处存在液态金属的滞流层或层流层。这层液态母材在与焊缝完全混合之前可能会凝固，沿熔合线形成一层的海滩结构。在焊接过程中，熔池中的对流不稳定，摆动焊可能会加剧熔池中的湍流，当这种层状结构被冲刷并搅拌到焊缝中时，由于成分过冷，它会迅速冷却和凝固，形成与海滩结构相连的岛状结构或半岛结构。

2.2.2　堆焊镍基合金失塑裂纹敏感性

Ni-Cr-Fe 系镍基焊材不仅具有良好的力学性能，也具有优异的抗应力腐蚀和晶间应力腐蚀性能，故其被广泛用于焊接核岛主设备的关键部件。为了提高其高温塑性，国外在 NiCrFe-7A 的基础上添加了 Mo 和 Nb 元素，开发了 NiCrFe-13 系焊材，并纳入标准体系。国内主要有哈尔滨焊接研究院有限公司、中国科学院金属研究所、上海核工程研究设计院有限公司等单位在开展核用 Ni-Cr-Fe 系焊接材料的研究工作[20-21]。

在本届年会上，来自哈尔滨焊接研究院有限公司的 Guo 等人就 Ni-Cr-Fe 系堆焊镍基合金失塑裂纹敏感性的相关研究成果做了汇报[22]，通过 Gleeble-3800 热力模拟机进行堆焊金属的应变-裂纹（strain to fracture，STF）试验。研究结果表明，Nb 含量较高和较低的堆焊金属的失塑区间相似，但 Nb 含量较高的临界应变量明显更高，如图 21 所示，这表明 Nb 具有改善镍基堆焊金属的高温塑性的作用。进一步的微观组织表征表明，Nb 使堆焊金属的晶粒尺寸降低，弯曲晶界数量增加，如图 22 所示。此外，偏析于枝晶间的含 Nb 一次相对晶界的运动产生了钉扎作用（图 23）。这些由 Nb 带来的组织变化是高温塑性提高的有利因素。

失塑现象多见于奥氏体合金（不锈钢，高温合金等），这种现象会诱导焊缝金属在中温或者高温区产生失塑裂纹，失塑裂纹尺寸小，难以检测，直接影响焊接结构的服役安全性和可靠性。此次报告表明了 Nb 在 Ni-Cr-Fe 焊缝金属内的有利作用，研究结果可为 Ni-Cr-Fe 合金设计与控制提供一定的理论依据。在第 73 届年会上，Guo 等人也汇报了对 NiCrFe-13 填充金属的焊接裂纹研究成果[23]，研究结果表明，部分熔化区内沿着共晶组织晶界分布的液化裂纹，是由液化组分凝固过程中收缩应力所致。根据目前结果，Ni-Cr-Fe 系焊接材料的设计仍需要考虑合金化元素的综合作用，充分研究其对焊接液化裂纹、失塑裂纹等缺陷的影响规律。

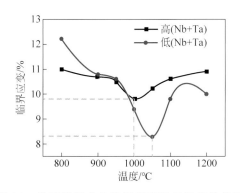

图 21　堆焊镍基合金临界应变量与温度的关系

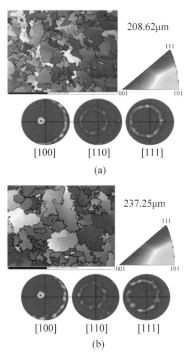

图 22　堆焊镍基合金 EBSD 分析结果

（a）高（Nb+Ta）；（b）低（Nb+Ta）

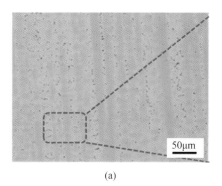

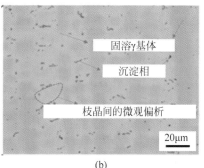

固溶γ基体

沉淀相

枝晶间的微观偏析

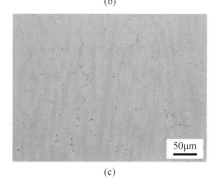

图 23　堆焊镍基金属微观组织

（a）和（b）高（Nb+Ta）；（c）低（Nb+Ta）

2.2.3　690 镍基合金失塑裂纹敏感性研究

镍合金 690 由于具有抗应力腐蚀开裂性，被广泛用于核电站的热交换器管道、反应堆压力容器控制棒的承座、测量系统的承座和套管。690 合金焊接材料不仅应用于对接焊，还涉及异种金属焊接和耐腐蚀层的熔覆，如接管安全端接头和耐蚀隔离层。镍合金 690 熔池具有高黏滞性，容易引发裂纹，尤其是失塑裂纹（ductility dip cracking，DDC）。DDC 尺寸小，不易通过常规方法检测，对核电站的关键部件构成极大的危害。研究结果表明，高温下变形不均匀和塑性储备不足是产生 DDC 的主要原因，而第二相的数量和尺寸，以及它们与晶界的夹角是提高材料抗 DDC 性能的重要因素。上海核工程研究设计院有限公司设计了一种核用新型镍基填充材料——WHS690M，并在本届年会中报告了该种填充金属在不同焊接条件下的 DDC 敏感性[24]。

通过在 Gleeble3800 热力模拟机上进行不同温度下的应变 - 裂纹试验来评价熔敷金属的 DDC 敏感性。图 24 显示了对接焊缝金属试样的 STF 测试结果，在 800℃时的临界应变为 8.9%，在 950℃时降至 7.7%，在大约 1000℃时达到最小值 7.2%。随着温度升高，焊缝金属开始出现动态再结晶，临界应变值增加。DDC 高敏感性区间在 950~1050℃。如图 25 所示，对接焊金属、冷丝熔敷金属和热丝熔敷金属的 DDC 高敏感区均在 950~1050℃，但冷丝熔敷金属和热丝熔敷金属的最小临界应变均明显大于高拘束度的对接焊。对比 NiCrFe-7 焊缝金属（在 ASME 标准中塑性最低约为 3%，对应温度约为 1050℃）可以发现，随着 Nb 和 Mo 含量的增加，焊缝金属的 DDC 敏感性显著降低[25]。

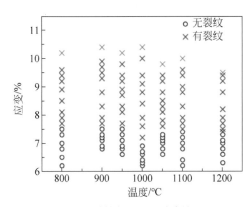

图 24　对接焊 STF 测试结果

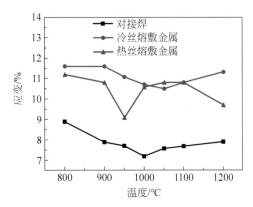

图 25　不同焊缝金属的临界应变 - 温度曲线

若 Nb 和 Mo 含量较高，则在提高 DDC 的同时会加剧偏析，如图 26 所示，枝晶间发现大量 MC、Laves 和 Sigma 相，而且在冷丝熔敷金属中的析出相比热丝熔敷金属更多。在冷丝熔敷金属中存在较多的析出相会导致奥氏体晶粒形核率增加，使晶粒更细小（图 27），晶界弯曲度更大，从而显著降低 DDC 的敏感性。另一方面，与熔敷金属相比，对接焊熔池为多向传热，造成大角度晶界增多，使 DDC 的敏感性增加。

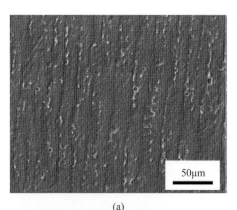
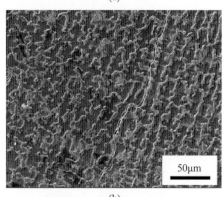
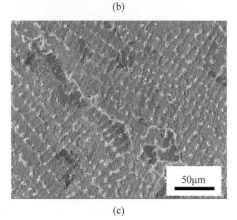

图 26　焊缝金属的显微形态和析出物
（a）对接焊缝金属；（b）冷丝熔敷金属；
（c）热丝熔敷金属

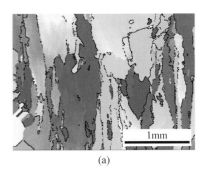

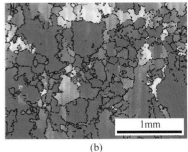

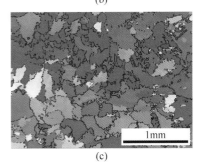

图 27　焊缝金属的 EBSD IPF 图

（a）对接焊缝金属；（b）冷丝熔敷金属；（c）热丝熔敷金属

2.3　抗蠕变耐热钢焊缝金属测试

MARBN 合金的开发引起了全球材料和火电行业的极大兴趣，早在 15 年前，Abe 等人就报告了 MARBN 合金的蠕变特性，通过 N 和 B 的加入明显提高了材料的蠕变强度，此后，特别是近 8~10 年，欧洲、日本、中国、美国等对这些新合金进行了积极的研究和工业验证，研究表明新的 W、Co 和 B 强化合金预计可使先进超超临界（advanced ultra-super critical，AUSC）发电厂的运行蒸汽温度升高 25℃，这意味着将运行蒸汽温度提高到 630℃甚至接近 650℃成为

可能[26-28]。

林肯电气公司的 Zhang 等人在开发 MARBN 合金配套焊材方面做了系统的研发工作，连续在 IIW 年会上作了相关进展介绍。在两个英国合作项目 IMPEL 和 IMPAL 的支持下，设计并评估了 MARBN 合金熔化极气体保护电弧焊（shielded metal arc welding，SMAW）配套焊材 Chromet 933，使焊缝和接头具有与基体相匹配的性能。

在前期的工作中，为了实现焊缝金属合金成分的优化设计，基于母材成分提出并评估了 5 种不同成分焊缝金属的组织、高温拉伸和高温持久性能，并根据结果确定了适合于 MARBN 合金的电弧焊焊材 Chromet 933 的化学成分[28]。

在本次焊接年会报告中，Zhang 等人研究了 Chromet 933 焊材焊缝金属的微观组织，并对焊缝金属及 MARBN IBN-1 合金焊接接头进行了中短期持久性能测试，以评估其蠕变性能。MARBN IBN-1 合金及 Chromet 933 焊材的化学成分如表 7 所示。焊态下焊缝金属呈现出完全的马氏体微观组织，未观察到有 δ 铁素体存在，经过 765℃不同保温时间的焊后热处理后，焊缝金属为回火马氏体组织，且组织对焊后热处理时间表现出良好的稳定性（图 28）。对符合 AWS 标准的焊缝金属试样、以 IBN-1 合金板材为母材的焊接接头试样和 IBN-1 厚壁管焊接接头试样分别进行持久性能测试，试样取样位置和相关照片如图 29~ 图 32 所示。中短期的持久性能结果表明：焊缝金属和焊接接头三种试样均取得令人鼓舞的初步结果，如图 33 所示，MARBN IBN-1 焊缝金属和焊接接头的持久性能与 P92 钢焊缝和焊接接头相比优势明显，IBN-1 焊接接头的持久试验仍在进行当中[29]。

表 7　熔化极气体保护电弧焊焊材 Chromet 933 焊缝金属及 IBN-1 母材化学成分　　　wt.%

材 料 名 称	C	Mn	Cr	Ni	Mo	W	Co	V	Nb	B	Al	N
IBN-1	0.10	0.54	8.7	0.14	0.05	2.5	3.0	0.21	0.06	0.012	0.001	0.018
Chromet 933 焊缝金属	0.10	0.60	8.9	0.40	0.30	2.7	3.2	0.23	0.06	0.010	0.001	0.040

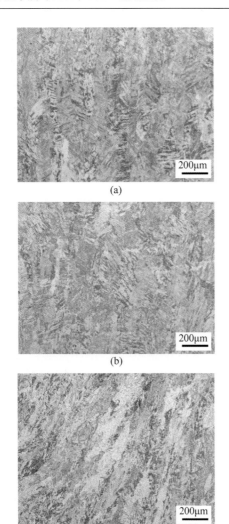

(a)

(b)

(c)

图 28　焊缝微观组织

（a）焊态；（b）765℃×2h 热处理态；（c）765℃×4h 热处理态

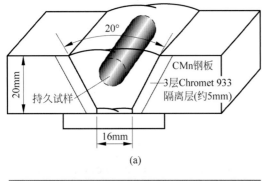

(a)

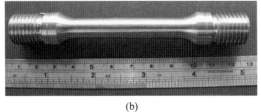

(b)

图 29　全焊缝持久试样取样位置和试样照片

（a）取样位置；（b）试样照片

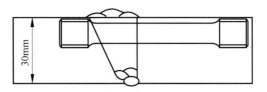

图 30　板材焊接接头持久试样取样位置图

(a)

(b)

图 31　IBN-1 管材焊接过程和最终成品照片

（a）焊接过程；（b）最终成品

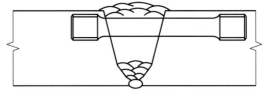

图 32　IBN-1 管材焊接接头持久试样取样位置图

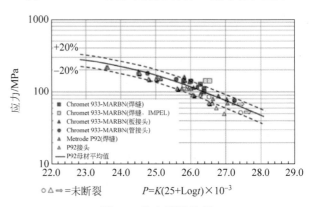

$P=K(25+\mathrm{Log}t)\times10^{-3}$

○△⇒=未断裂

图 33　持久试验结果

3 相关标准

焊缝金属分类与标准化分委会（Sub-C-Ⅱ-E）会议由分会主席 Fink 主持，从第 73 届年会至 2021 年 5 月，该分委会组织对有关焊接材料国际标准进行了系统的评审。

2021 年度系统评审的标准包括：ISO 3581：2016《焊接材料——不锈钢和耐热钢手工金属极电弧焊用焊条——分类》，ISO 12153：2011《焊接材料——镍和镍合金气体保护和非气体保护金属极电弧焊用管芯焊条——分类》，ISO 14171：2016《焊接材料——非合金钢和细晶粒钢埋弧焊的实心焊条、管芯焊条和焊条/焊剂组合——分类》，ISO 15792-3：2011《焊接材料——试验方法-第三部分：焊接材料角焊缝根部熔深和成形能力的分类试验》，ISO 17777：2016《焊接材料——铜和铜合金手工金属极电弧焊用焊条——分类》，ISO 19288：2016《焊接材料——镁和镁合金熔焊用实心焊条、实心焊丝——分类》。

2022 年将要进行系统审查的标准有：ISO 14175：2008《焊接材料——用于熔焊和相关工艺的气体和气体混合物》，ISO 17633：2017《焊接材料——不锈钢和耐热钢气体保护和非气体保护金属极电弧焊用管芯焊条和焊条——分类》，ISO 544：2017《焊接材料——填充材料和焊剂的技术交货条件——产品类型、尺寸、公差和标记》，ISO 14343：2017《焊接材料——不锈钢和耐热钢电弧焊用丝状焊条、带状焊条、焊丝——分类》，ISO 636：2017《焊接材料——非合金钢和细晶粒钢钨极惰性气体保护焊用焊条、焊丝和熔敷物——分类》，ISO 3580：2017《焊接材料——抗蠕变钢手工金属极电弧焊用焊条——分类》，ISO 21952：2012《焊接耗材——抗蠕变钢气体保护电弧焊用焊丝、焊条和熔敷物——分类》，ISO 20378：2017《焊接耗材——非合金钢和抗蠕变钢气焊用焊条——分类》，ISO 18276：2017《焊接耗材——用于高强度钢的气体保护和非气体保护金属极电弧焊的管芯焊条——分类》，ISO 26304：2017《焊接耗材——用于高强度钢埋弧焊的实心焊条、管芯焊条和焊条-焊剂组合——分类》，ISO 16834：2012《焊接耗材——高强度钢气体保护电弧焊用焊丝、焊条和熔敷物——分类》。

4 结束语

在 2021 年的 IIW 年会中，C-Ⅱ 分委会学术报告的研究对象仍以钢铁材料（包括 Ni-Cr-Fe 基高温合金）为主，研究背景覆盖了火电、核电、海洋等重要工程领域，并涉猎了焊接冶金、焊接应力与模拟、焊接工艺等多学科。焊接方法仍以熔化焊为主，并在常规熔化焊方法上研究了如交替气氛保护 GMAW、高频脉冲加速 TIG 焊（SWAT 工艺）等高效新工艺。核用耐蚀 Ni-Cr-Fe 镍基合金焊缝的合金设计在 2021 年仍然受到关注，相关报告从元素角度揭示了 Ni-Cr-Fe 熔敷金属的失塑裂纹影响机制。钢中 δ 铁素体的工作也取得了一定进展，报告通过合金设计提供了优化奥氏体-铁素体配比和力学性能的思路，同时，C-Ⅱ 分委会承担修订的 ISO/DTR 22824：2021《焊接-不锈钢焊缝金属中铁素体规范测量指南》进入投票决议阶段。焊接应力的表征和评估一直是焊接的研究难点，本次年会报告提出了高强海工钢补焊结构应力评估的设计结构，为大型焊接结构的修复提供了参考。

参考文献

[1] RAJASEKARAN N, SANTHAKUMARI A, PRASHANTH C, et al. Butt joining of 18 Cr-9 Ni-3 Cu-Nb-N (Super 304 H or equivalent grade) tubes by gas metal arc welding process with alternate shielding gas [Z]. IIW-Ⅱ-2201-2021.

[2] 陆善平, 董文超, 李殿中, 等. 不锈钢材料的高效率焊接新工艺 [J]. 金属学报, 2010, 46（11）：1347-1364.

[3] SANTHAKUMARI A, SENTHILKUMAR T, CHANDRASEKAR M, et al. Comparative

evaluation of effect of shielding gas using gas mixer and shielding gas alternator for GMAW of tube to tube joints [J]. International Research Journal on Advanced Science Hub, 2020, 2(7): 139-149.

[4] DHANDHA K H, BADHEKA V J. Comparison of mechanical and metallurgical properties of modified 9Cr–1Mo steel for conventional TIG and A-TIG welds [J]. Transactions of the Indian Institute of Metals, 2019, 72(7): 1809-1821.

[5] CHINOY N, NARSIA H A. SWAT (sigma weld accelerated TIG) – High pulse welding for joining aerospace materials[Z]. IW-Ⅱ-2206-2021.

[6] LE P P, LAUGIER M, SCANDELLA F, et al. K-GTAW process: A new welding technology combining quality and productivity[J]. Welding International, 2007, 21(6): 430-441.

[7] BECKER A, SCHROEPDER D, KANNEN-GIESSER T. Adequate repair concepts for high-strength steel weld joints for offshore support structures considering design influences [Z]. IIW-Ⅱ-2197-2021.

[8] ZHANG J B, GUO X, LIU S H, et al. Effect of post-weld heat treatment on impact properties and fracture toughness of SA-738 Gr. B heat affected zone [Z]. IIW-Ⅱ-2203-2021.

[9] DING L Z, LEI Y, ZHANG J, et al. An investigation into the weldability of SA-738Gr. B steel [J]. Materials Research Innovations. 2015, (19): S5-1197-1201.

[10] MA Y, RAN G, CHEN N, et al. Investigation of mechanical properties and proton irradiation behaviors of SA-738 Gr.B steel used as reactor containment [J]. Nuclear Materials Energy. 2016, 8: 18-22.

[11] COROLLEUR A, FANICA A, PASSOT G. Ferrite content in the heat affected zone of duplex stainless steels[C]//Stainless steel conference, Austria, 2015.

[12] HIGELIN A, MANCHET S. L, PASSOT G, et al. Heat affected zone ferrite content control of a new duplex stainless steel grade with enhanced weldability [Z]. IIW-Ⅱ-2192-2021.

[13] CISSÉ S, MANCHET S. LE, PAUL D, et al. Duplex stainless steels for low temperature applications [C]//ISOPE 2017 conference, 2017.

[14] BONNEFOIS B, SOULIGNAC P. Statistical system of prediction for duplex and superduplex weld properties[C]//5th world conference: In Proc. Duplex stainless steel, 1997.

[15] KOTECKI D J. Welding-Guidance on specification and measurement of ferrite in stainless steel weld metal [Z]. IIW-Ⅱ-2172-2021.

[16] KOTECKI D J. Welding-Guidance on specification and measurement of ferrite in stainless steel weld metal [Z]. IIW-Ⅱ-2177-2021.

[17] LI C H, SHAO M, FINK C, et al. TEM investigation on eutectic phase formation in Ni-30Cr filler metal 52XL[J]. Microscopy and Microanalysis, 2018, 24: 42-43.

[18] GUO X, HE P, XU K, et al. Microstructure and mechanical properties of deposited metal with a nickel alloy welding wire for nuclear plant [J]. Transactions of the China Welding Institution, 2020, 41: 26-30.

[19] GUO X, XU K, LV X C, et al. Microstructure investigation on the Fusion Zone of Steel/ Nickel-alloy Dissimilar Weld Joint for Nozzle Buttering in Nuclear Power Industry[Z]. IIW-Ⅱ-2200-2021.

[20] ZHANG X, LI D Z, LI Y Y, et al. Effect of Nb and Mo on the microstructure, mechanical properties and ductility-dip cracking of Ni–Cr–Fe weld metals [J]. Acta Metallurgica Sinica (English Letters), 2016, 29: 928-939.

[21] GU Y, HUANG Y F, ZHANG J B, et al. Investigation on ductility dip cracking susceptibility of Domestic WNi690 nickle-alloy welding electrode [J]. Pressure Vessel Technology, 2020, 37: 1-5.

[22] GUO X, XU K, ZHANG J B, et al. Ductility dip cracking susceptibility of nickel alloy deposited metal by strip cladding [Z]. IIW-Ⅱ-2198-2021.

[23] GUO X, HE P, XU K, et al. Microstructure evolution and liquidation cracking in the partially melted zone of deposited ERNiCrFe-13 filler metal subjected to TIG refusion [Z]. IIW-Ⅱ-2147-2020.

[24] GU Y, GUO X, ZHANG J B, et al. Ductility-dip cracking susceptibility of a high-chromium, Ni-based filler metal [Z]. IIW-Ⅱ-2204-2021.

[25] GU Y, ZHANG J B, HUANG Y F et al. Research on influence of welding technology on DDC susceptibility of deposited metal of 690 nickel base alloy welding wires at high temperature [J]. Electric Welding Machine, 2019, 4: 206-210.

[26] ABE F, TABUCHI M, SEMBA H, et al. Feasibility of MARBN steel for application to thick section boiler components in USC power plant at 650℃ [C]//5th EPRI International Conference, United States, 2007.

[27] ABSTOSS K G, SCHMIGALLA S, SCHULTZE S, et al. Microstructural changes during creep and aging of a heat resistant MARBN steel and their effect on the electrochemical behavior [J]. Materials Science & Engineering A, 2019, 743: 233-242.

[28] ZHANG Z Y, MEE V V D, ALLEN D. Assessment of deposit microstructure and all-weld and joint creep performance of the matching filler metal for the MARBN alloys [Z]. IIW-Ⅱ-2193-2021.

[29] ZHANG Z Y，MEE V V D. Development of the matching filler metal for MARBN-new advanced creep resisting alloys for thermal power plant [Z]. IIW-Ⅱ-2170-2020.

作者：陆善平，中国科学院金属研究所研究员，博士生导师。主要从事焊接冶金、焊接材料研究工作。发表论文170余篇，授权发明专利18项。撰写专著、参编译著各一部。2009年获中国科学院杰出科技成就奖（突出贡献者）。E-mail: shplu@imr.ac.cn。

审稿专家：邸新杰，天津大学教授，博士生导师。主要从事焊接冶金、金属焊接性和电弧增材制造等方面的基础研究和教学工作。发表论文80余篇，申请国家专利20余项。E-mail: dixinjie@tju.edu.cn。

压焊（IIW C-Ⅲ）研究进展

李文亚[1]　陈楠楠[2]

（[1]西北工业大学材料学院，凝固技术国家重点实验室，陕西省摩擦焊接工程技术重点实验室　西安　710072；
[2]上海交通大学材料科学与工程学院，上海市激光制造与材料改性重点实验室　上海　200240）

摘　要： 第74届国际焊接学会年会C-Ⅲ专委会（Resistance Welding，Solid State Welding and Allied Joining Processes）学术交流会于2021年7月12—14日召开。由于新冠肺炎疫情的影响，会议改为线上报告的形式，因此报告数量相比往年有了明显的下降。本次线上会议，共有来自德国、中国、日本、韩国、加拿大、英国等10余个国家的学者做了学术报告，报告内容涉及压焊的多个领域。本文主要从电阻焊、摩擦焊、其他压焊方法三个方向进行评述。电阻焊部分主要涉及异种金属电阻点焊、先进高强钢的电阻点焊和电阻焊系统动态控制等方面；摩擦焊部分主要涉及铝合金、钛合金和钢等多种金属材料的焊接；其他压焊方法主要是超声波焊接。

关键词： 电阻焊；摩擦焊；超声波焊；铝合金；高强钢；钛合金；异种材料

0　序言

压焊是通过向被焊材料施加一定压力使其待焊表面紧密接触，在加热或不加热的状态下，在接合部位产生局部塑性变形或熔化，进而实现连接的方法。常见的压焊有电阻焊和摩擦焊，此外还包括超声波焊、扩散焊、爆炸焊等。压焊工艺成本低、生产效率高、能耗污染小、生产工艺简单、连接质量好，易实现自动化，被广泛应用于航空、航天、汽车、电子等诸多工业领域。

电阻焊作为压焊的重要组成部分，在薄板连接方面具有强度高、效率高、变形小、质量稳定、成本低等优势，一直以来是车身连接的主要工艺方法。伴随着新能源汽车产业的崛起，新材料与新的接头形式不断出现，电阻焊技术面临全新挑战。在汽车动力电池制造方面，电芯集成需要连接多层、超薄、异种材料，这激发了相关人员对电池微电阻点焊（micro resistance spot welding，MRSW）技术的研究。此外，为了获得更强的续航能力，新能源汽车对车身轻量化的要求越来越高，这也进一步推动了铝-钢异种点焊和先进高强钢点焊的研究进程。

摩擦焊是以工具与工件之间或两工件之间在一定压力作用下的相对运动产生的摩擦热作为主要焊接热源，实现同种或异种材料（金属、塑料、金属与陶瓷、金属与塑料等）连接的一种先进固相焊接技术。通常，除了摩擦热以外，界面附近塑化金属的塑性变形热也起到了重要的作用。同时，在强烈的热力耦合作用下，界面间的原子扩散和再结晶等冶金过程也对最终的可靠连接起到了至关重要的作用。相比于传统熔焊技术，摩擦焊具有更低的焊接温度和更小的热输入，因此避免了熔焊过程中常见的冶金缺陷，如裂纹、偏析和气孔等。目前，摩擦焊主要分为旋转摩擦焊（rotary friction welding，RFW）、搅拌摩擦焊（friction stir welding，FSW）和线性摩擦焊（linear friction welding，LFW）。现阶段，FSW仍然是科学研究的热点，本届国际焊接会议报道了部分摩擦焊的创新性研究工作进展。

本文根据IIW 2021 C-Ⅲ专委会线上报告的内容，对电阻焊、摩擦焊和其他压力焊方法的发展现状和创新点进行了评述。

1 电阻焊研究进展

1.1 异种金属电阻点焊

为了应对消耗化石燃料所产生的气候变化与空气污染问题，新能源产业发展越来越受到各国的关注。在新能源汽车领域，动力电池技术的不断革新加快了全球范围的汽车电驱化步伐。动力电池系统目前向着高强度、轻量化、高倍率、高安全、低成本、长寿命的方向发展，电池电芯连接技术的升级是实现上述目标的重要手段。单个电池系统通常由数百个甚至上千个电芯通过串并联实现集成，电芯连接接头的导电性与力学性能决定了电池系统的安全性与可靠性。MRSW 是目前应用较为广泛的电芯连接工艺，具有稳定性高、热输入低、成本低等优势，且易实现单面焊接。电芯连接的组件通常包括极耳、汇流排、极帽、连接片等，材料主要包括铝、铜、镍、镀镍钢等。

上海交通大学王敏教授团队的陈楠楠等人[1]研究了铝 - 铜 MRSW 接头的界面组织行为，并通过在铝表面添加非晶镍磷镀层的方式提升了接头的力学、电学性能。研究发现，如图 1 所示，在无镀层的情况下，铝、铜直接接触，在界面形成大量 $CuAl_2$ 金属间化合物，熔化区呈环形分布（焊点中心存在未焊区），焊接界面易飞溅，且熔核内部存在较多孔洞与热裂纹，焊接接头在拉剪测试时发生界面脆性断裂，强度低，同时接头电阻较高。通过添加镍磷镀层，焊接界面的铝、铜互扩散被显著抑制，进而消除了界面脆性的铝 - 铜IMC；同时，镀层避免了铝表面氧化膜的形成，使焊接产热更加均匀，消除了焊点中心处的未连接区，抑制了飞溅、孔洞与热裂纹的形成。

上述创新的焊接工艺巧妙地利用了非晶镀层的高电阻率的特性，克服了铝、铜母材由于电阻率低而产热不足的问题，并且在焊接完成

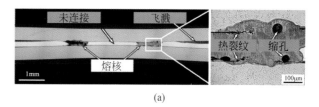

(a)

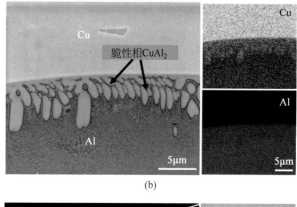

(b)

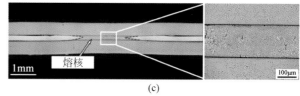

(c)

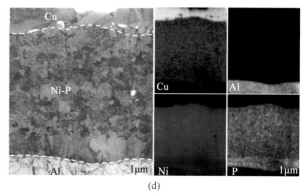

(d)

图 1 铝 - 铜微电阻点焊接头截面组织元素图
（a）无镀层接头宏观截面；（b）无镀层接头界面 SEM 照片与 EDS 元素分布图；（c）有镀层接头宏观截面；（d）有镀层接头界面 SEM 照片与 EDS 元素分布图

后，界面的 Ni-P 层发生结晶转化，使界面电阻大幅降低。这种非晶镀层的微电阻点焊工艺无须对焊接设备进行改造，仅通过镀层设计、焊接工艺设计和焊接电极设计即可实现铝 - 铜异种超薄材料的高质量连接，且镀层成本低，有利于实现技术产业化应用。除此之外，该技术适用于并联条件下的铝 - 铝极耳、铜 - 铜极耳的连接，可实现多层铝 - 铜极耳的连接。

来自波兰的 Kowieski 等人[2]借助有限元分

析软件SORPAS，建立了铜连接片与18650型圆柱电池镀镍钢极帽之间的单面MRSW模型（图2），研究了焊接电极端面尺寸、材质与压力对熔核尺寸的影响。研究结果表明，电极端面尺寸是影响焊点尺寸的关键因素之一。在相同焊接参数下，当使用端面直径为0.3mm的电极进行焊接时，可以获得最大的熔核尺寸。此外，钼电极相比于钨电极可以获得更大的熔核直径，而电极压力增大则会造成焊核缩小甚至消失。该研究借助数值模拟手段对电池单面焊的多因素进行了研究，这对电极设计与工艺设计具有较高的工程指导意义，但研究的科学意义相对较弱。

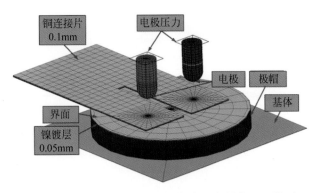

图2　铜连接片 - 镀镍钢极帽微电阻点焊有限元模型

北京理工大学的Zhou等人[3]在铝 - 钢电阻点焊研究方面，通过建立有限元模型，分析了焊接电流模式（交流电与直流电）、电极压力、钢母材硬度对焊接过程的热学、电学、力学的影响，并通过获取的温度历史对金属间化合物的厚度进行了计算。铝 - 钢电阻点焊接头的截面温度分布如图3所示。

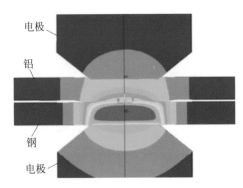

**图3　有限元模拟铝 - 钢电阻点焊接头的
截面温度分布图**

研究发现，焊接过程中的熔核生长、电极位移、铝/钢接触面积主要受控于电流实际值，与电流模式关系较弱。在IMC厚度方面，直流模式比交流模式略厚；增加电极压力有助于降低IMC厚度；钢母材的硬度越高，最终的IMC越厚。有限元模拟是研究铝 - 钢电阻点焊熔核生长与界面金属间化合物生长机理的有效手段，模型的精度验证是判断结果有效性的关键，Zhou等人对比了实验采集的动态电阻与模拟预测的动态电阻，二者吻合良好，证明模型具有较高的精度。前人的工作对于电流模式对铝 - 钢电阻点焊影响的研究较少，Zhou等人的研究丰富了该部分的理论知识。此外，汽车用钢种类丰富，硬度差异明显，研究分析钢材硬度对铝 - 钢电阻点焊的影响对于工程应用具有较高的指导意义。

1.2　先进高强钢的电阻点焊

先进高强钢是一种多相复合钢种，通过复杂的工艺调控实现高强度与高延展性，将其替代传统钢材可有效降低车身重量，进而达到节能减排的目的。近年来，钢厂对于第三代先进高强钢的研发投入越来越大，主要原因是第三代高强钢在具备高性能的同时具有较低的制造成本。然而，先进高强钢在电阻焊过程中易发生热影响区软化、熔核韧性差、液态金属脆化（liquid metal embrittlement，LME）裂纹等问题，造成接头强度衰减。

镀锌高强钢电阻焊的LME裂纹已成为电阻焊研究领域的热点问题。LME裂纹是指在高温与拉应力共同作用下，锌镀层熔化侵入钢基材，导致裂纹形成。在电阻焊过程中，高温、高应力极易诱导LME形成。目前的研究认为可通过3个方面抑制LEM的形成：①调控基材，可通过热处理的方式调控基材晶界状态，或通过降低碳含量的方式增加铁素体含量；②调控焊接工艺，即通过改变焊接参数与电极形貌来减少材料表面的温度和热应力；③调控镀层，即在锌镀层与钢基材之间添加铝中间层，以避免锌与基材直接接触，或对镀层进行热处理，诱导镀层与基材界面形成金属间化合物，实现镀层与基材的隔离。

加拿大滑铁卢大学的 Pearson 等人[4] 对于第三代先进高强钢电阻点焊的 LME 裂纹进行了研究，对比分析了电极直径、多脉冲电流和保持时间对于 LEM 裂纹的影响，如图 4 所示。结果表明，裂纹敏感性在保持时间为 100ms 时最弱，在 200ms 时最强，而进一步延长保持时间会使裂纹敏感性逐渐降低。相比于单脉冲，多脉冲可有效降低裂纹敏感性，且增加脉冲数量可进一步抑制裂纹形成。此外，增加电极端面直径可减少 LME 裂纹的总体数量。基于上述研究结果，Pearson 等人通过增大电极直径、选用脉冲电流和超短的保持时间抑制了由于上下电极未对准、预变形和板间隙引发的 LME 裂纹。该研究从调整焊接工艺与电极形状的角度出发，较为系统地研究了各变量对 LME 裂纹的影响，并对不同位置的 LME 裂纹进行了分类统计，研究成果具有较强的实用性。在裂纹统计方面，尽管引入了裂纹指数，对裂纹数量、长度进行了综合量化，但裂纹的表征手段采用了传统的金相截面法，难以实现较高精度的裂纹测量统计。

来自加拿大滑铁卢大学的 Figueredo 等人[5] 在对 DP 钢（DP980）电阻焊接头与 Q&P 钢（Q&P980）的电阻焊接头的对比研究中发现，Q&P 钢在正拉测试中，裂纹倾向于沿着熔合区断裂，如图 5 所示。而 DP 钢断裂位置则在热影响区位置，并且 Q&P 钢的正拉强度仅为 DP 钢的一半。硬度测试显示 Q&P 钢的熔合区存在明显的局部软化现象。Figueredo 等人尝试采用双脉冲工艺强化熔合区，分别研究了双脉冲间的冷却时间、第二脉冲的持续时间和电流强度对于熔合区硬度及正拉强度的影响。结果表明，第二脉冲的电流是影响熔合区硬度的关键因素，高电流可以消除熔合区软化的问题，抑制裂纹在熔合区内的扩展，进而实现正拉强度的大幅

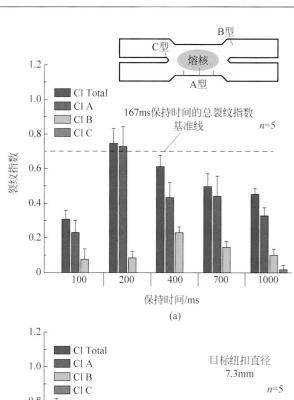
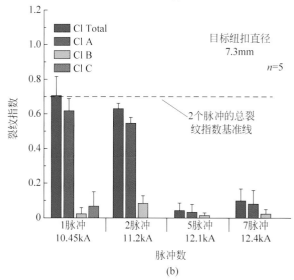
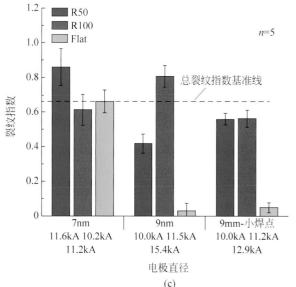

图 4　焊接参数对 LME 裂纹指数的影响

（a）保压时间；（b）电流脉冲数量；（c）电极直径

提升。Q&P钢熔合区的软化问题此前鲜有报道，该发现丰富了Q&P钢电阻点焊可焊性相关的理论认识，研究提出的通过增加恰当的脉冲电流消除熔合区软化的解决策略具有较高的工程意义。然而，在熔合区软化的形成机理方面有待进一步分析，同时脉冲工艺对于熔合区组织、成分的影响目前认识尚不充分，期待研究工作者开展进一步工作。

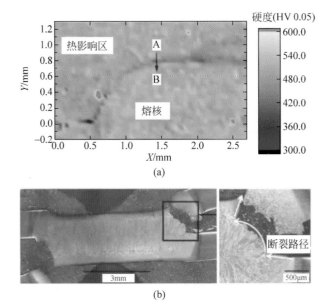

图 5　QP980钢电阻点焊接头的力学性能

（a）截面硬度分布；（b）正拉测试下的断裂路径

韩国明知大学的Raash等人[6]研究了TRIP1180钢电阻点焊中的保持时间对焊点质量的影响，以及电极锻压力对于保持时间敏感性的影响，如图6所示。结果表明，保持时间的延长有利于增大熔核尺寸、减少缩孔并减少残余奥氏体；电极锻压力的使用有利于减少缩孔，但会减小熔核的尺寸。在力学性能方面，延长保持时间虽然可以增大接头拉剪强度，但会降低正拉强度，而锻压力的使用对于相同保持时间下的焊点强度无显著影响。该研究的结果对于工艺设计具有一定的指导意义，但缺少对"工艺参数-组织缺陷-力学性能"间内在关系的理论分析。其中，保持时间延长会增大接头拉剪强度，但降低正拉性能这一现象较为反常，有待进一步研究。

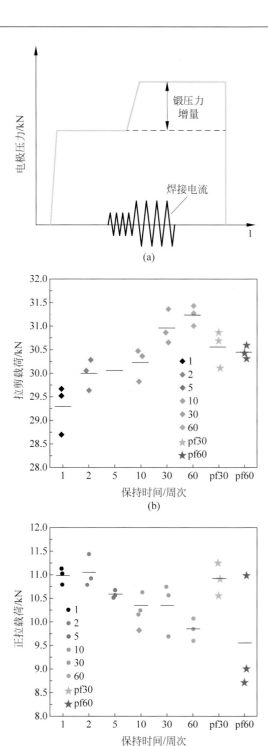

图 6　TRIP1180钢电阻点焊焊接工艺与力学性能

（a）带有锻压力的工艺示意图；（b）不同保持时间下的拉剪载荷；（c）不同保持时间下的正拉载荷

1.3　电阻焊系统动态控制

电阻点焊的实时监控通过采集焊接过程中的动态信号，包括电压、电流、电极位移等，实现在线监控焊接质量，在此基础上可进一步通过动态调节焊接电流提升焊点质量。来自韩国明知大学的 Lin 等人[7] 构建了如图 7 所示的焊接系统，尝试以焊接电极动态位移为参考量，对 MRSW 过程中的焊接电流进行实时调控。该方法首先通过实验手段获取合格焊点对应的电极动态位移曲线，将其作为标准曲线；在实际焊接过程中，一旦电极位移偏离标准曲线，控制器就会自动调控电流，使电极位移接近标准值。他们对该焊接系统进行了实验验证，结果证明在焊接位移出现失调时，仍可获得接近标准值的熔核尺寸。

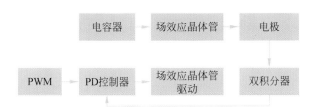

图 7　简化的焊接系统架构示意图

上述设计的理论基础为电极位移与熔核生长间的内在关系，即熔核形成与长大过程伴随着焊点初期的热膨胀，造成电极上移，而焊接中后期由于材料软化、熔化，电极下移压入材料表面。虽然研究结果对系统有效性进行了一定程度的验证，但缺少对于位移失调机理的相关阐述。事实上，焊接过程中位移失调的原因有很多，例如电极端面变形损耗引起的产热变化、焊接飞溅等。飞溅发生的瞬间，电极位移将出现突变，且发生时刻通常为焊接后期，这将极大增加电流的调控难度。总的来说，该方法具有较强的创新性，将对点焊在线监控与实时调控技术的发展产生推动作用。

2　摩擦焊研究进展

2.1　搅拌摩擦焊

搅拌摩擦焊（FSW）在铝、镁等轻质合金材料的连接方面具有突出的冶金优势，已在航空航天、交通运输、电力等领域得到了成功应用。FSW 过程如图 8 所示，利用高速旋转的搅拌工具与被焊工件之间的摩擦热使被焊材料局部热塑化，并在搅拌工具的挤压 - 剪切作用下

从前进侧向后退侧发生转移，同时后退侧材料逐渐回填至前进侧，最终实现界面的冶金结合，形成致密的焊缝。目前，国内外学者对 FSW 开展了大量的研究工作，主要集中在焊接工艺参数、接头微观组织和力学性能等方面，这些也是本次会议的研究热点。

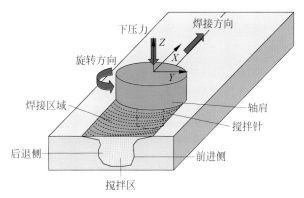

图 8　FSW 接过程示意图

来自匈牙利米什科尔茨大学的 Mertinger 等人[8] 采用静止轴肩搅拌摩擦焊工艺（stationary shoulder-FSW，SSFSW）（图 9）实现了 7050-T7451/2024-T4 铝合金的角焊接。将 Barker、Weck 和 Keller 三种腐蚀剂作用后的接头进行对比（图 10），发现三种接头所呈现的信息在一定程度上是互补的。其中，在 Barker 腐蚀后的接头中可以清晰地看到晶粒结构；在 Weck 腐蚀后的接头中可以看到析出物和夹杂；而在 Keller 腐蚀后的接头中则可以清晰地看到接头中的沉淀物大小及其分布状态。

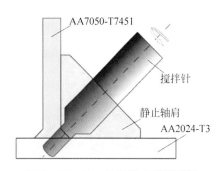

图 9　SSFSW 角焊缝成形原理图

除了利用光学显微镜在较为宏观的尺度观察接头的组织特征外，电子背散射衍射（electron backscattering diffraction，EBSD）技术在微观

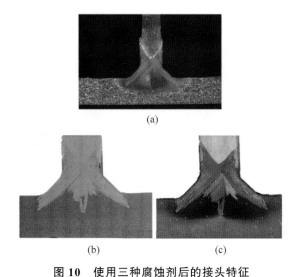

图 10　使用三种腐蚀剂后的接头特征

（a）Barker 腐蚀；（b）Weck 腐蚀；（c）Keller 腐蚀

上可以提供接头更精确的晶粒尺寸和取向信息。如图 11 所示，利用 EBSD 和扫描电子显微镜（scanning electron microscope，SEM）分别对接头 2024 侧的焊核区和热影响区界面附近及 7075 侧的热影响区进行分析，可以看到不同的分析检测手段所反映的组织特征也是不一样的。几种组织表征方法的对比见表 1，不同表征手段的组合既可以更精确地分析接头组织特征，也能减少扫描时间，实现对焊缝组织的准确、快速分析。该研究结果对于接头的组织分析提供了多种思路，但是未阐述不同腐蚀剂的检测原理，对于 EBSD 测试结果所反应的信息也没有展开说明。

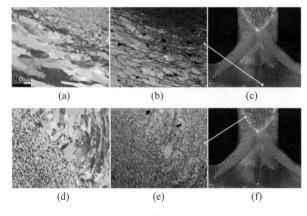

图 11　2024 铝合金侧的测试结果

（a）EBSD 测试结果；（b）SEM 测试结果；
（c）测试位置：7075 铝合金侧；（d）EBSD 测试结果；
（e）SEM 测试结果；（f）测试位置

表 1　不同组织表征技术可揭示的组织特征对比

检 测 技 术	成分	晶粒尺寸	氧化物	沉淀物
光学显微镜 -Keller			×	×
光学显微镜 -Barker		×	×	
光学显微镜 -Weck	×			×
扫描电子显微镜 - 二次电子图像			×	×
扫描电子显微镜 - 背散射电子图像			×	×
扫描电子显微镜 - 背散射电子衍射		×		

来自马来西亚科技大学的 Hasnol 等人[9] 针对 AA5083 和 AA6061-T6 异种铝合金板的 FSW 连接开展了冷却方式对接头组织和性能影响的研究，并关注了不同搅拌针形状（圆柱形、圆柱螺纹形和圆锥形，如图 12 所示）对 FSW 接头的影响。在水冷环境下，不同形状搅拌工具所对应的接头上表面形貌和横截面特征如图 13 所示。通过对比可以发现，水下焊接接头的表面较为粗糙，可能是由于此时热塑性材料的流动性较差。值得注意的是，在三种接头的横截面上均形成了"洋葱圈"，而且在前进侧的热影响区中均出现了隧道缺陷。研究者认为，水冷环境可以有效降低焊接过程中的热量累积，提高冷却速度，促进焊缝区的晶粒细化。同时，快速冷却可以缩小热影响区的范围，进而提高接头的显微硬度。然而，水环境的存在也会降低焊接过程中材料的混合能力。当材料混合不充分时，接头内部容易产生缺陷，从而影响其

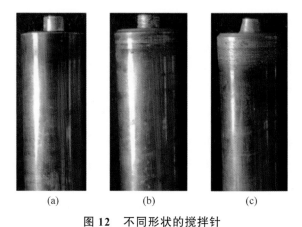

图 12　不同形状的搅拌针

（a）圆柱形；（b）圆柱螺纹形；（c）圆锥形

力学性能。该研究结果阐述了水冷环境对接头组织性能的影响，具有一定的指导意义。但是，仅仅从实验角度来阐述过于单一。如果能从产热机理的角度对比空气中和水下焊接时的热量差异，会使该结果更具说服力。

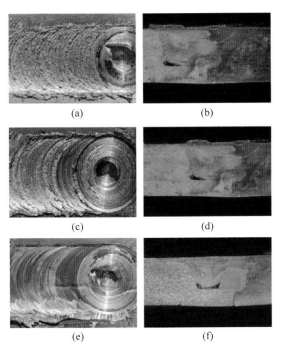

图 13　水冷条件下不同搅拌针形状所对应接头的形貌
（a）和（b）圆柱形；（c）和（d）圆柱螺纹形；
（e）和（f）圆锥形

印度理工学院的 Agilan 等人[10]以 2195 和 2219 铝合金为研究对象，采用 FSW 的方法制备了同质和异质焊接接头。图 14 为 2195 与 2219 铝合金的母材同质和异质接头的拉伸性能。可以看出，2219 和 2195 铝合金母材的力学性能最好，2195 同质接头的力学性能次之；而 2219 铝合金的同质接头力学性能与 2195-2219 异质接头的力学性能相当。结果表明，对于异种材料组合，接头的力学性能主要取决于较软的材料。

此外，他们还研究了异种材料组合接头中前进侧和后退侧的相对位置对拉伸性能和断裂位置的影响，如图 15 和图 16 所示，当 2195 位于后退侧、2219 位于前进侧时，接头的力学性能较高，但从宏观断裂形貌可以看出，不论采用何种组合，接头均断裂于 2219 铝合金侧。

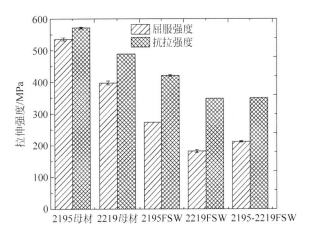

图 14　2195 和 2219 铝合金母材、同质与
异质 FSW 接头拉伸性能

图 15　不同组合下 2195-2219 铝合金接头宏观断裂位置
（a）2195（前进侧）-2219（后退侧）；
（b）2195（后退侧）-2219（前进侧）

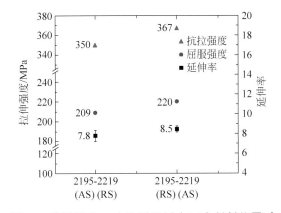

图 16　前进侧（AS）和后退侧（RS）材料位置对
异种 2195-2219 铝合金接头拉伸性能的影响

德国 Helmholtz-Zentrum Geesthacht 研究所的 Barbini 等人[11]采用 SSFSW 技术实现了 AA2024-T3 和 AA7050-T7651 铝合金飞机蒙皮与纵梁的连接，研究了焊接工艺参数、接头组织特征和力学性能之间的关系。他们首先计算了旋转速度和焊接速度对焊缝能量输入的影响。结果表明，在较低的焊接速度和较大的旋转速度下，能量输入较高，如图 17（a）所示。然而通过图 17（b）可以发现，最高的峰值温度是在最低转速时达到的。随后，讨论了在热参数（转速 =

1200r/min，焊接速度＝180mm/min）与冷参数（转速＝800r/min，焊接速度＝420mm/min）作用下接头的组织特征，如图18所示。结果表明，当采用热参数焊接时，在接头横截面中可以看到"洋葱圈"的特征，这是由于在焊接过程中，搅拌针周围的材料进行了水平方向和垂直方向的运动；而当采用冷参数焊接时，接头中没有"洋葱圈"，说明冷参数不仅使接头的热量减少，还会导致应变能和变形减少。最后，研究者还对不同焊接参数下的接头力学性能进行了测试，发现所有接头的屈服强度较为相近，如图19所示。

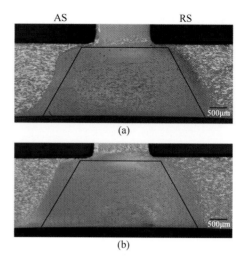

图 18　不同工艺参数下接头的横截面形貌

（a）"冷"参数；（b）"热"参数

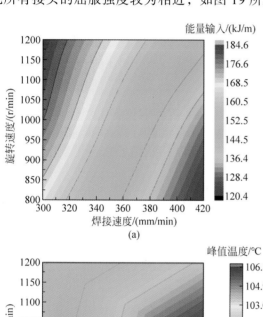

(a)

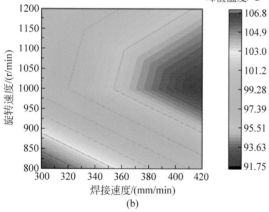

(b)

图 17　焊接参数对接头的影响

（a）能量输入；（b）峰值温度

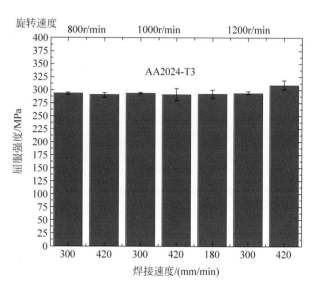

图 19　不同焊接工艺参数下接头的屈服强度

对于钢的FSW，搅拌工具通常需承受约1200℃的高温和较大的摩擦磨损。因此，焊接过程对搅拌工具材料在高温下的机械性能和化学性能具有较高的要求。德国焊接技术学会（GSI）的Boywitt等人[12]分别选用了Al_2O_3、ZrO_2、SiC、Si_3N_4和WC-ZrO_2等不同种类的陶瓷材料作为搅拌工具材料，并根据相应材料的性能开发了特定的焊具系统，实现了X_5CrNi_{18}-10不锈钢、H800高强钢、S235和S355低碳钢的FSW连接，评估了不同陶瓷材料工具对于接头的影响及其适用性。研究发现，刀具材料的抗热振性和断裂韧性指标尤为重要，与非氧化物材料相比，氧化物材料工具在钢焊接时有更好的耐磨性和热化学抗性。此外，Si_3N_4材料具有最好的稳定性，即使工具磨损形成的杂质也不会对焊缝的机械性能产生显著的负面影响，但是其耐磨性仍然需进一步提高。值得注意的是，新型复合材料WC-ZrO_2同时满足了上述要求，几乎无磨损，如图20所示，因此其在钢的FSW中具有广泛的应用前景。

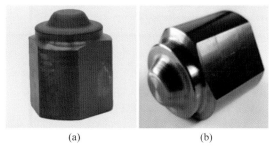

图20　在 S355 钢上完成 5m 焊缝后的搅拌工具

（a）Si₃N₄；（b）WC-ZrO₂

钛及其合金作为一种高性能材料，在结构轻量化和生物移植等方面具有巨大的应用潜力，已被应用于交通运输、医疗等各个工业领域。为了充分开发钛及其合金的潜力，需要使用相比于传统铆接、熔焊等更好和更高效的连接技术。FSW 作为一种固态连接方法，可以生产高质量的钛合金接头。然而，钛合金的 FSW 过程中仍存在一些具有挑战性的问题，比如氧化膜的形成会对钛合金的力学性能（尤其是疲劳性能）产生负面影响。德国开姆尼茨工业大学的Thomae 等人[13]发现，超声辅助 FSW 工艺可以有效解决这一问题，结果表明，针对 Ti-6Al-4V 钛合金采用超声辅助 FSW 工艺实现的对接接头，可以有效减少接头中氧化膜的数量，提高接头的疲劳寿命。同时，由于超声波可以使焊接过程中产生的氧化膜发生破裂，进而使接头的抗拉强度提高了 16%，如图21所示。此外，逐步增加负载的试验表明，超声辅助 FSW 对接接头具有更高水平的疲劳强度，如图22所示。

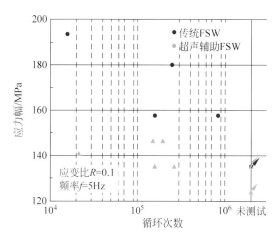

图22　Ti-6Al-4V 钛合金传统 FSW 与超声辅助FSW 接头的恒幅疲劳试验结果对比

来自欧洲焊接联会（European Welding Federation，EWF）的 Fernandes 等人[14]介绍了一种改进的 FSW 系统，该系统能够在水下进行焊接机器人的实验，同时提供了人工智能处理技术，可以顺利完成钢在水下和油下的 FSW。此外，该系统能够在水下或者封闭空间进行 FSW 和检测，通过模块化设计，克服了船舶的水下维修难题。

2.2　线性摩擦焊

在本届会议上，除了 FSW 以外，也有一些其他摩擦焊接方法的报道。其中，线性摩擦焊（LFW）是 20 世纪 80 年代兴起的一种固相焊接技术，它扩展了旋转摩擦焊的应用范围，可以实现非轴对称复杂截面金属构件的可靠连接，目前已成为航空发动机整体叶盘制造与维修的关键核心技术。LFW 的原理如图23所示，在焊接时，一个工件相对于另一个工件在轴向压力的作用下做往复线性运动，摩擦界面产生大量的摩擦热并软化界面金属，随后界面热塑性金属在轴向压力和摩擦剪切力的共同作用下沿界面被挤出形成飞边，当足够量的热塑性金属被挤出后施加顶锻压力完成焊接。

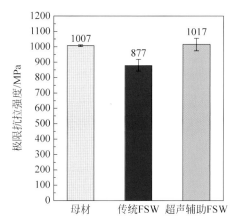

图21　Ti-6Al-4V 钛合金传统 FSW、超声辅助FSW 接头和母材的抗拉强度

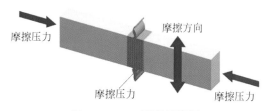

图23　LFW 原理示意图

日本广岛大学的 Choi 等人[15]通过 LFW 实现了 AA6061-T6 铝合金的连接，研究了摩擦压力对接头的硬度分布、组织演变和力学性能的影响。结果表明，当摩擦压力为 50MPa 时，由于焊接界面的温度相对较高，焊缝中心附近形成了较为粗大的等轴晶，同时含有较低的位错密度和析出相体积分数。在拉伸试验过程中，该接头在焊接界面附近发生断裂，表明此时焊缝中心的强度低于母材。当摩擦压力为 240MPa 时，由于焊接界面温度相对较低，焊缝中心附近产生了细小的等轴晶，同时形成了较高的位错密度和析出相，在接头内没有形成明显的软化区和硬化区，因此接头的硬度分布较为均匀，在拉伸试验过程中，该接头在母材位置发生断裂，表明该接头的力学性能不低于母材。

西北工业大学李文亚教授团队的 Guo 等人[16]结合 LFW 接头界面金属变形特点设计了帽形热压缩试样（图 24），以近 β 型钛合金 TB2 为研究材料，通过热压缩试验模拟研究了变形条件（变形量、变形温度和应变速率）对钛合金 LFW 接头界面微观组织的影响。研究结果表明，当变形量为 3.6mm 时，TB2 热压缩接头界面中心动态再结晶最为充分，基本由等轴再结晶晶粒组成（图 25），其微观组织特征与钛合金 LFW 接头焊缝组织特征相近。设定 3.6mm 的变形量，当变形温度相对较低、应变速率相对较高时，TB2 热压缩结合界面的中心晶粒最为细小，表明钛合金 LFW 接头界面的金属变形温度较低、在应变速率较高时易获得超细晶组织。

图 25　下压量为 3.6mm 的 TB2 钛合金热压缩结合界面中心微观组织（SEM）

3　其他压焊方法研究进展

本届会议也有 1 篇关于超声波焊接方法的报道。超声波焊接的原理是将高频振动波传递到两个需要焊接的工件表面，同时在工件外部施加压力，使两个工件的表面产生相互摩擦作用而最终在界面处形成分子间的熔合，实现工件的冶金结合。超声波焊接可以满足轻便、耐用的电气连接需求，因此在电力行业中拥有大量的应用。

由于在焊接过程中使用的超声振动幅值范围只有几微米，频率范围为 20~100kHz，总持续时间仅为 50~1500ms，因此不能用肉眼直接对振动行为进行观察。德国开姆尼茨工业大学的 Gester 等人[17]利用同步激光振动仪阵列，采用逐步递增焊接时间的方法，分析了 EN AW-1070 导线和 EN CW004A 端子在超声波焊接中的振动行为。研究表明，振动数据与焊缝区温度及拉伸试验结果相关，如图 26 所示。此外，当超过最佳焊接时间时，砧板、端子和导线在基频和二、三次谐波处的上下两侧各产生一个频带，即形成了明显的边频带，这将造成接头强度的下降。根据其他研究小组的假设，这些边频带可能是各组件之间相对运动的变化造成的。同时，终端在砧板上的滑动不可避免，这可能会导致砧板的过度磨损。

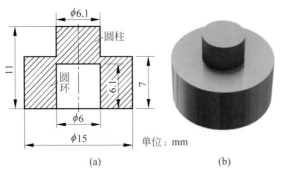

图 24　帽形热压缩试样

（a）尺寸；（b）外观

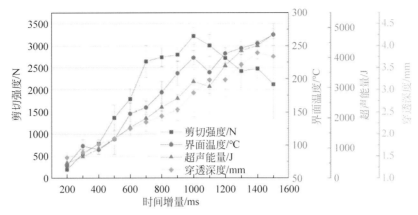

图 26　接头剪切强度、焊接温度、超声能量和渗透深度随焊接时间的变化

4　结束语

纵观 2021 年 IIW C-Ⅲ 专委会的报告，压焊的研究内容开始向新材料、新工艺方向拓展。在电阻焊方面，研究工作开始关注新能源电芯集成制造中的异种材料微连接，以满足汽车动力电池制造技术的快速升级。此外，以实现车身轻量化为目的的铝 - 钢点焊与先进高强钢点焊依然是该领域研究的重点。值得一提的是，第三代先进高强钢的点焊研究越来越受到重视。摩擦焊方面，FSW 和 LFW 仍然是近年来的主要研究热点，包括相关焊具材料的研发和超声辅助 FSW 等新工艺的探索。同时，在焊接材料方面，异种材料的连接正逐步成为研究的重点，获得了较大的关注度。此外，除电阻焊和摩擦焊外，超声波焊接等方法也都得到了进一步的研究与发展。可以预测，各种压力焊方法由于自身优势和行业应用的青睐将会在未来几年得到迅猛发展。

致谢：本文的评述撰写得到了苏宇博士、邹阳帆博士、褚强博士后的大力协助，在此一并表示感谢！

参考文献

[1] CHEN N N, WANG M, LI J, et al. Improvement on mechanical properties and electrical conductivity of Al-Cu resistance spot welding joints with Ni-P amorphous coatings [Z]. Ⅲ-2047-2021.

[2] KOWIESKI S, MIKNO Z. Analysis of Resistance Welding of the 18650 Batteries in FEM-Based Calculations [Z]. Ⅲ-2051-2021.

[3] ZHOU K, WANG G. Research of IMC growth tendency of Al-steel resistance spot welding process by numerical calculation [Z]. Ⅲ-2044-2021.

[4] PEARSON K, NEEB M, Shojaee M, et al. Decreasing LME Cracking in Joints Subjected to Assembly Variability [Z]. Ⅲ-2042-2021.

[5] FIGUEREDO B, RAMACHANDRAN D C, Biro E. Maximizing Spot Weld Cross-Tension Strength in 3G AHSS by Optimizing Fusion Boundary Composition [Z]. Ⅲ-2043-2021.

[6] RAASH M, CHO K E, LEE S H, et al. Hold time sensitivity associated with profile force [Z]. Ⅲ-2043-2021.

[7] LIN H, CHO K, CHANG H S. A study on real-time weld current control for weld quality assurance in micro resistance spot welding [Z]. Ⅲ-2055-2021.

[8] MERTINGER Y. Corner stationary-shoulder friction stir welds in dissimilar aluminum joints [Z]. Ⅲ-2054-2021.

[9] HASNOL M Z. Effect of water environment in joining dissimilar Al5083 and Al6061-T6 aluminium alloy using friction stir welding [Z]. Ⅲ-2056-2021.

[10] AGILAN M. Tensile behaviour and microstructure evolution in friction stir welded 2195-2219 dissimilar aluminium alloy joints [Z]. Ⅲ-2059-2021.

[11] BARBINI A. Investigation of a novel configuration for skin-stringer aircraft connections obtained by stationary shoulder friction stir welding [Z]. Ⅲ-2061-2021.

[12] BOYWITT R. Validation of alternative tools for friction stir welding of steel [Z]. Ⅲ-2049-2021.

[13] THOMAE M. Comparison of process behavior, microstructure and mechanical properties of ultrasound enhanced friction stir welded titanium/titanium joints [Z]. Ⅲ-2052-2021.

[14] FERNANDES S V. Robotic Al-Enabled FSW systems in shipyard maintenance for in-water and underwater repairs [Z]. Ⅲ-2060-2021.

[15] CHOI J W. Linear friction welding of AA6061 [Z]. Ⅲ-2057-2021.

[16] GUO Z G. Thermo-physical simulation of microstructure evolution for linear friction welded joint of a near-beta titanium alloy [Z]. Ⅲ-2048-2021.

[17] GESTER A. Analysis of the oscillation behavior during ultrasonic welding of EN AW-1070 wire strands and EN CW004A terminals [Z]. Ⅲ-2050-2021.

作者：

1. 李文亚，博士，西北工业大学材料学院教授，博士生导师。从事摩擦焊和冷喷涂等固相连接技术研究，共发表 SCI 收录论文 290 余篇，授权发明专利 18 项。E-mail: liwy@nwpu.edu.cn。

2. 陈楠楠，博士，上海交通大学助理教授，研究异种材料连接、微连接当中的界面组织形成机制与调控手段。以第一作者、通讯作者身份发表 SCI 论文 10 余篇。申请美国专利 5 项、德国专利 1 项、授权国内专利 2 项。E-mail: cnsjtu@sjtu.edu.cn。

审稿专家：陈怀宁，博士，中国科学院金属研究所研究员。从事焊接接头应力和性能分析、材料可靠性连接技术方面的研究与开发。发表论文 120 余篇，授权发明和实用专利 20 余项，主编或参编国家标准 5 项，参编专著 5 部。E-mail: hnchen@imr.ac.cn。

高能束流加工（IIW C-Ⅳ）研究进展

陈俐[1]　何恩光[1]　黄彩艳[2]

（[1]中国航空制造技术研究院 高能束流加工技术重点实验室　北京　100024；
[2]哈尔滨焊接研究院有限公司　哈尔滨　150028）

摘　要： IIW 高能束流加工专委会（Commission Ⅳ Power Beam Processes）以高质量、高效率的高能束加工和增材技术为主题组织了 2021 年度线上学术会议。此次报告涉及电子束焊接、激光焊接、激光电弧复合焊、激光增材等技术方向，主要展现了研究者在面向工程的技术成果转化研究、数值模拟与工艺优化研究、束源技术与高能束加工新工艺方面的最新研究进展，其蕴含的研究方法和创新思维对促进高能束流加工技术应用与发展具有推进意义。本文以年度学术报告为主线进行相关综述和评述，以供国内研究者参考。

关键词： 电子束焊接；激光焊接；激光电弧复合焊接；激光增材制造

0　序言

目前，国际焊接学会的高能束流加工专委会（Commission Ⅳ Power Beam Processes）分为激光加工分委会（C-Ⅳ-A）、电子束加工分委会（C-Ⅳ-B）和激光电弧复合焊接分委会（C-Ⅳ-C）。奥地利的 Herbert Staufer 博士担任高能束流加工专委会和 C-Ⅳ-C 分委会主席，德国的 Woizeschke Peer 教授担任 C-Ⅳ-A 分委会主席，美国的 Ernest Levert 教授担任 C-Ⅳ-B 分委会主席。2021 年 IIW 学术会议高能束流加工专委会分会场由 Staufer 博士在线主持，他首先发布了高能束流加工专委会的发展目标，一是通过专委会平台向世界推广高能束流加工技术研究新成果；二是引导各领域的研究者关注高能束加工和增材技术高质量高效率提升的研究，关注基于数字化技术的设计制造融合的高能束加工和增材技术的发展；三是与相关技术委员会合作，促进基础研究和工程应用研究的交叉融合，面向先进产品制造体系智能化发展需求发展高能束流焊接和其他加工工艺。本届会议的学术报告围绕专委会的发展目标进行议题组织，来自中国、德国、英国、日本、韩国的学者呈现了他们近期的研究工作，共有 7 篇学术报告[1]。

学术报告可归纳为三个方面。一是高能束流焊接技术工程化研究，即高能束流焊接技术在工业环境下的工艺解决方案和工艺装备研究，这是高能束流加工在智能化制造、绿色制造等先进制造模式下应用发展需要关注的方面，尤其是在航空航天、舰船、核能工业等制造领域。二是高能束流加工过程数值模拟仿真技术的研究，已连续多年在专委会年会呈现了相关研究报告，将基于物理环境的工艺试验与虚拟环境的数值模拟仿真结合以优化加工工艺，已成为国内外学者的共识。并且数值模拟研究不应局限于加工过程物理本质的揭示，还应与数学计算方法研究成果和计算机技术研究成果相结合，才能推进诸如高能束流加工等特殊过程加工工艺的工艺规律数字化提取与表征技术的发展，促进高能束流加工软件工具的开发和工程应用。三是基于工艺基础认知的高能束流加工新工艺的研究，关注高能束流调控与材料间的相互作用所产生的物理现象往往是新工艺发展的起点，近两年报告涉及的激光焊接过程飞溅、焊丝熔化过渡行为的研究正在影响激光焊接工艺的发展，因此将工艺基础的研究从聚焦激光焊接的小孔行为、气孔缺陷的产生，拓展到了解焊接过程激光对材料热力耦合效应引起的各种物理现象，将是发掘技术创新之源的关键。本文结合学术报告内容，从以上三个方面进行了高能束流加工技术的评述。

1 工程化研究与高能束流焊接技术应用

新工艺从概念提出到工程实际应用，持续性工艺基础研究与工艺装备迭代研发是必经之路，基础研究不仅仅涉及工艺过程的本质认知和工艺优化的方法建立，还应面向工程应用发现问题和提出问题，通过多学科融合让问题充分融入工艺装备的研制之中，而工艺装备研制也不只是为新工艺实现，需以解决工艺问题为基础且发挥多学科技术在工艺集成和控制集成的应用，支撑新工艺的可靠实施。英国焊接研究所的Punshon博士已连续多年在IIW年度学术会议上介绍局部真空电子束焊接技术的研究进展，此次以"工业环境压力容器结构局部真空电子束焊接技术应用研究"为题，详细介绍了第一条焊缝的实现历程，阐释了新工艺应用的基础研究和装备研制的发展之路[2]。

电子束焊接具有功率密度高、一次焊接熔深大、焊接区变形小、能耗低等优势，被视为厚板高效低成本焊接且最具应用潜力的方法，广泛应用于航空航天、舰船、核能等工业领域的厚板结构焊接和修复，欧盟、加拿大等地区和国家将电子束焊接纳入近期的核能源结构制造规划中。但常规的电子束焊接需要真空环境，制约了其在大型结构中的应用，如大型的压力容器、管道和风能叶片等。为此，英国、法国、德国、美国、日本和中国的学者多年来致力于真空室外电子束焊接技术的研究。英国焊接研究所是开展真空室外电子束焊接技术研究最早、最多的科研机构，经历了大气环境电子束焊接（EB welding in-air）、低真空电子焊接（reduced pressure EB welding）

和局部真空电子束焊接技术（local vacuum EB welding）研究三个阶段[3-4]。长期的基础研究表明，适度的真空度环境才能保证厚板焊接所需的电子束束流功率密度。大气环境或低真空难以实现大厚度结构电子焊接，在结构待焊区局部建立真空环境的局部真空电子束焊接技术电焊接，既可发挥真空电子束焊接的优势，又无需庞大的真空室，是解决工业环境下厚大工件焊接的有效途径。英国焊接研究所的局部真空电子束焊接技术研究显示，技术的关键是局部真空的密封性和工作可靠性。通过与英国剑桥真空工程公司（Cambridge Vacuum Engeering，CVE）合作，建立了可靠密封局部真空系统集成技术，并于2009年完成了首台局部真空电子束焊机样机（EBflow），如图1（a）所示。随后利用该技术又推出了局部真空激光焊接样机（EBflow-light），如图1（b）所示。EBflow局部真空电子束焊接系统便于运输和操作，只需现场建立所需的真空环境，提供足够的X射线

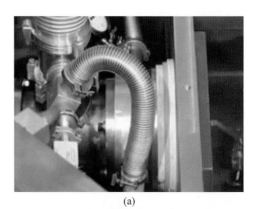

(a)

(b)

图1 局部真空高能束流焊接机

（a）局部真空电子束焊接机；（b）局部真空激光焊接机

屏蔽即可实施焊接，采用滑动密封和精确装配可在大型工件上实现纵缝和环缝焊接，相比于埋弧焊，局部真空电子束焊接系统减少了95%的焊接时间。

2018年英国技术战略委员会的"创新英国"（Innovate UK）发布项目"微反应堆低成本制造"（EBManPower），为英国核工业或其他行业的厚截面容器提供低成本、高效率的制造解决方案。英国剑桥真空工程公司、英国U-Battery能源公司、英国坎梅尔莱尔德船厂（Cammell Laird）和英国焊接研究所（The Welding Institute，TWI）合作，以U-Battery能源公司设计的厚度为60mm的304H奥氏体不锈钢微型核反应堆（MMR）容器段为对象，开展局部真空电子束焊接EBflow系统的应用研究，基于英国焊接研究所的纵缝和环缝焊接实施过程的工艺体系化研究，于2021年在坎梅尔莱尔德船厂完成了EBflow系统的建立与调试，并首次完成了英国第一个全尺寸MMR容器段工业现场电子束焊接。EBflow系统的功率为6kW，真空范围为$10^{-2} \sim 10^{-1}$mbar，充分验证了在工业环境下局部真空电子束的焊接可行性。局部真空电子束焊接的工业现场实现涉及一系列工程问题，Punshon博士介绍了不锈钢微型核反应堆压力容器结构纵缝和环缝首次电子束焊接的工艺问题解决措施。厚度为60mm的304H奥氏体不锈钢容器，纵缝长度为1.5m，环缝直径为2m。首先，应保证纵缝和环缝焊接的局部真空条件和密封要求，这就需要合理设计焊缝正面和背面的密封装置，以保证局部真空移动的密封可靠性，图2为纵缝焊接装配和焊缝，图3为环缝焊接装配和焊缝，环缝背面为环形衬垫支撑密封。其次，是装配精度的确定和技术保证，工艺试验的研究表明，直缝焊接对接的间隙要求为0.6mm，装配精度的保证还需要坡口加工、筒体矫形和工装的共同配合，最终纵缝实现了装配坡口间隙为0.2mm、错边为0.3mm条件下的焊接。再次，是焊缝质量工艺的保障措施，环缝焊接是项目

难点，曲面焊缝的上坡和下坡的焊接工艺研究表明，下坡焊接更利于焊缝起始和终止处的质量控制，且焊缝的TIG焊接修复工艺研究也是必须的。通过该项目，英国焊接研究所建立的纵缝局部真空电子束焊接技术的工艺和设备要求已纳入ASTM-IX标准。

(a)

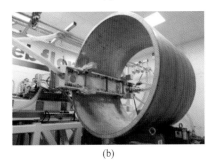
(b)

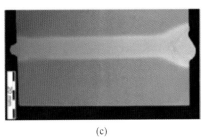
(c)

图2　纵缝局部真空电子束焊接装配和焊缝
（a）纵缝局部真空电子束枪安装；（b）纵缝背面支撑结构安装；
（c）局部真空电子束纵缝焊缝

激光电弧复合焊接应用于中厚板焊接，其面向工程的应用也受到焊前和焊后工序的可实施性、经济性限制，其中之一就是影响焊接结构装配的坡口加工。众所周知，激光焊接对焊接装配间隙和错边度很敏感，激光电弧复合焊接虽然对此有所改善，但是对装配精度的要求也不低，其坡口边缘除铣削加工外，还可以采用激光切割、等离子切割等高效快速的方法，优化制造成本和效率，拓展激光电弧复合焊接的工业应用适应性。德国联邦材料测试研究院

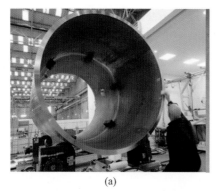

(a)

(b)

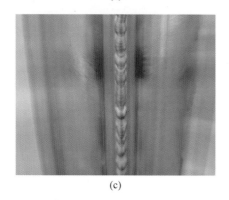

(c)

图3 环缝局部真空电子束焊接装配和焊缝
（a）环缝结构安装；（b）环缝电子枪安装；
（c）局部真空电子束环缝焊缝

的Üstündağ博士研究了厚度为20mm的S355J2钢边缘激光切割和等离子切割对电磁辅助激光电弧复合焊接焊缝质量的影响[5]。厚板焊接采用电磁辅助激光电弧复合焊接不仅可以增大焊缝熔池，提高焊接过程的稳定性，还可以利用电磁装置产生的外部振荡磁场作为熔池背面的支撑衬垫。如图4所示，电磁装置可以控制焊缝下垂或防止焊瘤，降低激光电弧复合焊接对厚板对接间隙和错边的敏感性[6-7]，因此，激光切割和等离子切割的坡口边缘加工质量是可以接受的。

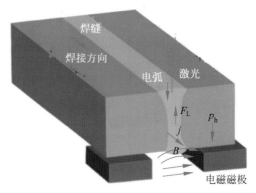

图4 熔池电磁支撑系统示意图

图5为Üstündağ博士在激光切割和等离子切割条件下坡口间隙裕度能力的试验结果。对于激光电弧复合焊接，采用直径为1.2mm的G3Ni1焊丝，激光器为IPG YLR-20000，聚焦长度为350mm，焦点直径为0.56mm，激光离焦量为−6mm，弧焊电源为Qineo Pulse 600，Ar+18%CO_2混合气体保护，焊丝伸出长度为18mm。在焊接过程中工件移动，电弧前置，激光垂直作用于试板，电弧与激光呈25°，光丝间距为4mm，辅助交变磁场装置距离试板背面为2mm，磁场电源为1.2~1.4kW，交变频率为1.2kHz，磁场流密度为80~100mT，磁极距离为25mm。根据图5的结果，激光切割间隙裕度为1mm，等离子切割间隙裕度为2mm，单道焊接允许的错边量可达2mm，焊缝质量达到ENISO12932的B级水平。为评价坡口质量，Üstündağ博士采用激光轮廓仪分析坡口表面粗糙度（图6），采用图像检测分析装配间隙（图7），后续还将研究切割氧化物对焊接接头性能的影响。

总之，面向工程应用，通过工艺基础研究发掘问题、装备研制解决问题，才能促进科研成果的工程转化，解决工程应用之所需。结合图像分析等先进检测技术，可以帮助工艺基础研究通过数字化建立坡口装配间隙等因素与焊接质量的对应关系，以上报告均涉及各方面的研究。显然，过程检测技术是支撑高能束流工艺大数据分析和工艺智能化发展的重要手段。

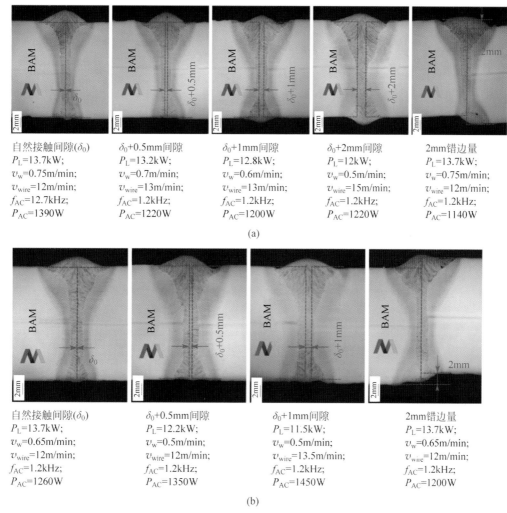

自然接触间隙(δ_0)
P_L=13.7kW；
v_w=0.75m/min；
v_{wire}=12m/min；
f_{AC}=12.7kHz；
P_{AC}=1390W

δ_0+0.5mm间隙
P_L=13.2kW；
v_w=0.7m/min；
v_{wire}=13m/min；
f_{AC}=1.2kHz；
P_{AC}=1220W

δ_0+1mm间隙
P_L=12.8kW；
v_w=0.6m/min；
v_{wire}=13m/min；
f_{AC}=1.2kHz；
P_{AC}=1200W

δ_0+2mm间隙
P_L=12kW；
v_w=0.5m/min；
v_{wire}=15m/min；
f_{AC}=1.2kHz；
P_{AC}=1220W

2mm错边量
P_L=13.7kW；
v_w=0.75m/min；
v_{wire}=12m/min；
f_{AC}=1.2kHz；
P_{AC}=1140W

(a)

自然接触间隙(δ_0)
P_L=13.7kW；
v_w=0.65m/min；
v_{wire}=12m/min；
f_{AC}=1.2kHz；
P_{AC}=1260W

δ_0+0.5mm间隙
P_L=12.2kW；
v_w=0.5m/min；
v_{wire}=12m/min；
f_{AC}=1.2kHz；
P_{AC}=1350W

δ_0+1mm间隙
P_L=11.5kW；
v_w=0.5m/min；
v_{wire}=13.5m/min；
f_{AC}=1.2kHz；
P_{AC}=1450W

2mm错边量
P_L=13.7kW；
v_w=0.65m/min；
v_{wire}=12m/min；
f_{AC}=1.2kHz；
P_{AC}=1200W

(b)

图5　切割方法对激光电弧复合焊接的对接坡口间隙裕度的影响

注：P_L- 激光功率；v_w- 焊接速度；v_{wire}- 送丝速度；f_{AC}- 磁场交变频率；P_{AC}- 电弧功率
（a）等离子体切割；（b）激光切割

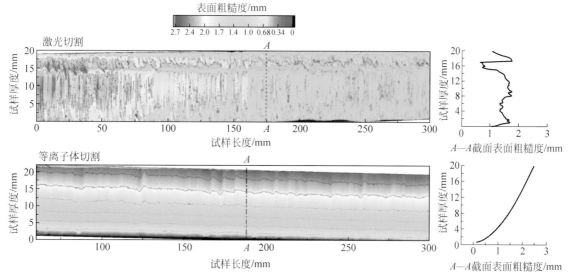

图6　厚度为20mm的S355J2钢坡口激光切割和等离子体切割表面粗糙度对比

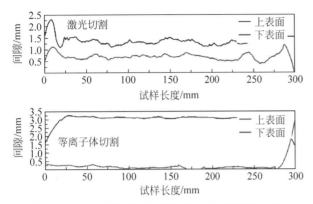

图7 激光切割和等离子切割坡口对接装配上下
表面间隙的长度方向变化

2 数值模拟与加工工艺优化

激光加工通过激光与材料间的相互热力耦合效应实现材料成形制造，该加工过程涉及多物理场强耦合的复杂效应，其传质传热、冶金、力学等各类物理现象通过物理环境实验研究很难全面高效地了解，影响了材料加工质量控制的可靠性和适应性。基于计算机科学的数值模拟通过数值计算和图像显示可有效揭示多物理场耦合作用下激光对材料热力耦合效应的物理本质，建立激光加工过程物理模型和工艺成形理论，是优化工艺和实现工艺仿真的有效数字化工具。

激光深熔焊接小孔和熔池相互作用、相互维持，其动力是光致金属蒸发诱导的固 - 液 - 气 - 等离子体多相热力耦合，并决定着焊接过程的稳定性和最终焊接质量，相关数值模拟研究已建立若干理论模型，但多考虑汽化反冲压力作为小孔和熔池流动的驱动力，很少考虑小孔内金属蒸气的变化对熔池行为的影响。实际上，蒸气的形成和运动特征不仅决定了小孔几何和运动特点，也影响了气孔、飞溅的形成。中国研究者 Mu 针对厚度为 5mm 的 304 不锈钢光纤激光焊接过程的蒸气力学效应对小孔和熔池的影响进行了数值模拟研究[8-9]，图8为其提出的气液双向构造边界条件的多物相模型。孔壁表面的金属区域受蒸气冲击力、蒸气摩擦阻力、表面张力和 Marangoni 剪切应力作用；金属 -

气体界面考虑激光辐照、热传导、辐射作用，以及金属蒸发热损失；气体只考虑热传导作用；采用多时间尺度计算方法以提高计算效率。图9为在激光功率为4000W、离焦量为0、焊接速度为2m/min、氩气保护气流量为15L/min条件下，模拟蒸气效应对小孔深度和体积的影响。由图可见，考虑小孔中的气体效应，小孔

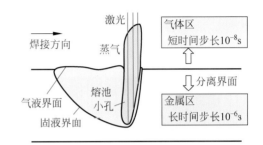

图8 气液双向构造边界条件的多物相模型及
多时间尺寸算法示意图

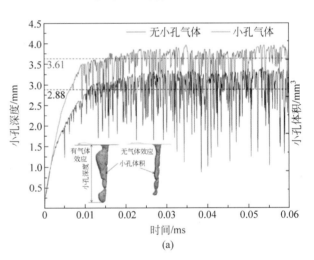

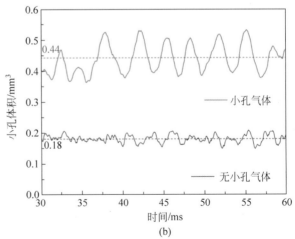

图9 激光深熔焊小孔内气体效应对小孔
尺寸影响的模拟结果

（a）小孔深度；（b）小孔体积

深度大，波动频率高，蒸气显著影响着小孔的动态行为和孔壁维持状态，导致气液蒸发界面间歇流动，小孔中的蒸气压力和蒸气速度在时间上和空间上波动变化。孔内部的蒸气冲击力为主导力，平均值约为4000Pa，而蒸气摩擦力较弱，如图10所示，小孔开口局部地区的蒸气摩擦力可占主导地位。激光深熔焊接过程涉及复杂的物理化学反应，而热过程处理是激光深熔焊接数值模拟的关键，蒸气的作用还应考虑功率密度和线能量匹配的影响。

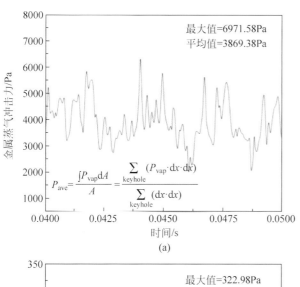

$$P_{ave} = \frac{\int P_{vap} dA}{A} = \frac{\sum_{keyhole} (P_{vap} \cdot dx \cdot dx)}{\sum_{keyhole} (dx \cdot dx)}$$

最大值=6971.58Pa
平均值=3869.38Pa

(a)

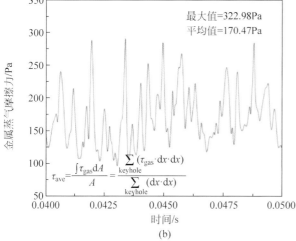

$$\tau_{ave} = \frac{\int \tau_{gas} dA}{A} = \frac{\sum_{keyhole} (\tau_{gas} \cdot dx \cdot dx)}{\sum_{keyhole} (dx \cdot dx)}$$

最大值=322.98Pa
平均值=170.47Pa

(b)

图10 激光深熔焊小孔内壁气体冲击力和摩擦力变化模拟结果

（a）气体对孔壁的冲击力；（b）气体对孔壁的摩擦力

激光增材制造是继激光焊接发展最为迅速的激光加工技术，是真正具有结构材料设计制造一体化特征的技术，其中粉末选区熔化和直接沉积激光增材得到了国内外学者的广泛关注。

近年来，为了提高激光增材制造效率，熔丝成形激光增材制造技术得到了发展，包括热丝熔丝成形激光增材制造技术[10-12]。

日本研究者Zhu研究了SUS308L不锈钢、Inconel625镍基合金、A5356WY铝合金和NCU-M铜合金丝的热丝效应对半导体激光增材制造效率的影响。此研究力求通过数值模拟优化设计热丝电流以控制成形缺陷[13]，原因在于试验发现在无激光作用下，热丝电流会影响丝熔化成形。图11为热丝电流对Inconel625丝熔化成形行为的影响，基于此试验，Zhu针对如图12所示的热丝激光增材过程提出了热丝电流预测设计的计算方法，即根据电阻加热原理，假设在稳定送丝成形增材过程中的电极加载丝上的电流应在丝端进入熔池之前达到熔点，将丝的加热长度处理为步长为0.1mm的若干段，计算每一段步长的温度梯度，且每一段步长从丝加载电流起点到尖端温度随送丝移动逐步累积，从而可以根据丝端熔化成形的温度需求计算所需热丝电流。图13为在不同送丝速度条件下四种材料热丝电流的计算值和试验值的比较，试验采用LDH 6000-40高功率半导体激光器，激光功率为6kW，准直镜焦长为100mm，聚焦镜焦长为400mm，激光加工头的入射角和斑点尺寸由机器人控制，激光入射角为5°，光斑尺寸为1.6mm×11mm，熔丝直径为1.2mm，送丝角度为45°，光丝间距为0.8mm，热丝加热长度为50mm，成形过程由氩气保护。通过图像检测和成形截面分析对模拟结果进行验证，高速成像检测采用810nm滤镜和激光辅助光源，模拟计算热效应主要考虑丝

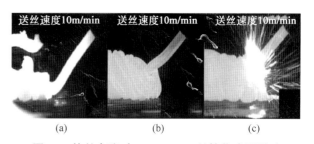

图11 热丝电流对Inconel625丝熔化成形影响

（a）热丝电流153A；（b）热丝电流158A；（c）热丝电流163A

电阻焦耳热、接触电阻焦耳热（Rc）、对流散热（h）和材料热物理性能，每段步长的通电时间与送丝速度相关，图13中的计算结果分为四种条件，当考虑接触电阻热（Rc）和对流散热（h）

时，热丝电流计算值与实验结果吻合良好。Zhu对三种丝（SUS308L，Inconel625，A5356WY）多层成形的横截面形状和几何特征的试验表明，热丝增材过程中丝的加热稳定性与热丝电流相

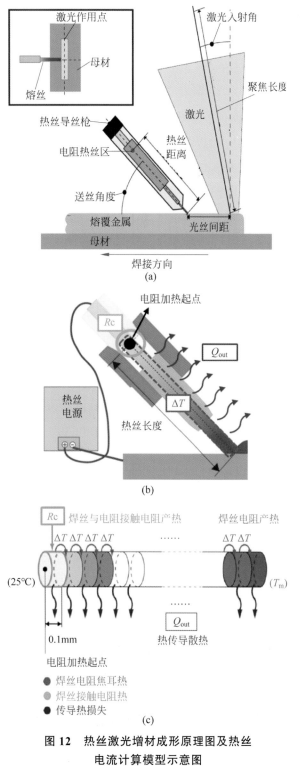

图12　热丝激光增材成形原理图及热丝电流计算模型示意图

（a）热丝激光增材原理图；（b）电阻加热丝原理图；
（c）电阻热丝模型

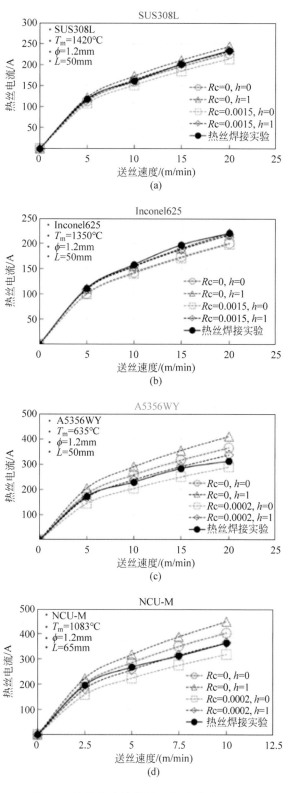

图13　热丝电流计算结果与试验结果对比

关，合理的热丝电流是保证稳定送丝的关键，即热丝电流与送丝速度的匹配可以保证丝端获得合适的温度，有利于热丝激光成形过程的稳定，成形质量好。试验结果显示，送丝速度是影响熔覆的几何成形的主要因素，在合理的参数条件下，在所研究条件下的成形率（有效面积与熔覆面积之比）可达 60%~80%。

韩国的研究者 Kang 等人通过数值模拟研究了光束扫描摆动对铝合金热裂纹敏感性的影响[14]，要合理预测激光作用下组织的裂纹倾向性、组织性能等，不仅需要合理的热源模型，还需要研究在不均匀热作用下的材料物理的本构性能变化。自激光加工技术出现，激光与材料相互作用过程的数值模拟研究就得到了关注。通过认知激光加工过程温度场、应力应变场、小孔和熔池动热力学动力学流场，将激光加工工艺基础研究从"理论 - 实验 - 生产"模式转变为"理论 - 模拟 / 实验 - 生产"模式，以减少试验成本和试验周期，进而建立面向工程应用的工艺过程仿真。但由于材料激光加工过程的复杂性，要真正做到工艺仿真还有一定的距离，要通过工艺仿真对加工过程评估，对工艺参量优化，需要对工艺过程本质的精准认知，为此还有许多问题有待深入研究，如建立更为合理的反映工程实际的热源模型，研究多物态运动界面的高精度追踪算法和多物态间的热力耦合的处理方法，可以预见，随着激光加工技术的数字化、智能化发展，数值模拟研究对提升激光加工工艺优化设计和促进工艺仿真的重要性日趋凸显，并将发挥不可替代的作用。

3 激光光束调控与激光加工技术的创新

激光光束具有在能量域、时间域、频域和空间域实现多维度调控的特点，如何利用激光光束特性实现更为多元的激光加工，对于激光技术的应用拓展和材料加工技术的创新是不言而喻的。在激光焊接应用之初，激光作用的能量密度主要依赖于激光功率和焦点作用的位置调节，高速振镜技术的出现使远程激光焊接（remote laser welding）、激光束振荡焊接（laser beam oscillation welding）、激光束调制焊接（laser beam modulation welding）技术得到发展，借助于光束移动实现激光作用能量密度调节，不仅提高了焊接过程的稳定性，而且有利于抑制焊缝气孔、裂纹等缺陷的产生[14-15]。近年来，光束光学衍射整形设计技术（difractive optical element，DOE）已应用于激光焊接，出现了多点焊接的激光束调制焊接[16]和环形或多环分布的复合光束激光焊接[17-18]，这些技术对抑制飞溅、气孔等缺陷更为有效。可见，作用于材料的激光光斑几何或能量分布，可以通过光学设计和光扫描技术的结合实现在空间和时间上的调控，使激光作用的能量密度调节更为柔性化，这也是在未来激光焊接过程中，激光作用强度分布自适应控制的发展方向。

德国不莱梅射线研究所（Bremer Institut für angewandte Strahltechnik GmbH，BIAS）基于德国国家基金资助开发了一种由具有不同光束特性同轴组合的激光加工头以实现在焦平面和光束轴的协同调节，探讨如何通过激光束在空间和时间上调控在工件表面形成特定的功率密度和激光作用强度分布[19]。装置原理如图 14 所示，采用两个激光束独立调节功率和焦距平面进行轴向组合，并集成一波长为 800~900nm 的激光光束相干成像 OCT 检测分析模块，以研究沿束轴的能量密度调节。Marcel 博士介绍了这一采用 TruDisk12002 激光器（光束 1）和 YLR-8000S 激光器（光束 2）同轴组合的装置：光束 1 的波长为 1030nm，焦点直径为 390μm，光束质量 M^2 为 25.1，光束 2 的波长为 1070nm，焦点直径为 180μm，光束质量 M^2 为 14.6，Z 向的焦平面位置、焦点直径等束流特性取决于两束激光的准直和聚焦位置调节：只调节聚焦镜，Z 向的调节范围为 15mm；在准直镜参与调节后，Z 向的调节范围可达 50mm；加工头可在

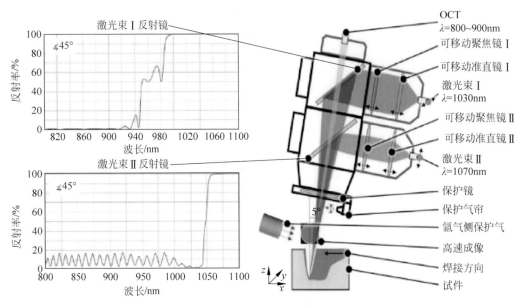

图 14　IPG 激光与 Disk 激光同轴组合工作原理

焦平面内进行 X 向和 Y 向调节，光束 X 向的调节范围为 ±3mm，光束 2 在 Y 向的调节范围为 ±3mm。图 15 为光束同轴组合的激光加工头样机和组合前后测量的聚焦平面能量密度分布。

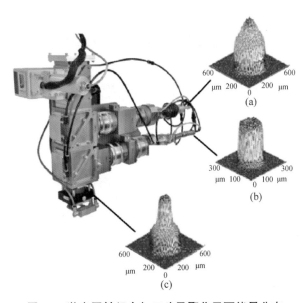

图 15　激光同轴组合加工头及聚焦平面能量分布

（a）TruDisk12002 激光；（b）YLR-8000S 激光；

（c）同轴组合激光

针对厚度为 10mm 的低碳钢 S235JRC 的焊缝熔深激光焊接工艺结果如图 16 所示，激光总功率为 3kW，光束 1 和光束 2 以步长的 20% 调节功率之比，焊接速度为 2m/min，激光入射角度为 5°，氩气保护流量为 7L/min。结果表明，

当 TruDisk12002 激光的焦点位置不变，提高 YLR-8000S 激光功率和增大负离焦量，会增大焊接熔深，当 YLR-8000S 激光焦点位置不变时，增大 TruDisk12002 激光的功率比和负离焦量对熔深影响不显著，原因在于 YLR-8000S 激光的光斑直径小，光束发散角小，其功率增大使总输出的激光密度增大，能够有效提高熔深，但也导致焊接过程飞溅增大，焊缝气孔增多。显然，过高的功率密度不利于焊接小孔稳定。研究也发现，负离焦值不能过大，否则作用在工件表面的斑点尺寸会增大导致无法提供足够的激光功率密度，焊接小孔同样也出现不稳定。激光焊接的工艺参数通常考虑激光功率、焊接速度和焦点作用位置，而激光功率密度通常被认为是判断实现热导焊或深熔焊的阈值，而实际对焊接工艺影响较大的是激光功率密度和线能量，笔者在进行激光焊接应用研究时一直关注激光功率密度和线能量的匹配作用，此报告尚未考虑焊接线能量的影响。

金属激光加工过程多数涉及金属熔化，而熔化过程机理因激光束流多维控制的出现在发生变化。基于光学衍射设计光束整形得到的环形光分布，其外环光纤在焊接小孔周边产生一个"缓冲区"，允许高压蒸气逸出，使内环光束

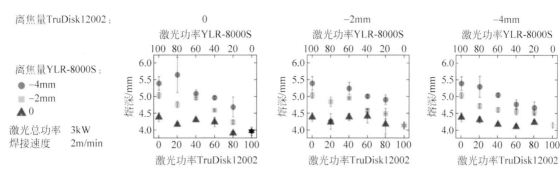

图 16　激光同轴组合焦点变化对激光焊缝熔深的影响

获得更稳定的深熔小孔[17-18]。光束摆动可以补偿零件尺寸误差，减小气孔，增加焊缝的美观度和焊接过程的稳定性[20]。对激光束流控制下金属熔化行为的研究，不仅能够提升加工过程的稳定性和加工质量，也是激光加工工艺的创新之源。来自德国不莱梅射线研究所的 Peer 教授介绍了几个利用激光对金属熔化行为的影响而提出的新工艺。他利用激光光束偏摆拉长小孔提高了深熔焊接过程中的小孔稳定性，提出了扣眼匙孔焊接（buttonhole welding）工艺方法[21-22]，借助激光光束垂直于焊接方向横向摆动和焊丝熔化，有目的地在熔池中创造稳定开口的小孔，焊接过程中的小孔呈准稳态且随激光移动，获得了高表面质量的焊缝，如图 17 所示，对接坡口的间隙裕度和工艺效率也得到了提高。

　　利用激光深熔焊过程熔池表面张力作用，可使箔片搭接实现超大间隙焊接[23]。图 18 显示了 100μm 铝合金箔片搭接焊接超大间隙焊接的结果，焦点直径为 17.44μm 的 TruFiber300 单模激光扫描焊接，无间隙焊接未能形成搭接接头（图 18（a）），间隙为 28μm 和 79μm 的焊接均形成了搭接接头，搭接焊接间隙允许大于箔片厚度的 80%，焊缝宽度与焊接间隙呈线性关系，桥接能力增加的关键在于小孔前壁熔池金属的向下流动，上金属箔液体流出，借助表面张力与下部箔片连接生成焊缝，由此增大了搭接间隙。T 形接头从盖板侧施焊时就需要焊接位置的精确定位。对于此，Peer 教授提出了束流扫描焊接工艺[24]，如图 19 所示。通过建立激光功率与焊缝熔深的关系、光束移动轨迹与筋板中

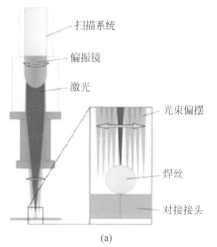

(a)

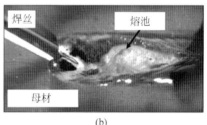

(b)

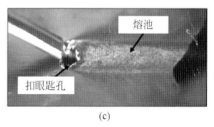

(c)

图 17　有无扣眼匙孔的激光填丝焊接过程行为比较

（a）扣眼匙孔激光焊接原理图；（b）无扣眼匙孔焊接（激光功率 2kW）；（c）有扣眼匙孔焊接（激光功率 4kW）

心线的角度关系，并根据最大熔深确定焦点位置，再建立束流横向偏摆幅度和频率与焊接速度、焊缝宽度的关系，力求获得最大熔深和最大熔化面积以保证穿透焊接的可靠性，Peer 教授也提出了与光学相干断层扫描技术（optical coherence tomography，OCT）结合进行光束移

动轨迹相对于筋板中心线的角度偏移检测，有利于实现焊接参量的实时调节。

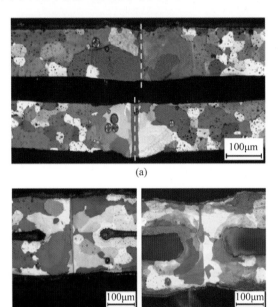

图18　铝合金箔片搭接接头超大间隙与
无间隙焊接的焊缝截面

（a）搭接接头间隙为0；（b）搭接接头间隙为28μm；
（c）搭接接头间隙为79μm

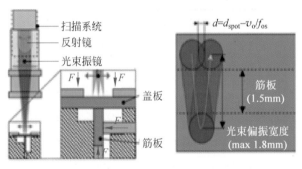

图19　T形接头穿透焊接焊工艺原理图

（a）原理图主视图；（b）原理图俯视图

汽车车身覆盖件的外形质量要求高、精度控制严，对于铝合金车身覆盖件多采用包边连接技术（hemming）替代点焊，如图20所示，但包边弯曲成形过程外板易裂，且弯曲裂纹与内板厚度相关，增加外板弯曲半径可防止弯曲裂纹产生，如板边预成形。边缘焊缝激光焊接常因熔化金属表面张力使边缘厚度增加，为此，Peer教授提出利用激光对板边缘熔化成形，替代包边连接过程内板边缘预弯处理，图21显示了利用边缘熔化后包边连接未出现弯曲裂纹的

情况。使板边缘的熔化几何满足包边连接也需要合理的工艺，Peer教授团队开展了两种激光熔化工艺研究，一是散焦激光束热导焊熔化，二是激光垂直于光束移动方向的横向扫描的深熔焊熔化。采用TruDisk8002激光器对边缘为铣削加工的1mm厚ENAW6082T4铝合金激光熔化，光斑直径为0.2mm，试验结果表明两种方式均可在铝合金板边缘产生小于0.1mm的圆柱状边缘。热导焊熔化方式飞溅少，所需功率是深熔焊熔化的5倍；深熔焊熔化方式虽然因小孔效应出现飞溅，影响了边缘表面的粗糙度，但是效率高。此外，还可通过调节激光熔化工艺参数调控边缘成形柱几何特征和组织生长方向，以满足内板边缘性能调控，图23是两种工艺的边缘熔化成形结果。

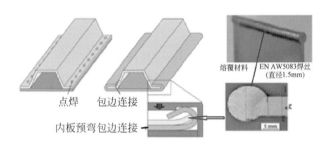

图20　汽车车身覆盖件包边连接技术原理图

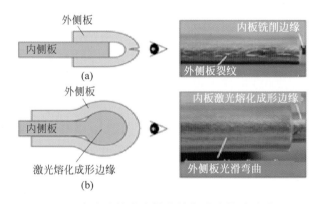

图21　内边边缘激光熔化的包边连接试验验证

（a）内板边缘铣削；（b）内板边缘激光熔化成形

材料熔化行为控制不仅仅出现在激光焊接，也可以应用于材料加工的预处理或后处理中。除汽车车身覆盖件的包边连接外，还可以拓展其他的应用，其他激光加工过程的物理现象也可以合理利用，以发掘新的工艺。

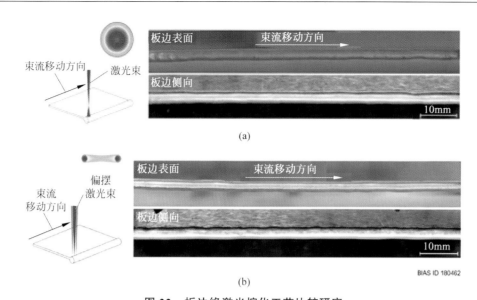

（a）

（b）

BIAS ID 180462

图22　板边缘激光熔化工艺比较研究

（a）板边缘激光热导焊熔化；（b）板边缘偏摆激光深熔焊熔化

4　结束语

　　高质量、高效率、高可靠性的高能束流加工技术的发展，首先应面向工业环境解决工程化应用的技术问题，局部真空电子束焊接技术从实验室研究到现场应用验证体现的是"工艺提出问题、装备解决问题"的发展历程，是值得学习和借鉴的。国内的高能束流加工技术的应用与国际水平相当，也应考虑将技术要求纳入国际化标准，研究成果才能转化并扩大工程应用。工艺基础研究是高能束流加工技术发展的基石，数字化的工艺基础研究又是技术智能化发展的基石，基于感知认知的过程检测技术和基于数学物理的数值模拟仿真均是工艺基础研究不可或缺的手段，但更应关注从过程本质物理信息到工艺技术信息的数字化表征，关注从束源与材料热力耦合效应到工艺过程仿真的工具开发，发展高能束流加工技术的"数字孪生"策略和制造模式，以契合当下制造业的发展趋势。工艺基础研究不仅是解决工艺应用存在的问题，也是技术创新之源，扣眼匙孔焊接技术、应用于包边技术的板边激光熔化成形的产生就是来源于激光作用下金属熔化行为的研究。

参考文献

[1]　STAUFER H. Draft Agenda Commission Ⅳ "Power Beam Processes" [Z]. Ⅳ-1482-2021.

[2]　PUNSHON C, WILLGRESS J, FALDER S, et al. Development and qualification of local vacuum power beam welding for construction of pressure vessels in an industrial environment [Z]. Ⅳ-1481-2021.

[3]　BAGSHAW N, PUNSHON C, ROTHWELL J. Development of welding P92 pipes using the reduced pressure electron beam welding process for a study of creep performance [C]// ASME 2014 Symposium on Elevated Temperature Application of Materials for Fossil, Nuclear, and Petrochemical Industries. [S.l.: s.n.] 2014: 1-6.

[4]　LAWLER S, CLARK D, PUNSHON C, et al. Local vacuum electron beam welding for pressure vessel applications [J]. Ironmaking & Steelmaking, 2015, 42(10): 722-726.

[5]　ÜSTÜNDAĞ Ö, BAKIR N, GUMENYUK A, et al. Hybrid laser-arc welding of laser and plasma-cut 20mm thick structural steels [Z]. Ⅳ-1480-2021.

[6] ÜSTÜNDAĞ Ö, GUMENYUK A, RETHMEIER M. Single-pass hybrid laser arc welding of thick materials using electromagnetic weld pool support [C]// Lasers in Manufacturing Conference, 2019.

[7] ÜSTÜNDAĞ Ö, FRITZSCHE A, AVILOV V, et al. Study of gap and misalignment tolerances at hybrid laser arc welding of thick-walled steel with electromagnetic weld pool support system [J]. Procedia Cirp, 2018, 74: 757-760.

[8] MU Z, PANG S. Understanding the force effect of vapor on keyhole in laser welding with an efficiency multiphase model [Z]. Ⅳ-1479-2021.

[9] PANG S, CHEN X, LI W, et al. Efficient multiple time scale method for modeling compressible vapor plume dynamics inside transient keyhole during fiber laser welding[J]. Optics & Laser Technology, 2016, 77: 203-214.

[10] KOTTMAN M, ZHANG S, MCGUFFIN-CAWLEY J, et al. Laser hot wire process: A novel process for near-net shape fabrication for high-throughput applications[J]. The Journal of the Minerals, Metals & Materials Society(JOM), 2015, 67(3): 622-628.

[11] LONSBERRY A, HUNT A, QUINN R, et al. Predicting the occurance of unstable arc formations in laser hot-wire additive manufacturing[C]// International Symposium on Flexible Automation. IEEE, 2016: 237-242.

[12] SONG Z, YOU N, AONO H, et al. Derivation of appropriate conditions for additive manufacturing technology using hot-wire laser method[J]. Materials Proceedings, 2021, 3(1): 1-9.

[13] ZHU S, NAKAHARA Y, YAMAMOTO M, et al. Highly efficient additive manufacturing phenomena of various wires using hot-wire and diode laser [Z]. Ⅳ-1483-2021.

[14] KANG S, KANG M, CHEON J. Laser weldability and morphology for laser beam modulation welding of Al alloy and high strength Steel [Z]. Ⅳ-1486-2021.

[15] PANTELAKIS S, TSERPES K. Revolutionizing aircraft materials and processes [M]. Berlin: Springer Nature, 2020: 303-336.

[16] KONG C Y, BOLUT M, SUNDQVIST J, et al. Single-pulse conduction limited laser welding using a diffractive optical element [J]. Physics Procedia, 2016, 83: 1217-1222.

[17] FEUCHTENBEINER S, HESSE T, SPEKER N, et al. Beam shaping brightline-Weld: Latest application results [C]// High-Power Laser Materials Processing: Applications, Diagnostics, and Systems Ⅷ. [S.l.: s.n.] 2019: 1-9.

[18] BRODSKY A, KAPLAN N, LIEBL S, et al. Adjustable-function beam shaping methods [J]. Photonicsviews, 2019, 16(2): 37-41.

[19] MÖBUS, M, WOIZESCHKE, P. Laser welding setup for coaxial combination of two laser beams to vary the intensity distribution [Z]. Ⅳ-1484-2021.

[20] WOIZESCHKE, P. Benefits of laser-generated mass accumulations at sheet edges for joining processes [Z]. Ⅳ-1485-2021.

[21] VOLLERTSEN F, WOIZESCHKE P, SCHULTZ V, et al. Developments for laser joining with high-quality seam surfaces[J]. Lightwght Design Worldwide, 2017, 10(5): 6-13.

[22] SCHULTZ V, WOIZESCHKE P. High seam surface quality in keyhole laser welding: Buttonhole welding [J]. Journal of Manufacturing and Materials Processing, 2018, 2(4): 78.

[23] WOIZESCHKE P, VOLLERTSEN F. Laser keyhole micro welding of aluminum foils to lap joints even with large gap sizes [J]. CIRP

Annals - Manufacturing Technology, 2020, 69(1): 1-4.

[24] MITTELSTÄDT C, SEEFELD T, WOIZESCHKE P, et al. Laser welding of hidden T-joints with lateral beam oscillation [J]. Procedia CIRP, 2018, 74: 456-460.

[25] WOIZESCHKE P, HEINRICH L, EICHNER P, et al. Laser edge forming to increase the bending radius in hemming [C]// MATEC Web of Conferences. EDP Sciences, 2018, 190: 1-6.

作者： 陈俐，博士，研究员，中国航空工业集团有限公司一级专家，主要研究领域：新材料激光焊接性及结构激光焊接质量控制技术研究，发表论文 60 余篇。E-mail: ouchenxi@163.com。

审稿专家： 李铸国，上海交通大学特聘教授，博士生导师。研究领域主要包括：先进激光焊接与控制、激光熔覆与增材制造等。发表期刊和会议论文 200 余篇，其中 SCI 收录 160 余篇，获省部级科技奖励 10 项。E-mail: lizg@sjtu.edu.cn。

焊接结构的无损检测与质量保证
（IIW C-V）研究进展

马德志　周云芳　张菁

（中冶建筑研究总院有限公司　北京　100088）

摘　要：本文基于第 74 届国际焊接学会年会 2021 C-V 专委会的报告，对焊接结构的无损检测与质量保证的研究进展进行了整理分析，主要包括焊缝的 X 射线检测和超声检测、基于电磁检测原理的焊缝无损检测方法与技术研究进展，人工智能、结构健康监测 SHM、模拟仿真在无损检测和可靠性评估中的应用进展，以及无损检测标准化进展等内容。最后对焊接无损检测相关研究工作的特点和未来发展方向进行了评述和展望。

关键词：国际焊接学会；无损检测；焊接产品；质量保证；标准化；人工智能

0　序言

在本届 IIW 年会上，负责焊接结构无损检测与质量保证的 C-V 专委会[1]（NDT and Quality Assurance of Welded Products）的学术交流会议于北京时间 7 月 15—16 日进行。7 月 15 日，专委会主席 Marc Kreutzbruck 主持会议开幕式，介绍会议议程并做 C-V 专委会年度工作报告[2]。

报告介绍了过去一年来 C-V 专委会在文献出版方面的进展、会议议程、C-V 专委会的结构、网站成员名单和委员会代表名单等内容。C-V 专委会的组织机构如图 1 所示。

会议听取了 C-V 专委会和各分委会 2020 年度工作报告，来自多个国家和地区的 34 位专家代表参加了交流。本文主要根据此次年会期间的报告，对相关研究进行整理分析。

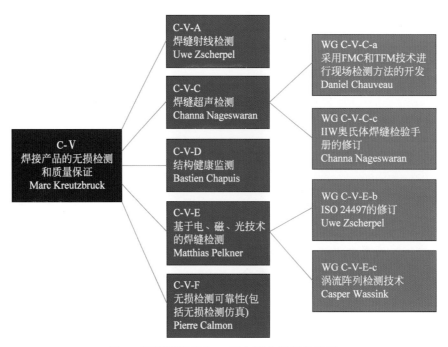

图 1　国际焊接学会 C-V 专委会组织机构图

1 无损检测技术发展

1.1 射线检测

V-A 分委会主席、德国联邦材料研究与测试研究所（Bundesanstalt für Material for schung und-prüfung，BAM）的 U. Zscherpel 做了分委会年度报告[3]，主要介绍了分委会在射线检测方面工作的情况：

1）针对工业数字射线检测的工作集中在以下三个方面：

（1）在工业数字射线检测的新技术和标准等方面，包括采用柔性荧光体成像板（imaging plate，IP）和数字探测器阵列（digital detector array，DDA）的数字检测，与美国材料试验协会（American Society for Testing and Meterials，ASTM）、欧洲标准委员会（Comité Européen de Normalisation，CEN）、国际标准化组织（International Organization for Standardization，ISO）继续开展合作。

（2）在国际原子能机构（International Atomic Energy Agency，IAEA）和德国无损检测协会的支持下，开展了工业数字射线检测的培训工作。由 IAEA 在 2015 年出版了《焊缝和铸件工业数字射线检测培训和考试指南》。在《无损检测人员培训大纲》ISO/TS 25107：2019 中更新了射线检测的相关内容。

（3）对应 ISO 5817《焊接 - 钢、镍、钛及其合金的熔化焊接头（电子束焊接除外）- 缺欠质量等级》的缺陷图集（钢焊缝射线底片和电子图片，图 2），计划将老版的 IIW 焊缝射线图集以电子版形式发布（图 3），以用于科研和教育；ISO 10048 的铝焊缝缺陷的射线底片尚待电子化。

2）射线检测标准的编制：

（1）ISO 无损检测技术委员会射线分委会 TC 135/SC5 对标准 ISO 14096 的修订；ISO 焊接技术委员会射线分委会 TC 44/SC5 对标准 ISO 17636 的修订。

图 2 ISO 5817 的缺陷图集

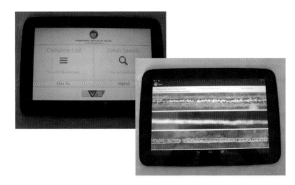

图 3 移动终端的焊缝电子缺陷图

（2）美国材料试验协会对标准 ASTM E 2597（数字探测器阵列 DDAs）的修订。

（3）欧洲标准委员会无损检测技术委员会射线工作组 CEN/TC138/WG1 对标准 EN 12543-2 的修订。

（4）德国标准化学会（Deutsches Institut für Normung，DIN）的相关工作。

1.2 超声检测

来自法国焊接研究所的 V-C 分委会主席 Daniel Chauveau 做了分委会年度报告[4]，介绍了 V-C 分委会 2020 年 7 月—2021 年 7 月期间的工作情况，包括：

1）《奥氏体焊缝超声检测手册》的修订工作，具体为：第 5 节《仿真》和第 9 节《相控阵检测》已基本完成最终草案；第 10 节《超声全矩阵捕捉 / 全聚焦方法（FMC/TFM）检测》已完成草案初稿，尚未提交工作组。

2）ISO 18211（导波检测）标准和 API RP 586、ENIQ RP 13 等标准的修订。

3）人工智能 / 机器学习（artificial intelligence/machine learning，AI/ML）等方面的相关工作。

来自英国斯特拉茨克莱德大学超声波工程研究中心的 Jonny Singh 介绍了实时晶粒取向映射在改进超声波无损检测评价方面的应用情况 [5-6]。对于焊接过程中产生的缺陷（图4），相较于焊后检测，过程监测具有很多优点，包括降低返工率、减少生产时间和提高效率等。

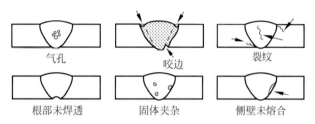

图 4　焊接过程中产生的缺陷

传统的超声成像算法假设材料是均匀的或各向同性的，然而，在实际应用中，金属材料会出现局部各向异性和非均质的微观结构，特别是当它们受到极端的热循环时，如焊接及相关过程。在这种情况下，图像聚焦可能会发生偏差，因此是不可靠的。研究表明，对非均质

和局部各向异性介质微观结构的空间变化进行无损评估，有利于准确检测缺陷和提高制造过程中的监测可靠性，这是因为包含关于材料空间变化特性先验信息的算法能够显著提高缺陷表征的准确性。基于这一特点，该报告提出了一个使用全孔径、发射 - 捕捉（pitch-catch）和脉冲反射转换器配置的深度神经网络（deep neural networks，DNNs）来重构晶粒取向的材料图（material map），并首次应用生成式对抗网络（generative adrersarial networks，GANs）实现了超高分辨率的超声断层图像扫描实时检测，在 GAN 训练数据集中包含了适当的先验知识，并要求训练数据显示关于材料结构的已知信息以提高反演的准确性（图5）。研究表明，在经过充分训练后，DNNs 和 GANs 可以在 1s 内（标准台式计算机上使用为0.9s）生成反映晶粒取向的高分辨率材料图（图6和图7），检测图像分辨率提高了4倍，结构相似性增加了50%（图8和图9）。

来自芬兰的 Iikka Virkkunen 介绍了其团队在机器学习方面所做的工作 [7]。基于大量真实并具有代表性的数据，通过特定程序训练和验证

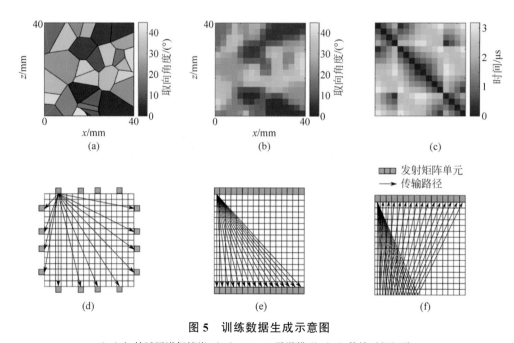

图 5　训练数据生成示意图

（a）初始沃罗诺伊镶嵌；（b）16×16 平滑模型；（c）传输时间矩阵；
（d）全孔径传输覆盖；（e）发射 - 捕捉配置；（f）脉冲 - 反射配置

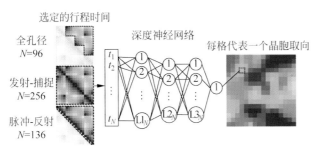

图6　使用深度神经网络的断层扫描算法示意图

的机器学习评价模型，能够在超声检测（常规、超声波衍射时差法（time of flight diffraction，TOFD）、相控阵）、数字X射线检测（焊缝检测、气孔、裂纹等）和目视检测（相机辅助）等方面可靠地工作，其效果可达到专业人员的水平。机器学习评价的采用和推广需要解决以下问题：

（1）敏感数据的安全性。

（2）是否可以与常规系统一起使用，并容易采取备用措施。

（3）在当前软件环境下是否易于安装、管理、维护。

（4）认证和性能验证等问题。

该报告给出了几种方法，比如采用边缘设备保护数据安全（图10），将机器学习放在一个独立的盒子里（图11），试验证明报告中给

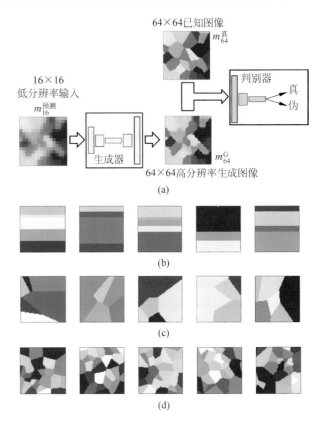

图7　生成式对抗网络算法示意图

（a）生成式对抗网络示意图；（b）5层训练模型；
（c）6单元沃罗诺伊图；（d）30单元沃罗诺伊图

出的几种机器学习模型具有很好的性能（与人类检测水平相当），可以应用于核工业、航空航天、重工业等领域的超声、射线检测。

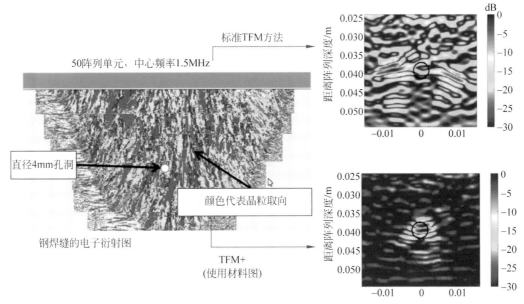

图8　使用材料图改善检测结果

全聚焦方法（total focusing method，TFM）

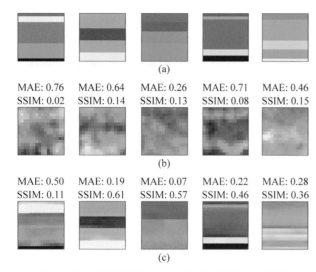

图9　深度神经网络与生成式对抗网络输出结果
（a）高分辨率（64×64）真实模型：5层数据（$m_{64}^{真}$）；
（b）16×16深度神经网络断层扫描输出结果（$m_{16}^{预测}$）；
（c）64×64生成对抗网络输出结果（m_{64}^{G}）
MAE-平均绝对误差（mean absolute error）越小越好；
SSIM-结构相似性指数（structural similarity index measure）
越大越好

图10　采用边缘设备保护数据安全

图11　机器学习盒子

来自英国拉夫伯勒大学的 Xuening Zou 做了基于仿真训练的卷积神经网络（convolutional neutral network，CNN）裂纹检测的报告[8]，介绍了采用全矩阵捕捉（full matrix capture，FMC）数据作为输入的 FMC-CNN 检测。与常规的 CNN 检测相比，训练参数可大大减少，并且通过并行计算，训练速度也得到了显著提高（表1）。

表1　CNN 和 FMC-CNN 检测对比

	CNN	FMC-CNN	降低
训练参数	$647×10^6$	$163×10^6$	74%
训练样品	300	150	50%
测试精度	100%	96%	/

1.3　基于电、磁、光学方法的焊缝检测

Matthias Pelkner 做了题为"基于电、磁、光学方法的焊缝检测技术"的 V-E 分委会年度报告[9]，首先介绍了金属磁记忆（metal magnetic memory，MMM）标准 ISO 24497 的修订情况，该标准已于 2020 年完成最终投票，于 2021 年发布；然后回顾了 2019/2020 年 ECA（涡流矩阵）工作组的活动，并介绍了 ISO/TC 261 增材制造委员会的动态以及在欧洲无损检测联盟（European Federation for Non-Destructive Testing，EFNDT）倡议下成立的 WG6 和 WG10 工作组的情况，该工作组主要致力于增材制造无损检测和无损评价 NDE4.0 的相关技术和标准化研究（图12 和图13）。

1）在 2021 年 2 月 25 日召开的"使用金属磁记忆对设备和结构进行诊断"的在线国际会议[10]上提交了关于以下主题的报告：

（1）MMM 方法的应用和发展概况（截至 2021 年 1 月，MMM 方法已在全球 45 个国家开始普遍使用）。

（2）通过结构不均匀性和残余应力的监测对工程产品进行质量控制。

（3）MMM 技术发展的主要方向：控制设备和结构的实际应力/应变状态。

（4）用于 MMM 方法的仪器和扫描设备。

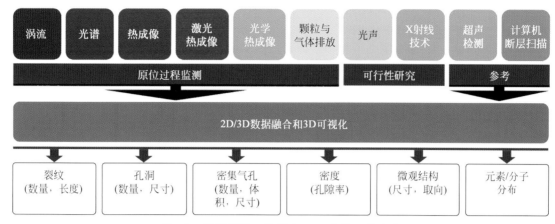

图 12　增材制造工作组（WG6）的工作内容

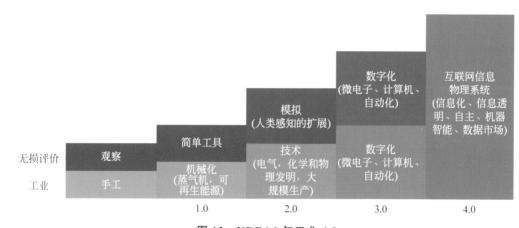

图 13　NDE4.0 与工业 4.0

（5）包覆绝缘层的地下、地上管道的非接触式磁测诊断（non-contact magnetometric diagnostics，NCMD）。

（6）MMM 方法人员培训和认证。

（7）国际无损检测委员会（The International Committee for Non-Destructive Testing，ICNDT）2018—2020 年 MMM 国际专家小组工作报告。

Anatoly Dubov 介绍了金属磁记忆在异种金属焊接接头检测方面的应用[11]，通过对锅炉吹灰器管疲劳损伤 MMM 检测技术的研究得出结论，采用 MMM 技术及时剔除发生损伤的接头，

是保证关键设备可靠性的有效措施（图 14 和图 15）。

2）涡流阵列（eddy current arrays，ECA）检测工作组组长 Casper Wassink 在本次会议上做了年度报告[12]。

涡流阵列无损检测技术与传统的涡流检测技术相比，主要不同点在于前者的探头由多个独立工作的线圈单元构成，这些线圈单元按照特殊的方式排布，且激励（又称"发射"）与检测（又称"接收"）线圈之间形成两种方向相互垂直的电磁场传递方式，线圈的这种排布方式

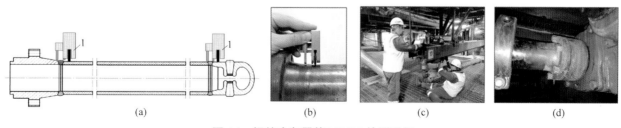

　　　　(a)　　　　　　　　(b)　　　　　　　　(c)　　　　　　　　(d)

图 14　锅炉吹灰器管 MMM 检测现场

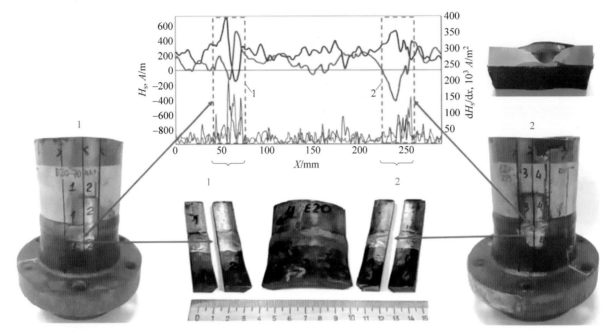

图15　锅炉吹灰器管 MMM 检测结果

有利于发现取向不同的线性缺陷。为了提高检测效率，涡流阵列传感器中包含几个或几十个线圈，不论是激励线圈，还是检测线圈，相互之间的距离都非常近，为了保证各个激励线圈的激励磁场之间、检测线圈的感应磁场之间不相互干扰或干扰较小，涡流阵列传感器通过多路数据采集技术消除线圈之间的互感。

与传统磁粉检测（magnetic particle testing，MT）和渗透检测（penetrant testing，PT）相比，ECA 具有明显优势（表2），这也是目前工业界希望对涡流阵列检测实现标准化的目的所在，以取代磁粉检测和渗透检测。目前，关于涡流检测的标准主要有以下几种：

（1）ISO 20339：2017《涡流阵列检测设备》。

（2）美国机械工程师协会锅炉压力容器标准：ASME BPVC 2019《焊缝涡流阵列检测》（ASME V 第8章）。

（3）美国材料试验协会标准：ASTM E 2884—2017《使用适合的传感器阵列对导电材料进行涡流检测的标准指南》；ASTM E 3052—2016《采用涡流阵列检查碳钢焊缝的标准实施规程》。

表2　涡流阵列检测技术与传统磁粉、渗透检测技术对比

传统技术		涡流阵列 ECA
磁粉检测	（1）成本低，应用广泛 （2）快速 （3）需要根据检测对象进行磁通调整	（1）操作简单，易于使用 （2）快速 （3）无耗材："绿色" （4）备检工件不用表面准备 （5）可进行一些亚表面缺陷的检测 （6）对工件无损伤，不用清洗 （7）采用数字技术，易于自动化、数据集成和记录保存
渗透检测	（1）成本低，应用广泛 （2）可用于复杂外形 （3）化学制剂、气体、烟雾和蒸气对人体有害 （4）备检工件需要清洁，去除涂层和油漆 （5）误差较大	

工作组正在进行适用于碳钢/铁素体及其他导电材料涡流阵列检测标准的编制，将在2021年发布标准草案，该标准分为总则（包括在应力腐蚀裂纹、疲劳开裂和铁路检测应用的案例）、焊缝检测（采用 ISO 5817/ISO 17635 标准的格式）和评判标准3个部分。

3）德国联邦材料研究与测试研究所的 S.J. Altenburg 介绍了金属增材制造（AM）过程监控的研究进展[13]，并对 AM 在线监测系统的开发做了展望（图16）。

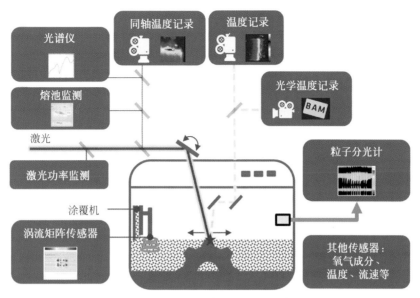

图16 增材制造在线监测系统

2 结构健康监测

Bastien Chapuis 做了关于"结构健康监测"的 V-D 分委会年度报告[14]，介绍了分委会的工作和取得的进展，主要包括以下内容：

1）美国汽车工程师学会（Society of Automotive Engineers，SAE）国际工作组积极为结构健康监测编写实践文件和组织基准，包括已经完成的 AR6892《旋翼机结构健康监测要素和指南》（2020年10月26日）和正在进行的 ARP6821《结构健康监测系统损伤探测能力的评估指南》、AIR6970《环境恶劣程度和腐蚀性监控》，以及针对结构健康监测检测概率（porbability of detection，POD）验证方法的工作。

2）始于2018年，隶属法国无损检测联合会（Confédération Française pour les Essais Non Destructifs，COFREND）的法国结构健康监测部门致力于航空航天、土木工程、工业设备（包括压力设备）等领域的结构健康监测，包括即将定稿的《结构健康监测白皮书》和法国 SHM 社区的组织工作。

3）国际标准 ISO 18211《无损检测——地上管线及设备管道长距离导波检测》的修订。该国际标准规定了使用轴向传播的超声导波对碳钢和低合金钢地上管线和设备管道进行长距离检测的方法，这种超声导波覆盖整个管段环向并沿轴向传播，以检测腐蚀或冲蚀损伤。导波检测通常应用于在役管道系统，可以快速检查地面管道、设备管道。与传统无损检测方法如超声、涡流、漏磁、射线等的"踩点式"检测方式不同，超声导波无损检测、结构健康监测技术具有单点激励、全截面覆盖、检测距离远、监测范围大等显著优点。将超声导波技术应用在管道监测上，利用专用的监测换能器和特殊设计的监测算法，可以更好地对管道腐蚀情况进行分析判断。本标准适用于地上和工厂涂漆管道、隔热管道的检测（图17）。

图17 管道长距离导波检测

4）本领域的其他标准包括 BS 9690-1：2011，BS 9690-2：2011，ASTM E2775-16，ASTM E2929-18 和 ISO 4773：2021 等标准。

5）Graham Edwards 做了管道超声导波检测技术评定的报告[15]。由于超声导波具有多模态（对于在空气中的空心钢管，导波会产生三种模态：纵向模态、扭转模态和弯曲模态（图18）；并有频散（图19）的特性），在不同的应用中，需要根据实际的需求，选择正确的导波模态，以及根据实际的频散特性选择正确的导波频率，才可以达到比较理想的检测效果。超声导波的多模态和频散效应也使超声导波的应用比超声体波更加复杂。因此，导波检测除了需要进行工艺评定外，还要对其技术进行评定，其结果可作为对该技术的一种验证和认可、与其他替代技术比较的依据和更大系统可靠性评估的输入条件。随着连续监测特别是包括管道在内的管状结构进行监测的需求越来越大，对导波检测技术新的功能要求也不断被提出。

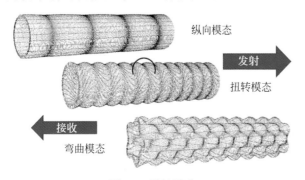

图18 导波模态

6）采用人工智能技术是结构健康监测的一个发展趋势。所谓人工智能，就是指由人制造出来的机器所表现出来的智能，而机器学习和深度学习（deep learning）是驱动人工智能发展的核心内容（图20），机器学习是实现人工智能的方法，深度学习是实现机器学习的技术。当前，机器学习是无损检测领域人工智能广泛研究的一个重要内容。机器学习最基本的做法，是使用算法来解析数据、从中学习，然后对真实世界中的事件做出决策和预测。与传统的为解决特定任务、硬编码的软件程序不同，机器学习是用大量的数据来"训练"，通过各种算法从数据中学习如何完成任务。

7）目前在结构健康监测领域面临诸多挑战：

（1）存在很多检测无法直接触及的区域（图21）。

（2）构件的修复会导致超声导波高衰减。

（3）修补补丁可能掩饰损伤的发展或影响新缺陷的检测（图22）。

（4）环境和操作条件的变化，包括温度、湿度、雨水、压力、流速对检测效果的影响较大。

针对上述情况，在本届年会上，Mountassir 介绍了机器学习在高衰减介质缺陷检测中的应

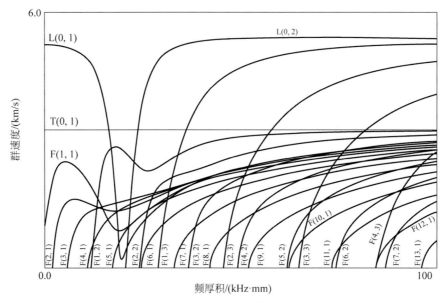

图19 导波频散曲线

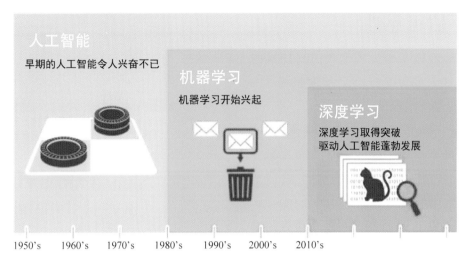

图 20　人工智能、机器学习和深度学习

图 21　采用超声导波检测无法直接触及的部位

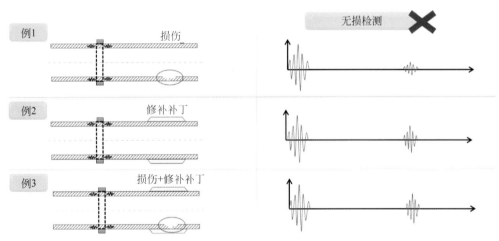

图 22　结构健康检测面临的挑战

用[16]，开发了一种机器学习模型（图 23），用于检测复合修复下管道中的腐蚀缺陷，该模型补偿了变化的环境和操作条件（温度）的影响。结果表明，该模型提高了缺陷检测的灵敏度。报告也对未来的研究做了设想：

（1）用于测试模型的数据库应包含其他环境因素（湿度、雨等）的变化。

（2）构建预测模型，以估计结构的剩余使用寿命。

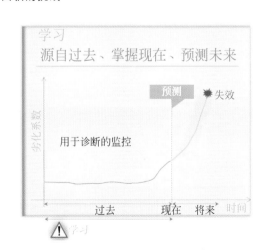

图 23　机器学习模型原理示意图

3 无损评估可靠性

Pierre Calmon 做了题为《包含仿真技术的无损评估可靠性》的 V-F 分委会年度报告[17]，介绍了分委会的工作内容：

仿真（验证）和 POD/MAPOD（检测概率/模型辅助检测概率）评估的应用一直是 V-F 分委员的主要课题，分委会 2013 年组织编写了《NDT 仿真的使用和验证建议》IIW-2363-13，2016 年编写了《关于 POD 研究中使用仿真的最佳实践》（2017 年成册）；从那时起，出现了与建模、仿真、算法新用途相关的新课题，包括先进的超声阵列成像技术（TFM，与 V-C 分委会合作）；基于模型的反演和人工智能以及人的因素和可靠性、可追溯性等。

3.1 与其他分委会相关的工作

1）与 V-C 分委会合作的项目：

（1）定义 PAUT（超声相控阵）校准试块；

（2）制定 FMC/TFM（全矩阵捕捉/全聚焦方法）检测标准；

（3）参与《奥氏体手册》第 5 部分：仿真部分的修订（图 24）。

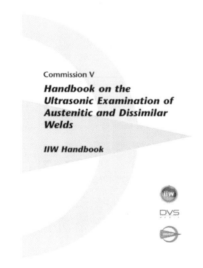

图 24 奥氏体手册

2）与 V-D 分委会合作的意向：

（1）采用 POD 和 MAPOD 方法对 SHM 系统的可靠性评估（图 25）；

（2）在仿真方面与导波工作组合作。

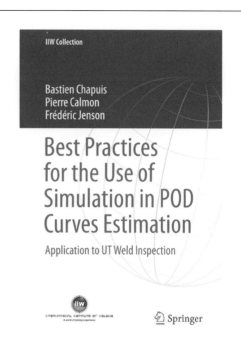

图 25 在 POD 曲线评估中使用仿真的最佳实践

3.2 基于人工智能系统的可靠性评估

能够可靠地将 AI 集成到可靠性评估关键系统和过程中，特别是在无损评估中采用基于 AI 的自动诊断算法是当前的一个重要的研究方向。在法国，"基于 AI 的安全、可靠和认证系统"已列入国家资助项目，欧洲检测能力验证网络组织（ENIQ）也计划将基于 AI 的评估系统纳入欧洲验证方法。

3.3 无损评估 NDE 4.0 和可靠性评估

2021 年召开了首届 NDE 4.0 国际会议，在国际无损检测委员会框架下建立了一个关于 NDE 4.0 的国际工作组和可靠性评估工作组；在欧洲无损检测联盟框架下建立了一个关于 NDE 4.0 的区域（欧洲）工作组，在国际范围内分享与无损评估数字化和成果应用相关的经验和知识。

4 结束语

通过对国际焊接学会 2021 年会期间无损检测领域的报告进行整理分析可以看出，无损检测技术近年来与各种新技术（人工智能、机器学习、建模仿真等）不断融合，正向着智能化、数字化和小型化的方向发展，其应用领域也在不断拓展，包括增材制造、结构健康监测、

NDE 4.0 等，主要有以下几个特点：

1）受疫情影响，本年度 C-V 委各分委会在具体的技术创新上与 2020 年度相比没有太多亮点，基本体现在应用研究上，包括各种标准、手册和应用指南等的编制、修订。

2）不同学科之间融合创新、协作创新的意愿强烈，体现在模拟仿真、人工智能、检测成像、无损评估等领域，各分委会之间乃至 C-V 委与其他委员会之间的合作日趋频繁，合作范围也更加广泛。

3）工业 4.0 是正在进行的第四次工业革命，它通过使用数字孪生技术分析工业物联网提供的数据，改善了生产、维护和设计。与之相匹配的 NDE 4.0 允许通过使用工业 4.0 的最新成果（人工智能、大数据处理、量子计算机或增强现实等）来增强 NDE 的技术和 NDE 的数据处理，实现 NDE 的信息化、数字化和网络化，带来无损评估领域的一场革命。

4）涡流阵列检测技术具有许多常规涡流检测方法不具备的优点，与磁粉检测和渗透检测相比，优势更加明显，对于无损检测技术的发展有着重要的现实意义、是涡流检测技术发展的一个重要方向。

5）与传统无损检测方法如超声、涡流、漏磁、射线等的"踩点式"检测方式不同，超声导波无损检测、结构健康监测技术具有单点激励、全截面覆盖、检测距离远、监测范围大等显著优点。应用于在役管道系统，可以快速检查地面管道、设备管道，以更好地对管道腐蚀情况进行分析判断。

6）采用人工智能是结构健康监测、无损评估的一个重要的发展方向，所谓人工智能，就是指由人制造出来的机器所表现出来的智能，而机器学习和深度学习是驱动人工智能发展的核心内容，机器学习是实现人工智能的方法，深度学习是实现机器学习的技术。

7）委员会的标准化活动非常活跃，将新技术、新工艺上升到普遍认可的标准规定的需求非常迫切，委员会正在与 ISO，ASME，CEN，DIN 等组织进行全面、深入的合作，随着新标准的不断推出，势必对无损检测新技术的推广应用起到促进作用。

参考文献

[1] Agenda of the technical meetings of commission V: NDT and quality assurance of welded products [Z]. V-1929-2021.

[2] KREUTZBRUCK M. Annual Report of Commission V [Z]. V-1930-2021.

[3] ZSCHERPEL U, EWERT U. Annual report of sub commission V-A: Radiography-based weld inspection [Z]. V-1931-2021.

[4] NAGESWARAN C. Report on ultrasonic testing to sub-commission V-C [Z]. V-1933-2021.

[5] SINGH J. Real-time grain orientation mapping of anisotropic media for improved ultrasonic non-destructive evaluation [Z]. V-1934-2021.

[6] SINGH J, TANT K, CURTIS A, ct al. Real-time super-resolution mapping of locally anisotropic grain orientations for ultrasonic non-destructive evaluation of crystalline material [J]. ArXiv: 2105.09466.

[7] VIRKKUNEN L. Machine learning improves reliability and efficiency of non-destructive evaluation [Z]. V-1935-2021.

[8] ZOU X N. Simulation-based training of CNN for detection of cracking [Z]. V-1936-2021.

[9] PELKNER M. Sub-commission VE annual report 2020/2021, electrical, magnetic, and optical methods [Z]. V-1941-2021.

[10] On-line international conference: Diagnostics of equipment and structures using the metal magnetic memory [Z]. 2021.2.25.

[11] DUBOV A. Inspection of dissimilar metal welded joints using the metal magnetic memory technique [Z]. V-1942-2021.

[12] WASSINK C. Working group on: Eddy current arrays testing [Z]. Ⅴ-1943-2021.

[13] ALTENBURG S J，MAIERHOFER C. Process monitoring in metal AM [Z]. Ⅴ-1944-2021.

[14] CHAPUIS B. Annual report of sub-commission V-D: Structural health monitoring [Z]. Ⅴ-1937-2021.

[15] EDWARDS G. Qualification of guided wave ultrasonic technology for testing pipes [Z]. Ⅴ-1939-2021.

[16] MOUNTASSIR M E，YAACOUBI S. On the benefit of using machine learning methods in SHM: Application to defect detection in high attenuating medium [Z]. Ⅴ-1940-2021.

[17] CALMON P. Annual Report of sub-commission VF [Z]. Ⅴ-1945-2021.

作者：马德志，教授级高级工程师，中冶建筑研究总院有限公司首席专家。主要从事钢结构焊接技术、钢材焊接性、焊接工艺评定及无损检测和人员培训等方面的科研与应用工作。发表论文 50 余篇，出版专著 10 部，参编国际标准 1 项，主编或参编国家及行业标准 20 余项，获国家科技进步奖二等奖 1 项，中国专利优秀奖 2 项，其他省部级奖 15 项。E-mail: 247691318@qq.com。

审稿专家：韩赞东，博士、清华大学副教授、博士生导师、成形装备及自动化研究所副所长。主要从事焊接设备和无损检测方面的研究工作。已发表 SCI/EI 论文近百篇，获国际发明专利 4 项，国家发明专利 20 余项。E-mail: hanzd@tsinghua.edu.cn。

微纳连接（IIW C-Ⅶ）研究进展

刘磊

（清华大学机械工程系　北京　100084）

摘　要： 第 74 届国际焊接学会年会微连接和纳连接专委会（IIW C-Ⅶ）线上学术研讨会于 2021 年 7 月 15—16 日举行。共收到 16 篇学术报告摘要，内容涉及微纳连接的材料、工艺、性能和技术。本文针对这些报告，从"采用纳米材料作连接材料的微纳连接技术""纳米线的连接技术""微纳连接新技术"和"软钎焊微纳连接技术"4 个方面，简要评述 IIW 2021 微纳连接 / 微纳制造研究及应用的新进展。

关键词： 微连接；纳连接；新方法；新材料；软钎焊

0　序言

微连接和纳连接涉及纳 - 微 - 宏跨尺度多材料的互连与集成，是新型微纳器件制造、芯片封装、微电子及其系统组装、医疗器械制造等方面的共性关键技术，在众多工业和消费领域的电气化、信息化、智能化革新中起到了关键的作用。微纳连接的新方法与理论、新型连接材料、接头可靠性评估等一直是各个研究机构和国际知名学者研究的重点和热点。

IIW C-Ⅶ（Comission Ⅶ：Microjoining and Nanojoining，7 委：微纳连接专委会）重点开展微纳连接新方法、新材料领域的研究与学术交流，并进一步推动连接技术在微纳器件制造和系统封装中的应用。C-Ⅶ下设 3 个分委员会：C-ⅦA（采用纳米材料的微纳连接分委员会）、C-ⅦB（激光微纳连接分委员会）、C-ⅦC（微纳连接新技术分委员会）。7 委的首任主席为加拿大工程院院士、滑铁卢大学的 Norman Zhou 教授，前任主席为日本焊接学会理事长、大阪大学的 Akio Hirose 教授，现任主席为清华大学的邹贵生教授。哈尔滨工业大学的田艳红教授任 C-ⅦC 分委会主席、清华大学的刘磊副教授任 C-ⅦB 分委会副主席并兼任 7 委秘书。

2021 年 7 月 15 日，专委会会议由 7 委主席、清华大学的教授邹贵生主持。清华大学的刘磊副教授和大阪大学的 Tomokazu Sano 教授共同主持了学术报告。7 月 16 日，7 委与 17 委（钎焊扩散焊专委会）举办了联合会议。来自中国、德国、美国、日本、瑞士、英国、意大利、瑞典、葡萄牙等 10 余个国家的专家学者参会，总人数达 70 余人。共收到 16 篇学术报告摘要，内容涉及"采用纳米材料作连接材料的微纳连接技术""纳米线的连接技术""微纳连接新技术"和"软钎焊微纳连接技术"4 个方面。其中，中国 7 篇、日本 3 篇、加拿大 2 篇、瑞士 2 篇、德国 1 篇、美国 1 篇，做报告的中国代表依次为哈尔滨工业大学的博士生冯佳运、北京理工大学的马兆龙副教授、天津理工大学的张博文博士、哈尔滨工业大学（深圳）的计红军教授、清华大学的博士生任辉、哈尔滨工业大学的王晨曦教授和上海工程技术大学的陈捷狮副教授。

下文针对上述报告内容，从 4 个方面简要评述微纳连接 / 微纳制造研究及应用的最新进展。

1　采用纳米材料作连接材料的微纳连接技术研究

利用纳米材料的尺寸效应可降低连接温度、减少应力与变形、减少器件损伤、使服役温度高于工艺温度。相比熔化 - 凝固、高温扩散等传统焊接成形原理，此方法在微纳连接和芯片封装方面有显著优势。多所国内外大学、研究院所和半导体头部企业开展了长期的研究，研究初期集中在纳米颗粒焊膏的配比、烧结工艺优化、接头成形机制等，后期开展了接头可靠性和失效机理的研究，并进一步拓展到特殊工艺、新型纳米材料开发等研究。本次会议中有4篇论文，分别来自大阪大学、天津工业大学、开姆尼茨工业大学和清华大学，这些论文分别对连接机理、大面积工艺、纳米Ni焊膏配比和SiC芯片连接可靠性方面进行了研究。

1.1 Ag化合物原位分解用于Ag-Si连接

日本大阪大学对原位分解实现烧结连接技术做了持续的研究工作。Matsuda助理教授等人研究了利用银化合物的原位分解生成银，从而实现了无金属化层的银（Ag）烧结连接。当以乙二醇（EG）作为 AgO_2 焊膏的有机溶剂时，发现有机物在220℃时完成分解；在230℃以上时，Ag和Si之间的界面连接开始形成，接头强度依赖于界面连接的程度。研究组认为有机物的低温挥发和残留是能够实现低温烧结连接的主要原因，残余有机物的分解和放热反应可能有助于界面的形成。该研究组进一步采用草酸银（ $Ag_2C_3O_4$ ）焊膏（图1）的热分解来实现 SiO_2 连接。结果表明，草酸银在200℃左右开始热分解产生纳米银颗粒，并证明了利用草酸银可以实现Si和Ag的直接键合，连接强度在250℃条件下可达29MPa。这对不做金属化的Si材料连接有重要的意义。由于技术本身尚在发展，论文中未有可靠性的测试数据[1]。

图1 草酸银颗粒SEM形貌

1.2 纳米银焊膏用于大面积Cu-Cu低压低温连接

大面积芯片烧结连接难度较大，纳米银焊膏中的有机物能否有效去除并实现均匀一致的无气孔烧结，是评价其连接性能的重要指标。为此，烧结过程中往往需要施加较大压力或采用多段升温曲线（如预干燥等）。此外，铜基板在空气中加热时易氧化的问题也是连接的难点，往往需要在裸铜基板上镀银金等金属化层。近期，天津工业大学的梅云辉教授课题组通过在纳米银焊膏（平均直径约为294nm）内添加低分解温度的胺类稀释剂和具还原性的分散剂，可在300℃、0.8MPa的空气下进行烧结，实现了面积为35mm×35mm的大面积裸铜连接，且铜基板各位置连接强度较为一致，均在58MPa左右。

该烧结接头的截面微观组织如图2所示，铜氧化物在接头边缘位置形成，而在铜基板中心部位氧化程度较低。烧结银与其能够形成较好的 $Ag-Cu_2O$ 连接，原生的铜氧化物同时也能与铜基板连接紧密，使边缘位置的界面有一定的连接强度。中间位置由于还原性有机物的添加和较低的氧气分子浓度，形成了较好的Ag-Cu连接。剪切断裂发生在烧结银层，从而获得均匀的有效连接。此方法降低了大面积连接的成本与复杂性，具有良好的应用前景[2]。

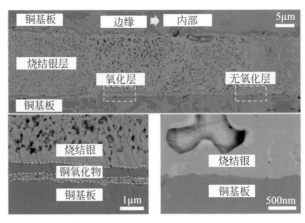

图2 纳米银焊膏用于Cu-Cu连接SEM微观截面图

1.3 基于超声辅助分散的高金属含量纳米Ni焊膏

纳米镍焊膏是一种新型的焊膏材料，相比纳米银和纳米铜，纳米镍的烧结连接可获得更高的连接强度和更高的服役温度，是半导体互连技术向传统硬钎焊应用的延伸。近期Benjamin Sattler等人采用超声强化分散的方法制备了高Ni含量的纳米镍焊膏。研究发现，超声分散可获得较高金属含量的焊膏，且最高金属含量与Ni颗粒的平均尺寸（比表面积）有关（图3）。松油醇或者掺入乙基纤维素（EC）的二氢松油醇都可在较大范围内调整焊膏的黏度，但这些溶剂极易挥发，使焊膏黏度随暴露时间呈线性降低（焊膏表现为极易变干）。通过添加不同分子量的聚乙二醇（PEG）可以调整焊膏黏度，且该溶剂几乎不挥发，研究表明，用PEGs制备的纳米镍焊膏即使暴露在空气中几周后依然保持稳定，为纳米镍焊膏的制备与存储及对应有机物体系的选取提供了较好的参考意义。纳米银已在工业上批产应用，纳米铜也在尝试推广中，但这些应用都是在半导体领域，对接头强度、高温强度没有太高的要求。纳米镍是一种新的焊膏材料，有望在硬钎焊中解决一些低温连接、高温服役的技术难题[3]。

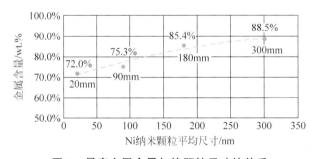

图3 最高金属含量与镍颗粒尺寸的关系

1.4 纳米银孔隙结构对芯片连接层断裂的影响研究

烧结银因其高的电/热导率及低温烧结、高温服役的特点而成为高可靠功率芯片连接的首选材料。清华大学的邹贵生教授、刘磊副教授课题组通过之前的研究发现，由于烧结组织的

孔形无规则、分布不均匀，基于整体统计的平均孔隙率不能说明局部微孔对断裂的影响，研究局部微纳孔隙特征与裂纹扩展的关系具有重要的工程意义。

经过热冲击老化试验后的SiC芯片烧结连接层截面如图4（a）和（b）所示。裂纹靠近烧结连接层与DBC之间的界面。在焊点界面的微观组织中，纳米银与DBC连接界面处约5μm厚度的范围内，孔隙率明显高于其他部位（图4（c）和（d）），其位置与裂纹扩展处一致。因此，孔隙分布对裂纹扩展过程有明显的影响。

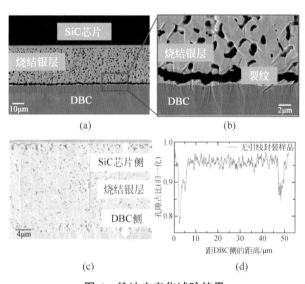

图4 热冲击老化试验结果

（a）和（b）热冲击试验后的烧结连接层截面；
（c）和（d）烧结连接层孔隙率分布

针对不同热冲击周期的试样进行截面分析（图5），可以得到如下裂纹扩展过程。焊态下靠近DBC界面的孔隙比中心的孔隙密度更大、孔隙尺寸更小。经过100次热冲击试验后，靠近DBC界面的孔隙之间形成了微裂纹（图5（b））。热应力引起的循环应力促进了孔隙周围微裂纹的形成和扩展。经过300次热冲击试验，靠近DBC界面的微裂纹相互贯穿，导致最终失效（图5（c））。

为了研究孔隙分布对寿命的影响，制备了不同高温处理时间的样品（图6）。与未处理的样品相比，50h高温处理的样品在靠近DBC界面处的孔隙有所减少，而100h高温热处理的样

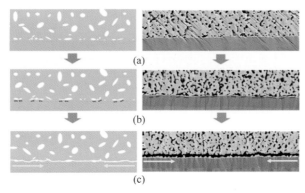

图 5 不同热冲击周期试样截面

（a）初始烧结层的孔隙分布情况；（b）100 次热冲击后的
封装靠近 DBC 界面的孔隙之间形成微裂纹；
（c）300 次热冲击后形成贯穿式裂纹

品在靠近 DBC 界面处的孔隙已经消失。在 300 次热冲击试验后，未处理的试样在靠近 DBC 界面处出现贯穿式裂纹，50h 高温处理后的试样在烧结层中心和靠近 DBC 界面处均出现裂纹，裂纹不再只出现在界面位置。100h 高温处理后的试样没有观察到明显的裂纹。实验证明了孔隙分布的变化会影响裂纹扩展路径和裂纹扩展速率，从而影响整体的可靠性。降低孔隙分布的不均匀性可以有效提高器件的可靠性[4]。

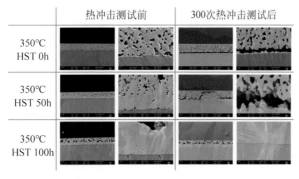

**图 6 不同高温处理时间的样品在热冲击试验前后的
连接层截面对比图**

2 纳米线的连接研究

2.1 飞秒激光诱导连接碳纳米纤维（CNF）和 Ag 纳米线异质结及其在柔性应变传感器中的应用

碳纳米材料由于具有优异的导电性能、机械柔性、化学稳定性、热稳定性，以及可调制的表面和电子结构，被广泛应用于应变传感

器、电化学传感器、湿度/温度传感器、柔性电极等多种柔性微纳器件中。然而，由于碳纳米材料之间的松散接触，基于碳纳米材料的器件性能远远低于其固有特性。针对以上问题，哈尔滨工业大学的田艳红教授课题组采用不同功率与辐照时间的飞秒激光在室温下对银纳米线与碳纳米纤维网络进行连接（图 7），从而在极小的热损伤情况下制备大面积的柔性纳米线网络。

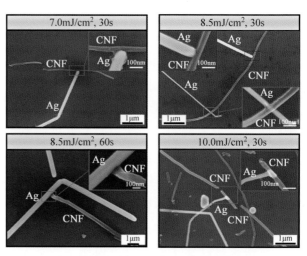

**图 7 不同激光辐照功率和辐照时间下的
银纳米线 - 碳纳米纤维连接**

纳米线之间连接接头的形成和纳米线的空间几何结构与激光偏振方向有明显关系。在 T 形的纳米线端部 - 纳米线线体结构中，飞秒激光通过融化银纳米线尖端形成连接（图 8）。在 X 形的纳米线交叉结构中，碳纳米纤维先在飞秒激光辐照下发生软化，进而在银纳米线表面形成无定形碳的异质结（图 9）。此外，飞秒激光连接可以将异质结的电阻从约 $10^{11}\Omega$ 降低到约 $10^{5}\Omega$，进而用来制备高性能的应变传感器[5]。目前，哈尔滨工业大学的田艳红教授课题组面向柔性器件中的高可靠柔性电极，开发了一系列新概念的纳米连接方法，包括光子辐照 Cu 纳米线连接，双金属电沉积 Ag、Cu 纳米线连接，原位自限制纳米钎焊等方法，实现了在柔性可穿戴器件、柔性电致变色/能量存储双功能器件及柔性 OLED 器件的制备和应用。

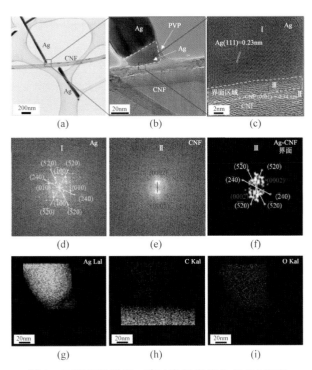

图8　T形银纳米线 - 碳纳米纤维接头 TEM 形貌

（a）~（c）不同放大倍率下接头的 TEM 图片；
（d）~（f）图（c）中Ⅰ，Ⅱ，Ⅲ区域对应的衍射图像；
（g）~（i）Ag，C，O 元素的 EDS 图像

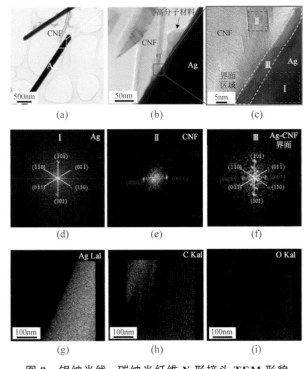

图9　银纳米线 - 碳纳米纤维 X 形接头 TEM 形貌

（a）~（c）不同放大倍率下接头的 TEM 图片；
（d）~（f）图（c）中Ⅰ，Ⅱ，Ⅲ区域对应的衍射图像；
（g）~（i）Ag，C，O 元素的 EDS 图像

2.2　通过焊料壳层的选择性沉积实现纳米线结构组装和连接

随着摩尔定律发展到极限，异质集成成为进一步提高单位体积晶体管数量和拓展微系统功能的重要技术路径，微纳米尺度的集成互连技术是其实现的关键。此外，微纳级别的元器件操纵也成为器件小型化的挑战。针对以上问题，马萨诸塞大学洛厄尔校区的 Zhiyong Gu 课题组采用化学和电化学模板还原技术合成核-壳结构的一维纳米材料，实现了纳米材料阵列的磁性组装；通过红外辐照或加热炉实现一维纳米线材料的定向焊接（图 10）。连接后的纳米线网络具有良好的方向选择性和电学导通性（图 11）。磁场自组装策略可以实现工业级的大面积纳米材料操纵，证实了通过焊料壳层的选择性沉积实现纳米线结构组装和连接具有一定的可控性[6]。

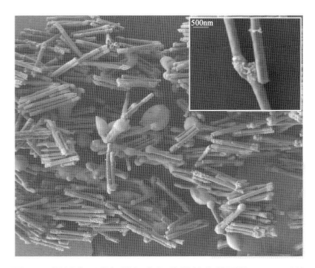

图 10　焊料壳层选择性沉积组装的纳米线网络 SEM 形貌

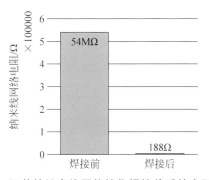

图 11　组装的纳米线网络熔化焊接前后的电阻变化

3 微纳连接新技术研究

3.1 基于电解沉积工艺的铜 - 铜低温连接

铜及铜合金由于具有优异的导电性能而获得了广泛应用。传统的铜 - 铜互连方法包括钎焊、超声波焊、扩散焊、摩擦焊等。这些方法往往需要较高的温度，并会使母材产生一定变形。来自日本大阪大学的 Fukumoto 教授等人借鉴了大马士革布线工艺，通过电解沉积法在室温、无压的条件下实现了铜 - 铜互连（图12），并重点研究了接头的微观组织和力学性能。

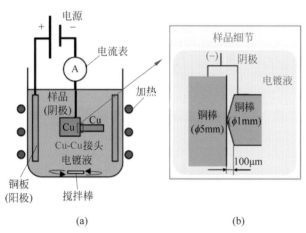

图 12 电解沉积法铜 - 铜互连

（a）电解沉积工艺装置示意图；（b）阴极样品细节

在微观组织方面，光镜观察表明，沉积过程中连接层从接头中心位置向边缘逐渐生长，最终填满整个间隙（图13）。进一步的 EBSD 观察未发现可见的互连界面，同时连接层不同位置的晶粒形态、大小存在明显区别，据此可将连接层分为柱状晶区、细晶区、粗晶区三个区域，其中细晶区的晶粒尺寸小于 1μm（图14（a））。此外，透射电镜下也未发现明显的互连界面，但是连接层和母材之间存在微小的空洞或夹杂物（图14（b））。

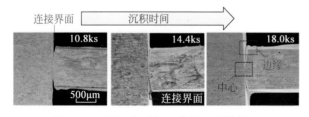

图 13 不同沉积时间下的界面连接情况

图 14 电解沉积接头的微观组织形态

（a）EBSD 图像；（b）TEM 图像

力学性能方面，作者分别测试了接头的剪切强度和显微硬度。结果表明，接头的剪切强度随着电解沉积时间的延长而增大，可达到 250MPa 左右（图15），断裂位置主要发生在连接层与母材之间。连接层细晶区的硬度约为母材的 1.5 倍，粗晶区的硬度与母材相当（图16）。该研究为铜 - 铜低温、无压互连提供了一种新的解决思路，促进了电子封装特别是倒装焊全铜连接方向的发展[7]。

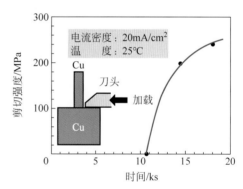

图 15 不同沉积时间下的接头剪切强度

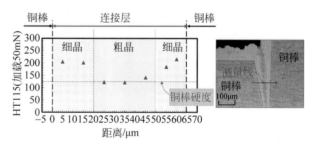

图 16 电解沉积接头不同微观组织区域的显微硬度情况

3.2 激光参数与焊缝结构对 NiTi 焊接接头机械及功能特性的影响规律

镍钛形状记忆合金具有形状记忆效应、伪弹性和良好的驱动力 - 重量比等优良特性，在生物医学、汽车、航空航天等领域的应用非常广泛。不锈钢是医疗器件等高性能结构中常用的材料，铂合金则常用于医用射线成像的指示材料。把镍钛形状记忆合金分别与不锈钢或铂合金进行异种金属连接可综合两者的优点，具有广泛的应用前景。

然而，由于异种金属间的物理和化学性质不同，镍钛合金的异质接头焊接存在两大技术难点，一方面是镍元素的蒸发，另一方面是会形成硬脆的金属间化合物。为解决上述难点，滑铁卢大学的 Peng 助理教授课题组采用激光焊接技术，通过优化焊接参数，并采用激光与接缝偏移策略，实现了镍钛合金与 SS316 不锈钢接头、镍钛合金与铂铱合金接头的高质量连接。通过对组织、物相、机械性能与超弹性的表征与测试，建立起镍钛合金异质接头结构与性能的关系。

镍钛合金与 SS316 不锈钢在大能量焊接规范下，接头晶粒粗大并伴有局部马氏体出现，接头硬度偏低；在小能量焊接规范下，接头晶粒细小，未发现马氏体，接头硬度偏高（图 17 和图 18）。针对镍钛合金与铂铱合金接头，焊缝组织沿焊缝方向在微观结构上具有较强的空间差异性（图 19），焊缝以 NiTiPt 固溶组织为主，未发现金属间化合物。初始循环试验显示了两种接头在多次循环后仍具有低应变软化和低塑性应变累积特性（图 20）。采用激光与接缝偏移策略制备的异质接头可减少异种金属的混合程度，减少焊缝中金属间化合物的含量，降低焊缝硬度（图 21）[8]。

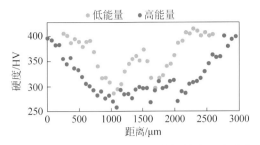

图 18 镍钛合金与 SS316 不锈钢接头硬度分布

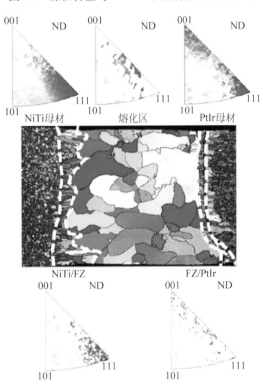

图 19 镍钛合金与铂铱合金接头 EBSD 组织形貌

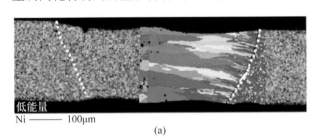

(a)

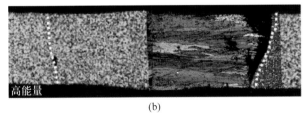

(b)

图 17 镍钛合金与 SS316 不锈钢接头 EBSD 组织形貌
（a）低能量输入；（b）高能量输入

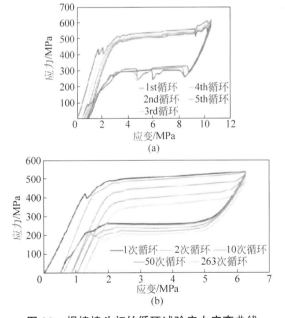

(a)

(b)

图 20 焊接接头初始循环试验应力应变曲线
（a）镍钛合金与 SS316 不锈钢接头；（b）镍钛合金与铂铱合金接头

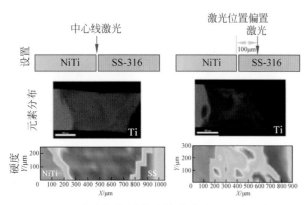

图21 激光与接缝偏移策略成分及硬度分布

3.3 Cu-Cu、Cu-Al超声金属焊接的变形行为及界面冶金机理

同种和异种导电金属的连接广泛应用于电子封装、汽车和航空航天等领域。超声金属焊接技术由于其焊接过程中较低的热变形、较低的残余应力和极少的金属间化合物形成等特点而广泛应用于汽车零件制造、引线键合、超声增材制造和电池组的焊接中。超声波金属焊接技术包括金属的变形流动和冶金结合两个过程，相关研究主要集中在宏观焊缝的界面演变。哈尔滨工业大学的计红军教授课题组通过微观组织表征、织构分析和分子动力学模拟，对比研究了Cu-Cu和Cu-Al超声连接接头的动态焊接成形过程，从微观角度揭示了连接机理。

研究表明，对于Cu-Cu接头，焊缝的发展首先涉及由超声探头引起的界面上的接触。随后，界面处的连续摩擦引发的塑性变形，导致黏着磨损、表面微凸起的坍塌和漩涡状晶粒形态的形成（图22）。Cu-Al接头的焊接成形过程与Cu-Cu接头相似。但由于Al和Cu的力学性能不同，塑性变形主要集中在Al侧，并在Cu表面形成附着

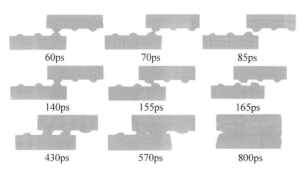

图22 Cu-Cu接头超声焊接过程的分子动力学模拟

层（图23）。当Cu表面的微凸起完全沉入Al基体，且Cu-Al界面材料紧密互锁时，可获得较强的焊接效果。剪切应变和Zener Hollomon模型的计算结果表明，较高的lnZ值可显著促进界面处的晶粒细化[9]。

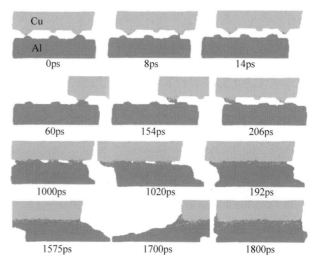

图23 Cu-Al超声焊接过程的分子动力学模拟

3.4 高能量Al/CuO铝热纳米复合材料的电化学合成技术

纳米多层膜（Nanomultilayer，NML）结构材料具有多样化的材料组合，独特的晶粒与界面特征，以及纳米尺度引起的效应，可以降低连接温度。反应型纳米多层膜连接层（如Ni/Al、Ti/Al和Ni/Ti等）在大面积连接时不需要整体加热母材，可在瞬间完成材料的连接，连接过程的热影响区只限于连接界面。传统技术需要同时添加钎料和反应介质两种材料，新技术可以实现钎料与反应介质的一体化，增加操作的便捷性和稳定性（图24）。

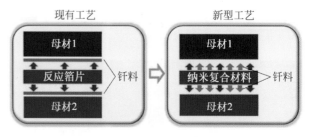

图24 反应型纳米多层膜连接技术

瑞士联邦材料科学与技术研究所（Eidgenössische Materialprüfungs-und Forschungsanstalt，

EMPA）的 Lars Jeurgens 博士团队提出了一种电化学合成 Al/CuO 金属基纳米复合材料（metal matrix nano composites，MMNCs）连接层的两步法。首先通过电泳沉积制备纳米多孔的 CuO 支架，随后通过电镀 Al 完成纳米多孔 CuO 支架的填充（图25）。该合成方法避免了在 CuO 与 Al 反应物相之间形成 Al₂O₃ 扩散壁垒（图26）。该方法不仅可以应用在纳米连接领域，还可以作为制备具有可调谐反应焓的高活性 MMNCs 的通用方法[10]。

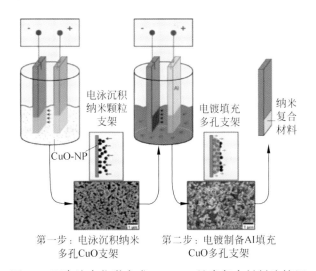

图25 两步法电化学合成 Al/CuO 纳米复合材料连接层

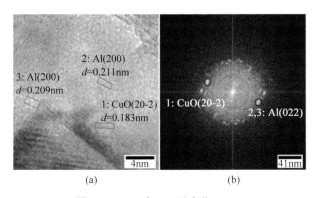

（a）　　　　　　（b）

图26 CuO 与 Al 反应物 TEM

（a）界面 HR-TEM；（b）傅里叶变换衍射斑

3.5 基于表面协同活化的异构集成低温键合

异构集成技术可分为晶圆直接键合和间接键合，被广泛应用于集成电路制造和电子封装等领域。然而传统键合工艺键合温度高，导电、导热性能有限。因此，近年来，低温晶圆直接

键合技术和纳米金属焊膏间接键合技术得到了越来越广泛的研究与应用。哈尔滨工业大学的王晨曦、田艳红教授课题组提出了表面协同活化低温键合技术，设计了协同活化设备（图27），采用混合气体多步活化工艺实现了不同材料体系间的异构集成。

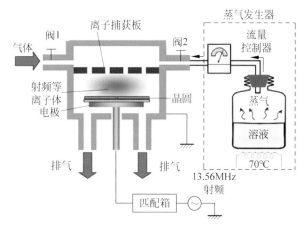

图27 多气体协同活化室示意图

利用 $O_2/CF_4/H_2O$ 混合气体等离子体对硅/玻璃晶圆表面进行活化处理（图28），在室温下无需加热、加压，即可实现强键合（大于 $2.0 J/m^2$）和高键合效率（约为98%）。对玻璃/LiNbO₃ 表面进行两步等离子体活化处理（图29，O_2 等离子体 → N_2 等离子体），可以大幅提高预结合强度，保证退火过程中原子在结合界面上充分扩

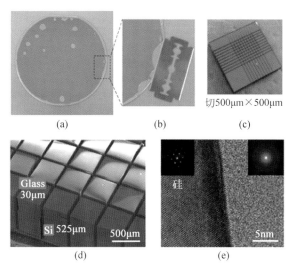

图28 采用 $O_2/CF_4/H_2O$ 多气体协同活化制备的室温硅/玻璃键合晶圆对

（a）孔隙观测；（b）刀片插入实验；（c）和（d）机械切割及加工结果；（e）键合界面的横截面衍射实验

散而不发生分层，键合后的界面具有优异的透光率。利用 $O_2/NH_3/H_2O$ 混合气体等离子体对 SiO_2/Al_2O_3 晶圆表面进行活化处理（图30），可以形成超光滑亲水表面，有利于晶圆直接键合，具备高结合强度的超薄界面，过渡层为3.3nm，可以精确控制间隙距离，且不会破坏 Al_2O_3 衬底的单晶结构，最大限度地提高 Al_2O_3 的光学特性。利用 O_2 等离子体去除银纳米焊膏表面的有机壳层可以降低连接温度，在200℃下无压烧结10min即可获得可靠接头（图31），相比未处理样品，处理后的样品无明显孔洞，且剪切强度更高。

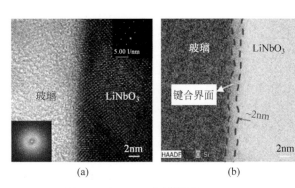

（a）

（b）

**图29 在150℃下得到的 $LiNbO_3$/
玻璃键合界面的截面 TEM 图**

（a）TEM 图；（b）EDX 图

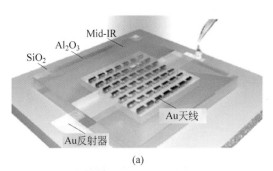

（a）

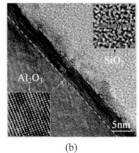

（b）

图30 等离子体增强中红外光谱的蓝宝石基器件键合

（a）器件结构示意图；（b）TEM 实验结果

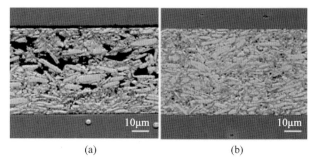

（a）

（b）

图31 银焊膏烧结接头横截面 SEM 图

（a）未活化处理；（b）活化处理

王晨曦教授在等离子活化技术方面开展了持续的研究，近几年的研究改善了活化工艺，拓展了应用范围，在三维异构集成低温互连方面有重要的工程价值[11]。

3.6 面向铜电极器件快速制备的激光重复擦写技术

在新型电子产品开发的过程中，快速原型制备技术是进行快速迭代优化的保障。然而，传统的光刻技术需要很多步骤，增加了成本且非常耗时。此外，在电子产品的运用过程中，电极的失效将导致材料的性能下降、功能紊乱。高效的电极修复技术可为上述问题提供解决思路。滑铁卢大学的 Peng 助理教授等人开发了一种全新的激光工艺，利用激光和液体前驱体的相互作用在基片上实现铜电路图案的多重擦除与再写（图32）。将铜盐前驱体（$Cu(NO_3)_2 \cdot 3H_2O$、甲基吡咯烷酮、乙二醇）覆盖在聚酰亚胺（PI）或玻璃

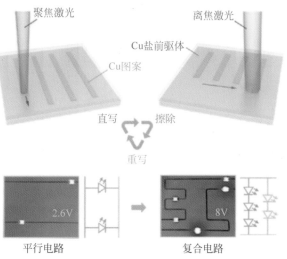

图32 铜电极激光重写技术示意图与样品

基板上，调节连续激光光斑位置在聚焦状态进行铜电路激光直写，在离焦状态进行铜电路的擦除，其过程和 LED 电路应用实例如图 32 所示。经激光直写后的前驱体可形成致密的纳米多晶铜（图 33），其电阻率为 $3.7 \times 10^{-8} \Omega \cdot m$。这种全激光工艺实现电路的擦写功能成本低、效率高，在柔性电子器件的开发中有重要的意义[12]。

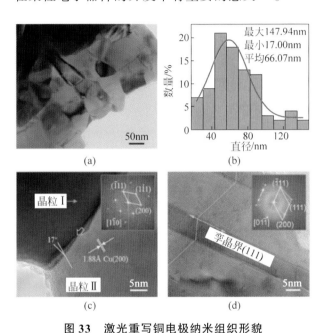

图 33　激光重写铜电极纳米组织形貌
（a）TEM 明场形貌；（b）晶粒尺寸分布；（c）纳米铜晶界；
（d）纳米孪晶明场形貌

4　软钎焊微连接技术

4.1　无铅焊点中 β-Sn 形核和晶粒取向控制

无铅焊料形成的微连接焊点仅有有限个 β-Sn 晶粒，β-Sn 晶粒的各向异性导致多焊点阵列结构中容易出现取向不利的接头，个别焊点过早出现电迁移和热机械疲劳失效。因此，焊点中的 β-Sn 晶粒取向机制及其控制策略十分重要。北京理工大学的马兆龙教授课题组研究了单晶金属间化合物（IMC）和 β-Sn 晶粒的界面结构、晶体取向。他们利用液滴凝固技术，在 α-CoSn₃，PtSn₄，PdSn₄ 和 β-IrSn₄ 单晶上测量了 β-Sn 的非均成核与基体的取向关系（orientation relations，ORs）（表 1），发现上述四种金属间化合物可以促进 β-Sn 的异相成核，且具有可

再现的取向关系。同时还发现这四种界面金属间化合物对应的纯金属单晶衬底也能有效控制 β-Sn 晶粒的取向。图 34 为通过单晶 Co 衬底获得的 α-CoSn₃ 在线生长及取向关系，β-Sn 晶向数量显著减少，有助于缓解存在大量不同 β-Sn 取向焊点的应力集中现象，提高多焊点组件的可靠性[13]。

表 1　成核 IMC 与 β-Sn 间的位向关系

金属间化合物核剂	空间群	晶面	测得位向关系
PbSn₄	Ccca	（010）	（010）PdSn₄ ‖（100）Sn 且 [100] PdSn₄ ‖ [010]/[001]Sn
PtSn₄	Ccca	（010）	（010）PtSn₄ ‖（100）Sn 且 [100] PtSn₄ ‖ [010]/[001]Sn
PdSn₄	Cmca	（100）	（100）CoSn₃ ‖（100）Sn 且 [010] CoSn₃ ‖ [010]/[001]Sn
β-IrSn₄	I4₁/acd	（001）	（001）IrSn₄ ‖（100）Sn 且 [010] IrSn₄ ‖ [010]/[001]Sn

4.2　超声辅助快速 Ag-Sn 瞬时液相键合

Ag-Sn 瞬时液相（transient liquid phase，TLP）键合能够生产具有优异机械和热性能的接头，且接头的工作温度等于或高于加工温度。但 TLP 键合工艺需要较长时间的扩散消除液相，生产效率较低。针对此应用瓶颈，瑞士联邦材料科学和技术实验室的 Bastian Rheingans 等人研究了使用快速加热和低功率超声波（ultra sound，US）脉冲加速 Ag-Sn TLP 键合的过程。该技术采用每秒数开的快速加热速率，与每分钟数开的常规加热相比，可将处理时间大幅缩短至几分钟，同时获得约 60MPa 的平均剪切强度。

通过分析键合过程不同阶段的微观结构，发现快速加热过程会由于气体截留和液态锡的横向挤压造成界面缺陷（图 35（a））。而通过在 Sn 夹层液化后立即引入微弱的低功率超声波脉冲，可增强 Ag₃Sn 的形成，并有效去除截留的气体。通过这种方式，可以减少缺陷的形成，并得到超过 100MPa 剪切强度的接头（图 35（b），图 35（c））[14]。

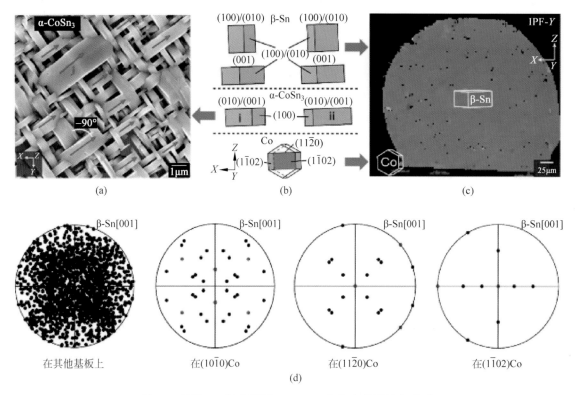

图34　单晶 Co 衬底获得 α-CoSn₃ 在线生长及位向关系

（a）α-CoSn₃ 在（11$\bar{2}$0）Co 单晶衬底上的织构和晶粒取向；（b）通过单元线框表示 β-Sn，α-CoSn₃ 和
Co 之间的取向关系。平行平面用相同的颜色表示；（c）（11$\bar{2}$0）Co 上典型焊点中的 β-Sn 结构和晶粒取向；
（d）β-Sn 取向包括（11$\bar{2}$0），（10$\bar{1}$0）和（1$\bar{1}$02）的普通基板和单晶 Co 基板上焊点中的孪生晶粒

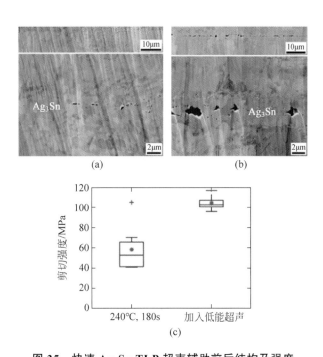

图35　快速 Ag-Sn TLP 超声辅助前后结构及强度

（a）20K/s 快速加热至 240℃并退火 180s 后的微观结构；
（b）额外施加 1W/s 的超声波脉冲后的微观结构；
（c）相应抗剪强度

4.3　Sn/Ni 体系软钎焊接头的界面反应扩散研究

Ni 层作为扩展阻挡层可以减少钎料合金与 Cu 基体之间的界面反应，而国内外关于 Sn 钎料与单晶 Ni 基体之间形成 Sn/Ni 接头的研究较少。上海工程技术大学的陈捷狮副教授课题组研究了 Ni 掺杂对 Sn-xNi/Ni（多晶/单晶）焊点（$x = 0$，0.05 和 0.1）金属间化合物的生长影响机制（图36 和图37）。

多晶 Ni 衬底的 Ni 原子主要通过晶界扩散与 Sn 原子形成 Ni₃Sn₄ 相，单晶 Ni 衬底的 Ni 原子主要通过体扩散与 Sn 原子形成 NiSn₄ 相。此外，随着时间增长，两者金属间化合物层的组成相不变且有不同程度的生长。而相比于 Ni₃Sn₄ 层，NiSn₄ 层似乎更不均匀。研究者从反应动力学角度分析了两者的差异：Sn-xNi/多晶 Ni 接头的 Ni₃Sn₄ 相主要受扩散元素控制，而 Sn-xNi/单晶接头的 NiSn₄ 相主要受反应速率控制[15]。

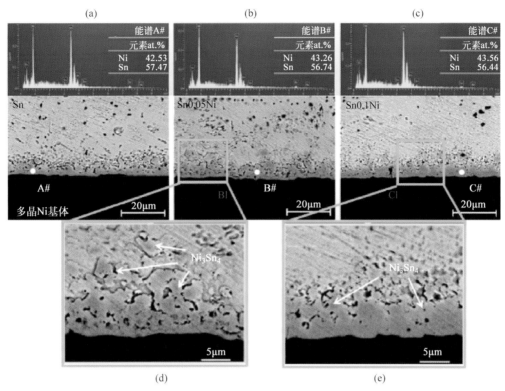

图 36　Sn-xNi/ 多晶 -Ni 钎料体系的界面微观结构

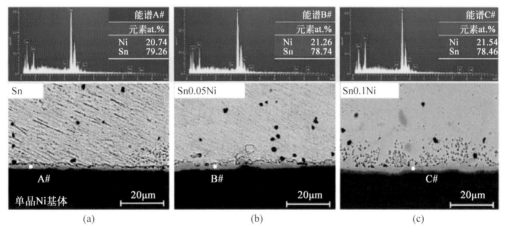

图 37　Sn-xNi/ 单晶 -Ni 钎料体系的界面微观结构

4.4　纳米 ZrO_2 增强 Sn1.0Ag0.5Cu 复合钎料的显微组织及强化塑性行为

添加纳米陶瓷颗粒可以提高 SnAgCu 系合金的强度和组织稳定性，从而增加元器件的可靠性。但纳米陶瓷添加相与 Sn 基钎料不润湿会导致添加物聚集、晶界偏聚等问题。日本大阪大学的 Nishikawa 教授课题组采用球磨热解法对纳米氧化锆进行表面改性，制备了具有高强度、高延展性的纳米 NiO 改性 ZrO_2 增强 Sn1.0Ag0.5Cu 复合钎料。

图 38 为改性 ZrO_2 的形貌，NiO 纳米粒子均匀地附着在 ZrO_2 表面，使其表面更加粗糙，同时增大了其与钎料基体的接触面积。此外，在高能球磨过程中，ZrO_2 受到了巨大的冲击和摩擦，产生的晶格畸变可以促进 NiO 纳米颗粒在 ZrO_2 表面的生长。

通过对比观察纯 Sn1.0Ag0.5Cu 钎料和 0.3% 质量的 NiO/ZrO_2 增强 Sn1.0Ag0.5Cu 复合钎料的扫描电镜图像（图 39）发现，添加的增强体作为复合钎料的非均匀形核点可以促进形核，

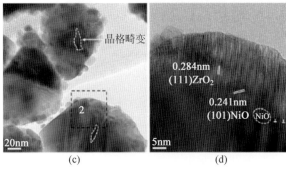

图 38　改性前后 ZrO₂ 的形貌

（a）原始 ZrO₂；（b）改性 ZrO₂ 的 TEM 图像；（c）图（b）中区域 1 的放大图；（d）图（c）中区域 2 的 HRTEM 图像

且分布在钎料基体中可以引入钉扎效应，抑制晶界的迁移，使其共晶组织增多、细化。在力学性能测试中，相比于传统 Sn1.0Ag0.5Cu 钎料 27.9MPa 的极限抗拉强度和 21.6% 的延伸率，复合钎料分别提高了 24.7% 和 29.2%[16]。该成果有望进一步提高 SnAgCu 钎料的可靠性，为纳米陶瓷复合钎料提供了新的思路[16]。

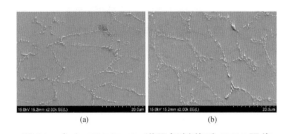

图 39　加入 NiO/ZrO₂ 增强钎料前后 SEM 图像

（a）普通 Sn1.0Ag0.5Cu 钎料；（b）0.3% 质量 NiO/ZrO₂ 增强 Sn1.0Ag0.5Cu 复合钎料

5　结束语

　　2021 年国际焊接学会年会 C-Ⅶ的投稿论文数量和参加人数均比 2020 年有明显增加，说明后疫情时代的国际交流仍然非常重要，大家开始逐渐接受网上交流的形式，并从中受益。本

年度 C-Ⅶ的 16 篇报告中有很多是持续性的迭代研究工作，感兴趣的读者可在 2019 年、2020 年度的国际焊接年会研究进展溯源。也有一些新工艺和新现象的研究，比如瑞士 EMPA 的反应型纳米多层膜制备方式从磁控溅射改为电沉积，日本大阪大学的电沉积直接连接、哈尔滨工业大学的碳-金属纳米结构飞秒激光异质连接、多气体协同活化连接、北京理工大学的有限晶粒接头取向控制等。

　　总之，微纳连接是芯片制造与封装等重点领域的共性关键技术，虽然微连接技术已较为成熟，但纳米连接刚刚起步，其中的新工艺、新材料、新现象一直是学术界研究的热点和国际前沿。在工程应用方面，近几年纳米连接已在工业界开始规模化使用，这也是从"顶天"到"立地"的典型案例。相信微纳连接，特别是纳米连接在未来会有更多"顶天又立地"的成果涌现。

　　致谢：感谢清华大学的博士后吴影，以及博士生霍金鹏、杜成杰和杜荣葆的大力帮助和支持，他们在本文的撰写过程中，针对相应的报告，分别撰写了文字并提供了图表。

参考文献

[1]　MATSUDA T, KAWABATA R, HIROSE A, et al. Metallization-free silver sinter joining to silicon via in situ decomposition of silver compounds [Z]. Ⅶ-0203-2021.

[2]　ZHANG B, MEI Y H. Low-pressure assisted large-area (>1000mm²) Silver bonding with ultra-high bonding strength for high-power modules [Z]. Ⅶ-0204-2021.

[3]　SATTLER B, HAUSNER S, WAGNER G. Investigation on high metal content Ni nanopastes produced by ultrasoundenhanced dispersing [Z]. Ⅶ-0205-2021.

[4]　REN H, ZOU G S, JIA Q, et al. Crack mechanism in sintering layer of high-temperature power electronic packaging [Z]. Ⅶ-0208-2021.

[5]　FENG J Y, TIAN Y H, WANG S M, et al.

Femtosecond laser induced heterogeneous joining between carbon nanofiber and silver nanowire [Z]. Ⅶ-0198-2021.

[6] FRATTO E, WANG J R, SUN H W, et al. Assembly and joining of nanowire structures via site-selective deposition of solder shell [Z]. Ⅶ-0200-2021.

[7] FUKUMOTO S, NAKAMURA K, MATSUSHIMA M. Low temperature bonding of copper by electrolytic deposition [Z]. Ⅶ-0199-2021.

[8] SHAMSOLHODAEI A, ZHOU Y N, PENG P. The role of laser parameters and configuration on the mechanical and functional properties of NiTi laser welds [Z]. Ⅶ-0201-2021.

[9] MA Q C, JI H J. Deformation behavior and interfacial metallurgical mechanism during Cu-Cu and Cu-Al ultrasonic metal welding [Z]. Ⅶ-0206-2021.

[10] LARS D, RHEINGANS B, SCHMUTZ P, et al. Electrochemical synthesis of highly-energetic Al/CuO thermite nanocomposites for joining [Z]. Ⅶ-0207-2021.

[11] QI X Y, ZHOU S C, FANG H, et al. Low-temperature bonding via cooperative surface activation for heterogeneous integration [Z]. Ⅶ-0212-2021.

[12] PENG P, ZHOU X. Laser repatterning of Cu electrodes for device rapid prototyping [Z]. Ⅶ-0210-2021.

[13] MA Z L, CE L, YANG S Y, et al. Controlling beta-Sn nucleation and grain orientations in Pb-free solder joints [Z]. Ⅶ-0202-2021.

[14] RHEINGANS B, JEURGENS LARS P.H, JANCZAK-RUSCGET. Rapid heating combined with low-energy ultrasound for fast and reliable Ag-Sn transient liquid phase bonding [Z]. Ⅶ-0209-2021.

[15] WANG J N, CHEN J S, ZHANG P L, et al. Effects of doping trace Ni on interface behaviour of Sn/Ni (poly-crystal/single-crystal) joints [Z]. Ⅶ-0211-2021.

[16] HUO F P, ZHANG K K, NISHIKAWA H. Microstructure and strengthening-ductility behavior of Sn1.0Ag0.5Cu composite solders reinforced with modified nano ZrO_2 [Z]. Ⅶ-0213-2021.

作者：刘磊，博士，清华大学副教授、特别研究员、博士生导师，入选国家高层次青年人才。研究领域主要包括微纳连接与器件、超快激光精密加工、焊接冶金等。发表论文100余篇。E-mail: liulei@tsinghua.edu.cn。

审稿专家：田艳红，博士，哈尔滨工业大学长聘教授，博士生导师，入选国家高层次青年人才。研究领域主要包括电子封装互连技术及可靠性，柔性电子材料与器件。发表论文230余篇。E-mail: tianyh@hit.edu.cn。

焊接健康、安全和环境（IIW C-Ⅷ）研究进展

石玗 张刚

（兰州理工大学 省部共建有色金属先进加工与再利用国家重点实验室 兰州 730050）

摘 要：焊接健康、安全与环境基础科学研究是焊接技术与工程应用发展的重要有机组成部分，长期备受各国焊接专家学者的高度关注，并持续深入开展相关研究工作，取得了显著的研究成果。围绕第74届国际焊接学会年会C-Ⅷ专委会线上学术交流报告内容，本文重点梳理了焊接烟尘暴露场景、电弧焊烟尘组分FT-IR光谱分析、不同六价铬含量的药芯焊丝烟尘颗粒对基因的毒性和炎症引发机制与潜在危险及烟尘量与六价铬释放调控的新方法；基于小鼠亚慢性致病模型的焊接烟尘吸入对呼吸系统和全身免疫系统的影响分析、焊接现场触电事故的危害、防范和人体工程学在焊接中的作用；同时介绍了IIW最佳实践指南文件（Best Practice Documents）和ISO/TC44/SC9、ISO/TR 13392电弧焊接烟尘组分、ISO/TR 18786焊接制造风险评估指南等标准。最后对焊接健康、安全与环境研究工作的未来发展方向进行了评述和展望，以供国内研究者参考。

关键词：焊接烟尘组分；焊接健康与安全；红外光谱傅里叶变换；人体工学

0 序言

国际焊接学会（International Institute of Welding，IIW）健康、安全与环境（Health，Safety and Environment，C-Ⅷ）专委会主要研究焊接过程中的危害健康、安全与环境的关键因素及其作用机制，并提出有效改进/防止措施确保焊接生产中的人身和环境安全。委员会的任务包括推动焊接健康、安全与环境相关基础研究与工程应用的学术交流；定期评估可能影响健康及安全的物理和化学试剂；分享有关焊接健康、安全与环境的法律法规和行业标准文件；制定焊接健康、安全与环境管理的最佳实践方案等指导文件，进而帮助企业用户建立安全的焊接生产环境。第74届国际焊接学会年会第八专委会C-Ⅷ线上学术会议于2021年7月14—16日召开。来自澳大利亚、英国、荷兰、中国、匈牙利、瑞典、加拿大、印度等国家的专家学者共计40余人参会。在本届年会上，C-Ⅷ共报告了11篇学术论文。从各个国家的投稿情况来看（以第一作者为准），英国报告的论文最多，为3篇，印度2篇，

其余国家各1篇。从报告内容来看，研究学者对焊接烟尘暴露场景、烟尘组分光谱分析、不锈钢焊接烟尘高溶解度六价铬与基因毒性和炎症可能发生的作用关系等进行了深入试验和理论分析研究；从健康角度出发，设计了新型可焊的低六价铬烟尘释放量的316L不锈钢药芯焊丝，并建立了一套烟尘释放量数据库；开发了通过在气保焊焊丝中添加纳米颗粒以减少六价铬形成来控制焊接烟尘的方法；最后讨论了焊接电气安全及防范的部分文件和措施。本文将此次会议收集到的资料梳理归纳为三部分，主要包括电弧焊烟尘及六价铬释放调控、焊接电气安全与人体工学、实践文件与ISO标准文件。在此基础上，对焊接健康、安全与环境领域的未来研究趋势进行展望。

1 电弧焊烟尘及六价铬释放调控

1.1 焊接烟尘组分的FT-IR表征分析

在高温电弧作用下，焊条端部及母材相继被熔化，熔液表面剧烈喷射由药皮和焊芯产生的高温高压蒸气（蒸气压66~13158Pa）并向四周扩散，当蒸气进入周围空气中时，被冷却氧化，部

分凝聚成固体微粒，由此形成的气体和固体微粒混合物即焊接烟尘。焊接烟尘是一种十分复杂的物质，目前在其中已发现的元素多达 20 种，其中含量最多的是 Fe，Ca，Na 等，其次是 Si，Al，Mn，Ti，Cu 等。焊接烟尘的成分主要取决于焊条材料和母材的成分、焊接工艺和参数、蒸发的难易程度，而上述焊接烟尘对操作者的直接危害是导致电焊工产生尘肺。在电弧焊过程中，吸入这种烟尘会引起头晕、头痛、咳嗽、胸闷气短等，长期吸入会造成肺组织纤维性病变，即电焊工尘肺且伴随锰中毒、氟中毒和金属烟热等并发症。电焊工尘肺发病发展缓慢，病程较长，一般发病工龄为 15~25 年，尚无特效药物治疗[1]。近年来，专家学者积极探寻能够定量化表征焊接烟尘特性的方法（图 1），以此深入研究焊接烟尘中所含的直接影响焊工身体健康的有害物质，进而改善焊材成分设计和焊接环境，进一步消除 / 减少有害物质对身体的损害。在本届年会上，英国焊接研究所的 Vishal Vats 博士[2] 报告了基于 FT-IR 方法表征焊接烟尘样本特性的研究工作，该工作主要介绍了 FT-IR 识别 / 检测焊接烟尘中的六价铬、三价铬的原理，通过 IR 光谱辨识、校准混合物的组分设计，不同类型焊接烟尘的 FT-IR 数

据分析及后续研究工作进展。为了准确分析、解释焊接烟尘红外光谱特征信息，首先准备了校准用的混合物，将化学药品进行了充分的研磨，且扫描了 128 次（2cm⁻¹ 分辨率），结果如图 2 所示。

图 1　离子色谱仪的缺点和 FT-IR 分析的优点

1.2　焊条电弧焊烟尘的 FT-IR 分析

利用原子光谱发射 FT-IR 分析了手工碱性焊条电弧烟尘的组分，分别如表 1 和图 3 所示。观察分析波数 - 吸收率图谱可以看出，烟尘中存在 Mn—O—Mn，Cr—O—Cr，Cr—O₃，O—H 和 Si—O。在 570cm⁻¹ 谱线处总是有 Mn—O 的伸缩振荡发生，已有的文献报道该成分出现在 FeMn$_x$O₃ 尖晶石结构中。Mn 元素也以 MnO（在 630cm⁻¹ 和 525cm⁻¹ 特征峰处）的形式存在于焊接烟尘中。在 729cm⁻¹，735cm⁻¹，895cm⁻¹，903cm⁻¹ FT-IR 峰值处出现了铬酸盐，而在 853cm⁻¹ 处发现了重铬酸盐（从校

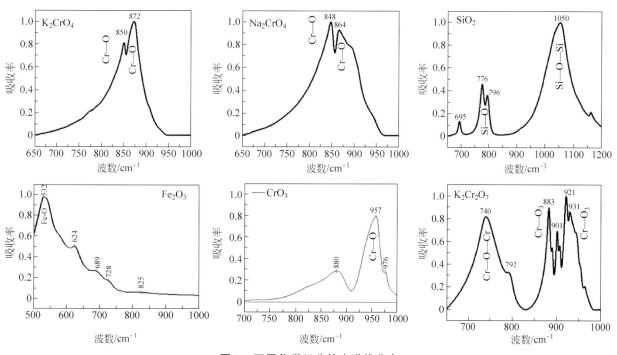

图 2　不同化学组分的光谱线分布

准样品中），且在964cm⁻¹处出现了CrO₃。

表1 焊接烟尘原子光谱发射分析结果

元 素	M1/（%m/m）	M3/（%m/m）
Al	0.5	0.9
Bi	<0.1	<0.1
Ca	9.0	9.2
Cr	0.5	1.0
Cr（VI）	0.4	0.9
Fe	18.1	17.3
K	18.6	17.1
Mn	3.9	3.9
Na	2.7	2.2
Ni	0.1	0.1
Si	2.4	2.9
Ti	0.5	0.4
F	23.7	21.0

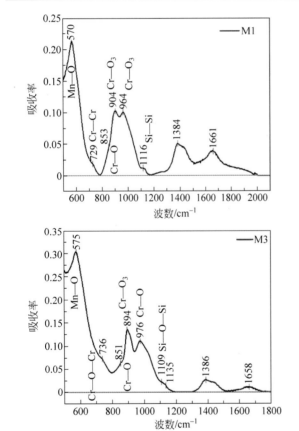

图3 FT-IR手工电弧焊烟尘成分分析

绝大部分Cr元素以六价态形式存在，因此，三价铬光谱线峰值不会出现在FT-IR图中。相当一部分的Na和K元素可以通过以反应式将三价铬转换成六价铬。

$$2Na+Cr+2O_2 \longrightarrow Na_2CrO_4 \quad (1)$$

$$2K+Cr+2O_2 \longrightarrow K_2CrO_4 \quad (2)$$

基于FT-IR法的手工氧化钛药皮焊条电弧焊烟尘数据分析（图4）显示，氧化钛药皮焊条烟尘光谱线与碱性焊条烟尘很相似，所有显著的振荡峰都被显示。由于Si—O—Si的伸缩振荡，SiO_2在1000~1100cm⁻¹位置出现了振荡峰。在碱性焊条电弧焊接烟尘样本中，Si—O—Si的伸缩振荡发生在1116cm⁻¹波数处，这也就是SiO_2又称"方英石的特征峰"的原因。而在氧化钛药皮焊接烟尘中，Si—OH峰出现在990cm⁻¹波数处，分析认为主要是由焊条受潮存在水分造成的。

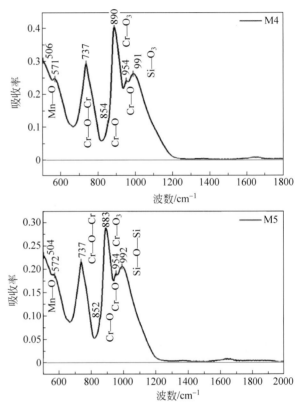

图4 氧化钛药皮焊条电弧焊烟尘FT-IR分析结果

同时，氧化钛药皮六价铬化合物对红外光的吸收强度小于碱性焊条，而碱性焊条中三价铬向六价铬的转化量明显高于氧化钛药皮的转化量，表明Ti元素的存在抑制了三价铬向六价铬的转化。FT-IR校准混合物的定量化表征方法如下：首先，在水中将二氧化硅和重铬酸钾进行混合（表2），进行1h的超声处理；其次，将混合物在110℃炉子中加热12h；最后，将二氧化硅、铬酸盐和重铬酸钾的混合物进行FT-IR光谱分析，如图5所示。

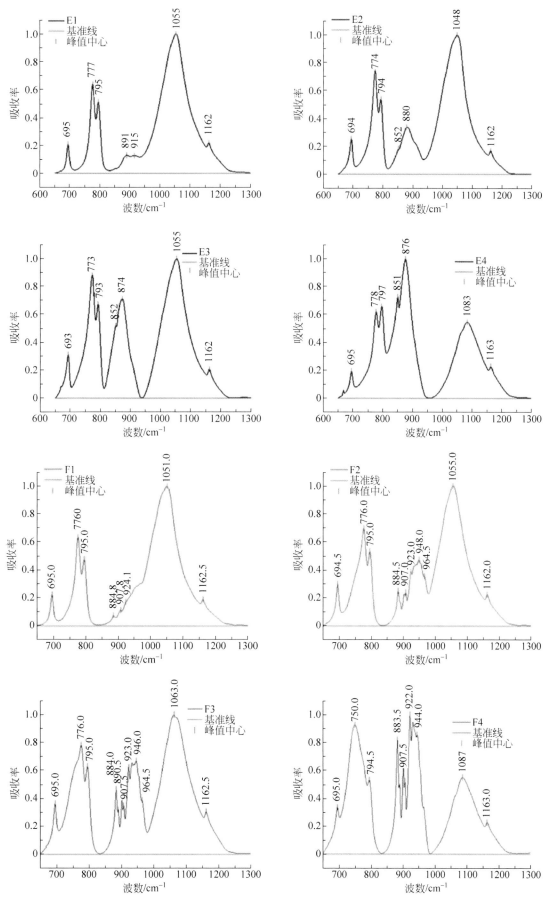

图 5　校准混合物 FT-IR 结果

通过观察光谱图没有发现任何额外的化合物；但发现二氧化硅与铬酸盐和重铬酸钾之间呈现线性关系（图6）。通过对比7组FT-IR和ICP焊接烟尘样本中的六价铬强度比率，发现基于Si峰值强度的FT-IR六价铬比率高于ICP测试结果，分析认为造成这种情况的原因主要是药皮中存在方英石和水分。

表2　混合物成分设计

混合物分组	组　成	混合物分组	组　成
F1	200mg $K_2Cr_2O_7$+ 800mg SiO_2	E1	200mg K_2CrO_4+ 800mg SiO_2
F2	400mg $K_2Cr_2O_7$+ 600mg SiO_2	E2	400mg K_2CrO_4+ 600mg SiO_2
F3	600mg $K_2Cr_2O_7$+ 400mg SiO_2	E3	600mg K_2CrO_4+ 400mg SiO_2
F4	800mg $K_2Cr_2O_7$+ 200mg SiO_2	E4	800mg K_2CrO_4+ 200mg SiO_2

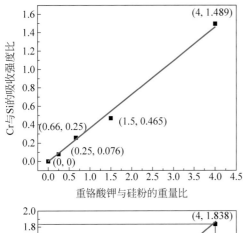

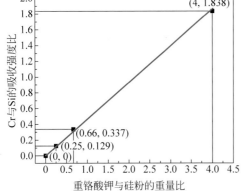

图6　六价铬吸收率与重铬酸钾/二氧化硅比例变化

1.3　不同焊丝焊接烟尘的FT-IR分析

在此基础上，对药芯焊丝焊接烟尘进行了FT-IR分析，结果如图7所示。从图中可以看出，焊接烟尘中存在的铬酸盐使波数894cm^{-1}

位置出现峰值；983cm^{-1}位置是CrO_3的峰值；1042cm^{-1}是SiO_2。在1361~1653cm^{-1}为O—H振荡峰。由于保护气使用了CO_2，在焊接烟尘中可能存在一些有机混合物，在波数1537cm^{-1}发现其峰值。进一步通过对比ICP和离子色谱法检测结果（表3）可见，大量Na和K出现在低浓度六价铬烟尘中，分析认为造成这种情况的原因主要还是存在Ti元素。

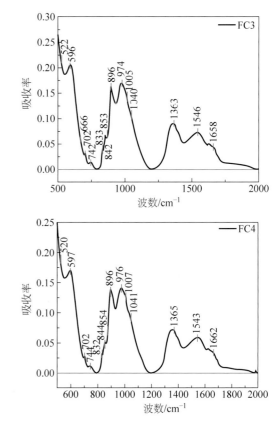

图7　药芯焊丝焊接烟尘的FT-IR分析结果

表3　药芯焊丝焊接烟尘原子光谱发射分析结果

元　素	FC3/（%m/m）	FC4/（%m/m）
Al	1	0.9
Bi	3.8	3.8
Ca	<0.1	<0.1
Cr	5.5	5.4
Cr（Ⅵ）	1.1	1.12
Fe	9.4	9.2
K	10.3	10.8
Mn	8.3	8.3
Na	6.3	6.4
Ni	1.1	1.1
Si	4.2	4.0
Ti	4.2	4.0

对实芯碳钢焊丝焊接的烟尘成分也进行了FT-IR 分析（图 8），结果发现烟尘中存在大量的 Fe，Mn 和 SiO_2，但并没有发现铬酸盐和重铬酸钾的成分。实芯不锈钢焊丝的焊接烟尘 FT-IR分析结果表明（图 9），在 $1334cm^{-1}$ 和 $1433cm^{-1}$波数位置出现水 O—H 峰，表示有水存在。在$900\sim1000cm^{-1}$ 波数之间，有宽的驼峰，表明铬酸盐、重铬酸钾和二氧化硅组分混合存在。

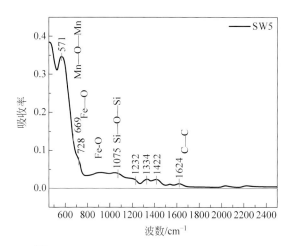

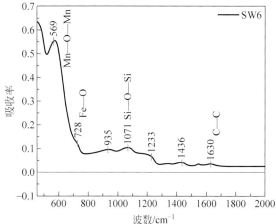

图 9　实芯不锈钢焊丝焊接烟尘成分 FT-IR 分析结果

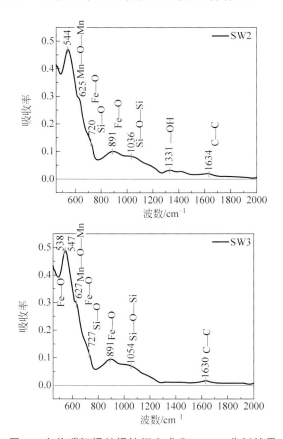

图 8　实芯碳钢焊丝焊接烟尘成分 FT-IR 分析结果

Vishal 博士在报告的最后简单介绍了正在开展的部分研究工作：采用循环伏安法测定六价铬的浓度。主要利用了酸性环境下 CrO_4^{2-} 发生质子化转变产生氢铬酸根离子，以及在更低 pH 下CrO_4^{2-} 发生二次质子化转变产生 H_2CrO_4。因此，在碱性溶液中，当 CrO_4^{-} 转变成三价铬时，循环伏安法单峰将会出现；在酸性溶液中，由于氢氧化铬等发生大量质子化转变，存在多个循环伏安法峰。研究结果进一步表明，最理想的电解质溶液pH 值在 $7.5\sim10.5$ 变化。焊接烟尘会在硫酸盐和氢氧化铵溶液中很好地溶解。通过 FT-IR 分析表明，

焊接烟尘中存在不同的化合物成分，且能够实现定性和半定量化的表征，六价铬主要以铬酸盐、重铬酸钾和三氧化铬的形式存在；金红石型药皮焊接烟尘中的 Ti 元素能够抑制六价铬的形成；在SW，MMA 和 FCW 焊丝烟尘中，SW 所含的六价铬量是最少的；中碳钢焊丝烟尘中没有六价铬化合物的存在，主要是因为有铁的混合物存在。

1.4　焊接烟尘对细胞的毒性和引起炎症的机制

瑞典皇家理工学院的 McCarrick 博士[3] 报告了不锈钢（成分如表 4 所示）焊接烟尘颗粒对基因的毒性和身体潜在炎症的影响。研究对比分析了如表 5 所示的标准成分药芯焊丝和低含量六价铬药芯焊丝焊接烟尘颗粒的毒性，揭示了烟尘颗粒导致毒性发生的机理，图 10 的 TEM 照片显示，烟尘颗粒的平均尺寸分布在 $18\sim40nm$。将培养的人体支气管上皮细胞（HBEC-3kt，$5\sim100\mu g/mL$）

和单核细胞（THP-1，10~50μg/mL）暴露在焊接烟尘及所释放的金属环境中（图11），表征和评估了烟尘对细胞活性、DNA损伤以及炎症的影响。研究结果表明，标准成分药芯焊丝中的铬以六价态形式被释放到焊接烟尘中，而新研发的低含量铬药芯焊丝焊接烟尘中的铬释放量远小于3%，且对细胞的毒性较小（图12），不会引起DNA损伤（图13）。对于标准成分的药芯焊丝，六价铬具有很强的细胞毒性和DNA损伤能力；所有引起类似细胞炎症的颗粒都有不同的潜在作用机制（图14）。实验表明，用新开发的低铬含量药芯焊丝取代传统药芯焊丝，具有减少细胞毒性，降低焊工风险的潜在可能性。

表4　填充焊丝和母材的化学组分

分组	C	Si	Mn	P	S	Cr	Ni	Mo	N	Cu
2205	0.02	0.4	1.5	0.02	0.008	22.4	5.7	3.2	0.2	0.2
316L	0.02	0.4	1.8	0.03	0.006	17.3	10.0	2.0	0.1	0.1
F1	0.02	0.6	1.1	0.03	0.003	23.3	9.0	3.3	0.2	0.1
F2	0.02	0.7	1.5	0.02	0.008	18.7	11.9	2.7	0.02	0.1
Red1	0.02	0.8	1.4	0.02	0.008	18.7	11.9	2.6	0.02	0.1
Red2	0.03	0.8	1.3	0.03	0.007	18.4	13.0	2.8	0.03	0.1

表5　焊接烟尘样本外延

分组	分类 AWS A5.22	填充金属	基材
F1	E2209T1	标准 FCW，2205	2205
F2	E316LT1	标准 FCW，316L	316L
Red1	E316LT1	低 Cr（Ⅵ）含量的 FCW，316L	316L
Red2	E316LT1	低 Cr（Ⅵ）含量的 FCW，316L	316L

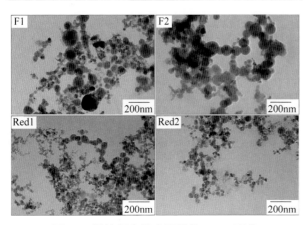

图10　焊接烟尘纳米颗粒的 TEM 照片

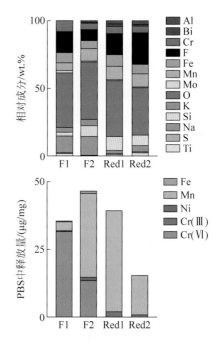

图11　烟尘释放相对组分比（EDS）及暴露释放量（PBS）

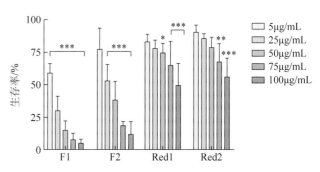

图12　焊接烟尘中暴露 24h 的 HBEC-3KT 细胞活性

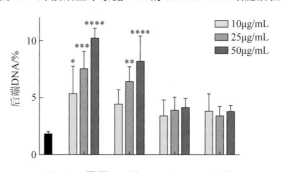

图13　暴露 3h 的 HBEC-3KT 细胞 DNA 链连续性对比 DNA

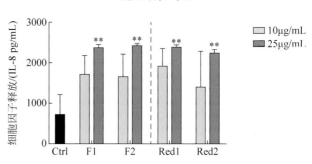

图14　暴露 24h 后 THP-1 巨噬细胞因子的变化

瑞典皇家理工学院的 Westin 博士[4] 报告了新型低铬释放量的不锈钢药芯焊丝组分及其烟尘金属释放对身体健康的影响，并创建了烟尘释放数据库。该研究首先介绍了 316L 不锈钢焊条的化学成分设计，如表 6 所示。从表中可以看出，不同类型的焊丝中 Cr 含量差距不大，基本都在 18.2% 左右，只有少数焊丝中的 Si，Mn，Ni 和 Mo 元素的含量发生了变化。

观察图 15 可知，与标准成分的药芯焊丝相比，在新研发的药芯焊丝产生的烟尘中，六价铬和 Ni 在 PBS 溶液中具有更低的溶解度，金属芯焊丝溶解度最低，接近 5%；FR1~FR3 的溶解度都在 10% 以下，而 Mn 元素的溶解度变化不大（20% 以上，小于 25%）。通过扫描电镜观测了烟尘中的颗粒形貌和尺寸大小。从图 16 可以看出，几乎所有的颗粒尺寸都在纳米尺度范围内，且 50~100nm 尺寸的颗粒数量最多。图 17 显示了颗粒表面不同位置处的元素分布不均匀。

在药芯焊丝焊接烟尘中存在 Na，K，F，Ti，Bi 等元素，但在实芯焊丝烟尘中没有发现，且在金属芯焊接烟尘中存在 Ca 和 Mg 元素。分析图 18 的结果发现，相比于标准成分的药芯焊丝，只在新研发的药芯焊丝和实芯焊丝烟尘中发现了三价铬。

表 6　填充焊丝和基体材料的化学组分

样　　件	名称*	C	Si	Mn	P	S	Cr	Ni	Mo	Cu
基材 BM	（316L）	0.020	0.56	1.17	0.030	0.001	16.70	10.10	2.05	0.06
实芯焊丝 SW	ER316LSi	0.008	0.83	1.67	0.017	0.011	18.37	12.12	2.64	0.08
药芯焊丝 FW	E316T1	0.022	0.72	1.53	0.024	0.008	18.68	11.86	2.72	0.12
FR1	E316T1	0.024	0.83	1.35	0.024	0.009	18.25	11.82	2.87	0.12
FR2	E316T1	0.023	0.79	1.31	0.023	0.009	18.20	11.60	2.55	0.12
FR3	E316T1	0.029	0.84	1.36	0.024	0.009	18.25	11.73	2.86	0.12
金属芯 MC	EC316L	0.025	0.44	1.22	0.021	0.011	18.67	12.17	2.59	0.03

* 根据美国焊接协会标准 AWS 5.9（实芯焊丝）和 AWS 5.22（药芯焊丝）进行分类。

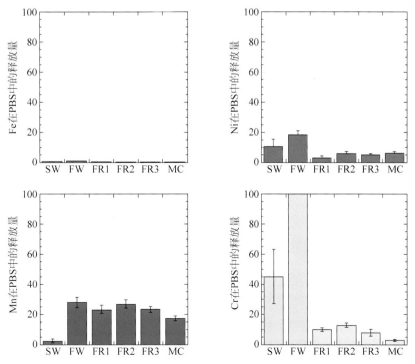

图 15　Fe，Mn，Ni，Cr（Ⅵ）在 PBS 溶液中的溶解度

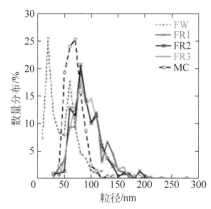

图16 不同成分焊丝焊接烟尘颗粒的形貌及尺寸大小分布

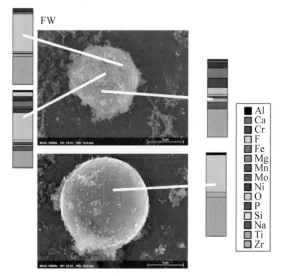

图17 新研发焊丝烟尘颗粒的组分

从图19可以发现，标准成分的药芯焊丝烟尘具有很高的金属释放量和六价铬溶解度；FR1~FR3烟尘中的六价铬和Ni元素具有较低的溶解度，而实芯焊丝烟尘中的Ni和六价铬的溶解度较高。通过培养细胞在不同类型焊丝烟尘

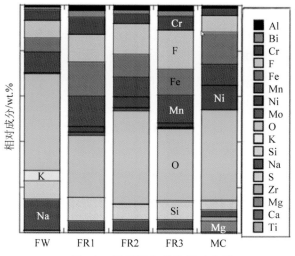

图18 焊接烟尘成分相对含量

中的暴露性生存试验发现，在新研发的焊丝烟尘中绝大多数细胞幸存，相比于实芯焊丝和新研发的药芯焊丝，金属芯焊丝的焊接烟尘对细胞的毒性最低，如图20所示。

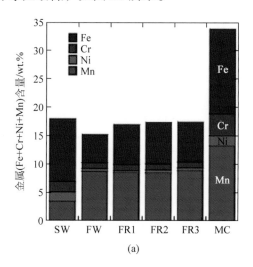

(a)

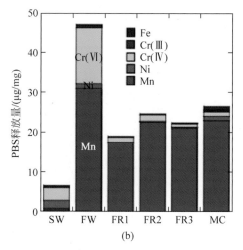

(b)

图19 不同类型焊丝的全部金属含量分布

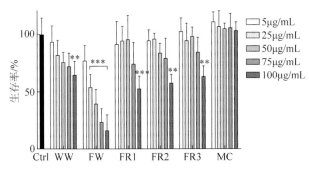

图 20　不同类型焊丝中细胞的生存能力分布

1.5　焊接烟尘释放量的控制策略

印度玛丽安工程学院的 Vishnu 博士[6]报道了焊接烟尘产生源头上的一些控制策略，包括在焊丝表面涂覆纳米颗粒成分（如 Al，Ti 和 Zn 的氧化物）和向焊丝组分里添加纳米颗粒（$CaCO_3$ 和 TiO_2），通过涂覆或添加部分纳米颗

粒组分来抑制焊接烟尘中有害物质的释放；同时，在不损失焊丝机械性能的情况下，尽可能地降低焊接烟尘发尘量和有害物质的释放。在焊条表面涂覆 Al_2O_3-TiO_2 二元涂层后，对比测试了焊接烟尘的形成速率、六价铬含量和焊缝金属中的氧化物含量，结果如表 7 所示。发现在添加或涂覆活性金属氧化物后，烟尘释放率和六价铬释放量被有效降低。

从图 21 的电子扫描照片中可以看出，烟尘颗粒的微观形貌变化多样，涂覆层的表面不连续且有较多的气孔，而第六组涂层具有较少的气孔且形貌连续性好。XRD 结果进一步显示了 Al 元素的特征峰出现在 35.5°，43.08°，57.08° 和 62.55°。

表 7　不同组元金属氧化物添加或涂覆后焊接烟尘的溶解速率和六价铬及焊缝金属氧化物含量

种类分组	二元金属氧化物			三元金属氧化物		
	FFR/ (mg/m^3)	Cr^{6+}/ (mg/m^3)	焊缝金属含氧量 /‰	FFR/ (g/min)	Cr^{6+}/ (mg/m^3)	焊缝金属含氧量 /‰
无涂层	0.140	0.0380	0.652	0.140	0.0380	0.652
Run 1	0.113	0.048	0.670	0.138	0.0274	0.640
Run 2	0.081	0.055	0.690	0.112	0.046	0.683
Run 3	0.108	0.05	0.682	0.122	0.045	0.680
Run 4	0.12	0.04	0.660	0.128	0.035	0.680
Run 5	0.127	0.02	0.560	0.15	0.011	0.542
Run 6	0.118	0.029	0.662	0.129	0.02	0.660
Run 7	0.111	0.036	0.680	0.13	0.035	0.676
Run 8	0.097	0.055	0.688	0.12	0.049	0.680
Run 9	0.122	0.0398	0.662	0.128	0.0356	0.680

图 21　涂覆纳米颗粒的微观形貌与 XRD 衍射照片

同时，研究了二元、三元和未涂覆纳米活性氧化物颗粒的焊条烟尘的形成速率和六价铬的释放浓度。分析图 22 可知，未涂覆任何活性氧化物的焊接烟尘形成率基本稳定在 143mg/min，且六价铬浓度保持在 0.04mg/m³；涂覆二元活化物时的烟尘发尘率在第五组配方下较大，但六价铬的释放浓度较小；当涂覆三元活化物时，发尘率进一步增大且超过无涂覆的焊条发尘率，但是六价铬释放浓度进一步降低至小于 0.02mg/m³，因此，在综合考虑焊条和焊缝金属力学性能的情况下，可以通过添加或涂覆多种活化物来降低六价铬有毒物质的释放。

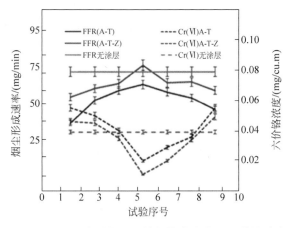

图 22　不同组分活化物下的焊接发尘率和六价铬浓度

匈牙利的 Csaba 博士[7]通过试验研究了 TIG 焊接过程中臭氧的释放情况及金属烟尘发热综合征下小鼠吸入亚慢性焊接烟尘后对呼吸系统和全身系统的影响。其设计的金属烟雾病动物实验流程如下：首先，把动物放置在富含 ZnO 纳米悬浮颗粒的环境中，每天呼吸颗粒 4h，总共 3 天，动物身体的变化状态可以通过红外热成像进行实时监控，分析图像并评估动物在 6h 内的活动情况。图 23 显示，随着时间的延长，动物吸入的氧化物颗粒量增加，身体发热症状越来越严重，这一现象与人的身体烟尘发热规律基本相似。

研究进一步证实了小鼠肺部有 Mn 元素聚集，在不同焊接方法下，Mn 元素在肺部的分布不同；焊接烟尘吸入引起的基因表达改变是存在的，其与生物的相关性和序列仍在研究当中；

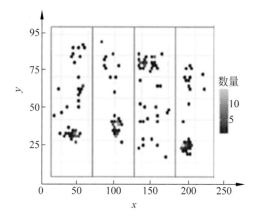

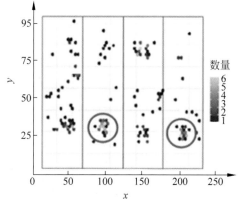

图 23　动物的活动轨迹（6h 内和 48~52h）

催化臭氧化的消除装置已建立原型，但需要更精巧的装置。采用通风设备可以有效控制焊接车间中 NO₂ 的浓度，减低 NO₂ 浓度过高造成的焊接工作者的身体不适。

1.6　绿色焊接技术发展

北京工业大学的李红副教授[8]报道了北京埃森展第二届绿色焊接技术论坛的相关最新研究工作。报告详细介绍了焊接烟尘与健康、高质量绿色焊接材料、绿色焊接装备、焊接物理保护等内容。报告指出，大尺寸烟尘颗粒在空气中传播时具有惯性沉积的特性，重力作用影响大，而小尺寸烟尘的颗粒以布朗运动形式进行传播；激光焊接烟尘的颗粒尺寸一般在 10nm~192μm，由焊接电源工作产生的灰尘逐渐变化形成纳米尺寸原始颗粒，进一步通过粒子碰撞与沉积形成纳米或微米尺度的二次粒子。在绿色焊材的设计与生产方面，通过生产过程数字化、自动化、智能化的多信息有效融合，实现生产过程的低能耗、低污染、无烟尘环境。

在绿色焊接装备研发方面，研制了新型伺服电机直驱气保焊送丝装置并实现了工业应用。该装置能够实现快速散热、防水，提高了使用的安全性和可靠性。同时，采用先进的焊接工艺，进一步实现了绿色焊接，比如利用窄间隙 MAG/MIG 焊降低焊接热输入并减少焊材消耗，进而减少焊接能耗和焊接烟尘的释放量，达到绿色焊接的目的；不同先进焊接方法下生产成本的对比如图 24 所示。

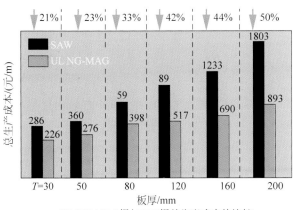

UL NG-MAG焊与SAE焊总生产成本的比较

图 24　UL-NGMAG 与 SAW 焊接生产成本的对比

在焊接物理保护方面，对工业厂房的设计制造考虑采用整体化环境保护的新型技术与清洁材料，减少环境污染和能量消耗；另外可使用虚拟现实增强技术实现焊工虚拟化的高效、低成本培训，大幅降低焊接培训成本、减少焊工培训的烟尘污染等。

2　焊接电气安全与人体工学

加拿大的 David 教授[9] 做了题为"如何理解直流焊接电源伤人"的综述报告。报告指出，通过检测分析焊接电流电压信号可以分辨接触电流信号，从而可以评估触电伤害的程度，这种方法常常应用于线路供电设备触电检测。报告列举了一些关于直流触电焊工致死的具体案例。IEC 60990 标准提出采用峰值接触电流来解释现代焊接设备中期望采用非正弦接触电流曲线的原因，且相关研究进一步指出由相对小的电流导致的触电可以通过交直流波形转化峰值进行

有效控制，而不是通过电流均方差值来调控。

澳大利亚的 Bruce 博士[10-11] 综述了焊接及其生产应用过程中电气安全的相关研究工作。报告首先从 6 个层面介绍了控制电弧焊危害的方法，具体包括消除、替代置换、隔离、工程设计、管理、身体独立保护装备。其次，介绍了澳大利亚 AS1674.2 标准文件所列的三类焊接环境。第一类包括焊接设备及附件与工件之间的绝缘隔离。由于工件尺寸小，焊接设备短路的可能性较低，因此，绝缘隔离进一步阻止了短路情况的发生（最大电压为 113V DC 或 113V AC 峰值 /80V AC 有效值）。第二类包括常规干燥的生产、采用安全监测设备保护进行工作（最大电压为 113V DC，68V AC 峰值 /48V AC 有效值）。没有安全监测设备保护的工作，最大电压为 35V DC，35V AC 峰值 /25V AC 有效值。第三类包括焊接设备运行操作环境潮湿 / 湿度较大，必须要用焊接安全监测设备，必须保证最大电压小于 35V DC 或 35V AC 峰值 /25V AC 有效值的要求。工业生产中以上规定的最佳实践包括每年对电源设备进行安全性能监测评估，验证 VRD 的功能、线缆和连接盒是否正常或老化；在电源侧需要安装核心继电器；每天工作前对插座、线缆和开关安全性进行检查，保证每个部件的正常工作。二次回路的工作安全要求包括使用垫子、木质板等隔离焊接电源与工件；穿着干燥的工作服或 PPE 制品和胶底鞋；如果工作环境较热或潮湿，就采用第三类工作场所安全性要求防范措施进行施工作业；对于手工焊条电弧焊和 GTAW 等焊接过程来说，最佳输出电压为 0，在干燥温度较低的环境下，输出电压可限制在 0~25V AC 有效值或电压自由波动不超过 35V DC；而在具有较大风险环境作业时，输出电压限制在 0~12V DC，超过最高限值，可采用开关转化器将电极着手处的电压切换为 0，对于 GMAW 或 FCAW 等焊接过程来说，电压输出的安全性要求与 TIG 焊基本一致。最后，介绍了修改版的 AS1674.2 标准文件，对焊

接电源使用安全性条件的要求更为严格和详细。

Bruce博士同时也介绍了在学校焊接教育中的触电事件及其发生缘由。2021年4月28日，发生了学生使用高频GTAW焊接起弧触电、衣服穿着不当触电、接线短路等触电事件，触电学生已及时送往医院进行治疗，没有生命危险。文章归纳了电弧焊过程中普遍存在的损害身体健康的因素，包括焊接烟尘、电弧辐射、电气危害、烧伤等。通过两期学校焊接安全事件的对比分析发现，焊接伤害主要由于缺少与二次回路间的隔离和没有使用个体保护装置；另外，焊工与工件的长时间接触、教师缺乏对焊接过程的认识和一系列焊前安全培训的缺失都是产生焊接事故的原因。为了将触电可能性降低到最小，建议在焊接过程中采取以下措施：①避免与电极或工件直接接触；②学生焊接工作服最好采用PPE材质；③常规检查维护焊接设备，做好焊接工作前的每项检查；④当学生使用输出电压大于或等于35V DC的焊接设备时，必须保证配备焊接过程的安全监测装置；⑤制定危害安全风险评估和防范措施；⑥焊接工作台表面与焊接电源之间的隔离；⑦焊接课程修订，保证焊接教师的合理训练；⑧采用增强现实焊接模拟装置训练焊接操作。

印度焊接研究所的Riguraj博士[12]报告了焊接中人体工学的作用，详细介绍了焊接中的人体工学研究的内容和目标、不良人体工学姿态所带来的问题、成因分析和纠正措施。焊接当中的人体工学主要包括长时间保持某一姿态进行焊接作业，焊工适应工件特征变化及焊接位置对焊工姿态的影响等。焊工焊接中普遍采用的姿势有以下几种：横焊、平焊、仰焊、立焊。

人体工学的研究目标：①减小人体伤害和防止焊接工作混乱；②保证焊工的安全健康；③减少焊工作业旷工；④保证一定的工作效率。采取不合理的人体工学会出现的问题包括肌骨骼变形、反复性动作损伤、工人的不满情绪、旷工率增加、人员的换动频繁。

报告还分析了造成肌骨骼变形的因素，主要有三类：①劳动力人口结构：遗传因素，人体特征和人体差异；②身体与心理工作环境：使用的设备，工作任务，内外压力、工作持续时间、组织因素、社会力量支持和心理反应；③工作环境状态差异。针对上述问题，建议实施以下三项措施：①设计调整工作台高度，有效避免不必要的弯曲，并做成可移动的工作平台；在合理舒适的工作区域，焊工可以固定焊接位置及提前修正不合理的焊接接头位置，并使用更合适的工具。②使用现代轻量化焊接装备，配合更灵活的起重、旋转及移动工作平台。③发展焊接自动化：设计集焊接操作、工作平台、接头位置旋转调整于一体的自动化焊接平台；全自动/半自动焊接过程的应用；发展机器人自动化焊接技术与装备。报告最后指出，由于人体本身个体差异、情绪复杂变化等因素造成人体工程学问题在人工焊接过程中很难得到完全解决，需进一步开展深入研究。

3 践行文件与ISO标准文件

2011年，欧洲焊接协会联合欧洲钢铁工业联盟和欧洲金属协会制定了一份关于焊接暴露场景、风险管理监测、可安全焊接金属及合金材料的操作环境判别指导性和建议性文件。这份采用英文撰写的原始文件被欧盟成员国翻译为21国官方语言使用。在本届会议上，作为欧洲焊接协会会员的Vincent博士[13]报告了上述文件的相关内容，包括焊接暴露场景的欧盟术语、暴露场景、风险管理监测和考虑焊接烟尘与气体外露的金属合金等材料可安全焊接操作环境的识别指导和建议、减少焊接烟尘和气体外露的通则、单一过程和基材混合过程的风险管理监测、国际标准与欧盟条例、研究监管奇异系统等。

对于减少焊接烟尘和气体暴露的通则，考虑金属焊接与切割时烟尘的排放，建议采取以下措施：①安排基于该文件通用信息与指导条例的风险管理监测；②基于安全数据库和焊材制造商研究数据相结合的信息共享；③在开始每一项全新的工作时，企业管理者必须要进行焊接烟尘对员工安全和身体健康影响的风险评估，并将其影响降低到最小。

在对个体决策过程和基材混合过程进行风险管理监测时，可依据焊接过程特点和使用焊材的特性。该文件提供了常用的一些技术方法，如表8所示。

报告最后也介绍了关于焊接烟尘和有害气体暴露风险评估的欧盟指导性文件和国际相关标准如表9所示。不同标准规定了焊接方法的使用，材料选取、设备检测与修正等条件。

表8 单一/混合过程风险管理监测建议

分类	工艺流程（ISO 4063）	母材	附注	通风/萃取/过滤	PPE DC<15%	PPE DC>15%
Ⅰ	GTAW 141	全部	除 Al	GV 低	n.r.	n.r.
	SAW 12					
	自动焊 3					
	PWA 15					
	ESWEGW 72/73					
	电阻焊 2					
	螺柱焊接 78					
	固相焊 521					
	气体清除	全部	除 Cd 合金	GV 低	n.r.	n.r.
Ⅱ	GTAW 141	Al		GV 中等		FFP2
Ⅲ	MMAW 111	全部	除了 Be-Mn-Ni- 合金	CV 低 LEV 低	改进防护帽	FFP2
	FCAW 136/137	全部	除了 Sn 和 Ni 合金			
	GMAW 131/135	全部	除 Cu-Be-V- 合金			
	粉末等离子堆焊	全部	除了 Be-Cu-，Mn-Ni- 合金			

表9 欧盟指导性文件与国际标准

标 准 名 称	内　　容
ISO 4063：2009	焊接及相关工艺 工艺名称及参考编号
ISOEN 21904-1：2020	焊接和相关工艺中的健康和安全——焊接烟尘的收集和分离设备 第1部分：一般要求
ISOEN 21904-2：2020	焊接和相关工艺中的健康和安全——焊接烟尘的收集和分离设备 第2部分：分离效率的试验和标记的要求
ISOEN 21904-3：2018	焊接和相关工艺中的健康和安全——空气过滤设备的要求、试验和标记 第3部分：焊接排烟装置收集效率的测定
ISOEN 21904-4：2020	焊接和相关工艺中的健康和安全——焊接烟尘的收集和分离设备 第4部分：收集装置的最小空气体积流率的测定
ISO 15607：2003	金属材料焊接工艺规范和评定——一般规则
EN ISO 15609	金属材料焊接工艺的规范和评定——焊接工艺规范第1部分～第6部分
ISO 17916	热切割机的安全性
EN149：2001+A1：2009	呼吸保护装置、过滤半掩模以防止颗粒要求、测试、标记
EN 14594：2018	呼吸保护装置、连续流动压缩空气管路呼吸装置要求、试验和标记
EN12941：1998+A2：2008	呼吸保护装置、装有头盔或罩的电动过滤装置要求、测试、标记
EN 143：2000	呼吸保护装置、粒子过滤器要求、测试、标记
指导文件 1998/24/EC	保护工人的健康和安全，使其免受在工作中与化学制剂相关的风险
指导文件 2004/37/EC	保护工人免受工作中接触致癌物或诱变剂的风险
指导文件 2017/2398	修订关于六价铬接触限值的指令 2004/37/EC
指导文件 2017/164/EU	指示性职业接触限值（氮氧化物）
指导文件 2019/130	修订关于保护工人免受工作中接触致癌物或诱变剂风险的指导

研究使用的奇异系统由欧洲化学品管理局（European Chemicals Agency，ECHA）创立，帮助化学风险评估及提供系列通信链路。因为焊接烟尘和气体被认为是焊接生产中的第二副产品，是焊接工作者所不需要的，对焊接工作者身体健康与安全会造成损害。因此，在基于REACH方法的焊接过程中对危害物进行识别、风险评估及对危害物的有效控制对保证身体健康是非常有必要的。欧洲焊接协会的焊材制造商首先定义了该系统的两个生命周期阶段：产品制造和工业现场使用。

在本届国际焊接学会年会上，来自德国、加拿大和日本等国家的代表就自己国家在焊接健康、安全和环境方面的政策性文件/规范的制定及实施情况做了报告，并进行了线上讨论。C-Ⅷ委员会主席、英国焊接研究所的Geoff博士首先介绍了最佳实践性文件，之后介绍了ISO/TR13392：2014电弧焊接烟尘组分标准的修改和确认，以及ISO/TR18786：2014焊接制造生产风险评估的指导性文件修改和确认的相关联络工作，最后对与欧洲焊接学会进行合作的事宜进行了简单汇报。

4 结束语

国际焊接学会焊接健康、安全与环境（C-Ⅷ）专委会近年来主要关注焊接烟尘与焊接工作者身体健康、环境安全相关的科学研究，对可能影响健康和安全的物理、化学试剂的评估及有关焊接健康、安全的法律法规制定与实施、最佳实践方案等指导文件的发表与修改等也十分重视。从本届年会交流的学术报告和呈现的相关法律法规文件来看，研究进展主要体现在：

（1）在焊接烟尘方面，当前研究的关注点仍然在弧焊过程的烟尘组分、Cr（Ⅵ）的形成机理、细胞毒性和肺癌发生的相关性等，并提出通过在焊条药皮中添加一些活性氧化物纳米颗粒来抑制六价铬的释放量，降低六价铬对焊

工身体健康的危害。但目前尚未对Cr（Ⅵ）与细胞毒性、DNA损伤进行定量化表征，无法建立定量化数学模型。

（2）在焊接触电与人体工程学焊接领域应用方面，报告关注了常规焊接方法的焊接触电事件，提出了一些避免触电的常规措施和方法；人体工程学的设计重点体现在手工电弧焊焊接的最佳位置设计、身体肌骨骼变形纠正和焊接环境优化升级等方面，但对于目前新兴的先进焊接工艺技术与现代数字化焊接环境下的触电和人体工程学设计与应用的研究尚未报道。

（3）在焊接标准、相关法律法规的制定实施方面，欧盟组织的活动非常频繁，且不定期地进行修正和完善，但参与活动的主要是工业发达国家，在本届年会上，我国的焊接工作仍未涉及标准等相关领域。

（4）本文作者认为，随着当前材料科学技术的迅猛发展，焊接领域使用的材料体系正发生着前所未有的重大转变，从单一传统的钢铁材料逐渐向多元素合金材料和新型复合材料体系发展，以满足现代工业制造的工程应用需求。随着先进焊接材料中合金元素使用占比的增大和种类的增多，对性能的要求也越来越高，高效焊接方法的广泛应用使焊接范围越来越广，造成焊接烟尘释放量和有害物质种类越来越多。但目前的研究大多针对手工焊接方法且提出的降低烟尘量、抑制有害物质释放和检测的方法与现代焊接技术的发展不能够完全同步。从焊接烟尘治理方面讲，任何单一手段形成的治理能力都是非常有限的，需建立个人和系统、环境防护、智能化替代人工相结合的综合治理理念和方法体系，确保和改善整体工业制造系统的安全健康运行。同时要考虑环境污染和能源消耗问题，保证个人健康、工业制造系统的可靠稳定与环境友好的可持续协调发展。

（5）面对当前先进焊接材料体系的开发与广泛应用，必须革新焊接技术与之相适应，因

此，从焊接健康与环境安全方面讲，先进焊接技术替代传统焊接技术势在必行，研究先进焊接材料和工艺体系下的焊接健康与环境安全的相关工作具有重要的现实意义。大力发展数字化、自动化和智能化焊接技术与装备及无人化焊接工厂是解决焊接烟尘或其他有害物质对工人身体健康危害的有效办法，也是治理环境污染和保证焊接健康与安全的根本措施。

（6）在焊接健康与环境安全法律法规文件的制定和实施方面，跟欧洲发达国家相比，我国存在不少差距。因此，在开展焊接健康与环境安全科学研究的同时，要进一步制定相关标准，完善与焊接健康和环境安全相关的法律法规文件，并强化监督实施。特别是在无条件使用全自动化焊接的工厂里，建议采取强制安装先进通风设备、强化焊工保护装置、监控焊接全过程等有助于降低身体损害的必要措施；在有条件实施自动化、智能化生产的工厂和车间里，建立奖励补偿机制鼓励引导企业使用先进的无人化生产系统，进一步降低对焊接工作者身体健康和环境安全的损害。这些建议对保证国家可持续绿色发展战略的顺利实施具有非常重要的意义，应该受到重点关注与发展。

参考文献

[1] ZSCHIESCHE W, MOLTEN G. IIW Statement on lung cancer and arc welding of steels [Z]. Ⅱ-2196-2021 / Ⅷ-2290r1-2020.

[2] VATS V. Characterization of arc welding fume samples by FTIR spectroscopy [Z]. Ⅱ-2194-2021 / Ⅷ-2322-2021.

[3] MCCARRICK S, ROMANOVSKI V, WEI Z, et al. Genotoxicity and inflammatory potential of stainless steel welding fume particles–an in vitro study on standard vs Cr (Ⅵ)-reduced flux-cored wires and the role of released metals [Z]. Ⅱ-2178-2021 / Ⅷ-2318-2021.

[4] WESTIN E M, MCCARRICK S, LAUNDRY-MOTTIAR L, et al. New weldable 316L stainless flux-cored wires with reduced Cr (Ⅵ) fume emissions: Part 1–Health aspects of particle composition and release of metals [Z]. Ⅱ-2179-2021 / Ⅷ-2319-2021.

[5] WESTIN E M, MCCARRICK S, LAUNDRY-MOTTIAR L, et al. New weldable 316L stainless flux-cored wires with reduced Cr (Ⅵ) fume emissions: Part 2-Round robin creating fume emission data sheets [Z]. Ⅱ-2199-2021 / Ⅷ-2320-2021.

[6] VISHNU B R. Investigation on control strategies of welding fumes and Cr^{6+} formation using nanoparticle addition in stainless steel SMAW electrode [Z]. Ⅱ-2202-2021 / Ⅷ 2312-2021.

[7] CSABA K. Experimental investigation of respiratory and systemic effects of subchronic welding fume inhalation in mouse model with special regard to tungsten inert gas welding processes, ozone emission and the metal fume fever syndrome [Z]. Ⅷ-2323-2021.

[8] HONG L. Report from the 2nd green welding technology seminar in Beijing [Z]. Ⅷ-2328-2021.

[9] DAVID H. Understanding why DC welding machines kill [Z]. Ⅷ-2324-2021.

[10] BRUCE C. Welding electrical safety-Review of AS 1674.2 safety in welding and allied processes part 2: Electrical [Z]. Ⅷ-2325-2021.

[11] BRUCE C. Welding n secondary schools-electrical shock incidents [Z]. Ⅷ-2326-2021.

[12] RITURAJ B. The role of ergonomics in welding [Z]. Ⅷ-2327-2021.

[13] VAN DER MEE V. Welding exposure scenarios [Z]. Ⅱ-2195-2021 / Ⅷ-2321-2021.

作者：石玗，博士，教授，博士生导师。主要研究领域：焊接物理及智能化焊接技术与装备、异质结构焊接技术与装备、绿色焊接技术等。发表论文150余篇。E-mail: shiyu@lut.edu.cn。

审稿专家：李永兵，博士，上海交通大学教授，博士，博士生导师。研究领域主要包括：轻量化材料/结构焊接及复合连接技术与装备、轻金属/异质材料/结构铆接及复合连接技术与装备、人工智能及大数据驱动的连接质量实时检测与自适应控制等。发表期刊和会议论文180余篇，其中SCI/EI收录100余篇。E-mail: yongbinglee@sjtu.edu.cn。

金属焊接性（IIW C-Ⅸ）研究进展

常保华

（清华大学机械工程系　北京　100084）

摘　要：国际焊接学会（IIW）2021 年第 74 届年会与 2020 年一样，继续采用线上交流方式进行。其中，金属焊接性专委会（C-Ⅸ）会议安排在 7 月 14—16 日。期间一共安排来自 10 余个国家的报告 22 个，内容涉及低合金高强钢、不锈钢、镍基合金、铝合金、钛合金等材料在多种焊接与增材制造条件下的微观组织和性能特征。双相不锈钢的焊接、耐热钢焊缝中组织的转变及氢的行为、新型高温合金的焊接性研究、异质材料摩擦扩散焊接、焊缝晶内亚结构的分析等，是会议讨论的热点问题。本文主要根据报告人提交的论文和报告 PPT，对金属焊接性方面的研究进展进行整理和简要评述，以期为我国焊接工作者提供参考。

关键词：金属焊接性；微观组织；力学性能；国际焊接学会

0　序言

国际焊接学会金属焊接性专委会（IIW C-Ⅸ）现设焊接现象数学建模（Ⅸ-A）、低合金钢焊缝（Ⅸ-L）、不锈钢与镍基合金焊接（Ⅸ-H）、抗蠕变与耐热焊缝（Ⅸ-C）、有色金属材料（Ⅸ-NF）共 5 个分委员会。会议主席为韩国 KISWEL 集团的 Hee Jin Kim 先生。

本届会议期间一共安排报告 22 个。其中，来自低合金钢焊缝分委会 6 个，不锈钢与镍基合金焊接分委会 8 个，抗蠕变与耐热焊缝分委会 3 个，有色金属材料分委会 5 个。第一作者来自德国的报告有 6 个，日本 4 个，瑞典 3 个，韩国、美国、南非各 2 个，芬兰、土耳其、印度各 1 个。

1　低合金钢的焊接性研究

本届年会在低合金钢焊接性方面的交流论文有 6 篇，其中日本 2 篇，德国、芬兰、韩国和土耳其各 1 篇。内容涉及超高强度钢 MAG 焊和电子束焊的微观组织与性能分析，钢板气电立焊中的夹杂物对铁素体结晶的影响，电渣焊焊缝微观组织对低温韧性的影响机理，低合金高强度钢在高压条件下的焊接，基于 EBSD 结果分析低碳钢焊缝中的晶粒尺寸及位错胞晶粒亚结构，以及高强钢电弧焊接头搅拌摩擦处理中钢材表面的合金化机制。

在工程结构中采用超高强度钢（ultra high strength steel，UHSS）可以减轻重量、减少燃油消耗。而为实现这些优越性，其焊接性及焊后的性能必须予以认真评估。熔化极活性气体保护焊（metal active gas arc welding，MAG）被广泛应用于超高强度钢的焊接。多道焊会导致焊缝金属和热影响区的微观组织发生变化，进而影响焊件的力学性能。与弧焊工艺相比，电子束焊接（electron beam welding，EBW）有热影响区窄、熔深大、变形和残余应力小等优点，但由于 EBW 的冷却时间较短（高冷却速率），可能会导致硬度的过度增加和韧性的下降，以及焊缝金属的微观组织和性能的不均匀。为此，有必要对不同焊接工艺（MAG 和 EBW）高强钢焊接的微观组织和性能进行研究。

奥地利格拉茨工业大学（Graz University of Technology）和土耳其科贾埃利大学（Kocaeli University）的研究人员[1]针对热机械轧制

（thermomechanically rolled）S1100MC 超高强度钢的焊接开展了研究。试件板厚为 20mm，分别采用 MAG（低匹配的焊丝）和 EBW 方法焊接，比较了二者的微观组织和力学性能，并结合相变行为对结果进行了讨论。两种方法焊接的接头横截面如图 1 所示。对其微观组织进行分析发现，焊接态的 MAG 焊缝微观组织主要由细晶铁素体组成（图 2），当热输入较低时为针状铁素体，当热输入较高时为多边形铁素体。电子束焊缝主要由马氏体和回火马氏体组成，晶界处为残余的奥氏体（prior austenite grain，PAG），如图 3 所示。从 EBW 焊缝底部到表面，PAG 晶粒逐渐增大。在两种工艺下，焊后的粗晶热影响区（coarse grain heat affected zone，CGHAZ）的微观组织均由马氏体和回火马氏体组成，EBW 条件下的原始奥氏体晶粒尺寸比 MAG 条件下的小。在 MAG 多道焊条件下，CGHAZ 经历重复加热，形成贝氏体和晶界 M-A 组元（图 4）。图 5 为两种焊接接头的硬度分布图。在 MAG 焊接接头中，焊缝金属的硬度低于母材，针状铁素体的硬度高于多边形铁素体；未经回火的热影响区硬度高于母材，经历回火的部分硬度低于母材。在电子束焊缝中，焊缝金属的硬度比母材高约 9%；细晶热影响区（fine grain heat affected zone，FGHAZ）的硬度高于 CGHAZ 和焊缝的硬度。在电子束焊接接头的拉伸试验中，

试样在母材处断裂，表明焊接接头的强度高于母材。MAG（使用低匹配焊丝）试样断裂于焊缝处，接头抗拉强度低于母材。MAG 焊缝冲击韧性满足要求（在 −20℃时不小于 27J），而电子束焊缝冲击韧性较低，不满足对韧性的要求。

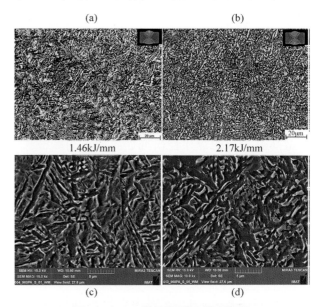

图 2　MAG 焊接焊缝区微观组织

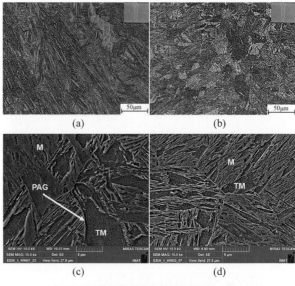

图 3　电子束焊接接头焊缝区微观组织

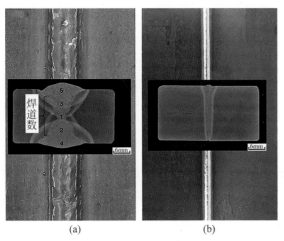

图 1　焊接接头的横截面和俯视图
（a）MAG；（b）EBW

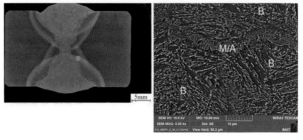

图 4　MAG 焊接再热粗晶热影响区的微观组织

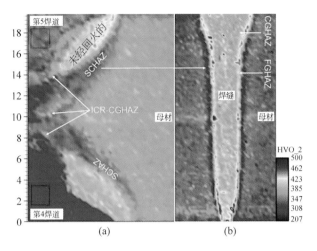

图 5　焊接接头硬度分布图

（a）MAG；（b）EBW

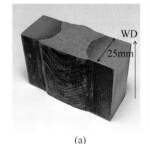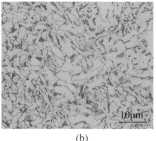

图 6　气电立焊焊缝[2]

（a）宏观试样及横截面；（b）焊缝金属中心区微观组织

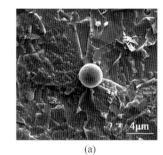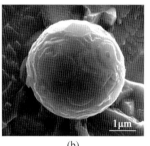

图 7　夹杂物的多重形核

（a）低放大倍数；（b）高放大倍数

在采用气电立焊焊接大厚度钢板时，通常采用比常规弧焊高几十倍的热输入。即使如此，气电立焊焊缝金属仍具有良好的冲击韧性。这与晶内细小的针状铁素体的含量高有关。焊缝中的夹杂物对晶内铁素体的形核有很大影响。钛作为微合金元素可以促进针状铁素体的形成。目前，针对含钛焊缝的研究，尚存在一些需要澄清的问题，如促进铁素体形核的含钛相是什么，夹杂物表面是否形成 TiN 相，夹杂物周围是否形成贫锰区（Mn depleted zone，MDZ）等。

为回答这些问题，韩国汉阳大学的 Kangmyung Seo 等人[2]采用气电立焊方法焊接了 25mm 厚的 A516-70 钢板（图 6），并研究了焊缝中的夹杂物特征及其与铁素体结晶的关系。研究表明，夹杂物能够有效促进铁素体的形核。体积大的夹杂物内层为 TiO 多晶体，在其基础上可以发生多重形核（图 7）。夹杂物内层 TiO 被外层离散的 TiN 部分覆盖，其数量会影响夹杂物的形核能力。TiO 应是熔渣残留的夹杂物，TiN 相是冷却时从钢基体中析出的。在本研究中，在 TiO 周围没有发现 MDZ。这一结果与已有的一些研究工作是矛盾的。因此，TiO 对 MDZ 形成的影响还需要进一步澄清。

气电立焊（electrogas welding，EGW）是钢板垂直向上对焊的一种高效焊接方法。由于热输入高，存在飞溅和烟雾。电渣焊（electroslag welding，ESW）作为另外一种钢板垂直向上对焊的方法，与气电立焊相比，其飞溅和烟雾较少。这两种方法由于热输入大，焊缝金属和热影响区的低温韧性较差。

日本神户钢铁公司和大阪大学接合研究所的研究人员[3]开发了一种可自动提供熔渣的新型 ESW 工艺，在整个焊缝区都获得了优异的低温韧性。为了分析在相同热输入（焊接速度、电压和电流）下，SM490A 钢新型 ESW 焊缝与船级钢常规 EGW 焊缝金属低温韧性存在差异的原因，他们对两种工艺下的微观组织进行了分析。研究表明，在相同的名义热输入下，新型 ESW 的有效输入热量比常规气电立焊减少 20%~25%，其熔池要浅得多（图 8），焊缝内的柱状晶和中心等轴晶更细（图 9）。新型 ESW 的冷却速度更快，有利于焊缝中针状铁素体比例的增加，加之焊缝中的夹杂物数量少，组织均匀，断裂源数量少，因此，新型 ESW 焊缝的低温冲击韧性更高。

在过去的 10 年里，围绕水下焊接的研究工作持续增加。水下焊接通常在高压环境下进行。

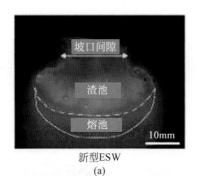

新型ESW

(a)

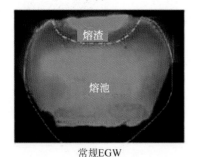

常规EGW

(b)

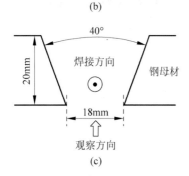

(c)

图8 通过石英玻璃从焊道背面观察到的

（a）新型ESW；（b）常规EGW焊缝熔池；（c）观察方向示意图

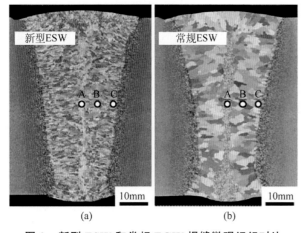

图9 新型ESW和常规EGW焊缝微观组织对比

由于环境压力增加，相同焊接电压下的弧长显著减小，电弧收缩，电弧能量密度增加，熔深增加，凝固条件改变。因此，焊缝中的氢元素含量、微观组织形貌、裂纹行为及焊缝表面粗糙度、接头性能等会发生变化。尽管已有针对高强钢、双相不锈钢、铝合金、铜合金等材料在水下高压条件下焊接的研究工作，但在水下焊接之外的领域积极使用高压效应方面，研究和应用还很少。

德国克劳斯塔尔材料技术中心的Treutler等人[4]研究了S700MC低合金高强度钢在高压条件下焊接时，压力及焊接参数对焊接接头微观组织和力学性能的影响，并利用高压条件下熔深增加的特点，实现了大厚度钢板的焊接。

不同电流、电压和环境压力下平板堆焊焊道的熔深如图10所示。由图可见，熔深随环境压力的增加而增加。这一增加效应不如铝合金高压焊接时显著。图11为两种不同环境压力（2bar，16bar）（1bar=100kPa）下焊缝的形状和微观组织，可以明显看到，低压力下焊缝较宽，熔深随压力增大而增大。当焊接电流大于200A时，指状熔深开始在整个焊缝宽度范围内形成，且熔深随焊接电流的增加而增大。不同的环境压力还会导致冷却条件的改变，从而对焊缝的力学性能产生影响。图12为不同电流、电压和环境压力下焊缝的硬度。可以看出，当焊接电流增大时，硬度降低。当环境压力增大时，硬度的变化与焊接电压有关：当电压较低时，硬度随压力增大而减小；当电压较高时，硬度随压力增大而增大；当电压适中时，硬度不随压力变化。这可能与深熔条件下热传导条件的变化有关：当环境压力增加时，低电压条件下的冷却时间增加，使硬度减小，而高电压条件下的冷却时间减小，使硬度增大。利用高压下熔深增大的特性，在2bar环境压力下实现了厚度为15mm S700MC钢板的对接，试样采用Y形坡口，焊接参数为：500A，35V，0.3m/min。所得对接焊缝的横截面形貌如图13所示。

钢材在焊接和切割等加工过程中，会产生缺陷及微观组织变化，进而影响其承载能力。因此，需要了解制造过程中微观组织特征变化及其与材料性能的变化之间的关系。

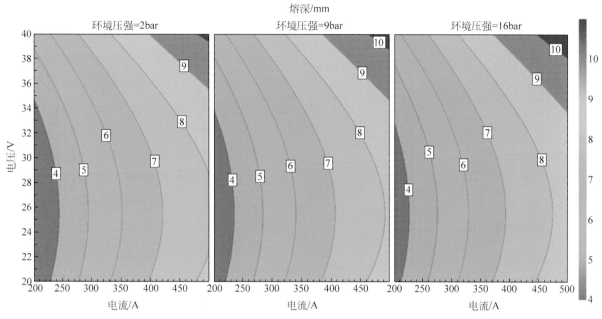

图 10　不同电流、电压和环境压力下平板堆焊焊道熔深

图 11　不同环境压力下焊缝的形状

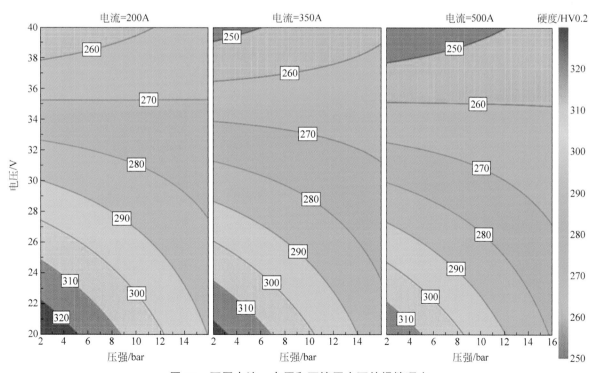

图 12　不同电流、电压和环境压力下的焊缝硬度

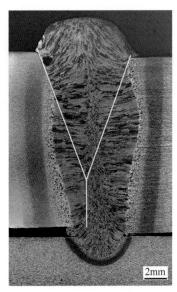

图 13　厚度 15mm 钢板 Y 形坡口对接焊缝横截面形貌

环境压力：2bar

芬兰阿尔托大学的 Lehto Pauli 等人[5]基于 EBSD 结果对低碳钢电弧焊、激光电弧复合焊和激光焊焊缝金属的微观组织进行了表征，以研究焊接工艺如何影响晶粒和晶粒亚结构。分析工作基于开源 MTEX 工具箱，在 MATLAB 中实现。所开发的晶粒尺寸测量程序和用于分析位错胞尺寸的自适应域取向差方法（adaptive domain misorientation approach）[6]大大简化了工作流程。图 14 为三种焊接工艺下的晶粒结构。电弧和激光电弧复合焊缝中有两种晶粒结构，即细小的针状铁素体和粗大的初生铁素体（primary ferrite）。两种焊接条件下的初生铁素体都是等轴的。在激光电弧复合焊缝中，初生铁素体的排列方向与最大温度梯度方向一致，针状铁素体的体积分数较高，平均晶粒尺寸较小。激光焊缝中晶粒尺寸的分散度大。图 15 为三种焊接条件下位错胞的形貌和尺寸。电弧焊焊缝中在较粗大的初生铁素体晶粒中可以观察到一些位错胞，在针状铁素体中只有少量的位错胞。激光电弧复合焊试样中初生铁素体内的

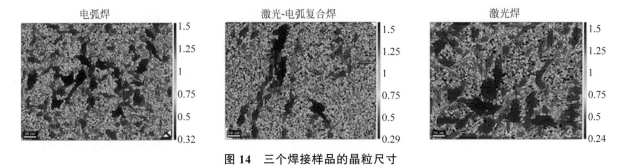

图 14　三个焊接样品的晶粒尺寸

数字为 Hall-Petch 参数 $d^{-0.5}$（$\mu m^{-0.5}$），较大的值表示较小的晶粒尺寸或更高的强度

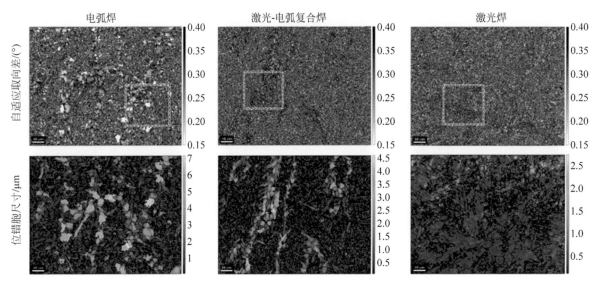

图 15　采用自适应域取向差方法获得的位错壁和位错胞（上）及估算的位错胞尺寸（下）

位错胞较多，位错胞尺寸比电弧焊缝中的小。在激光焊焊缝中的晶粒全部具有极细小的亚结构。本研究的结果初步表明，有关晶粒亚结构的信息对于深入分析低合金钢焊接强度特性中的差异具有重要意义。

对高强钢弧焊接头焊趾进行搅拌摩擦处理（friction stir processing，FSP）能够显著提高疲劳强度，这得益于 FSP 后焊趾处曲率半径的增加、晶粒细化和固溶强化，如图 16 所示。采用 WC 摩擦搅拌头进行 FSP 后，搅拌头发生磨损，同时工件表面层存在过饱和的 W 和 C 元素（图 17），导致马氏体转变。为了澄清 FSP 中钢表面合金化的机制，日本大阪大学接合研究所的 Hajime Yamamoto 等人[7] 在 FSP 过程中采用停止作用后的快速水冷技术，对 WC 搅拌头与 SM490A 低碳钢之间的界面进行了研究。

结果表明，在摩擦热作用下，钢板上层的铁素体和渗碳体发生奥氏体化（图 18（a））。同时，Fe 原子从钢板扩散到搅拌头中的 Ni 基黏合区，并与 WC 反应，在搅拌头表面形成了厚度约为 $10\mu m$ 的 Fe_4W_2C 薄层（图 18（b）和（c））。该薄层在 FSP 剪切应力和摩擦热的共同作用下被破碎、分解（图 18（d））。分解后的 W 和 C 原子随着 FSP 塑性流动固溶到钢板最上层的奥氏体中（图 18（e）），使其发生合金化。在搅拌头通过后的冷却过程中，奥氏体转变为具有过饱和 W 和 C 原子的马氏体（图 18（f））。其

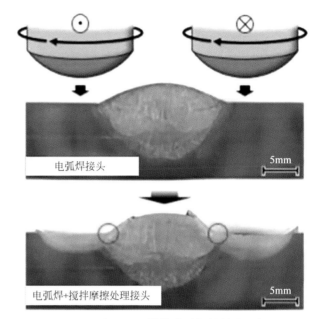

图 16　采用 WC 搅拌头对焊接接头进行
FSP 处理示意图

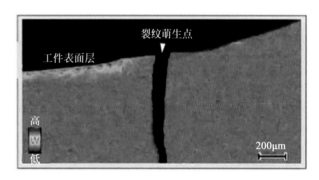

图 17　FSP 处理后钢板最上层发生合金化

研究还表明，搅拌头磨损与搅拌头转速密切相关。转速越高，搅拌头寿命越短。随着搅拌头磨损的增加，钢板最上层中的 W 和 C 元素含量增加，硬度增大。

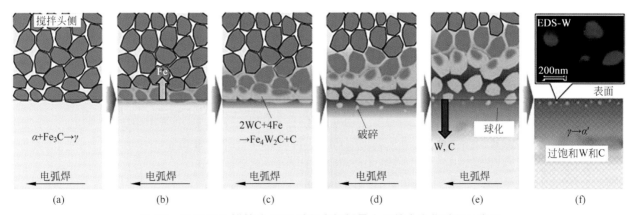

图 18　采用 WC 搅拌头 FSP 过程中钢板最上层的合金化过程示意图

2 不锈钢与镍基合金的焊接性

关于不锈钢与镍基合金焊接性的交流论文共9篇，其中瑞典3篇，日本2篇，德国、美国、南非和印度各1篇。内容涉及双相不锈钢GTAW焊缝不同区域中σ相的析出动力学，采用镍基焊丝电子束焊接2205双相不锈钢，2209双相不锈钢热丝激光金属沉积的组织和性能，铁素体含量对不锈钢凝固裂纹敏感性的影响，合金元素对16-8-2型不锈钢焊缝金属时效组织的影响，焊接参数对几种不同Cr/Ni比的不锈钢激光焊缝形貌和微观组织的影响，新型高强度沉淀硬化型镍基合金XH的焊接性研究，固溶处理对贫Co镍基高温合金组织和硬度的影响，以及热处理对激光沉积Inconel 718合金中δ相析出的影响。

双相不锈钢（duplex stainless steel，DSS）因其优异的力学性能和耐腐蚀性得到了广泛应用，这些特性来源于由均匀弥散分布的铁素体和奥氏体组成的双相微观组织。当奥氏体和铁素体的含量基本相同时，双相钢具有最好的性能，如图19所示。这主要通过对合金成分和热循环进行控制。由于材料在焊接过程中反复受热，原

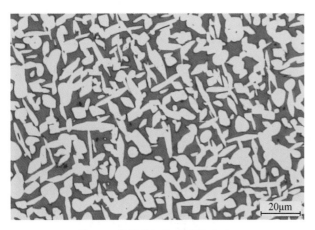

图19 典型的双相不锈钢组织

白色为奥氏体；黑色为铁素体

有的双相结构发生变化，导致其力学性能和腐蚀性能严重受损。其中，铁素体和奥氏体相变，氮化铬、σ相析出和475℃脆化是与双相不锈钢焊接相关的主要冶金问题。目前，已经有大量关于双相不锈钢中σ相析出物的研究，但焊接接头由母材到焊缝连续变化的微观组织中，σ相的析出行为还没有得到详细的研究。

日本大阪大学的Shotaro Yamashita等人[8]针对一种双相不锈钢（成分如表1所示）GTAW接头中的不同区域（母材、低温HAZ、高温HAZ、焊缝金属）的σ相析出动力学进行了研究。在不同温度（1073K，1173K，1223K）和时间（30~10000s）条件下对试样进行了时效处理。不同区域微观组织在时效过程中的演变和形态如图20所示。时效过程中首先发生铁素体→奥氏体相变，母材中铁素体的含量基本不变，其余区域组织中的铁素体含量减小，奥氏体含量增加。不同区域达到50%铁素体的时间由短到长依次为母材、低温HAZ、高温HAZ、焊缝金属。图21为σ相的显微形貌和TEM分析结果，表明σ相为FeCrMo金属间化合物。在时效过程中，在铁素体含量达到50%之后，再经历一段孕育时间，σ相开始从晶界向铁素体中析出。不同区域中σ相的析出顺序为母材、低温HAZ、高温HAZ、焊缝金属（图22）。在σ相析出之前，铁素体中的Ni含量在铁素体→奥氏体相变过程中随时效时间增加而降低，而铁素体中的Cr，Mo含量增加；尽管各区域Cr，Mo和Ni的初始含量浓度不同，但在σ相析出之前，它们的浓度几乎相同。在σ相开始析出之后，铁素体中的Cr，Mo和Ni含量减小，σ相析出量随着时效时间的增加而增加。本研究对于理解σ相析出过程并在此基础上控制σ相的形成具有参考价值。

表1 超级双相不锈钢的化学成分 wt.%

C	Si	Mn	P	S	Ni	Cr	Mo	Cu	W	N	Fe
0.016	0.17	0.18	0.026	0.0004	6.48	25.59	3.72	0.22	0.03	0.304	余量

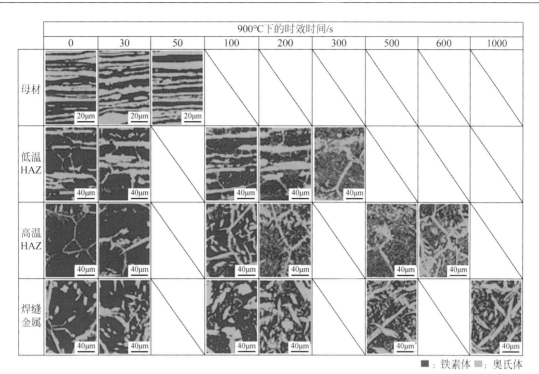

图 20　接头不同区域微观组织随时效时间的演变和形态

红色为铁素体；绿色为奥氏体

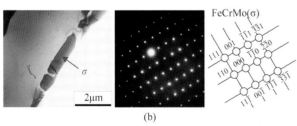

图 21　用 TEM 分析 σ 相

（a）用光学显微镜观察到的微观组织（KOH 水溶液腐蚀）；

（b）σ 相的 X 射线衍射图

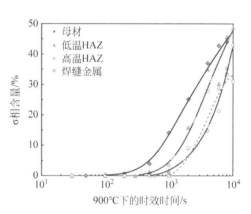

图 22　时效过程中焊接接头不同
区域 σ 相含量随时间的变化

双相不锈钢被广泛应用于海洋、石油和化工行业，作为压力容器和管道的基材。此类组件通常具有较大的厚度，可以使用电子束进行有效焊接。该过程的特点是冷却速度快，但氮的损失相对较大，导致奥氏体形成不足。

为了解决这一问题，德国布伦瑞克工业大学的 Tamás Tóth 等人[9]在 2205 双相不锈钢（厚度为 15mm）电子束焊接中尝试采用镍基焊丝作为填充材料，因为 Ni 作为奥氏体稳定元素，可以促进奥氏体的形成。研究采用多束电子束技术（multi-beam technique）将焊丝的熔化与母材的熔化分离，并采用 ∞ 形扫描模式增加焊缝熔宽，促进母材与焊丝金属充分混合，如图 23

所示。图中电子束1用于熔化焊丝，电子束2用于熔化母材。结果表明，在大深/宽比焊缝条件下也能实现板厚度方向一致的稀释率：焊缝上部的 Ni 含量约为 9wt.%，下部约为 8wt.%（图24）。Ni 含量的提高有效地促进了在电子束焊接高冷却速率下奥氏体的形成。尽管焊缝下部的铁素体含量略高于上部，但在整个厚度焊缝内都是铁素体和奥氏体平衡（含量基本相当）的微观组织（图25）。焊缝区的硬度高于母材硬度，焊缝金属具有良好的韧性，其冲击韧性值远高于标准规定的最小值。

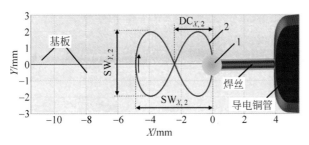

图23 电子束扫描参数示意图

增材制造具有近净成形、材料浪费少、性能可定制、复杂形状结构可制造等优点。双相不锈钢增材制造主要存在以下挑战：热循环复杂，在冷却速率高时铁素体含量过高，在重新加热时形成二次奥氏体。这些都会导致材料的抗腐蚀性和力学性能下降。

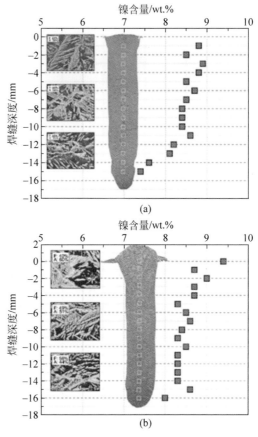

图24 镍含量在焊缝深度上的分布

（a）无垫板焊接；（b）有垫板焊接

瑞典西部大学的 Baghdadchi 等人[10]，采用激光熔丝增材制造方法制备了双相不锈钢圆柱体结构，并研究了沉积态和热处理条件下的微观组织与力学性能。研究以 2205 双相不锈钢为

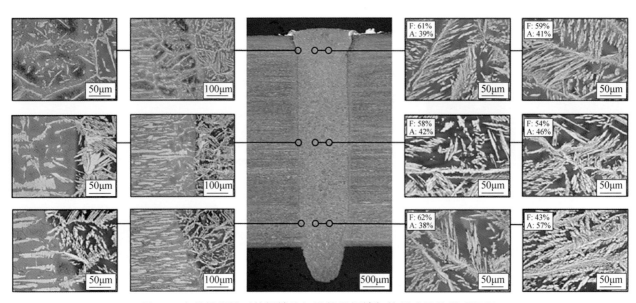

图25 有垫板焊接时的焊缝几何形状及焊缝与热影响区的微观组织

基板，2209 双相不锈钢丝为沉积材料。通过四阶段（单道、单道多层、多道多层块体、多道多层圆柱）方法，开发了圆柱结构的热丝激光金属沉积（laser metal deposition，LMD）工艺，

制备了大型无缺陷双相不锈钢结构，如图 26 所示。块体和圆柱结构在沉积态和热处理态的微观组织如图 27～图 29 所示。分析表明，沉积态为分层、不均匀的微观组织，包含氮化物的铁

图 26　四阶段法激光增材制造圆柱结构　　　　图 27　块体和圆柱结构的微观组织

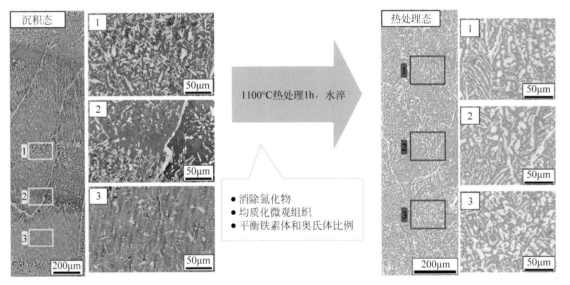

图 28　块体结构沉积态和热处理后的微观组织

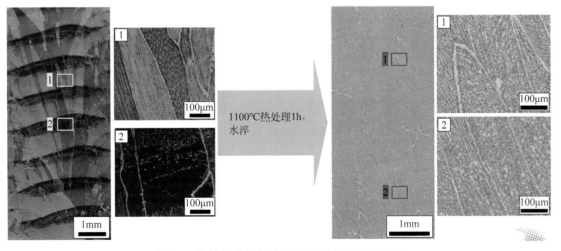

图 29　圆柱结构沉积态和热处理后的微观组织

素体区域和包含细小二次奥氏体的奥氏体区域重复排列。在热处理后，层状结构消失，微观组织发生全局均匀化。铁素体中的氮化物消失，铁素体含量减少，奥氏体含量增加，获得了比例均衡的铁素体和奥氏体。沉积态和热处理后的力学性能均能满足对强度和韧性的要求。沉积态下的强度最高，热处理后的韧性和塑性更好。

在奥氏体不锈钢焊接中，若形成约5%的δ铁素体，则可以溶解P和S等杂质元素，从而降低凝固开裂敏感性；而当δ铁素体含量超过20%时，凝固裂纹敏感性会随着δ铁素体含量的增加而增加。铌（Nb）常作为铁素体不锈钢的合金元素来细化晶粒。由于分配系数低，Nb会使奥氏体不锈钢凝固开裂敏感性增大。但其对铁素体不锈钢凝固开裂的影响尚未得到详细的研究。因此，有必要研究铁素体含量及铌等合金元素对凝固裂纹的影响。

日本大阪大学接合研究所的Kota Kadoi等人[11]通过调整Ni的含量来控制δ铁素体的比例，并在此基础上采用横向变拘束试验方法，研究了GTAW焊接条件下的铁素体占比及C，Si和Nb元素含量对不锈钢凝固裂纹敏感性的影响。研究表明，不锈钢的脆性温度区间（brittle temperature，BTR）在各种δ-铁素体含量下基本相同，如图30所示。BTR与化学元素的偏析密切相关。C，Si和Nb对凝固裂纹敏感性的影响依次减小。NbC的形成可以有效地改善凝固开裂的敏感性，因此Nb和C的联合加入可以降低BTR。

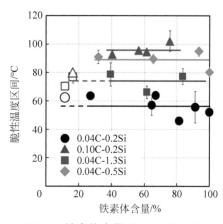

图30　铁素体含量对BTR的影响

为了限制不锈钢焊缝在高温服役期间σ相的形成，ER16-8-2不锈钢焊丝中的Cr和Mo等合金元素的含量需要进一步降低。为此，需要对改变成分后焊缝的微观组织和性能进行研究。南非比勒陀利亚大学的Niel Swanepoel等人[12]用GMAW方法对接SA-240-304H钢板，制备了三种不同成分的16-8-2型焊缝金属（成分如表2所示），将焊缝在750℃下进行不同时间的时效处理，并对焊缝金属的组织和性能进行了研究。

表2　所研究的三种焊缝金属的化学成分

wt.%

	成分C1 （商用低 合金含量）	成分C2 （商用低 合金含量）	成分C3 （商用高 合金含量）
C	0.06	0.07	0.06
Cr	15.3	14.4	16.2
Mo	1.2	1.1	1.3
Ni	8.2	7.8	9.4
Mn	1.4	1.4	1.4
Si	0.5	0.5	0.5
Cu	0.05	0.05	0.2

研究表明，在三种成分下，焊缝中的δ铁素体在时效过程中转变为二次奥氏体和晶间碳化物（$M_{23}C_6$），没有σ相、Laves相等其他金属间化合物形成，如图31所示。合金元素含量高的焊缝在时效后的冷却中不形成马氏体。合金元素含量较低的焊缝在时效期间发生了敏化，导致马氏体转变温度M_s升高，在冷却时形成马氏体（图32）。马氏体含量随合金元素的减少而增加。马氏体含量随时效时间的增加先增加后减小，这是由于时间继续增加后，溶质元素从奥氏体基体扩散到敏化区域使其发生修复。对形成马氏体的焊缝再在750℃下进行时效处理时，马氏体的含量也在减少，这是由马氏体转变为奥氏体所致。焊缝时效处理中形成的晶界碳化物和马氏体会导致焊缝冲击韧性下降。这一工作表明，在允许成分范围内，不同成分的16-8-2

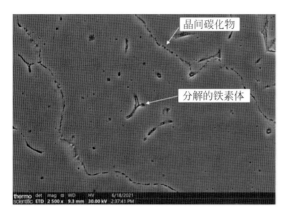

图31 在750℃下时效1000h，低合金成分C1焊缝微观组织（草酸腐蚀）

焊缝金属具有显著不同的时效响应，也即不同的高温服役性能，因此需要深入理解并关注合金元素对焊缝组织和性能的影响。

在国防及航天工业中，常采用高能量密度焊接方法连接关键接头。深入理解不锈钢（如双相不锈钢）激光焊接中微观组织的形成对工业应用具有重要意义。

美国俄亥俄州立大学的Tate Patterson等人[13]采用能量均匀分布的光纤激光器，在不同焊接参数（激光功率和焊接速度）下对6种不同成

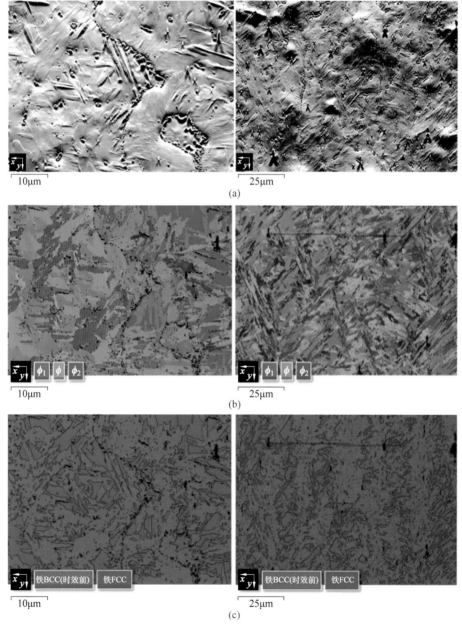

(a)

(b)

(c)

图32 两种（左C1、右C2）低合金元素焊缝在750℃下时效1000h后的EBSD结果

（a）晶界处析出沉淀物并被针状相包围；（b）欧拉图上各个相的取向；（c）相组成图

分（Cr/Ni当量）的不锈钢进行焊接，在此基础上研究了焊缝横截面形貌及焊缝中微观组织的演变。6种不锈钢材料的Cr/Ni当量及其在不同凝固速率下的预测微观组织如图33所示。

Cr/Ni当量		Suutala模型	Hammar和Svensson模型	WRC模型1992
304L	◆	2.0	1.8	1.7
M58	▲	1.8	1.8	1.9
M45	■	2.1	2.1	2.1
M53	●	2.1	2.1	2.2
M54	★	2.8	2.8	2.8
2205	⬢	3.1	3.1	2.7

（a）

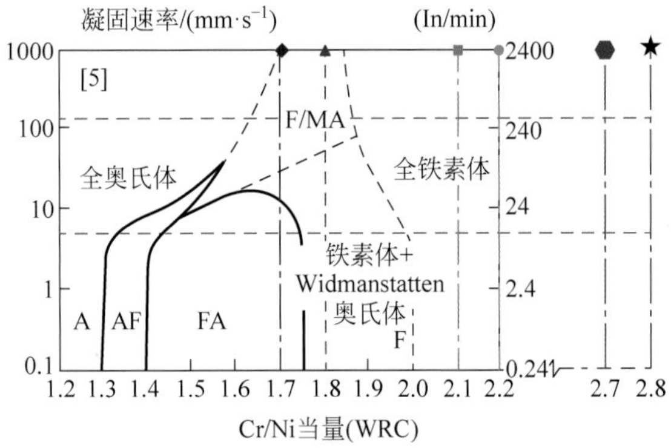

图33　6种不锈钢材料的Cr/Ni当量及不同凝固速率下的微观组织预测

（a）Cr/Ni当量；（b）不同凝固速率下的微观组织预测

研究表明，在速度不变的条件下增加激光功率，焊接由热导焊转向匙孔（深熔）模式，显著改变了熔池的几何形状，如图34所示。不同传热条件会导致不同的凝固速率，进而形成不同的

微观组织。不同功率和焊接速度下的6种不锈钢激光焊缝中的微观组织如图35和图36所示。在深宽比较小（<1）的热导焊焊缝中，晶粒从熔池根部到表面垂直生长。铁素体含量随Cr/Ni当量的增加而增加。在氩气保护条件下，激光焊接不锈钢焊态焊缝金属获得50/50的铁素体与奥氏体比例，需要的WRC Cr/Ni当量为2.2~2.4。

高强度沉淀硬化型镍基合金（典型的如Inconel 718合金）因其高强度和耐腐蚀性而广泛应用于高温场合中，多年来一直受到重用。沉淀硬化型镍基合金温度稳定性的提高通常是通过析出γ′相实现的。γ′相在材料中会产生非常快速的硬化效果，这将会导致应变时效裂纹（strain age cracking，SAC）或焊后热处理（post welding heat treatment，PWHT）裂纹。PWHT裂纹是在焊后热处理加热期间发生的，此时应力松弛与硬化相的析出同时发生。燃气轮机和蒸气轮机不断增加的工作温度促进了新型高温合金的研发。XH高温合金是印度孟买航空航天部门研发的一种新型高温合金，合金成分如表3所示。该合金以γ′为主要强化相，微观组织如图37所示。XH合金的服役温度比Inconel 718高150~200℃，但其可焊性、冶金过程和焊后热处理等机理都还不明晰。尽管目前已经建立了热处理裂纹形成的通用机制，但对于新的材料，仍有必要开展专门研究，以预测其焊接和焊后热处理中的行为并防止PWHT裂纹。

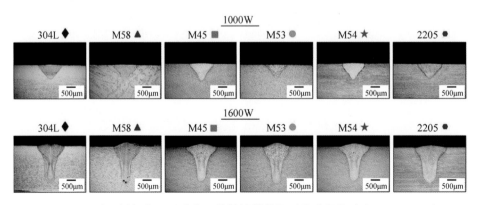

图34　6种不锈钢在不同功率下的焊缝横截面形貌（焊接速度：50mm/s）

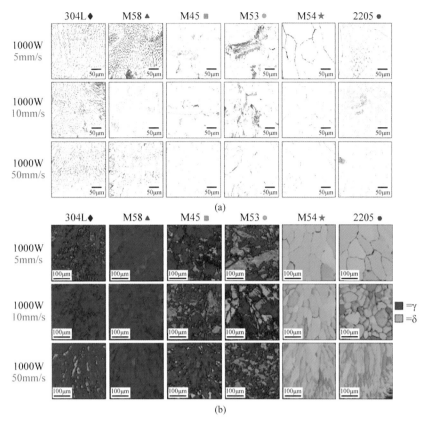

图 35　不同焊接速度热导焊（1000W）时的微观组织和铁素体奥氏体组成
（a）微观组织；（b）铁素体奥氏体组成

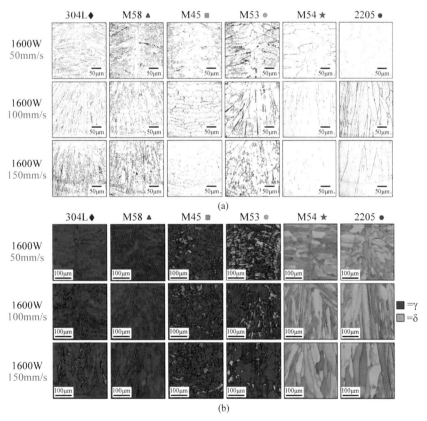

图 36　不同焊接速度深熔焊（1600W）时的微观组织和铁素体奥氏体组成
（a）微观组织；（b）铁素体奥氏体组成

表3 新开发 XH 合金的化学成分

化学元素	XH 合金	焊接填充材料
C	0.08	0.01
Si	0.6	0.19
Mn	0.5	0.3
Cr	17~20	14.5
Ti	2.2~2.8	1.5
Al	1~1.5	0.9
W	4~5	3.0
Mo	4~5	12.5
Fe	4	0.7
Cu	0.07	—
Nb	0.02	—
V	0.2	—
Co	0.5	—
P	0.015	0.003
S	0.001	0.001
B	0.005	—
Ce	0.01	0.002
Ni	余量	余量

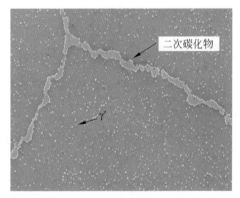

图37 XH 合金的微观组织

印度戈德瑞吉航空航天公司的 Hitesh Ashwin Narsia 等人[14]从热输入、焊接接头设计和装夹、焊工操作、保护气体等方面对新型合金 XH 在钨极氩弧焊条件下的焊接性进行了实验研究。研究表明确定新材料的"C"曲线非常重要。根据该曲线，可以获得材料易开裂区域的时间和温度，并据此制定焊后热处理制度，避免裂纹的发生。对新型 XH 高温合金，为了防止裂纹、减小晶粒和 HAZ 尺寸，研究者推荐最大热输入为 1kJ/mm，同时推荐采用氩气加 2%~5% 的氢气混合作为保护气体。研究者还分析了气孔、氧化夹杂、凝固裂纹三种缺陷的形成原因，并给出了相应的抑制措施。防止气孔的措施包括：

对工件和装夹具表面进行彻底清理，在控制气氛中焊接，采用氩气和氢气混合气体进行焊接。防止氧化夹渣的措施包括：焊前通过机加工或磨削去除表面氧化物，在多道焊过程中，必须在两道焊接之间进行表面氧化物和焊渣的清除工作。防止凝固裂纹的措施包括：工件在固溶退火条件下焊接，在厚工件焊接时进行去应力处理，在控制气氛中焊接。目前，针对 XH 合金焊接性的研究工作还在持续。

G27 是美国 Carpenter Technology Corporation 公司最近研发的一种用以取代 Waspaloy 合金的新型 γ' 强化型可锻镍基高温合金。该合金中仅含有少量的 Co 元素（0.18 wt.%），价格显著低于 Waspaloy 合金（Co 含量 12 wt.%）。公司采用"固溶+时效"热处理以获得优异的高温性能。但是，采用推荐热处理参数获得的合金组织和性能并不适用于合金焊接，尤其是在防止焊接热裂纹方面。因此，研究不同固溶温度处理后合金内组织和硬度的变化，对于提高合金的抗热裂性很有必要。

瑞典西部大学（University West）的 Achmad Ariaseta 等人[15]研究了固溶热处理温度对 G27 合金微观组织和硬度的演变的影响。他们采用的固溶热处理参数为：950~1150℃固溶 1h，而后水冷。

由图38可以看出，G27 合金的原始微观组织由平均晶粒尺寸为 10μm 的 γ 基体、高密度的细小 γ' 相颗粒、富钼颗粒和 NbC 颗粒组成。图39为不同固溶热处理制度下，合金的晶粒尺寸和硬度的变化图。从图中可以观察到，随着固溶温度增加（950~1010℃），硬度由最初的 430HV 经 1010℃固溶处理后降低到 240HV，而基体平均晶粒尺寸保持在 10~15μm，硬度降低主要是由 γ' 相的粗化和体积分数降低所致（图40）。对比观察 1010℃和 1020℃固溶热处理后的微观组织（图41），发现 1020℃的固溶热处理将导致平均晶粒尺寸由 10~15μm 显著增加至约 55μm，同时 γ' 相出现溶解。其他二次相的数量和密度没有明显差异，表明 γ′ 相颗粒会显著影响合金中的晶粒长大。进一步的实验发现，γ′ 相颗粒在 1020~1030℃ 固溶热处理后发生完全溶解，此外，当温度大于 1020℃ 时，晶粒尺寸随温度增加而不断增大。图 42 所示为不同固溶热处理制度下富 Mo 颗粒和 NbC 颗粒的分布情况。从中可以很明显地观察到富 Mo 颗粒在 1110~1133℃ 的温度下完全溶解，NbC 颗粒则一直存在。

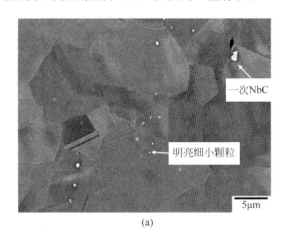

(a)

(b)

图 38　未经过固溶热处理的合金微观组织

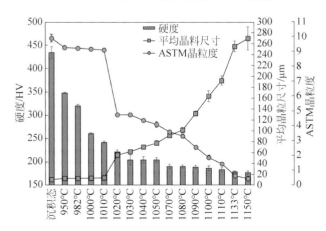

图 39　不同固溶温度下的晶粒尺寸和硬度

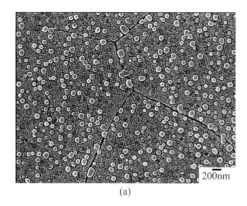

(a)

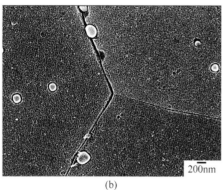

(b)

图 40　不同固溶温度下的 γ′ 相演化

（a）950℃；（b）1010℃

(a)

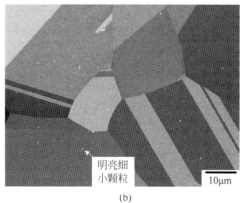

(b)

图 41　不同固溶温度下的晶粒尺寸和颗粒相

（a）1010℃；（b）1020℃

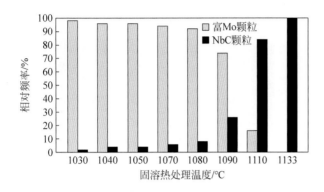

**图42　不同固溶热处理制度下富 Mo 颗粒和
NbC 颗粒的分布情况**

Inconel 718 合金具有优异的高温性能和抗腐蚀能力，被广泛应用于航空航天结构中。Inconel 718 合金的主要强化相为 γ′ 相和 γ″ 相。当温度超过 750℃ 时，γ″ 相会转化为更稳定的 δ 相。虽然目前已经有很多学者针对常规锻态或铸态 Inconel 718 合金中 δ 相的特征开展了研究，但这些结果不一定适用于增材制造的 Inconel 718 合金。因此有必要研究增材制造 Inconel 718 合金中 δ 相的演化规律。

瑞典西部大学（University West）工程科学系的 Sreekanth Suhas 等人[16]采用两种（高能量条件 A 和低能量条件 B）不同的激光定向能量沉积工艺制备了沉积层。对沉积层在 1010℃ 和 1050℃ 两个温度下固溶处理 1h，使组织均匀化并引入退火孪晶，连同未固溶处理的沉积态试样，共获得 6 种不同的微观组织。对这 6 种试样在 850℃，900℃，950℃ 进行 δ 相析出处理（delta precipitation treatments，DPT），处理时间为 1h，8h，24h 和 48h，以研究时间对 δ 相析出的影响。

研究表明，在 1010℃ 和 1050℃ 下进行固溶处理会导致大多数富铌沉淀相溶解，并能够促进晶粒生长。在 1050℃ 条件下，还出现了明显的再结晶（图43）。δ 相析出的本质是在富 Nb 的枝晶间析出。两组不同激光沉积工艺参数下的微观组织虽然不同，但工艺参数对 δ 相析出的影响比较小，因为两组工艺参数下 δ 相的体积分数和针状 δ 相的长度基本相同（图44）。典

型的 δ 相析出形貌如图45所示。经过短时间的 DPT 处理，未经固溶处理的试样中的 δ 相由晶内呈针状析出（图45（a）），其中黄色箭头所指为块状富 Nb 析出物；经过固溶处理的试样，δ 相由晶间呈针状析出（图45（b））；随着时间的增加，δ 相的数量和长度增加，经固溶处理的试样中的 δ 相也开始在晶内出现，并呈针状析

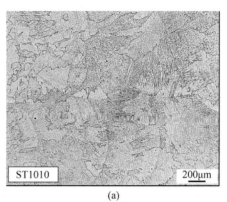

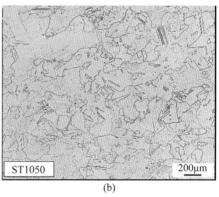

图43　激光沉积试样固溶处理后的微观组织

（a）1010℃/h；（b）1050℃/h

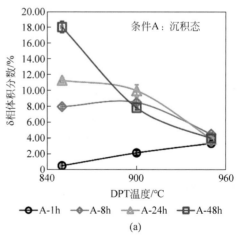

**图44　不同 DPT 处理温度和时间条件下
沉积态试件中 δ 相的体积分数与长度**

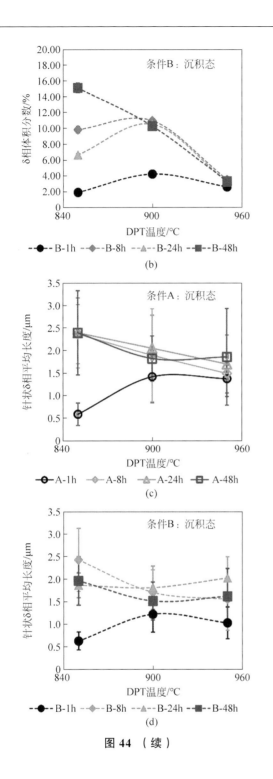

图44（续）

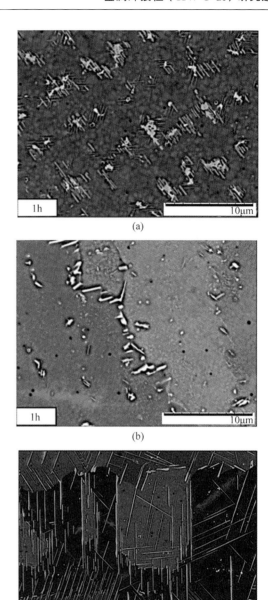

图45　经不同固溶处理和 DPT 处理后的 δ 相析出形貌

未经固溶处理（a）和 1010℃ 固溶处理试样（b）在 1h DPT 后的 δ 相析出形貌；（c）1050℃ 固溶处理试样 48h DPT 后的晶间 δ 相薄膜（红色箭头所指）

出；在多数情况下，固溶处理后试样中的 δ 相长度比未经固溶处理的试样中更长。在处理 24h 和 48h 后，在经过固溶处理的试样中可以观察到连续的晶间 δ 相薄膜（图45（c））。1050℃ 固溶处理试样中的 δ 相体积分数较低，这是较大的晶粒尺寸导致析出不均匀所致。

3　抗蠕变与耐热钢的焊接性研究

在抗蠕变与耐热钢的焊接性方面，交流的论文有 2 篇，两位报告人分别来自德国和南非。内容涉及微观组织和试件厚度对抗蠕变 P92 钢和 P91 焊缝金属中氢扩散行为的影响，以及不同成分 P91 焊条焊接时 δ 铁素体的形成倾向。

含 9% Cr 的马氏体钢如 P91 和 P92，具有对氢致延迟开裂的敏感性。这一性能取决于它们的微观组织。有效的氢扩散系数可用于估算发生开裂可能的延迟时间。但是，目前已知的仅有少量室温扩散系数，且其在几个数量级（取决于微观组织）内变化；特别地，至今还很少见到 P91 焊缝金属的扩散系数。

德国联邦材料研究与测试研究所的 Rhode 等人[17]针对 P92 母材和 P91 多道焊缝金属在焊接态（as-welded，AW）和焊后热处理状态下氢的扩散行为进行了研究，以分析不同微观组织对扩散的影响；研究使用三种不同厚度的样品进行了电化学渗透实验，以研究厚度的影响。实验中，他们采用时滞法和拐点法，分别获得了氢的扩散系数，在此基础上计算了氢的表观浓度，并与实测浓度进行了比较。

表 4 为针对不同材料和厚度的试件，采用时滞法和拐点法分别计算获得的氢的扩散系数 D_{lag} 和 D_{IP}。图 46 为三种试件的微观组织。图 47 为实测和计算所得的氢的浓度，可以看到氢在 P92 母材与焊后热处理状态的 P91 焊缝中的扩散特性相当，而在焊接态 P91 中氢含量很高，具有很强的延迟扩散特征，表明其具有非常高的氢捕获能力。在焊接态下，析出物数量和密度很有限，所以氢的主要陷阱位置应是大量位错。因此，如果焊后不进行脱氢处理，氢致裂纹将是一个重要的失效机制。在焊后回火或退火热处理过程中，组织中的氢扩散很快，有利于避免延迟氢致裂纹。计算和实测的氢浓度有显著偏差。这种偏差随扩散系数的减小而增大。拐点法计算的扩散系数比时滞法计算的系数大，因此被认为更符合实际，但这一假设还应通过后续冷裂试验进行评估。

由图 48 和图 49 可见，试件厚度对氢的扩散行为有明显的影响。随着试件厚度的增加，最大渗透电流密度（氢通量）减小，与较薄的样品相比存在明显的时间延迟。这是扩散路径长度的增加使氢陷阱的数量增大所致。

表 4　采用时滞法和拐点法计算得到的不同材料和厚度试样中氢的扩散系数

材料	厚度 / mm	$D_{lag}/$ $(10^{-6}mm^2 \cdot s^{-1})$	$D_{IP}/$ $(10^{-6}mm^2 \cdot s^{-1})$	D_{lag}/ D_{IP}
P92 BM	0.25	1.50 ± 0.29	1.67 ± 0.73	0.90
	0.50	6.45 ± 1.98	11.60 ± 3.47	0.56
	0.90	7.15 ± 1.03	13.97 ± 2.24	0.51
P91 AW-WM	0.25	1.45 ± 0.25	2.52 ± 0.79	0.58
	0.50	1.98 ± 0.34	2.89 ± 0.76	0.69
	1.00	1.22 ± 0.08	1.50 ± 0.12	0.81
P91 PWHT-WM	0.25	3.90 ± 0.35	5.64 ± 0.64	0.69
	0.50	8.63 ± 2.07	13.53 ± 0.93	0.64
	1.00	16.80 ± 0.52	35.70 ± 0.26	0.47

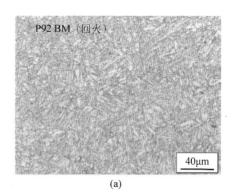

(a)

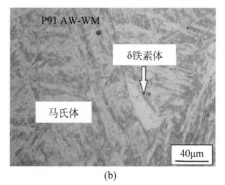

(b)

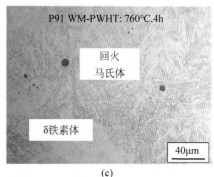

(c)

图 46　三种试件的微观组织

（a）P92 母材；（b）P91 焊缝金属焊接态；
（c）P91 焊缝金属焊后处理态（760℃，保温 4h）

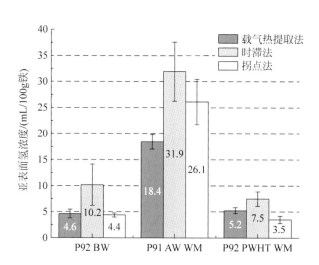

图 47　用 CGHE 法实测及时滞法和拐点法计算
得到的亚表面氢浓度

试样厚度：P92 BM 为 0.90mm，P91 WM 为 1.00mm

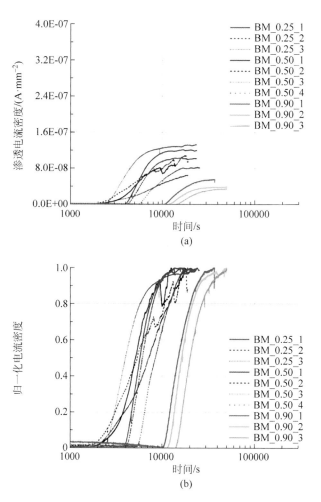

图 48　不同厚度（0.25mm，0.50mm，0.90mm）
P92 母材试样渗透实验结果

（a）实测数据；（b）归一化数据

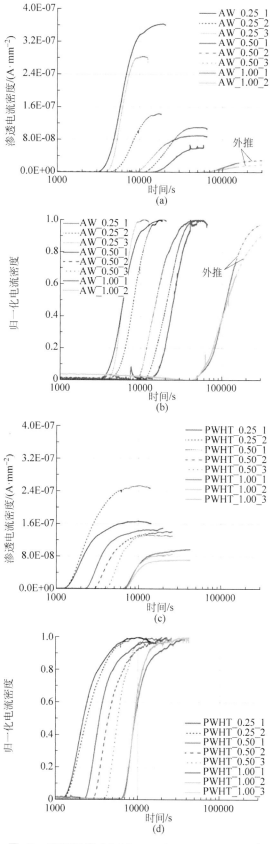

图 49　不同厚度（0.25mm，0.50mm，1.0mm）
P91 焊缝试样渗透实验结果

（a）焊态实测数据；（b）焊态归一化数据；
（c）焊后热处理态实测数据；（d）焊后热处理态归一化数据

改性 9Cr-1Mo（P91）钢是美标马氏体耐热钢，一般用于电站锅炉高温高压管道。为了使 P91 钢具有优良的性能，合金的成分设计及制造过程应使其最终得到完全的马氏体组织，而没有 δ 铁素体残留。因为即使少量的 δ 铁素体也会对材料的力学性能，特别是长期高温服役时的蠕变断裂强度产生不利的影响。P91 钢的生产工艺是在 1040~1150℃ 进行奥氏体化，以溶解残留的 δ 铁素体，然后进行空冷和回火。但在 P91 钢结构的焊接制造过程中，焊缝和热影响区中形成的 δ 铁素体在随后的冷却过程中可能不会完全转变为奥氏体，而在最终组织中残留 δ 铁素体。为了确保焊缝金属中不残留 δ 铁素体，在焊材设计中需要严格控制 P91 钢中奥氏体形成元素和铁素体形成元素之间的平衡。

南非比勒陀利亚大学的 Mahlalela 和 Pistorius[18] 研究了 4 种不同成分的 P91 焊条（表5）在手工电弧焊条件下焊缝金属中的 δ 铁素体含量。根据焊条的化学成分，利用施耐德经验公式和铬镍平衡（CNB）预测室温下的残余 δ 铁素体，结果如表6所示。可见 2 号焊条由于铁素体因子和 CNB 值较高，残余 δ 铁素体的可能性最大。实际组织结果与理论预测吻合良好。2 号焊条焊缝金属中 δ 铁素体的体积分数约为 13%（图50），

3 号焊条所得组织中观察到极少量的 δ 铁素体残留，其余电焊条所得的焊缝都是马氏体组织。据此可知，为避免形成残余 δ 铁素体，焊条成分应符合 EN ISO 3580-A CrMo91 标准，令铁素体系数和铬镍平衡值控制在推荐限值以下。

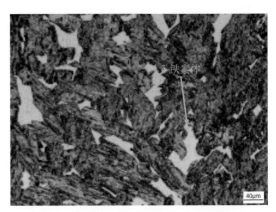

图 50　采用 2 号焊条焊接后的微观组织
马氏体基体和 δ 铁素体（×200）

使用 Thermo-Calc 软件，根据焊缝的实际化学成分，进行平衡计算和 Scheil 凝固模拟，以确定凝固过程中的相变顺序和温度，并对焊接过程中的凝固行为进行了模拟。平衡计算结果表明，2 号焊缝经历了 "L→L+δ→δ→δ+γ→γ" 的相变过程，即在 γ 形成之前，液相全部转变为 δ 相；其余焊缝都经历了 "L→L+δ→L+δ+γ→δ+γ→γ" 的相变过程，存在 L，δ，γ 三相共存区。Scheil 凝固模拟结果表明，所有焊

表 5　4 种焊条（EN ISO 3580-A CrMo91）的平均化学成分　　　　wt.%

	C	Mn	Cr	Si	Mo	V	Nb	N	Ni	Al
EN ISO 3580-A CrMo91 标准	0.06~0.12	0.4~1.5	8.0~10.5	0.6max	0.8~1.2	0.15~0.30	0.03~0.10	0.02~0.07	0.4~1.0	—
P91 焊条 1	0.093	0.57	9.31	0.19	0.99	0.19	0.041	0.043	0.44	≤0.005
P91 焊条 2	0.085	1.02	9.92	0.41	1.09	0.20	0.100	0.038	0.04	≤0.005
P91 焊条 3	0.093	0.75	9.34	0.32	0.96	0.25	0.065	0.031	0.65	≤0.005
P91 焊条 4	0.102	0.63	10.30	0.19	1.06	0.17	0.057	0.027	0.74	≤0.005

表 6　预测焊后 δ- 铁素体残留的铁素体因子（Cr_{eq}-Ni_{eq}）和铬镍平衡参数（CNB）

	Cr_{eq}	Ni_{eq}	铁素体因子	CNB	残留 δ- 铁素体在焊后金属中的体积分数 /%
P91 焊条 1	12.2	4.6	7.0	8.8	—
P91 焊条 2	13.6	4.1	9.5	12.8	13
P91 焊条 3	12.8	4.6	8.2	9.5	1
P91 焊条 4	13.2	4.8	8.4	8.8	—

缝都已有 L，δ，γ 三相共存过程，在奥氏体开始成形时仍有 15%（平衡条件下只有大约 2%）的体积分数的液体存在。在凝固过程中，随着奥氏体相开始形成，液体中铁素体的形成元素（主要是 Cr）富集，冷却转变为 δ 铁素体，在室温下仍保持稳定。

对焊缝分别在 1320℃ 和 1420℃ 进行热处理，随后在水中淬火，以确定高温组织。图 51 是经过 1320℃ 热处理的 2 号焊条所得焊缝的微观组织图像，由 23% δ 铁素体和马氏体基体组成。在 1320℃ 热处理的焊条 1 和焊条 4 所得焊缝中，没有观察到 δ 铁素体。在 1420℃ 热处理的 1 号、3 号和 4 号焊缝中的马氏体基体上有 16%~19% 的 δ 铁素体。经过 1420℃ 热处理后，2 号焊条中 δ 铁素体的体积分数增加超过 70%。以上研究表明，焊条成分对焊缝金属微观组织具有显著影响。

图 51　2 号焊条焊缝在 1320℃ 热处理 60min 后的微观组织
马氏体基体中含 23%δ 铁素体（×200）

4　有色金属材料的焊接性研究

关于有色金属焊接性的论文共 5 篇，其中德国 3 篇，韩国和美国各 1 篇；此外还有一篇印度学者提交的论文，但未做在线交流。这些论文的内容涉及搅拌头转速对搅拌摩擦点焊铝合金板力学和电学性能的影响，摩擦扩散复合焊接铝/铜点焊接头力学性能，Ti-6Al-4V 激光焊缝形成和微观组织演变，不同热输入下电弧熔丝增材制造 Ti-6Al-4V 合金的组织和力学性能，通过调整合金成分改进等离子弧增材制造 Co-Cr 合金的微观组织和机加工性能，以及司太立合金的等离子转移弧堆焊。

由于低碳经济的驱动，铝合金等轻合金越来越受到关注。在电气行业中，开发高效的铝合金焊接技术是推动铝合金应用的必要条件，但铝合金焊接的挑战在于获得具有优异机械性能、一致的焊缝表面质量和低电阻的焊缝比较困难。在采用固态连接技术连接铝合金时，由于其表面存在氧化层，很难获得优质焊缝。搅拌摩擦点焊技术和其他技术相比具有能耗低、焊接变形小等优点。但是该技术会在焊缝中留下一个锁孔，这个锁孔将影响接头的表面形貌及其质量，尤其是在薄板铝合金的焊接中。采用无搅拌针的搅拌摩擦点焊技术可以克服这一缺点。虽然已经有一些学者对此技术进行了研究，但是关于旋转速度对电阻抗的影响的研究基本没有。

为此，德国伊尔梅瑙工业大学的 Zlatanovic 等人[19]研究了 AA 5754-H111 铝合金搅拌摩擦点焊过程中转速（1000r/min 和 4500r/min）对搅拌摩擦点焊组织及其电阻抗和力学性能的影响。图 52 所示为不同转速点焊后接头横截面的微观组织。从图中可以观察到，随转速增大，锥角从 47° 增大到 73°。低转速时出现了明显的晶粒细化，如图 52（c）所示。图 53 所示为不同转速对应的电阻抗和显微硬度值。从图中可以观察到，经过搅拌摩擦点焊后，焊核区的电阻值大于基体组织的电阻值。和基体组织相比，经过 1000r/min 的搅拌摩擦点焊后，组织的电阻值增大了约 42%；而经过 4500r/min 的搅拌摩擦点焊后，组织的电阻值只增大了 14%。与此同时，从图中还可以观察到，低转速下（1000r/min）的组织为晶粒细化的组织，与高转速下晶粒长大的组织相比，具有更高的显微硬度。

为应对全球挑战，保护自然资源，需要开发可持续和节能的制造技术。在汽车和电动汽车的车载电源系统及电池等应用中用铝代替铜，可以将车辆质量减少多达 70%，并将成本降

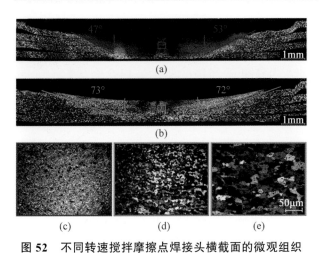

图 52　不同转速搅拌摩擦点焊接头横截面的微观组织
（a）1000r/min；（b）4500r/min；（c）1000r/min 组织放大；
（d）4500r/min 组织放大；（e）母材组织放大

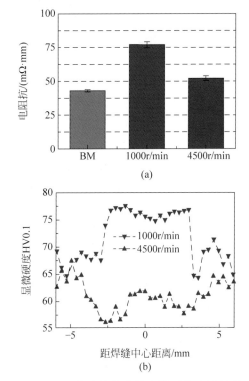

图 53　不同转速搅拌摩擦点焊后接头的性能
（a）电阻抗；（b）显微硬度

低 4 倍。由于不可能实现完全替代，所以需要合适的连接技术。已采用的 Cu/Al 异质材料的连接方法有电阻点焊（resistance spot welding，RSW）、超声波点焊（ultrasonic spot welding，USS）、搅拌摩擦点焊（friction stir spot welding，FSSW）及摩擦扩散复合焊接（hybrid friction diffusion bonding，HFDB）等。针对采用不同焊接方法得到的 Cu/Al 接头的性能，目前还没

有建立相应的比较方法和比较标准。同时，尚未针对摩擦扩散复合焊接 Cu/Al 接头的疲劳性能和疲劳行为开展研究。

德国伊尔梅瑙工业大学的 Grätzel 等人[20]，使用厚度为 1mm 的 CW004 铜合金和 AA 1050 铝合金板，采用摩擦扩散复合焊接工艺（图 54），固定转速（8000r/min）和下压深度（0.3mm），以不同轴向力（2.0~4.0kN）制造得到铝 / 铜点焊搭接接头（图 55），在此基础上研究了接头的拉伸剪切强度、疲劳强度和疲劳行为（失效位置）。准静态拉伸检测测试表明（图 56），接

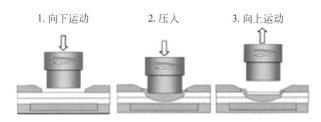

图 54　摩擦扩散复合焊接工艺示意图

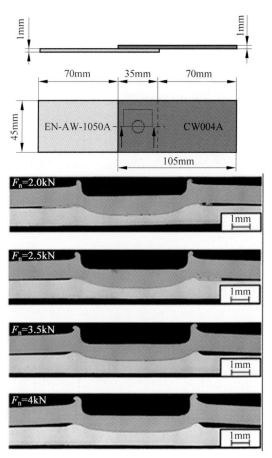

图 55　Cu/Al 搭接试样几何尺寸和不同轴向力下接头的横截面形貌

头断裂载荷范围为 1.95~2.09kN；当轴向力在 2.0~3.5kN 范围内变化时，接头断裂载荷变化很小；当轴向力太大（4.0kN）时，断裂载荷明显降低。疲劳试验所得的 S/N 曲线如图 57 所示。循环次数 1×10^4 对应的疲劳载荷幅为 600N，有 2 个试样在 1×10^7 次应力循环后仍没有发生破坏，其载荷幅分别为 150N 和 175N。当 Cu/Al 试件界面没有飞溅发生时，疲劳裂纹从界面结合区边缘处铝合金的热力影响区中萌生，并垂直受力方向扩展至铝合金母材中，如图 58（a）所示；当 Cu/Al 试件界面有飞溅发生时，存在几何缺口，裂纹从铝板与飞溅之间的过渡区开始萌生，并垂直受力方向扩展至铝板内部，如图 58（b）所示。下一步将通过进一步改进摩擦扩散复合焊接工艺，消除几何缺口，提高疲劳寿命；并对比研究不同点焊工艺下 Cu/Al 接头的疲劳失效行为。

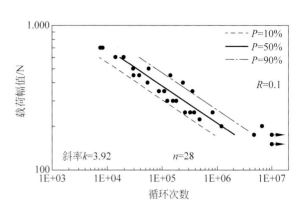

图 57　Cu/Al 接头的高频疲劳 S/N 曲线

钛合金因其优越的比强度和耐腐蚀性而被广泛用于航空航天和其他高性能应用。最常见的结构钛合金是 Ti6Al4V（UNS R56400），也称为"ASTM 5 级"钛。钛合金的加热或冷却过程具有晶体结构转变，其熔焊中存在从液体凝固到体心立方（β）相后晶粒快速生长的问题。此外，快速冷却速度会导致马氏体（α′）的形成，使焊接结构变脆。高能量密度（high energy density，HED）焊接工艺，例如激光焊和电子束焊，可以有效地限制 β 晶粒生长，但与这些工艺相关的快速冷却速率促进了 α′ 的形成。

为了更好地了解 Ti6Al4V 激光焊工艺条件和熔透模式（小孔与传导）对初生 β 晶粒尺寸的影响，美国俄亥俄州立大学的 Tate Patterson 等人[21]针对 Ti6Al4V 钛合金激光焊缝的形成与微

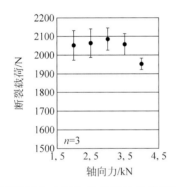

图 56　不同轴向力制备接头的拉伸剪切断裂载荷

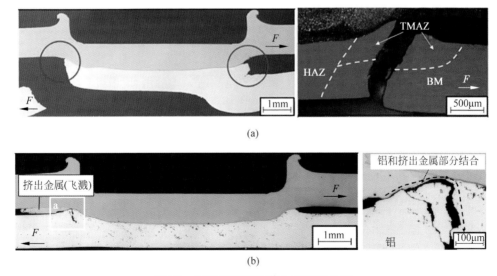

(a)

(b)

图 58　两种疲劳裂纹萌生和扩展机制

（a）从冶金缺口处萌生扩展；（b）从铝合金与飞溅的界面处萌生扩展

观组织演变进行了研究。采用镱离子（Yb^{3+}）掺杂光纤激光器，在不同焊接参数（激光功率和焊接速度）下对Ti6Al4V进行焊接。不同焊接参数下的典型焊缝横截面形貌和熔深如图59所示。由图可见，在功率不变的条件下增加焊接速度，焊接由匙孔（深熔）模式转变为热导焊模式，焊缝横截面形状（深宽比）显著改变。对激光功率为1600W，不同焊接速度（50mm/s，100mm/s，150mm/s）下的微观组织进行电子背散射衍射分析，并重构转变前的初生β晶粒。焊缝横截面、纵截面及水平截面上的电子背散射衍射结果如图60所示。分析可知，当焊速较高时，焊缝深宽比较低（<1），初生β晶粒垂直向上生长，其长度约等于熔池的尺寸。当焊速减小时，会形成高深宽比/匙孔型焊缝，初生β晶粒的生长方向不一致，存在变化。从水平截面分析焊缝表面附近的初生β晶粒发现，晶粒为等轴晶粒，晶粒尺寸随焊接速度减小而增加，当焊接速度为50mm/s时，晶粒尺寸约为150mm/s时的两倍。

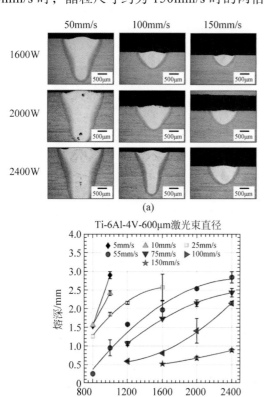

图59 不同激光焊接参数下的典型焊缝形貌和熔深

（a）典型焊缝形貌；（b）熔深

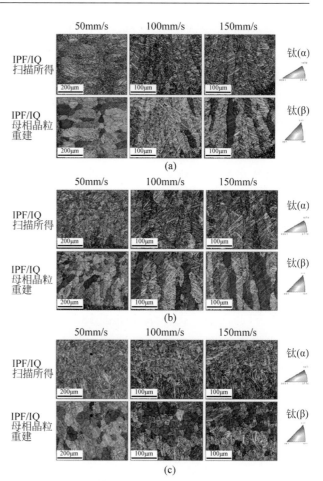

图60 焊缝横截面、纵截面及水平截面内初生β晶粒 EBSD分析结果

（a）横截面；（b）纵截面；（c）水平截面

电弧熔丝增材制造（wire arc additive manufacturing，WAAM）技术具有高的沉积速率和材料利用率，是一种低成本的零件制造工艺。由于钛合金具有高成本、难加工的特点，采用传统加工方法制造具有复杂形状的大尺寸结构件十分困难。在采用WAAM技术制造钛合金结构时，由于冷却过程中晶粒外延生长的特点，很容易形成柱状晶组织，造成不利的各向异性。因此，很多研究致力于将柱状晶转变为等轴晶。热输入是电弧增材中的一个重要参数，它可以影响结晶冷却速度，进而影响沉积层的结晶组织和力学性能。

韩国釜山国立大学的Guo Xian等人[22]对比分析了两种热输入（高热输入和低热输入）条件下WAAM沉积Ti6Al4V钛合金的微观组织和力学性能。研究表明，在相同送丝速度和沉积速度条件下，高热输入试样（H）的焊缝熔池比低热输入条件下宽且浅。高热输入下的沉积层组织为柱状晶（图61），力学性能各向异性显著（图62）；在低热输入条件下，由于凝固速率比在高热输入条件下更快，沉积层中柱状晶减少，等轴晶比例增加，力学性能各向异性减小。在高热输入条件下，沉积层的硬度和抗拉强度均比低热输入下高。分析原因有两点：一是在高热输入时 O 和 N 的含量高，促进了 α′ 马氏体的形成，使高输入时的沉积层组织主要由 α′ 马氏体组成（图63），而在低热输入条件下，主要由一次 α 相和少量 α′ 马氏体组成；二是在后续沉积过程中，在残余 β 中析出了更多的具有缠结位错的细小二次 α 相。

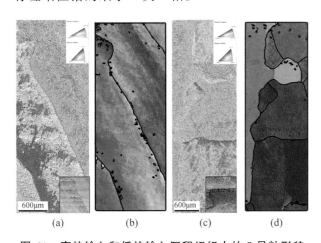

图61 高热输入和低热输入沉积组织中的 β 晶粒形貌
（a）和（c）高热输入时和低热输入时电子背散射衍射的结果；
（b）和（d）高热输入时和低热输入时基于电子背散射衍射的
结果重建的结果

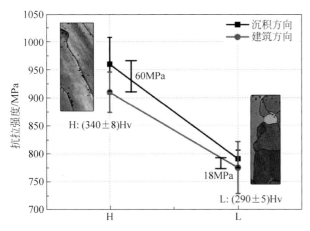

**图62 高热输入试样（H）和低热输入试样（L）
拉伸强度的各向异性**

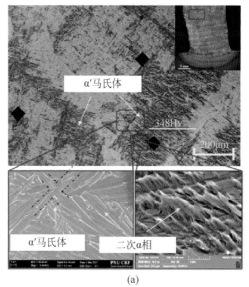

(a)

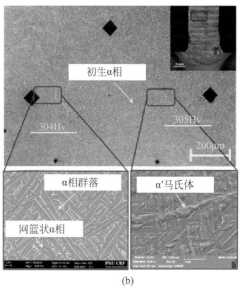

(b)

图63 高热输入和低热输入条件下沉积层的微观组织
（a）高热输入条件下；（b）低热输入条件下

钴铬（Co-Cr）合金具有优异的耐高温、耐腐蚀、耐磨损性能，在涡轮制造和电厂建设中有重要应用。在复杂钴铬合金结构的生产和修复中需要用到增材制造技术，而由于部件对表面质量有很高的要求，需要对增材制造件进行机加工。钴铬合金具有的低热导率、高强度和高韧性，使对其进行切削加工极具挑战性。

德国焊接与机加工研究所及联邦材料研究和测试研究所的研究人员[23]通过添加 Zr 和 Hf 元素使钴铬合金的组织发生细化和均匀化，进而改善其机加工性能。他们在 CoCr26Ni9Mo5W 合金中添加少量的 Zr 和 Hf（最多为 1%），首先研究了添加元素对等离子弧增材制造合金微观组织的影响。图64为不同Zr和Hf含量时的枝晶组织。从图中可以看到，不同的元素含量导致不同的枝晶组织：添加1%的Zr会导致微裂纹显著增加；在含有1%Zr和1%Hf的合金中，二次枝晶的数量明显减少，在枝晶间可以观察到细小分布的析出相；当Zr的含量降低到0.33%时，组织的均匀性增强。图65所示为当元素含量不同时，合金沉积层中显微硬度的变化。从图中可以观察到，当改变元素含量时，合金仍保持了高硬度的特性，表明合金保持了良好的抗磨损性能。后续将进一步研究添加微量合金元素对机加工性能的影响。

流化催化裂化（fluid catalytic cracking，FCC）装置是炼油厂中最重要的装置之一，其中反应器的旋风分离器用于从FCC催化剂中分离烃蒸气和汽提（蒸气脱附）蒸气，通常由装有耐热衬里的碳钢、低合金钢或不锈钢制成。旋风分离器底部的滴流阀组件由于受到催化剂的连续撞击，其挡板表面会发生磨损腐蚀（冲蚀）。为了提高挡板的抗冲蚀性，需要对挡板表面进行堆焊硬化（hard facing weld overlay，HFWOL）处理。

司太立（Stellite）是一种能耐各种类型的磨损和腐蚀及高温氧化的硬质合金（通常所说的钴基合金）。印度L&T Heavy Engineering公司的研究人员[24]采用等离子转移弧焊（plasma transferred arc welding，PTAW）工艺（图66），以司太立钴基硬质合金粉末为送进材料，在低合金钢挡板上制备了堆焊层（图67）。通过开展

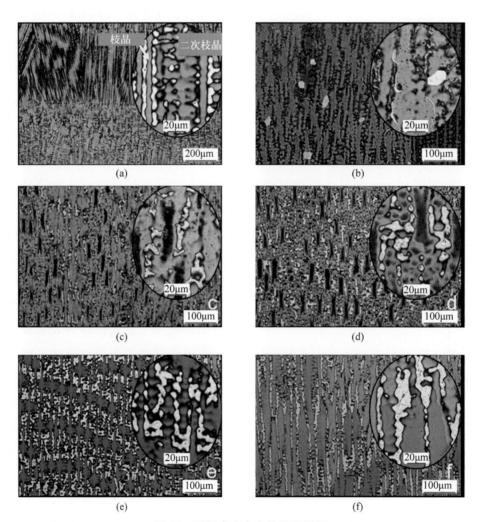

图64 不同成分合金的微观组织
（a）CoCr26Ni9Mo5W；（b）添加1%Zr和1%Hf；（c）添加1%Zr；（d）添加1%Hf；（e）添加0.33%Zr；（f）添加0.33%Hf

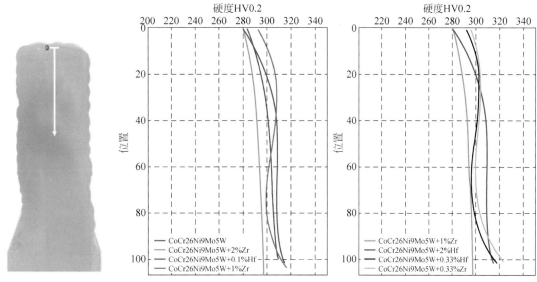

图 65　不同成分合金硬度随位置的变化

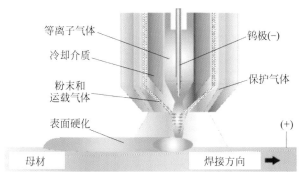

图 66　等离子转移弧焊接工艺

图 67　司太立合金 PTAW 堆焊（上）和
机加工后（下）的挡板

工艺试验，并采用优化工艺参数、反变形技术、焊后热处理技术等措施，达到了对于堆焊层尺寸和性能（厚度、平面度、裂纹、硬度、重量等）的严格要求。

5　结束语

从本届年会 C-Ⅸ委的交流论文看，世界范围内关于金属材料焊接性的研究主要有以下几个特点。

一是针对先进材料、异质材料、新材料焊接性的研究仍是研究热点。适应汽车行业减少碳排放和提高燃油效率的要求，针对高强钢、铝合金，及其与异质材料之间焊接的需求日益增大。这些材料的焊接性相关问题仍将是未来一段时期内的研究热点。航空航天、压力容器对耐高温、耐腐蚀性能的要求越来越苛刻，针对双相不锈钢、镍基合金焊接组织及缺陷控制的要求越来越高，为满足这一需求，相关材料焊接性的研究仍在并还将持续开展。再有，为了适应新需求，不断有新开发的高性能材料涌现。在这些材料得到工程应用之前，其焊接性需要特别关注。

二是针对材料增材制造中微观组织和性能的研究日益增加。金属增材制造（3D 打印）作为一种用于零件直接生产或修复的工艺，近十年来引起了世界范围内研究者的日益重视。增材制造中材料的组织及性能演化与传统焊接工艺条件下的相比，既有相同特点，也有自身特性。针对不同材料、结构增材制造条件下冶金行为的研究依然是该领域的一个主要研究方向。

三是针对金属材料焊接性的研究越来越系统和深入。先进的数值模拟方法、特种微观组织分析技术的采用，使温度、扩散、凝固、应力、变形等过程的综合分析成为可能，分析结果日益综合和准确。同时，对组织分析的尺度越来越小，已逐步从微观分析向纳观表征过渡，跨尺度的组织研究已经成为可能。先进数值分析方法及实验分析仪器的联合采用，使研究者对于组织与性能之间关系的理解日益直观、便捷和深入。

致谢：本文审稿专家吴爱萍老师对稿件初稿提出了宝贵的修改意见，向吴老师表示衷心的感谢。清华大学机械系的博士研究生刘冠、蒲泽、张东起和薛帅在本文的撰写过程中，参加了对会议文献的整理、图片编辑及排版等工作，特此致谢。

参考文献

[1] MUSTAFA T, FLORIAN P, RUDOLF V, et al. Mechanical and microstructural properties of S1100 UHSS welds obtained by EBW and MAG welding [Z]. IX-2740-2021.

[2] KANGMYUNG S, HOISOO R, HEE J K, et al. Nature of non-metallic inclusions in electro-gas weld metal [Z]. IX-2739-2021.

[3] TOMONORI K, SHODAI K, HAJIME Y, et al. Feature of microstructure and its formation mechanism in a newly developed electro slag welding [Z]. IX-2736-2021.

[4] TREUTLER K, BRECHELT S, WICHE H, et al. Beneficial use of hyperbaric process conditions for the welding of high strength low alloyed steels [Z]. IX-2741-2021.

[5] LEHTO P, REMES H. EBSD characterisation of grain size distribution and grain sub-structures for welded low-alloy steel [Z]. IX-2737-2021.

[6] LEHTO P. Adaptive domain misorientation approach for the EBSD measurement of deformation induced dislocation sub-structures [J]. Ultramicroscopy, 2021, 222C: 113203.

[7] HAJIME Y, YUDAI I, KAZUHIRO I. Investigation of WC-tool-component solution mechanism arose in a steel surface layer during friction stir processing [Z]. IX-2735-2021.

[8] SHOTARO Y, KAZUMA Y, WEI F. G, et al. Precipitation of sigma phase in weld part of duplex stainless steel [Z]. IX-2726-2021.

[9] TAMÁS T, JONAS H, KLAUS D. Electron beam welding of duplex stainless steels with nickel-based filler wire using multi-beam technique [Z]. IX-2730-2021.

[10] AMIR B, VAHID A H, MARIA A V B, et al. Wire laser metal deposition of duplex stainless steel components [Z]. IX-2732-2021.

[11] KOTA K, SEIYA U, HIROSHIGE I. Weld solidification cracking susceptibility of stainless steels with F-mode solidification [Z]. IX-2727-2021.

[12] SWANEPOEL D B, PISTORIUS P G H. Microstructural changes in 16-8-2 weld metal during exposure to 750℃ for extended times [Z]. IX-2729-2021.

[13] TATE P, JOHN L, BOYD P. Laser weld formation and microstructure evolution in stainless steel alloys [Z]. IX-2734-2021.

[14] HITESH A N. High strength precipitation hardenable nickel alloys—weldability and metallurgical challenges [Z]. IX-2747-2021.

[15] ACHMAD A, FABIAN H, JOEL A, OLANRE-WAJU O. Microstructure and hardness evolution in a new Co-lean wrought Ni-based superalloy G27 after solution heat treatments [Z]. IX-2731-

2021.

[16] SUHAS S, KJELL H, SHRIKANT J, et al. Effect of heat treatments on delta-phase in directed energy deposited alloy 718 [Z]. Ⅸ-2733-2021.

[17] MICHAEL R, TIM R, TOBIAS M, et al. Thickness and microstructure effect on hydrogen diffusion in creep-resistant 9% Cr P92 steel and P91 weld metal [Z]. Ⅸ-2725-2021.

[18] MAHLALELA S S, PISTORIUS P G H. An investigation on delta ferrite retention in the weld metal of various SMAW Modified 9Cr-1Mo electrodes using thermodynamic modelling, optical metallography and quenching experiments [Z]. Ⅸ-2724-2021.

[19] DANKA L Z. Influence of rotational speed on the electrical and mechanical properties of the friction stir spot welded aluminium alloy sheets [Z]. Ⅸ-2743-2021.

[20] MICIIAEL G, OLIVER P, KONSTANTIN S, et al. Mechanical properties and failure behavior of aluminum/copper spot welds joined by hybrid friction diffusion bonding [Z]. Ⅸ-2744-2021.

[21] PATTERSON T, LIPPOLD J, PANTON B. Laser weld formation and microstructure evolution in Ti-6Al-4V [Z]. Ⅸ-2746-2021.

[22] GUO X, JEONG M OH, JUNGHOON L, et al. Effect of heat input on microstructure and mechanical property of wire-arc additive manufactured Ti64 alloy [Z]. Ⅸ-2745-2021.

[23] ANTONIA E, KAI T, VOLKER W, et al. Modification of Co-Cr alloys to optimize of additively welded microstructures and subsequent surface finishing [Z]. Ⅸ-2742-2021.

[24] VISHAL P. Development & implementation of multi-layer stellite hardfacing weld overlay on low alloy steel flapper plate by plasma (transferred) arc welding (PTAW) process [Z]. Ⅸ-2749-2021.

作者：常保华，工学博士。清华大学副教授、博士生导师；欧盟玛丽居里学者、中国机械工程学会焊接学会高能束与特种焊接专委会委员。主要研究方向为高能束（激光与电子束）焊接与增材制造的数值模拟与质量控制。发表论文 100 余篇，授权发明专利 20 余项。E-mail: bhchang@tsinghua.edu.cn。

审稿专家：吴爱萍，工学博士，清华大学长聘教授。主要从事新材料、特种材料及异种材料的焊接、数值模拟技术在焊接中的应用、焊接应力与变形控制、激光与电弧增材制造等方面的研究工作。发表论文约 200 篇，参与编写学术著作 5 本，获得国家技术发明二等奖 1 项、教育部科技进步一等奖 1 项、教育部自然科学二等奖 2 项。E-mail: wuaip@tsinghua.edu.cn。

焊接接头性能与断裂预防（IIW C-X）研究进展

徐连勇

（天津大学材料科学与工程学院　天津　300350；天津市现代连接技术重点实验室　天津　300350）

摘　要： 本届年会于 2021 年 7 月 15—16 日进行了焊接接头性能与断裂预防（IIW C-X）研究进展的线上工作会议和年会学术报告。本次年会 IIW C-X 专委会共作了 9 个报告，探讨了断裂失效分析、残余应力和接头性能方面的热点问题，主要涉及测试焊接接头 CTOD 的局部压缩新工艺、焊接接头断裂韧性试验中 pop-in 现象的判断标准、大型船舶用脆性止裂钢板的 K_{ca} 最小值研究、基于特征张量的焊接结构裂纹扩展分析及奇异性评估局部法的小尺寸试样脆性断裂评估、异种钢焊接接头蠕变疲劳试验的局部应力应变行为、奥氏体不锈钢管道焊缝残余应力评估等。

关键词： 断裂评定；裂纹扩展模型；蠕变疲劳；残余应力

0　序言

国际焊接学会 IIW C-X 焊接接头断裂与预防专委会的研究内容是评估焊接结构的强度和完整性。近年来，面对先进基础设施设计的挑战，IIW C-X 重点关注残余应力、强度不匹配，以及异种钢接头对结构强度的影响。本届国际焊接学会年会 IIW C-X 委的工作会议和学术会议于 2021 年 7 月 15—16 日在线上召开，共有来自全球 4 个国家的 30 余位专家与会，报告内容涉及焊接接头断裂韧性测试，焊接结构断裂原则和止裂原则，基于局部法的脆性断裂评估原则，异种钢焊接接头在复杂环境下的局部应力应变行为和残余应力评估等方面的工程问题和前沿问题，推动了国际断裂与预防理论与标准的发展，为世界范围内使用高性能材料建造能源工厂、管道、桥梁和建筑物提供了重要的理论指导。

国际焊接学会 IIW C-X 主席、日本大阪大学的 Minami 教授在本次会议上介绍了 IIW C-X 成立焊接结构强度和完整性工作组的构想，本组工作主要针对含有缺陷和损伤的焊接部件，基于适合使用原则的评估标准制定，致力于解决焊接残余应力、母材和焊缝金属之间的强度不匹配，以及焊缝韧性不均匀性的影响，基于应力／应变控制的断裂评估，考虑拘束效应断裂韧性测试程序等方面。

1　焊接接头断裂测试和断裂原则

ISO 12135 断裂韧性测试要求裂纹尖端：中心七点中任意一点与九点的平均值之差不得超过初始裂纹长度的 10%。由于焊接残余应力的存在和接头性能的不均匀性，焊接接头试件往往不能满足要求。为了保证裂纹尖端扩展前沿的平直性，需要采用局部预压缩（local compressive, LC）方法。

然而，预压缩水平会影响临界 CTOD 值。临界 CTOD 在 LC 应变为 0.4% 时降低一半，预制疲劳裂纹前沿形貌在 LC 应变为 0.3% 时发生弯曲，难以实现疲劳裂纹形状和临界 CTOD 的良好协同控制（图 1），需要开发新的预压缩工艺。对此，

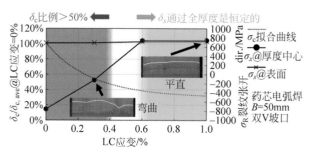

图 1　不同裂纹尖端张开位移下裂纹扩展形貌

日本国立海洋研究所的 Takumi Ozawa 等人[1]开展了关于 LC 过程避免断裂韧性变化的相关研究。

本研究分析的流程分为三步：①焊接产生残余应力；②切样品并局部压缩，改变应力应变分布；③加工缺口，进行断裂韧性测试，计算残余应力和临界 CTOD。流程示意图如图 2 所示。

根据 ISO 12135 标准，由载荷位移曲线 P-V_g 计算韦布尔应力（Weibull stress）为 1800MPa 时的临界 CTOD 值为 0.1mm，小于 0.1mm 为低估，大于 0.1mm 为高估。图 3 展示了 4 种不同 LC 工

艺对临界 CTOD 的影响：（a）Rect.-C：拉应力，裂纹尖端变直，临界 CTOD 0.059mm<0.1mm，低估了临界 CTOD；（b）Rect.-N/L：拉应力，裂纹尖端变直，临界 CTOD 0.141mm>0.1mm，高估了临界 CTOD；（c）Circle-L：拉应力，裂纹尖端变直，临界 CTOD 0.145mm>0.1mm，高估了临界 CTOD；（d）Ring-C：压应力，裂纹尖端弯曲，临界 CTOD 0.094mm≈0.1mm，评估合适。图 4 为根据图 3 结果获得的不同 LC 工艺下的残余应力和临界 CTOD 分布示意图。

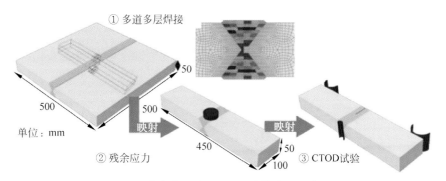

图 2　残余应力和 CTOD 计算流程示意图

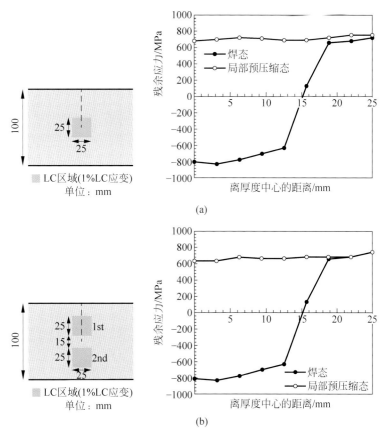

图 3　不同 LC 工艺对临界 CTOD 影响（局部预压缩）

（a）Rect.-C；（b）Rect.-N/L；（c）Circle-L；（d）Ring-C

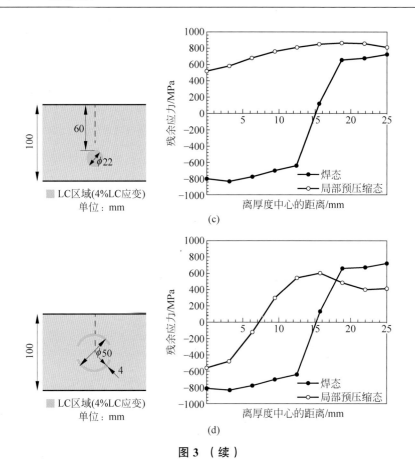

图 3 （续）

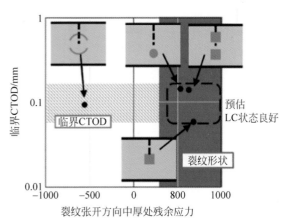

图 4 不同 LC 工艺下残余应力和临界 CTOD 分布规律

不同 LC 工艺对预制疲劳裂纹形状的影响如图 5 所示，可以看出，Ring-C 不符合 ISO 12125 的要求，也难以施加更高的载荷。其他 3 种 LC 工艺符合要求。

Rect.-N/L 和 Circle-L 测试的临界 CTOD 是 Rect.-C 的两倍以上，因此 Rect.-N/L 和 Circle-L 是比较合适的 LC 工艺。图 6 为单边和双边 V 形槽对 CTOD 测试的影响，结论是单边 V 和双边 V 的结果一致。Takumi Ozawa 等人的研究对

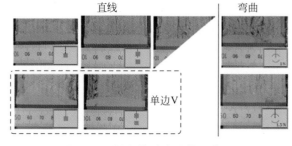

图 5 预制疲劳裂纹形状示意图

大壁厚焊接接头 CTOD 的测试具有很好的指导和借鉴意义，对解决 CTOD 测试过程中的预制疲劳裂纹扩展平直性具有很好的作用。

在 CTOD 测试过程中，随着载荷的下降和裂纹尖端位移的增加，会出现"pop-in"现象，如图 7 所示。若材料断裂韧性由 A 点决定，则 pop-in（A）被判定为断裂。若材料断裂韧性由 B 点决定，则 pop-in（A）是无关紧要的。现行的标准对 pop-in 的判断偏于保守，一方面是由于取样困难缺乏试验研究，另一方面是由于没有考虑 CTOD 试验和真实结构之间拉伸和弯曲载荷的差异。因此，研究 pop-in 现象的机制，修

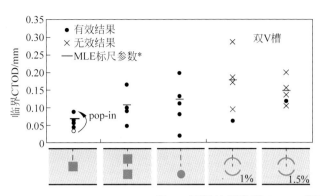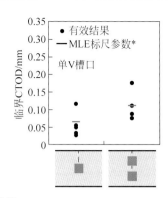

图 6 不同坡口类型 CTOD 测试值

MLE：最大似然估计

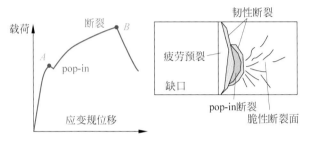

图 7 pop-in 现象示意图

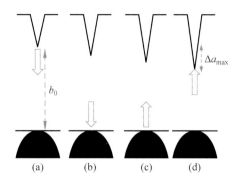

图 8 试样表面反射应力变化

（a）裂纹萌生；（b）反射；（c）反射；（d）捕获

正判断标准是非常重要的。东京大学的 Tomoya
Kawabata 等人[2] 提出了一种新的焊接接头断裂
韧性试验中 pop-in 的判断标准。根据 Willoughby
的研究，脆性断裂扩展的驱动力可以用试样表面
反射应力的变化反映（图 8）。Tomoya Kawabata
等人采用了截面缺口试样（图 9），确保可以发
生 pop-in 现象。

　　没有截面缺口的试样发生完全断裂，部分截
面缺口的载荷下降率超过 10%（最高 11.5%）。
一部分的表面缺口试样发生了完全脆性断裂。
根据试验结果将目前为 5% 的载荷下降率修正为
10%，实验结果如图 10 和图 11 所示。

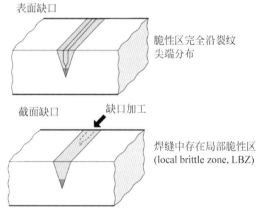

图 9 部分缺口试样示意图

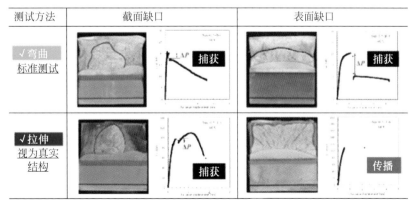

图 10 不同缺口试样断裂形貌

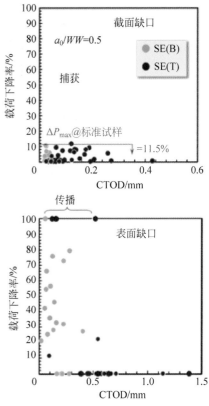

图 11　不同截面缺口下载荷下降率变化

研究者进一步采用有限元方法，基于反射应力波理论分析弯曲和拉伸载荷模式下的裂纹扩展差异，评价指标主要是动态应力强度因子 K_d，K_d 可以反映裂纹扩展的驱动力。在弯曲模式下，K_d 随着裂纹扩展减小，当裂纹扩展速率 $v > 400\text{m/s}$ 时，K_d 的下降速率比静态模式下更快。在拉伸模式下，K_d 的趋势几乎不变或者略有增加，这与实际的结果相符，如图 12 所示，裂纹缓慢扩展下的 K_d 值应该在某一点发生迅速下降，如图 13 所示，然而有限元分析的结果与之完全相反，表明这种传统的反射应力波理论不能描述 pop-in 现象。

为了解决以上问题，研究者采用简化叠加方法计算缺口试样的实际裂纹驱动力，图 14 的结果表明，pop-in 裂纹会被侧边韧带的闭合效应阻止，因为 pop-in 裂纹是一个隧道状裂纹。局部脆性区的宽度应是 pop-in 现象的重要参数。在此基础上提出新的判断准则：如果局部脆性区的宽度小于 2mm，则载荷下降率小于 10% 的 pop-in 可以忽略。

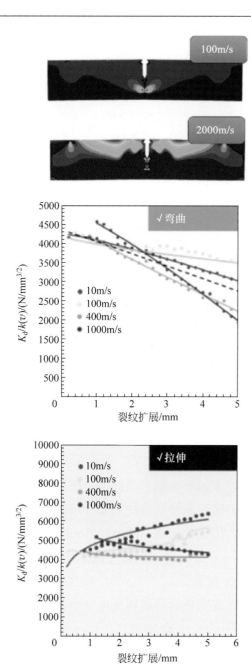

图 12　K_d 和裂纹扩展长度关系

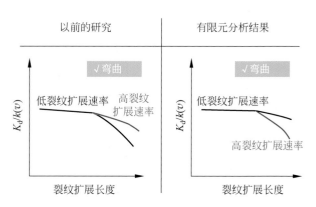

图 13　有限元分析结果和以前研究对比

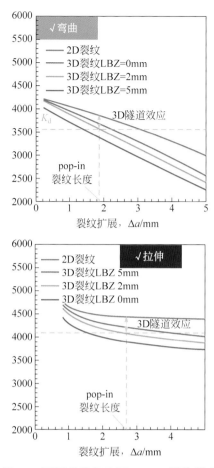

图 14　不同载荷条件下 pop-in 裂纹长度

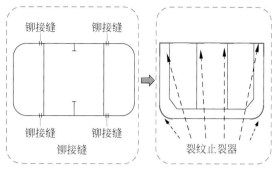

图 15　船体焊接结构止裂器

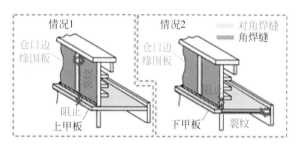

图 16　两种脆性断裂情况示意图

日本海事协会的 Kazuyuki Matasumoto 等人[3]介绍了关于大型船舶用脆性止裂钢板 K_{ca} 最小值的研究结果。针对大型集装箱船结构设计特点，使用不同厚度的钢板分别设计了大尺寸和超大尺寸脆性裂纹止裂实验，获得了不同工况下 K_{ca} 的最小值。脆性裂纹是造成船只事故的主要原因之一，为了防止发生严重的船舶事故，提出了双重控制理念，即控制脆性裂纹萌生和控制脆性裂纹扩展，其中后者是 Kazuyuki Matasumoto 等人的研究重点。在大型船的全焊接结构中，常常会布置止裂器来防止脆性裂纹的扩展，如图 15 所示，在结构薄弱的位置可以布置更高级别的钢板作为止裂装置。

关于脆性裂纹的研究一直到 20 世纪 90 年代为止，经过大量的脆性裂纹微观组织分析得出结论：设计最低温度为 −10℃ 的普通商船的 K_{ca} 的最小值应为 4000~6000N/mm$^{1.5}$。而对于大型集装箱船，集装箱装卸要求的大开口结构设计使船体纵向弯曲强度由有限尺寸的纵向结

构件来保证，因此需要应用强度更高、更厚的钢板。为了研究脆性裂纹不同扩展形式的影响，针对船结构特点分别设置了两种脆性断裂情况，如图 16 所示。

对于厚度为 75mm 的度钢板，分别设置大尺寸和超大尺寸试样，分别如图 17 和图 18 所示。其中舱口围板和上甲板之间的 T 形接头分别为角焊缝、部分熔透焊缝和全熔透焊缝。结构模型的测试流程为：①通过温度控制调节测试板的 K_{ca} 值；②施加拉伸应力；③产生脆性裂纹；④检查测试板上的脆性裂纹是否停止。其中 K_{ca} 值的确定依照 ISO 20064（2019）/WES2815（2014）。对于厚度为 75mm 的结构模型，经过测试两种裂纹扩展情况所要求的 K_{ca} 最小值均为 4000~6000N/mm$^{1.5}$（最低设计温度为 −10℃）。

对于 100mm 厚的钢板，同样设置大尺寸和超大尺寸两种试样，图 19 分别为两种裂纹扩展情况对应的试样尺寸。对于厚度为 100mm 的结构模型，测试结果如图 20 所示。当舱口围板厚度分别为 80mm，80~100mm 时所要求的 K_{ca} 最小值分别为 6000N/mm$^{1.5}$，8000N/mm$^{1.5}$（最低设计温度 −10℃）；上甲板要求的 K_{ca} 最小值为 6000N/mm$^{1.5}$。

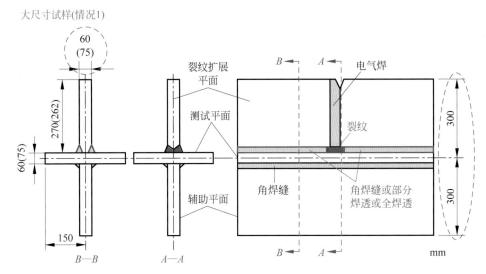

图 17　厚度为 75mm 的大尺寸钢板试样设计

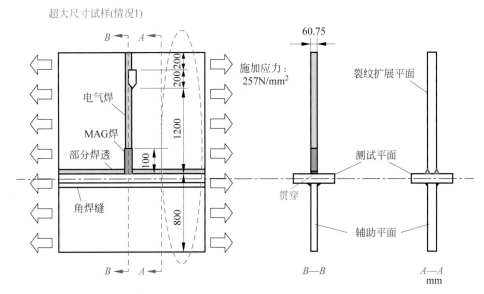

图 18　厚度为 75mm 的超大尺寸钢板试样设计

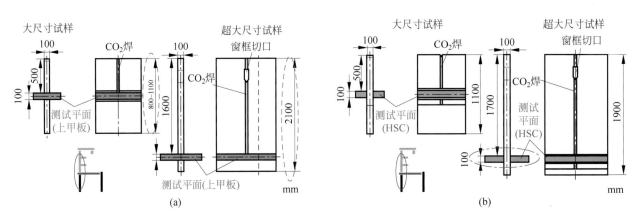

图 19　厚度为 100mm 钢板大尺寸和超大尺寸试样设计

（a）壁板裂纹扩展；（b）上甲板裂纹扩展

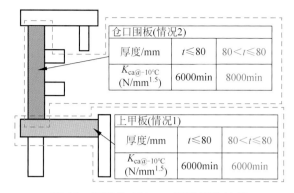

图 20　厚度为 100mm 试样实验结果

当使用止裂器（钢板）防止船体脆性断裂事故时，止裂器的合理布置和其脆性止裂韧性是非常重要的因素。作为船体止裂器的钢所需的 K_{ca} 最小值为 4000~6000N/mm$^{1.5}$（最低设计温度 –10℃）。在过去十年左右，使用 75mm 和 100mm 厚的板进行了大型/超大型结构模型止裂试验，获得了每个脆性断裂场景和结构构件所需的 K_{ca} 值（6000N/mm$^{1.5}$ 和 8000N/mm$^{1.5}$，最低设计温度为 –10℃）。

大阪大学的 Hidekazu Murakawa 等人[4] 进行了基于特征张量的焊接结构裂纹扩展分析，研究了塑性变形对断裂和疲劳裂纹扩展的影响。焊接结构疲劳裂纹扩展通常使用 K 因子或裂纹尖端张开位移（crack tip opening displacement，CTOD）进行预测，为了更简便有效地对伴随着塑性变形的裂纹扩展进行预测，考虑利用平均应力、平均应变对 K 因子和 CTOD 进行预测。利用这种方法可以不必对有限元网格进行精细划分，可直接求解。

研究者认为，在韧性/脆性裂纹扩展中，裂纹扩展的驱动力主要由 K^* 和 δ^* 决定，其中特征张量 K^* 代表应力场的集中程度，特征位移 δ^* 代表塑性应变场的集中程度。而裂纹扩展的阻力包括 K_c 和 δ_c，其中 K_c 和 K_1，K_2，K_3 成正比，为脆性裂纹扩展阻力；δ_c 和 CTOD，CTOA 有关，是韧性裂纹扩展阻力。而裂纹扩展的必要条件就是：$\left(\dfrac{K^*}{K_c}\right)^2 + \left(\dfrac{\delta^*}{\delta_c}\right)^2 = 1$，$K_c$，$\delta_c$ 和 σ_Y（屈服强度）则是决定韧性/脆性裂纹扩展特性的 3 个材料常数。

在疲劳裂纹扩展中，应力场的集中程度和塑性应变场的集中程度分别用 ΔK^* 和 δ^* 表示，等效应力强度因子 $\Delta K_{eq} = \Delta K^* + \alpha\delta^*$；裂纹扩展率 $\dfrac{\mathrm{d}a}{\mathrm{d}N} = C\left(\Delta K_{eq}\right)^m$。测试和有限元计算共设置了 3 种模型，尺寸如表 1 所示，在裂纹尖端处的有限元单元尺寸为 0.05mm × 0.05mm × 0.15mm。试样材料分别为 S355 钢和 S960 钢，有限元计算材料常数的设定如表 2 所示。

表 1　试样尺寸设计　　　　mm

厚度	宽度	长度	初始裂纹长
0.9	40	240	5.2
1.8	40	240	5.2
平面应变	40	240	5.2

表 2　材料常数设定

牌号	屈服应力 /MPa	应变硬化 /MPa	α/ (MPa·m$^{-1/2}$)	C	m
S355	360	400	2.0×10^6	1.522×10^{-11}	2.79
S960	960	45			

图 21 是试验结果和弹性解的比较，图 22 是材料参数和裂纹长度的关系。可以看出，对 S960 钢而言，疲劳裂纹的主要驱动力是 ΔK^*；而对 S360 钢而言，ΔK^* 受到塑性变形的限制，疲劳裂纹是由 δ^* 增加引起的。同时，对裂纹尖端塑性区的研究表明，减小裂纹尖端的应力范围可以抑制裂纹扩展速率。

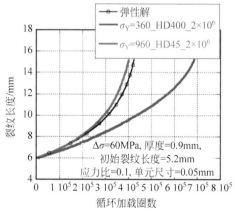

图 21　实验结果和弹性解

本报告还研究了材料常数 α，σ_Y 与应变硬化和裂纹扩展之间的关系，结果分布如图 23（a）~（c）

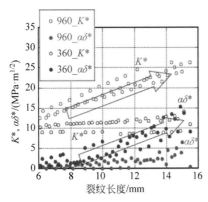

图22　材料常数和裂纹长度对应关系

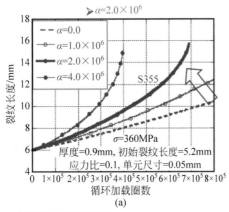

(a)

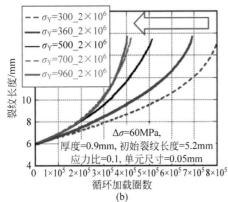

(b)

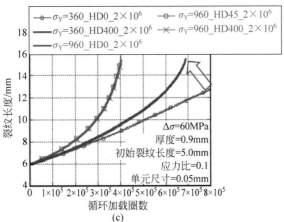

(c)

图23　材料参数和裂纹扩展的关系

（a）α和裂纹扩展的关系；（b）σ_Y和裂纹扩展的关系；
（c）应变硬化和裂纹扩展的关系

所示。可以发现裂纹扩展速率随α的增加而增加；当载荷等于60MPa时，裂纹扩展速率对屈服应力敏感，并随屈服应力增加而增加。当屈服应力较小时，应变硬化对裂纹扩展速率影响较大。平面应变和三维计算结果的对比如图24所示，当屈服应力为960MPa时，二者的结果区别很小；而当屈服应力为360MPa时，二者的结果有很大区别。

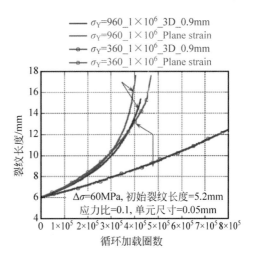

图24　平面应变和三维仿真结果对比

过载对于裂纹扩展的影响如图25所示，对S360钢的过载结果是可以接受的，但对S960钢则需要进行调整。过载会对裂纹扩展造成影响，因此需要调整部件厚度，如图26所示。集中在裂纹尖端的塑性变形（δ^*）促进了疲劳裂纹的扩展。塑性变形也会导致裂纹尖端的应力场（ΔK^*）被释放，抑制了裂纹扩展。

大阪大学的Saito等人[5]基于特征张量的方法研究了焊接残余应力对焊接接头疲劳性能的影响。焊后残余应力会影响应力强度因子ΔK的分布，为了更简单有效地研究残余应力对焊接接头疲劳寿命的影响，将特征张量法（characteristic tensor method，CTM）与有限元分析耦合（图27）。该方法计算简单、精度高，不受网格限制，可以计算不同裂纹形式下的应力强度因子，在考虑残余应力条件下实现焊接结构件的疲劳寿命预测。

试样裂纹尖端处的特征张量（CT）定义如图28所示，首先计算裂纹尖端区域Ω_R中的平均应力为$\mu_{ij}=\dfrac{1}{V_{\Omega_R}}\int_{\Omega_R}\sigma_{ij}\mathrm{d}V$，并将$\mu_{ij}$乘以$\sqrt{R}$（$R\to 0$）

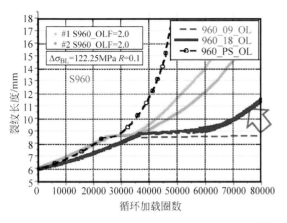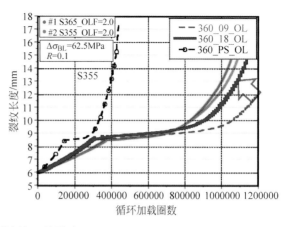

图 25　过载对裂纹扩展的影响

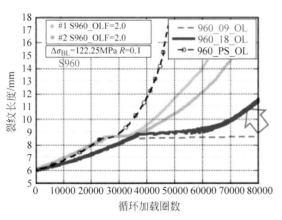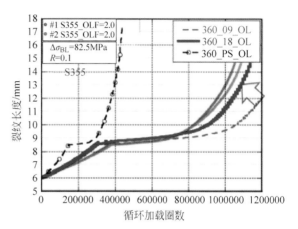

图 26　厚度调整对裂纹扩展的影响

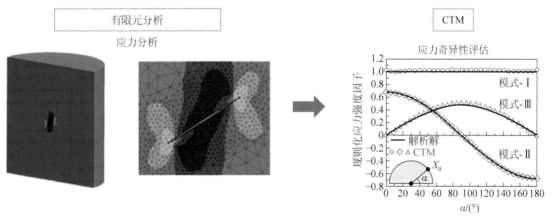

图 27　FEA 与 CTM 结合

获得特征张量值 x_{ij}。通过 FEA 进行高斯求积计算 $\hat{\mu}_{ij}(X, R)$，并获得特征张量值 $\hat{x}_{ij}(X, R) = \sqrt{R}\,\hat{\mu}_{ij}(X, R)$，实现 FEA 与特征张量值之间的关联。通过 CT 对单直裂纹奇异应力分布加权求和即可获得考虑残余应力的 $x_{ij} = \sqrt{R} * \mu_{ij} = k_{\mathrm{I}} A_{ij}^{\mathrm{I}} + k_{\mathrm{II}} A_{ij}^{\mathrm{II}}$，（$R \to 0$）。随后，将平均应力 μ_{ij} 在渐进应力场中关联不同断裂模式下的应力强度因子，得到公式（1）：

$$x_{11} = \frac{5}{3}\frac{c_\theta F_{11}^{\mathrm{I}}}{\sqrt{(2\pi)^3}}K_{\mathrm{I}} = a_{11}K_{\mathrm{I}}$$

$$x_{22} = \frac{5}{3}\frac{c_\theta F_{22}^{\mathrm{I}}}{\sqrt{(2\pi)^3}}K_{\mathrm{I}} = a_{22}K_{\mathrm{I}}$$

$$x_{33} = \frac{5}{3}\frac{c_\theta F_{33}^{\mathrm{I}}}{\sqrt{(2\pi)^3}}K_{\mathrm{I}} = a_{33}K_{\mathrm{I}}$$

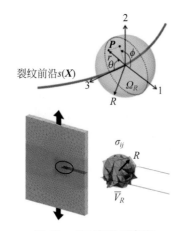

图 28　CT 定义示意图

$$x_{12} = \frac{5}{3} \frac{c_\theta F_{12}^{II}}{\sqrt{(2\pi)^3}} K_{II} = a_{12} K_{II}$$

$$x_{23} = \frac{5}{3} \frac{c_\theta F_{23}^{III}}{\sqrt{(2\pi)^3}} K_{III} = a_{23} K_{III}$$

$$x_{13} = 0 \tag{1}$$

为了验证提出方法的预测结果，采用有限元模拟了初始温度为 200℃、宽度为 20mm 的焊缝的残余应力，其中应力场由在稳态条件（20℃）下的热应变获得。在焊缝垂直方向引入不同长度的裂纹，如图 29 所示。这种方法可以模拟均匀分布应力状态，其模拟原理类似于固有应变和本征应变法。

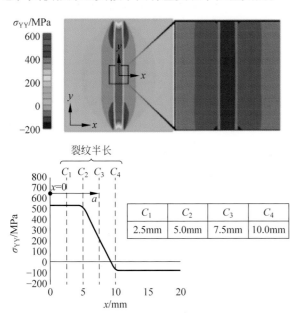

图 29　焊缝有限元模拟及施加裂纹信息

在引入不同长度的裂纹后，裂纹尖端应力场发生重分布，且裂纹尖端存在奇异应力场，如图 30 所示。

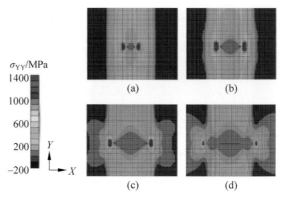

图 30　残余应力条件下的裂纹尖端应力场分布
（a）C_1：$\alpha = 2.5$mm；（b）C_2：$\alpha = 5.0$mm；
（c）C_3：$\alpha = 7.5$mm；（d）C_4：$\alpha = 10$mm

采用 CTM 计算 I 型裂纹的应力强度因子为 $\hat{K}(0) \dfrac{1}{2.4} \sqrt{\dfrac{9\pi^3}{8}} \hat{x}_{22}$，与加权函数法（weighting function method，WFM）计算的应力强度因子进行了比较，结果如图 31 和表 3 所示，表明 CTM 可以精准预测在残余应力条件下的应力强度因子，并且误差最大仅为 3.35%。

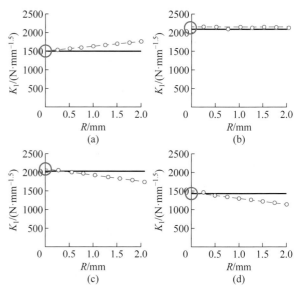

图 31　残余应力下的预测结果对比

表 3　利用特征张量的 LSM 预测 SIFs（图 31）

裂纹位置	对比的应力强度因子 /（N·mm$^{-1.5}$）	x_{22}（$R = 0.0$）	
		K_1/（N·mm$^{-1.5}$）	误差/%
C_1	K_1^G	1494.4	1503.6	-0.62
C_2		2102.4	2161.3	-2.80
C_3		2050.1	2118.8	-3.35
C_4		1479.3	1499.1	-1.34

在相同条件下，再对宽度为20mm的焊缝施加200MPa的外部载荷，不同裂纹长度下的应力场分布如图32所示，结果表明，在裂纹附近同样产生了奇异性应力分布，随着裂纹长度的增加，奇异性分布越加明显。

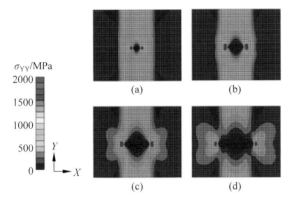

图32 残余应力及施加载荷下的裂纹尖端应力场分布

（a）C_1：$\alpha = 2.5$mm；（b）C_2：$\alpha = 5.0$mm；
（c）C_3：$\alpha = 7.5$mm；（d）C_4：$\alpha = 10$mm

在施加外力的条件下，WFM计算的应力强度因子记为$K_I^{G+EXT} = K_I^G + K_I^{EXT}$，通过CMT计算的$K_I$如图33和表4所示，结果表明在施加外力后，CMT预测的应力强度因子值与K_I^{G+EXT}相近，最小误差仅为0.79%，最大则为2.86%，吻合良好。

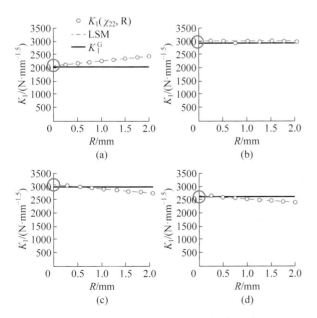

图33 残余应力及施加载荷条件下的预测结果对比

表4 利用特征张量的LSM预测SIFs（图33）

裂纹位置	对比的应力强度因子 /（N·mm$^{-1.5}$）	x_{22}（$R=0.0$）	
		K_I/（N·mm$^{-1.5}$）	误差/%
C_1	K_I^{G+EXT}	2055.0	2071.22	−0.79
C_2		2895.3	2962.76	−2.33
C_3		3021.7	3108.26	−2.86
C_4		2601.9	2637.23	−1.36

大阪大学的Hidekazu Murakawa和Saito等人一直致力于特征张量的计算和分析、扩展特征张量方法的适用范围，目前此种方法的应用推广还需要进一步验证和分析。该方法的最主要优势是对数值计算过程中的裂纹尖端单元不敏感，计算效率更高。

为了满足特殊场合的应用和研究需求，采用小试样法评价材料力学性能已成为热点方向。日本大阪大学的Ohata等人[6]基于局部法对不同焊接方法焊接的接头的断裂韧性进行分析。这项工作的重点是提出使用小尺寸试样的断裂韧性测试技术，考虑拘束效应和尺寸效应，提出了韦布尔形状参数m的测试方法和步骤，并利用两组不同裂纹深度的小尺寸试样和标准试样，对提出的方法进行验证。试验材料采用F82H钢，其化学成分及基本性能见表5和表6。试样尺寸分别采用小尺寸和标准尺寸，如图34所示，对两组不同裂纹深度的试样进行断裂韧性测试。其中小尺寸试样的测试温度为−165℃，标准件则为−120℃。

表5 F82钢化学成分   wt.%

C	Si	Mn	Cr	W	V	Ta
0.1	0.2	0.5	8	2	0.2	0.04

表6 F82钢力学性能

屈服强度/MPa	抗拉强度/MPa	屈强比	延伸率
598	709	84	4.72

采用像素为200万的CCD相机测量小尺寸三点弯曲试样的裂纹张开位移，CCD相机的像

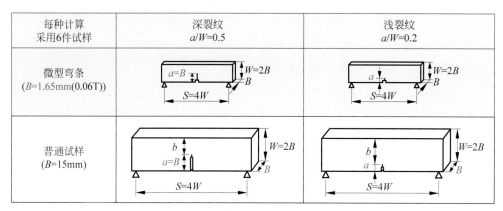

每种计算采用6件试样	深裂纹 a/W=0.5	浅裂纹 a/W=0.2
微型弯条 (B=1.65mm(0.06T))		
普通试样 (B=15mm)		

图 34　小试样和标准试样尺寸

素分辨率为 1.25μm（可处理 1/1000 像素），具体的测量方法为非接触式光学引伸计，其示意图见图 35。

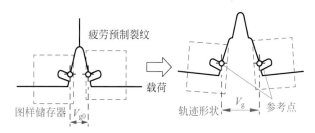

图 35　裂纹张开位移测量示意图

标准试样的测试结果见图 36。在标准试样（$a/W=0.5$）和（$a/W=0.2$）中随着缺口深度增加，裂纹张开位移对载荷较为敏感，这与有限元计算结果相同。经计算其 $K_{J, limit}$（$a/W=0.5$）为 306MPa·$\sqrt{m}$。其断口形貌表明断裂方式为解理断裂，其 K_{Jc}（$a/W=0.5$）为 93.8MPa·$\sqrt{m}$。

对于小尺寸试样，其测试结果见图 37。对于小尺寸试样（$a/W=0.5$）和（$a/W=0.2$），随着缺口深度的增加，V_g 变得对载荷较为敏感，这与有限元结果相同。其断口形貌表明断裂方式为均解理断裂，其中 K_{Jc}（$a/W=0.5$）为 62.8MPa·$\sqrt{m}$，K_{Jc}（$a/W=0.2$）为 121MPa·$\sqrt{m}$。

为实现韦布尔形状参数 m 的识别，在完成对上述两组不同裂纹深度试样的断裂韧性测试后，修正临界 K_{Jc} 上的塑性约束效应，并通过 3D 有限元计算韦布尔应力，最后确定的小尺寸试样韦布尔材料参数 m 为 2.4，整个流程图如图 38 所示。

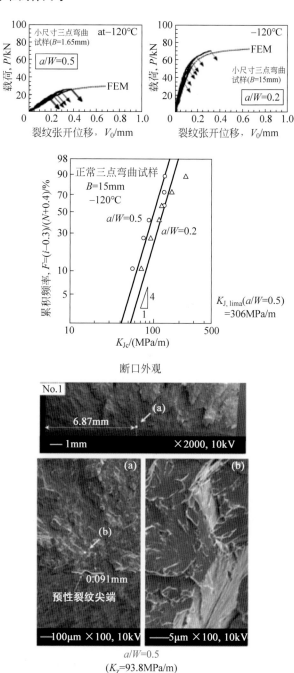

断口外观

图 36　标准试样测试结果

当韦布尔形状参数 $m=2.4$ 时，确定的材料参数 m 被证明与尺寸和温度无关，利用 m 和 ASTM E1921 中主曲线对估算了塑性约束效应和尺寸

效应对小尺寸试样的断裂韧度进行了分析，具有良好的预测性，见图 39。

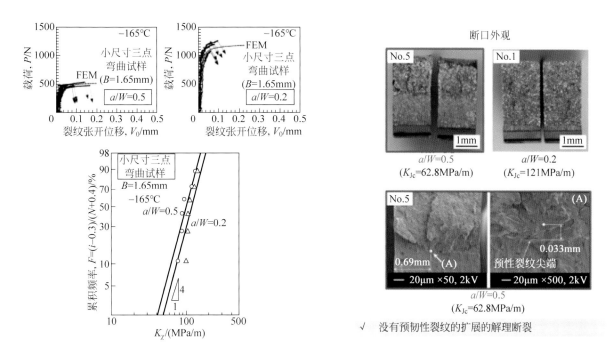

图 37　小尺寸试样测试结果

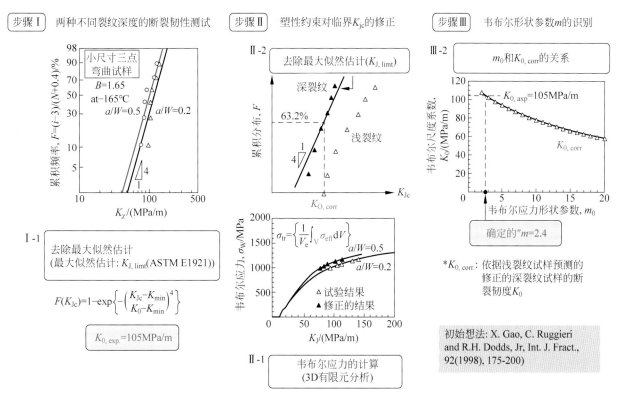

图 38　韦布尔形状参数 m 识别流程

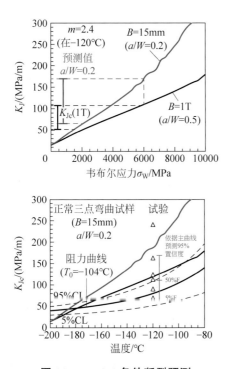

图39 m=2.4条件断裂预测

2 焊接接头蠕变疲劳行为

先进超超临界锅炉（A-USC）的热效率可以达到46%~48%，同时CO_2的排放量可以减少10%，因此焊接接头在高性价比的A-USC金属制造中具备很大的应用价值。蠕变和疲劳损伤的相互作用是不同组织焊接接头寿命评估的关键问题。上海交通大学的Mingzhe Fan等人[7]利用获得的9Cr/CrMoV异种钢焊接接头的蠕变-疲劳寿命和应力-应变关系，采用原位数字散斑成像技术（digital image correlation，DIC）研究了焊接接头各子区域的应变分布和变化，对蠕变-疲劳状态下异种钢焊接接头组织演变及失效机理进行了探讨。

焊接接头各部分的显微组织如图40所示，接头共包含5个区域：9Cr母材区域，9Cr热影响区（包括细晶热影响区（FGHAZ）和过回火区（OTZ）），焊缝（WM），CrMoV热影响区（包括粗晶热影响区（CGHAZ）和过回火区（OTZ））和CrMoV母材区域。接头各部分的硬度分布如图41所示，最低硬度出现在CrMoV侧FGHAZ和OTZ之间的界面。

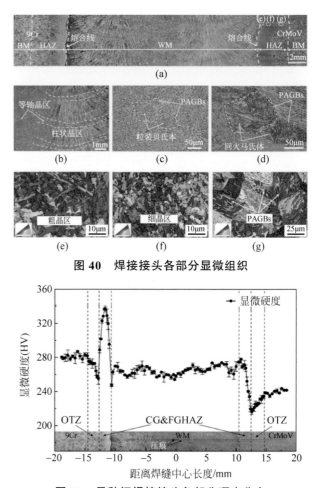

图40 焊接接头各部分显微组织

图41 异种钢焊接接头各部分硬度分布

在520℃下进行了高温拉伸测试，各部分的应力应变曲线如图42所示，接头各部分屈服的顺序为：CrMoV侧热影响区，CrMoV侧母材，焊缝中心，焊缝和9Cr的柱状晶。拉伸接头的微观组织如图43所示，FGHAZ中的晶粒近似等轴，而OTZ中的晶粒剧烈变形并沿横向挤压成长条状。接头各部分的应变分布如图44所示，最大应变集中出现在CrMoV侧的热影响区。

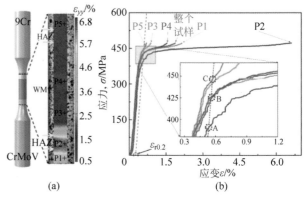

图42 异种钢焊接接头高温拉伸测试

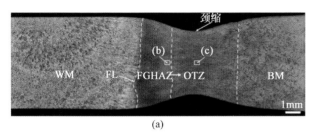

图 43　拉伸接头微观变形特征

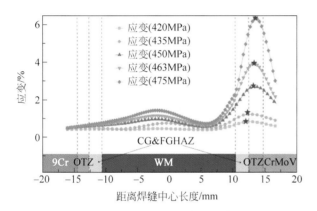

图 44　接头各部分应变分布

蠕变疲劳试样如图 45 所示，CrMoV 侧的熔合线位于蠕变 - 疲劳试样的中间，试验过程中利用 DIC 分析了蠕变 - 疲劳变化过程中的应变分布，加载波形为梯形波形，如图 46 所示。图 47

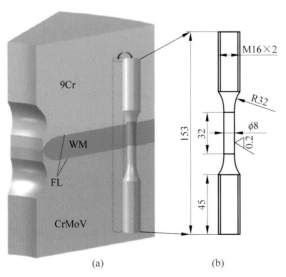

图 45　蠕变疲劳试样选取

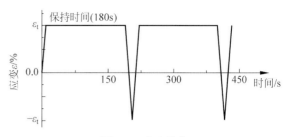

图 46　试验载荷

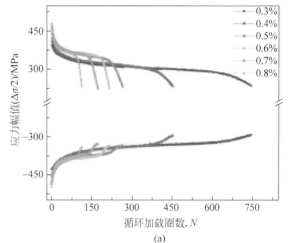

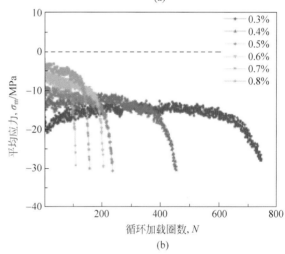

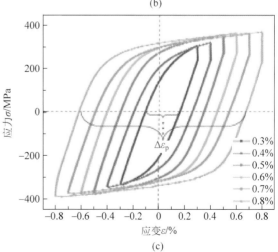

图 47　蠕变疲劳实验结果

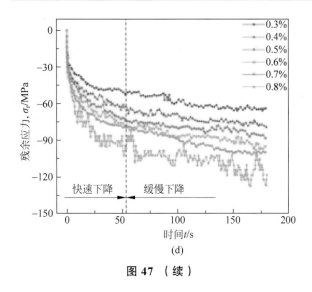

图 47 （续）

幅值和非弹性应变能密度明显增大。应力松弛主要发生在前 50s，随后变化缓慢并趋于稳定。

异种钢焊接接头应力的演变如图 48 所示，应变分布特征在 5 次循环后趋于稳定，热影响区的拉伸峰值应变下降到负值（-0.1%），而在第 5 个循环中，热影响区的应变增加到约 0.8%。由图中可见，在不同的子区域都存在棘齿形状的滞后环，P1 应变逐渐向压 - 压状态偏移（-0.50% ~ -2.80%），母材应变范围向拉伸方向偏移 0.25% ~ 0.85%，如 P2 所示。

图 49 展示了异种钢焊接接头蠕变 - 疲劳断裂位置的显微组织，图 50 展示了接头各部分裂纹的数量分布。对于 0.3% ~ 0.8% 的应变范围，裂纹路径几乎相同，裂纹起始于 CrMoV 钢的 FGHAZ，并穿晶向 OTZ 扩展。小角度晶界的比例和几何必

为蠕变疲劳试验结果，应变幅值为 0.3% ~ 0.8% 的试样均表现出循环软化的趋势，并伴有 3 个阶段。接头的平均应力为负应力，并随着周期的推移减小。随着应变幅值的增大，塑性应变

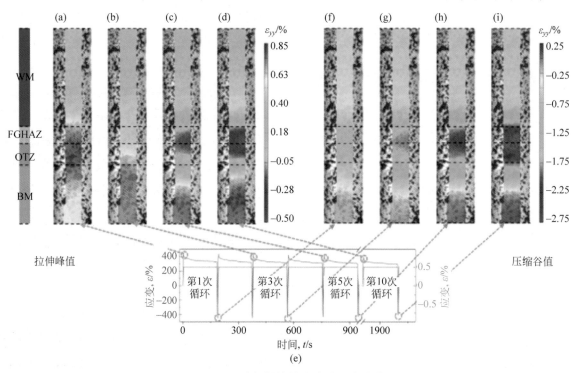

图 48　异种钢焊接接头应力分布演变

图 49　异种钢焊接接头断口显微组织

要位错（geometrically necessary dislocations，指通过 EBSD 计算所得的晶体畸变所需要的最少位错）的密度都降低了，并且有在实验前后 FGHAZ 中的位错密度最低。

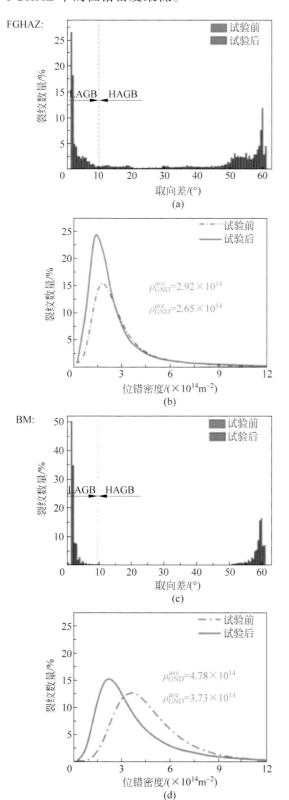

图50 异种钢焊接接头各部分裂纹的数量分布

蠕变 - 疲劳过程中的应变集中出现在热影响区。应变控制蠕变试验中发现了不同的亚区棘轮效应，这归因于应力松弛引起的不匹配屈服和负平均应力。研究还发现，裂纹在压缩应变下开始，在细晶热影响区扩展，具有以疲劳为主的损伤特征，实际应变幅值和滞后能量密度是给定条件下的数倍。

3 焊接接头残余应力预测与控制

焊接残余应力是影响机械装备安全与可靠性的重要因素，是导致焊接结构疲劳断裂、脆性失效，以及各种焊接裂纹形成的主要原因。传统的保守评估标准，如 BS 7910，DNV 和 API 579 通常忽略了远端母材中的压缩残余应力部分，这样通常会导致焊接管道破裂前的非保守泄漏。在焊接过程中通常会产生很大、甚至超过材料屈服应力的残余应力，而通过压力试验或者工作载荷可以使残余应力进行再分布。目前完整性评估标准中还没有关于焊接残余应力再分布的相关规定。德国弗劳恩霍夫协会材料力学研究所的 Dittmann 等人[8] 对管道环焊缝焊接残余应力使用过程中的再分布问题进行了数值分析。通过有限元数值分析对以往案例的残余应力结果进行拟合，以奥氏体不锈钢管环焊缝为例，对焊接残余应力的再分布问题进行了研究，以修正过度保守的结构失效评估方式。

数值分析所用材料 X6CrNiTi18-10 为奥氏体不锈钢管材，材料的应力 - 应变曲线和真应力 - 真应变曲线如图 51 所示，室温下的屈服强度为 390MPa，杨氏模量为 195GPa；300℃下的屈服强度为 330MPa，杨氏模量为 165GPa。设置了 4 种不同载荷情况的模型，如表 7 所示，使用 $R = 0$ 下的 3 个应力水平进行载荷循环，最大米塞斯应力 σ_{Mises} 分别为室温下屈服应力 σ_y 的 20%，40%，60%，对焊缝中心、熔合线和母材区域取厚度方向截面分析应力分布。

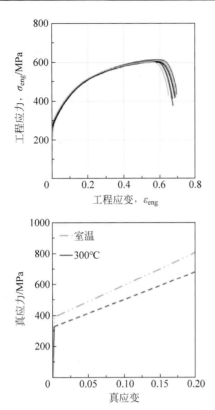

**图 51 X6CrNiTi18-10 工程应力 - 应变曲线和
真应力 - 应变曲线**

表 7 载荷设置情况

模型序号	n_{pass}	R_i/mm	t/mm	R_i/t	$P_{20\%}$/MPa	$P_{40\%}$/MPa	$P_{60\%}$/MPa
1	7	60	15	4	16.2	32.4	48.6
2	7	100	25	4	16.2	32.4	48.6
3	7	150	15	10	7.8	15.6	23.4
4	7	250	25	10	7.8	15.6	23.4

R：管道内径；t：壁厚；n：焊道数

　　焊缝中心和远端母材的应力释放比最大值结果如表 8 所示。最大应力释放比值出现在焊缝中心轴向方向，并且随着 σ_{Mises} 增大而增大。焊缝中心和母材的轴向、环向应力比分布如图 52 所示，焊缝中心位置的总体趋势存在最大值，母材位置总体呈现上升趋势。

表 8 试样应力释放比   %

最大应力释放比	焊缝中心		母材	
	轴向	环向	轴向	环向
20	32	20	3	6
40	51	37	7	16
60	61	50	12	28

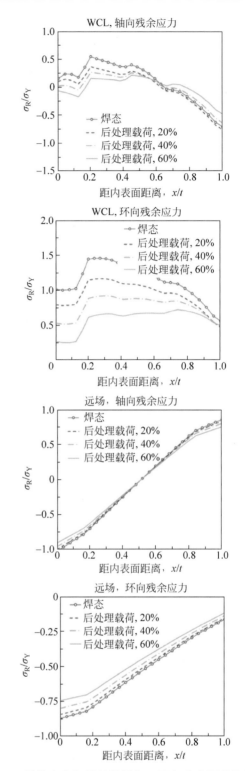

图 52 焊缝中心和母材的轴向、环向应力释放比分布

　　针对应力的释放和再分布进行了量化分析，目前已完成模型 1~3 的计算。结果发现在第一次加载循环后就发生了明显的应力释放，在高载荷情况下则更为明显，释放的影响因素可能与结构的几何因素有关，还需要进一步研究。

德国弗劳恩霍夫协会材料力学研究所的 Kancharakuntla 等人[9]通过有限元与神经网络结合的方法对管道焊接残余应力进行了快速、可靠的评估。在该方法中主要考虑焊缝几何参数的变化，采用非耦合传热，同样采用 X6CrNiTi18-10 奥氏体不锈钢（AISI 321，EN 1.4541）。焊接接头的有限元模型如图 53 所示。

径向
轴向

图 53　焊接接头有限元模型示意图

计算所采用的焊接参数如表 9 所示。计算结果如图 54 和图 55 所示，可以发现随着焊缝

表 9　奥氏体不锈钢管道焊接参数

焊接参数				
n_{pass}	R_i/mm	t/mm	R_i/t	行走速度 / （mm/s）
7	150	15	10	8
15	150	15	10	8
21	150	15	10	8
7	100	25	4	8
15	100	25	4	8
21	100	25	4	8
7	150	15	10	12
11	60	15	4	5
11	100	25	4	5
11	150	15	10	5
11	250	25	10	5
7	90	15	6	5
11	90	15	6	5
15	90	15	6	5
21	90	15	6	5
7	150	25	6	5
11	150	25	6	5
15	150	25	6	5
21	150	25	6	5

数量的增加，拉伸应力沿内壁逐渐减小。经过神经网络训练后的计算结果如图 56 所示，其计算结果与数值模拟的结果基本一致。德国弗劳恩霍夫协会材料力学研究所的学者在 2019 年的 IIW 会议上也介绍了类似的数值模拟研究结果，具体改进的地方并未叙述。

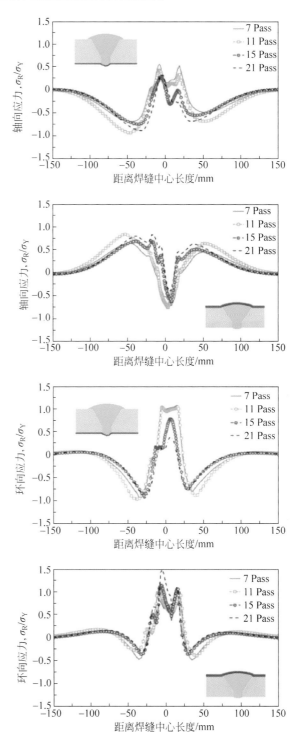

图 54　焊接接头上下表面残余应力分布

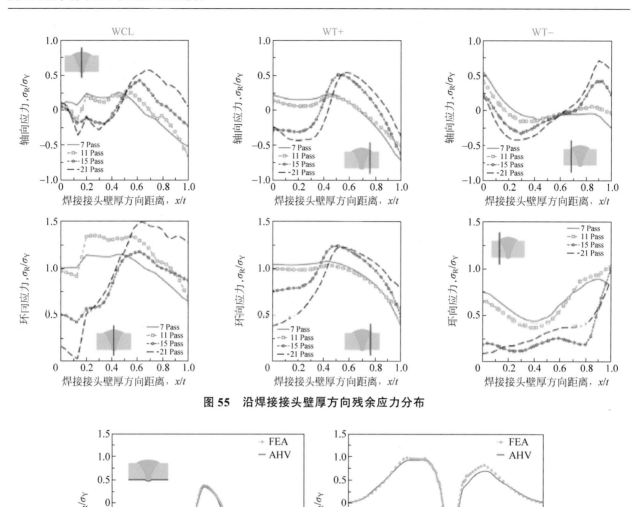

图55　沿焊接接头壁厚方向残余应力分布

图56　神经网络预测和有限元计算结果对比

（a）焊接接头上表面；（b）焊接接头下表面

4　结束语

本届年会报告主要围绕焊接接头性能、断裂预测标准、焊接接头残余应力、焊接接头断裂和疲劳展开了讨论，主要亮点工作包括：

（1）日本学者在过去十年左右，对大型船只用止裂钢板焊接结构设计了厚度为75mm和100mm的大型/超大型结构模型进行止裂试验，根据实验结果获得了每个脆性断裂场景和结构构件所需的K_{ca}值，为大型船只的结构设计和建造提供了理论指导。

（2）日本学者基于特征张量对焊接结构裂纹扩展和裂纹奇异性进行了分析和评估，研究揭示了裂纹尖端塑性变形对疲劳裂纹的影响。研究还发现利用特征张量法可以对残余应力场中的应力强度因子进行估计，用于评价焊接残余应力场中裂纹的应力奇异性。

（3）中国学者围绕异种钢焊接接头蠕变疲劳试验的局部应力应变行为开展研究，利用原位DIC研究焊接接头不同微区的应变分布和变化，对蠕变-疲劳状态下的异种钢焊接接头组织演变和失效机理进行了分析，为不同组织焊接接头的寿命评估提供了研究思路。

（4）德国学者通过有限元数值分析和人工神经网络等手段对以往案例的残余应力结果进行分析，对奥氏体不锈钢钢管的环焊缝焊接残余应力进行评估，并对再分布问题进行了研究，针对目前 FFS 准则中还没有关于焊接残余应力再分布的相关规定进行了补充，为修正过度保守的结构失效评估方式提供了帮助。

参考文献

[1] OZAWA T, KAWABATA T, MIKAMI Y. Local compression process avoiding toughness change [Z]. X-1992-2021.

[2] KAWABATA T, YAGI T, IMAI Y. Proposal of a new judgment criterion for pop-ins in fracture toughness test of welded joints [Z]. X -1993-2021.

[3] MATSUMOTO K, YAMAGUCHI Y, FUKUI T, et al. Study on K_{ca} value of brittle crack arrest steel plates for large ships [Z]. X-1986-2021.

[4] MURAKAWA H, GADAUAH R, SHIBAHARA M. Crack growth analysis for welded structures using characteristic tensor [Z]. X-1987-2021.

[5] SAITO K, HIRASHIMA T, MA N S. Characteristic tensor method for singularity evaluation of two dimensional cracks with welding residual stress [Z]. X-1989-2021.

[6] OHATA M, NOZAWA T. Small specimen test technique for brittle fracture assessment of structural component based on the local approach [Z]. X-1990-2021.

[7] FAN M Z, SHAO C D, WANG Y Q. In-situ DIC investigation on local stress-strain behavior in creep-fatigue test of dissimilar steel welded joint [Z]. X-1988-2021.

[8] DITTMANN F, KANCHARAKUNTLA R R, VARFOOMEEV I. Numerical analysis on the redistribution of welding residual stress in pipe girth welds [Z]. X-1994-2021.

[9] KANCHARAKUNTLA R R, DITTMANN F, VARFOOMEEV I. An based framework for evaluating welding residual stresses in austenitic pipe welds [Z]. X-1995-2021.

作者：徐连勇，博士，天津大学教授，博士生导师，国家杰出青年科学基金获得者。主要从事长寿命高可靠性焊接结构方面的科研和教学工作。发表论文 180 余篇。E-mail: xulianyong@tju.edu.cn。

审稿专家：陈怀宁，博士，中国科学院金属研究所研究员。从事焊接接头应力和性能分析、材料可靠性连接技术方面的研究与开发。发表论文 120 余篇，授权发明和实用专利 20 余项，主编或参编国家标准 5 项，参编专著 5 部。E-mail: hnchen@ imr.ac.cn。

压力容器、锅炉和管道（IIW C-XI）研究进展

吴素君 李星

（北京航空航天大学材料科学与工程学院 北京 100191）

摘 要： 第 74 届国际焊接学会（IIW）年会 C-XI 专委会（Pressure Vessels，Boilers and Pipelines）于 2021 年 7 月 14—15 日举行了线上学术交流会议。在本次交流会上，来自中国、英国、德国、俄罗斯、伊朗等多个国家共 8 位学者做了精彩报告。报告围绕焊接材料、焊接工艺，以及焊接部件的疲劳损伤监测方法和技术等热点问题展开，主要涉及 Al-Mg-Sc 焊接接头微观组织与力学性能研究、铝制容器的可变极性等离子弧焊研究进展、串联等离子转移弧焊制备工艺、金属磁记忆技术探测发电锅炉中奥氏体过热器线圈的微观应力集中、高分子机械响应发光体对疲劳损伤的实时监测研究和高温使用环境中蒸气管道焊接接口的常见损伤过程研究等。本文针对上述报告和论文进行总结、评述，以供国内研究者参考。

关键词： 焊接接头；焊接工艺；压力容器；疲劳损伤；在线监测

0 序言

由于疫情影响，2021 年第 74 届 IIW 年会于线上举行，压力容器、锅炉和管道委员会（C-XI）在吴素君教授的主持下，顺利完成了线上学术报告交流。有来自中国、英国、德国、俄罗斯、伊朗等多个国家的 8 位学者呈现了他们的最新研究进展。报告内容系统、全面地阐述了关于焊接材料、焊接工艺、焊接结构件疲劳损伤监测技术等方面的研究。纵观他们的报告，既有对前人工作的总结，也有关于各团队最新技术的研发和介绍，还有针对传统理论的思考和批判。例如，温斯涵博士从材料成分设计出发，对焊丝成分进行了一系列的成分优化，最终成功制备了综合性能优异的 Al-Mg-Sc 焊接件。青岛科技大学的 Pan 团队提出了一种旋转尖端磁场耦合的变极性等离子弧焊工艺，能够提高等离子弧的能量密度和穿孔能力，可对铝合金厚板进行焊接。P. Kirkwood 针对当前的碳当量计算公式提出了自己的思考，引人入胜。还有研究者针对锅炉、蒸汽管道等焊接部件提出了最新的疲劳损伤监测方法，比如金属磁记忆技术探测和基于有机机械响应发光体的非接触式、实时和可视化结构监测技术，他们的试验数据结果翔实有趣，给监测焊接缺陷和评估焊接结构件损伤带来了新的技术，推动了焊接结构件完整性和可靠性评估的发展。

基于年会报告和收录论文，本文从焊接材料，焊接工艺和焊接件完整性评估参数和方法 3 个方面进行了整理和总结，以供国内研究者参考。

1 焊接材料

对于压力容器、锅炉和管道等相关结构部件，通常需要通过焊接工艺来进行连接，加之它们的使用环境往往恶劣而复杂，对焊接材料提出了更高的要求。Al-Mg 合金（5×××系列）由于具有高延展性和良好的耐腐蚀性等有吸引力的特性而广泛应用于航空航天和化学工业领域。北京航空航天大学的吴素君教授等人[1] 对 Al-Mg 系合金焊丝进行了成分优化设计，重点研究了焊丝成分对 Al-Mg-Sc 焊接接头的微观组织与力学性能的影响。

以 6mm 厚的 Al-6.2Mg-0.3Sc-0.4Mn-0.1Zr
轧制板为基材，开发了直径为 3.0mm 的含有不
同合金元素或原位陶瓷颗粒（如 Zr，Sc 和 TiB$_2$）
的三种类型的填充焊丝，分别命名为 S5000，
S5001 和 S5002。表 1 列出了 Al-Mg 合金系焊丝
的名义化学成分（wt.%）。然后，利用钨极惰性
气体保护电弧焊将 300mm×100mm×6mm 的母
材焊接在一起。分别对用不同焊丝进行焊接的
焊接接头进行了一系列的组织表征和性能测试。

表 1　Al-Mg 合金填充焊丝的名义化学成分

wt.%

填充焊丝	Mg	Sc+Zr	TiB$_2$	Al
S5000	5.8~6.8	—	—	余量
S5001	5.8~6.8	0.4~0.6	—	余量
S5002	5.8~6.8	0.4~0.6	0.5~1.5	余量

通过对 S5000，S5001 和 S5002 焊接接头的
X 射线衍射分析发现，在 Al-Mg-Sc 焊接接头中
只能检测到 α-Al（PDF#04-0787）的特征衍射
峰，而由于强化析出物含量低，无法发现其对
应的衍射峰。

为了研究 Zr/Sc 和 TiB$_2$ 颗粒对 Al-Mg-Sc 焊
接接头显微组织的影响，利用光学显微镜对不同
焊接接头进行显微组织观察，结果如图 1 所示。
从图中可以看出，Al-Mg-Sc 焊接接头可以分为熔
合区（fusion zone，FZ）、熔合线（fusion line，
FL）和热影响区（heat affected zone，HAZ）。
微观组织观察表明，未添加细化剂的 S5000 焊
缝在焊件中心具有近 45μm 的粗等轴晶粒和
与熔合线相邻的柱状枝晶区，如图 1（a）所
示。随着焊缝填充焊丝中 Zr/Sc 的添加量增加
到 0.6wt.%，S5001 焊缝的平均晶粒尺寸减小到
30μm，如图 1（b）所示，并且沿着熔合线区域
得到 5~15μm 的细等轴晶粒区（equiaxial crystal
zone，EQZ），不再是柱状枝晶区。对于 S5002
焊缝，其晶粒尺寸最小，在焊缝中心和熔合边界
具有 10~20μm 的等轴晶粒，如图 1（c）所示。

图 2 为三种焊缝组织熔合区的背散射电子
照片，从图 2（a）和图 2（b）中可以发现，

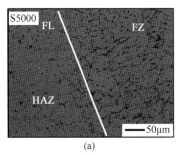

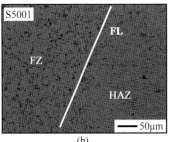

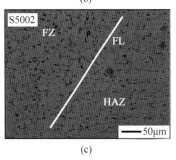

图 1　焊件熔合区和热影响区光学显微照片

（a）S5000 焊缝；（b）S5001 焊缝；（c）S5002 焊缝

S5000 和 S5001 的焊接接头微观组织均匀，包含
两个衬度明显的相。通过 EDS 可以确定呈亮色
的相为 Al$_3$（Sc，Zr），其尺寸为 0.5~5μm，均
匀地分散在熔合区的灰色 α-Al 基体上。值得一
提的是，随着焊缝填充焊丝中的 Sc 和 Zr 含量的
增加，其 Al$_3$（Sc，Zr）颗粒的含量也会增加。
而对于如图 2（c）所示的 S5002 焊接接头，在熔
合区可以看到三种相，α-Al，Al$_3$Sc 以及 TiB$_2$。
大部分 Al$_3$Sc 和 TiB$_2$ 颗粒的尺寸为 1~10μm。

通过以上的组织观察可以得出结论，初生
Al$_3$（Sc，Zr）和 TiB$_2$ 颗粒的析出有助于细化焊
缝晶粒。这是由于在凝固过程中，位于晶粒内
部的细小异质粒子，能够有效阻碍晶粒的生长。
此外，Sc/Zr 和 TiB$_2$ 的添加量越大，晶粒细化
作用越明显。

在室温下对带有加固和去除加固的三种焊
接接头进行了拉伸试验。其屈服强度、抗拉强

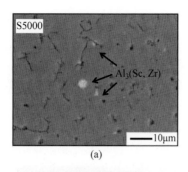

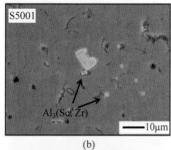

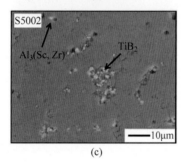

图2　焊件熔合区电子背散射照片
（a）S5000焊缝；（b）S5001焊缝；（c）S5002焊缝

表2　Al-Mg-Sc焊接接头的拉伸性能

填充焊丝	状态	屈服强度 / MPa	抗拉强度 / MPa	伸长率 / %
S5000	加固	224.5	365.4	10.1
S5001	加固	230.6	383.2	14.5
S5002	加固	232.2	386.3	15.1
S5000	去加固	193.0	329.9	8.7
S5001	去加固	200.7	350.5	12.7
S5002	去加固	208.0	358.4	12.2

为了研究焊接接头的力学性能与断裂机理之间的关系，对S5000/S5001和S5002的断口形貌进行了观察，发现所有试样的断口形貌都呈现韧窝特征，属于韧性断裂。S5000和S5001的焊接接头断裂在熔合线附近的熔合区。而添加TiB₂颗粒的S5002焊缝在热影响区发生断裂，表明焊接接头具有良好的力学性能。

表3列出了Al-Mg-Sc焊缝的冲击韧性（α_k）。结果表明，S5001焊件表现出最好的冲击韧性，其冲击韧性大于37J/cm²。该结果表明向焊缝填充焊丝中添加Zr/Sc可以略微提高Al-Mg-Sc焊接接头的冲击韧性。TiB₂含量对冲击韧性的影响与拉伸强度相反。在Mg，Zr和Sc含量相同的情况下，在熔融熔体中加入TiB₂颗粒后，冲击韧性略有下降。

表3　Al-Mg-Sc焊接接头的冲击性能

填充焊丝	冲击值（α_k），J/cm²
S5000	36.7
S5001	38.1
S5002	34

度（MPa）和伸长率（%）见表2。可以发现，Al-Mg-Sc母材的屈服强度为260MPa，抗拉强度为410MPa。焊态Al-Mg-Sc焊缝的屈服强度和抗拉强度分别为母材的86.3%~89.3%和89.1%~94.2%。拉伸性能的结果表明，Al-Mg-Sc焊缝的屈服强度和抗拉强度随着Zr/Sc和TiB₂的加入而增加。因此，含有1% wt.% TiB₂和0.5wt.% Zr/Sc的S5002焊接接头表现出最好的拉伸性能，其屈服强度和抗拉强度分别达到232.2MPa和386.3MPa。这是由于弥散分布的细小高密度的Al₃（Sc，Zr）析出物提供了很大的强化作用，提升了焊缝的强度。此外，通过比较三种焊接接头的拉伸性能可以发现，Zr/Sc含量的增加有助于焊缝伸长率的增加，而TiB₂的添加对伸长率并没有显著影响。

综上所述，Sc/Zr元素和TiB₂颗粒的添加对于Al-Mg系合金焊接接头的组织和性能有着重要影响，凝固过程中Al₃（Sc，Zr）和TiB₂颗粒的析出可以阻碍晶粒生长，从而细化熔合区的晶粒尺寸，进而增强焊缝的拉伸强度。这为我们提供了思考，在焊接过程中，通过对焊丝材料的成分优化设计，例如微量元素或陶瓷增强粒子的添加，可以显著改善焊缝的力学性能，进而增强焊接构件的服役能力。

2 焊接工艺

2.1 串接等离子转移弧焊

通常情况下，对于暴露在磨损或腐蚀环境中的零部件，人们会十分关注其使用寿命。因此，零部件的表面改性对于机械部件至关重要，有助于提升零部件在恶劣工况下的服役寿命。等离子转移弧焊（plasma transferred arc，PTA）是一种能够为复杂几何形状和组件提供高效、高性能和安全的涂层的工艺。最近的研究表明，传统 PTA 能够升级为串接 PTA。通过两个等离子转移弧焊系统的耦合，形成一个串接在一起的 PTA 系统。两个 PTA 系统都以这样一种方式定位，即它们在一个公共熔池中起作用。之前的研究表明，与传统的单炬 PTA 方法相比，串接 PTA 方法的沉积速率可达 240%，可以显著提高效率。G. Ertugrul 等人[2] 利用串接等离子转移弧焊对 1.4410 超级双相合金和 1.4404 耐腐蚀奥氏体钢进行异种金属焊接，实现了梯度结构。通过改变串接 PTA 系统的参数和送粉位置，铁素体含量和力学性能得到了优化调整，并与传统 PTA 制备的焊接件进行了直接比较。

图 3 为串接 PTA 系统，由两个等离子焊接电源、两个 PTA 焊枪（MV230，3.2mm 电极）、相应的送粉单元和一个 6 轴机器人组成，实现了焊枪的实时处理。两个灵活且可自由调节的轴作为焊枪支架的机器人手臂，使两个 PTA 焊枪能够定位并固定到位。如图 4（c）所示，串接 PTA 具有 4 种不同的送粉位置，位置 1（P1）和位置 2（P2）位于第一个焊枪上，位置 3（P3）和位置 4（P4）位于第二个焊枪上。

用奥氏体 1.4404 CrNi 材料的板状样品 250mm × 100mm × 10mm（$l × w × h$）做基材。1.4404 奥氏体不锈钢和 1.4410 超级双相不锈钢用作粉末形式的填充材料（球形，粉末尺寸 50~150μm）。表 4 为母材和填料的化学成分。系统焊枪运行方式及各项参数如图 4（a）和图 4（b）所示，有并联驱动和串联驱动两种方

式。表 5 和表 6 中分别给出了制备涂层和复合涂层的传统 PTA 和串接 PTA 工艺的焊接参数。

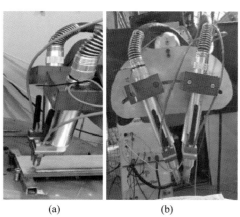
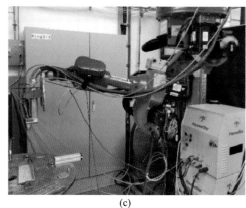

图 3 串接 PTA 系统
（a）焊枪工作状态；（b）焊枪；（c）机器手

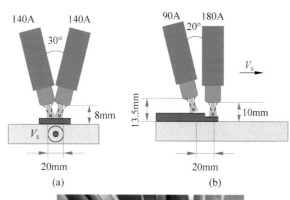

图 4 串接 PTA 焊枪参数图
（a）并联驱动 PTA；（b）串联驱动 PTA；（c）送粉装置实图

表 4　基材和粉末的化学成分　　　　　　　　　　　　　　　　　　　　wt.%

	牌号	C	Cr	Ni	Mn	Si	Mo	Fe
母材	1.4404	<0.03	18.5	13.0	<2.0	<1.0	2.0	余量
粉末 1	1.4404	0.03	16.6	12.6	0.4	0.8	2.1	余量
粉末 2	1.4410	0.03	25.1	9.8	0.6	0.4	4.2	余量

表 5　制备涂层常规 PTA 和串接式 PTA 的焊接参数

焊接参数	常规 PTA 纵梁	常规 PTA 波	并联驱动 PTA 纵梁
焊枪 1 电流 /A	150	160	140
焊枪 1 电流 /A	—	—	140
焊接速度 /（cm/min）	14	6	20
送粉速率 /（g/min）	23.5	23.7	46.2
等离子送气体率 /（L/min）	2	1.5	2
每层位移 /mm	7	20	12
振幅 /mm	—	10	—
波频 /Hz	—	0.5	—

表 6　制备复合涂层用常规 PTA 和串联驱动 PTA 的焊接参数

焊接参数	常规 PTA 纵梁	串联驱动 PTA 纵梁
焊枪 1 电流 /A	220	180
焊枪 1 电流 /A	—	90
焊接速度 /（cm/min）	40	40
送粉速率 /（g/min）	51.50	51.50
等离子送气体率 /（L/min）	2	2

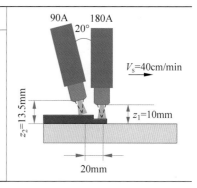

图 5 显示了标准 PTA 纵梁、PTA 波和并联 PTA 纵梁的金相照片结果。通过 PTA 纵梁法涂覆的涂层采用 6 条线和每条线之间 7mm 的偏移量进行，以实现平坦的表面，如图 5（a）所示。该方法制备出 75cm² 所用的焊接时间为 428s。平均每平方厘米涂层用时 5.07s。图 5（b）为 PTA 波法制备的结果，涂层是在两个轨道与 20mm 的层之间偏移的情况下进行的。该技术制备 75cm² 涂层所需的时间为 304s，比 PTA 纵梁法耗时短。由于使用了 10mm 振幅，涂层宽度为 20mm。由于焊缝较宽，焊缝数量低于传统纵梁 PTA。然而，局部热输入要高于标准纵梁 PTA，导致工件变形增加。在并联 PTA 串接法中，涂层是用三个轨道进行的，轨道之间的位移为 12mm，如图 5（c）所示，该方法制备

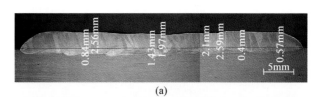

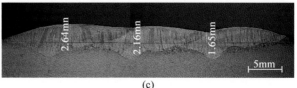

图 5　不同焊接制备的多层涂层剖面金相照片
（a）PTA 纵梁；（b）PTA 波；（c）并联驱动 PTA 纵梁

75cm² 涂层用时 179s，在三种工艺中用时最少。与标准 PTA 纵梁方法相比，并联 PTA 能够在 40% 的时间内涂覆相同的区域。换句话说，串接 PTA 能在相同的时间内涂覆 2.4 倍的面积。

如果改变串接 PTA 系统的粉末进料位置，则铁素体含量和力学性能也跟着发生变化。研究表明，从 P4 位置进行送粉串接式 PTA 焊接的涂层具有较高的表面硬度，最大为 308HV，以达到更好的耐磨性，这要归功于铁素体含量。线性硬度测量表明，基体的硬度较低，平均为 178HV，可以通过奥氏体含量来抵抗涂层裂纹的形成。基体中奥氏体不锈钢和超级双相不锈钢的混合物含量较低，故能够形成这种不均匀涂层。而使用常规 PTA 技术从 P2 位置送粉焊接涂层的表面硬度最高为 225HV，基体硬度相对较高，平均为 205HV。涂层较为均匀是由于基体内奥氏体不锈钢和超级双相不锈钢的混合物含量高。

以上结果表明可通过改变多材料送粉位置来调节涂层性能。与传统 PTA 工艺相比，串接 PTA 不仅可以提高制备速度，还可以改善焊接件的力学性能，表面硬度高，耐磨性更好，基体硬度更低，防止涂层形成裂纹。它是一种高效高性能的涂层工艺，可以对两种 PTA 焊枪的焊接性能、粉末速率和粉末类型单独控制。

2.2 变极性等离子弧焊接

变极性等离子弧焊（variable polarity plasma arc welding，VPPAW）即不对称方波交流等离子弧焊，是一种针对铝及其合金开发的新型高效焊接工艺方法。它综合了变极性 TIG 焊和等离子弧焊的优点。一方面，它的特征参数，电流频率、电流幅值和正负半波导通时间比例可根据工艺要求独立调节，合理分配电弧热量，在满足焊件熔化和自动去除焊件表面氧化膜的同时，最大限度地降低钨极烧损；另一方面，可有效地利用等离子束流所具有的高能量密度、高射流速度、强电弧力的特性，在焊接过程中形成穿孔熔池，实现铝合金中厚板单面焊的双面成形。图 6 为铝合金压力容器 VPPAW 的工艺示意图。

Pan 等人[3] 针对厚板压力容器 VPPAW 提出了几点关键问题与新工艺的改进策略。在他们的研究报告里提到了焊接过程中的理论问题，

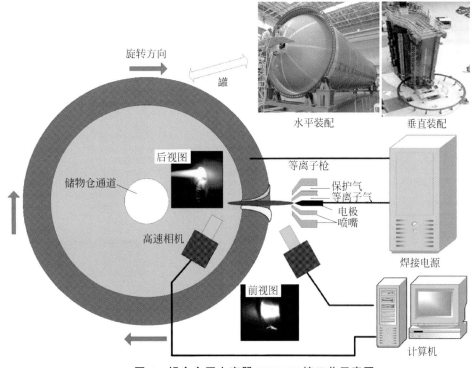

图 6　铝合金压力容器 VPPAW 接工艺示意图

如 VPPAW 的"锁眼焊池"、焊池形态和熔池流动行为，也针对减少厚板铝合金横向焊接缺陷的倾向而提出了新的工艺改进方法。他们还首次提出了 RCM-VPPAW 技术，该技术可显著提高等离子弧的能量密度和穿孔能力，有望实现全径向稳定压缩，构建"精细等离子"的新型电弧热源梁，适用于厚度为 10~15mm 的铝合金板的焊接。图 7 显示了旋转尖端磁场发生器及其压弧机理，在磁场的作用下，可以控制压缩电弧。

图 8 为厚板铝合金 RCM-VPPA 耦合焊接的示意图，可以发现在旋转尖端磁场的作用下，能够形成稳定的匙孔熔池，最终得到高性能的焊缝结构，有助于提高压力容器的服役寿命。

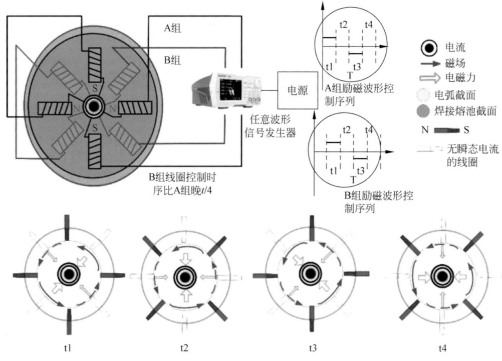

图 7　旋转尖端磁场发生器及其压弧机理图

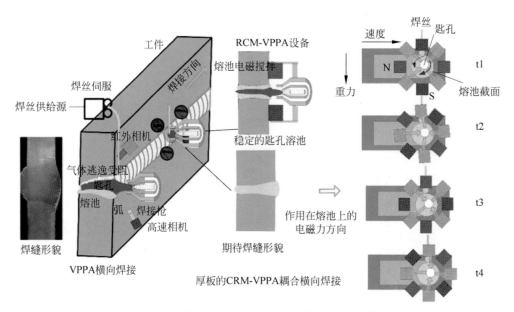

图 8　厚板铝合金 RCM-VPPA 耦合焊接的示意图

3 评估参数与方法

3.1 碳当量公式计算

碳当量公式是焊接工程师和冶金学家必不可少的工具。它们以多种形式存在，由它们计算出的值提供了有关钢在焊接过程中抗氢致冷裂的复杂关系。但是，具有疑问的是目前的公式是否足够准确，使之能够作为安全使用的国际标准，并在此基础上依据计算值对生产制造提供指导。该问题目前引起了一些研究者的注意。通常，可以根据碳当量公式去预测淬透性和冷裂敏感性。P. Kirkwood 等人[4]对铌和硼两种元素在其中所起的作用进行了详细的阐述和讨论。

当前，有几套碳当量的计算公式，它们略有不同。其中，Lloyds 给出的公式为

$$CE = \%C + \frac{\%Mn}{6} + \frac{\%(Cr+Mo+V)}{5} + \frac{\%(Cu+Ni)}{5} \quad (1)$$

根据 EN 规范里的 C.3.2.1 节，给出了公式（2）去计算当量。不过该公式仅适用于铌含量小于 0.06% 的钢。这个限制显得很奇怪，规范里也没有说明具体的理由。

$$CE = \%C + \frac{\%(Mn+Mo)}{10} + \frac{\%(Cr+Cu)}{20} + \frac{\%Ni}{40} \quad (2)$$

美国焊接协会给出了公式（3），与前两者也有所不同。

$$CE = \%C + \frac{\%(Mn+Si)}{6} + \frac{\%(Cr+Mo+V)}{5} + \frac{\%(Cu+Ni)}{15} \quad (3)$$

1978 年，Hart 用两种不同含碳量的无铌钢做了一系列试验。他得出的结论是，低硫钢更容易硬化，更容易发生氢致开裂。他认为当硫含量从 0.033% 降到 0.005% 时，需要在计算的劳埃德 CE 基础上增加 0.02 或 0.03。他还得出结论，低 CE 钢的优势并不总是像预测的那样大。1984 年 5 月，Boothby 等人研究了 20 世纪 70 年代和 80 年代初的 12 种商业海洋用结构钢，它们的

CE 在 0.36~0.43，硫含量为 0.002%~0.016%，铌含量为 0.027%~0.047%。Boothby 得出的结论是，在所研究的范围内，无论是钢的年份还是清洁度，对开裂敏感性都没有明显的影响。他还认为低 CE 钢的淬透性总是被低估。Boothby 认为依据 BS 5135（现为 EN 1011-2）的预测方法对于低 CE 钢一直不准确。

很多研究者对于碳当量公式中没有铌和硼有很大的争论。在钢的生产加工过程中，铌会将奥氏体的转变温度大幅降低到铁素体的转变温度，然而在焊接标准中常用的 CE 公式中并未出现铌元素。即使在今天，一些权威的规范仍然认为铌应该出现于评估冷裂敏感性的公式中。参考前人的研究结果发现，在低热输入的焊接过程中，铌的晶粒细化效果超过了固溶铌的效果。铌在低热输入下能够使奥氏体晶粒显著细化。特别是在低碳水平下，铌使向马氏体的转变受到极大的抑制。因此，在焊接过程中，铌对氢诱导冷裂是没有负面影响的，理论和实验证据表明，它通常是有益的。P. Kirkwood 认为，如果是评估焊接后氢致开裂敏感性的话，则任何 CE 公式中都不应出现铌。

此外，硼也将奥氏体的转变温度大幅降低到铁素体的转变温度，但在最常用的 CE 公式中，如 P_{cm}，硼的作用较小。通过参考前人的研究结果，P. Kirkwood 认为，如果要使用劳埃德公式去修改 BS EN 1011-2 提出的碳当量计算标准，就需要添加一个含硼的因素，因为它和碳当量有着密切的关系。

3.2 用于评定环焊缝焊趾部位缺陷的放大系数 M_k

对于焊接接头，疲劳失效经常发生在焊趾处。在工程临界评估（ECA）中，焊趾处的高应力集中系数是通过使用应力强度放大系数 M_k 来解释的。M_k 即有焊缝板的应力集中系数与无焊缝板的应力集中系数的比值。BS 7910 标准为疲劳裂纹扩展评估提供了 2D 和 3D 两种模型的 M_k 解决方案。然而它们仅用于焊接帽的评估。因

此，有必要开发专门用于评估环焊缝根部缺陷的 M_k 解决方案。Zhang 等人[5] 提出了利用 Abaqus 有限元软件进行二维模拟，焊缝根部的焊缝轮廓由 5 个不同的变量组成，如图 9 所示，焊缝根部焊道宽度 w，焊缝根部焊道高度 h，焊缝根部高 a，焊缝根部焊道角 θ，焊缝根部焊道半径 r。

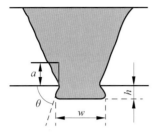

图 9　焊缝根部焊缝轮廓图

有限元分析（finite element analysis，FEA）中有三个模型可以用来表征焊根焊道轮廓，如图 10 所示。Ⅰ型：焊缝根部焊缝轮廓围绕焊缝中心线对称（$h_1 = h_2$），如图 10（a）所示；Ⅱ型：壁厚（WT）不同，$h_1 = 0$，如图 10（b）所示；Ⅲ型：不同的壁厚，h_1 不等于 h_2，带焊根焊道延伸到两个管道内表面之外，如图 10（c）所示。管外径为 406.4mm，WT = 20mm，长度等于 4 倍外径。并与焊接帽地面平齐，以避免整体弯矩。

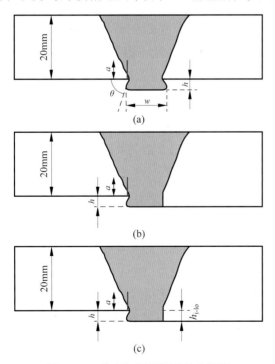

图 10　三种表征焊根焊道轮廓模型
（a）Ⅰ型；（b）Ⅱ型；（c）Ⅲ型

在有限元分析建模时，每个模型都使用 8 节点、双二次、轴对称四边形单元进行网格化，减少积分（Abaqus 中的 CAX8R 型），如图 11 所示，焊缝根部焊道和裂纹附近的网格高度细化。然后，在焊根趾处引入裂纹，受到远程膜应力，再进行线弹性分析。对有限元建模参数化，生成和分析超过 6000 个管道的轴对称有限元模型，其中包含焊根趾处的全圆周内表面缺陷。最后，计算确定焊缝根部焊道轮廓在受远程轴向应力影响下的一系列缺陷深度对于 K 值的影响。

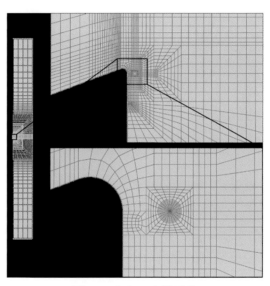

图 11　有限元建模网格

在Ⅰ型模型中，M_k 值与焊根焊道宽度和缺陷深度的关系变化如图 12 所示。如图可以发现在一定裂纹深度（例如 0.23mm）下，随着焊根焊道宽度的增加，新的有限元结果与现有解决方案之间的差异越来越大。当焊根焊道宽度为一定值（例如，5mm）时，有限元分析 M_k 因子小于现有解决方案，并随着焊根焊道宽度的增加，BS 7910 解决方案收敛。

当焊根焊道宽度增加到非常大时，Ⅱ型缺陷是Ⅰ型缺陷的极限情况。Ⅱ型模式下两种情况（$h/B = 0.025$ 和 0.1）的 M_k 因子有限元模拟结果如图 13 所示。Ⅲ型模式下的 M_k 因子有限元解如图 14 所示，也能够进行准确的预测，模拟结果的复制精度在 1%~2% 以内。对于Ⅱ型

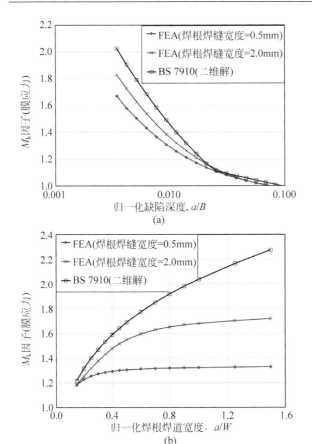

(a)

(b)

图 12 Ⅰ型模式 M_k 值计算结果

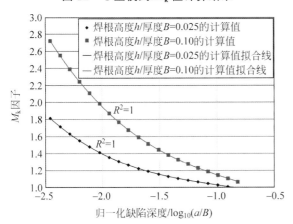

图 13 Ⅱ型模型 M_k 值计算结果

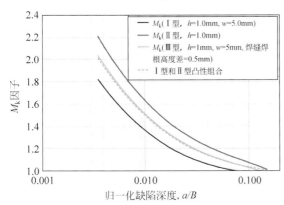

图 14 Ⅲ型模型 M_k 值计算结果

和Ⅲ型缺陷，将有限元计算结果与 BS 7910 进行比较，发现当焊根焊道宽度相对较小时，BS 7910 的 M_k 解低于实际的 M_k 值。然而，当焊根焊道宽度增加到 10mm 时，BS 7910 M_k 可能高于实际值。

3.3 金属磁记忆技术探测

奥氏体钢过热器管广泛应用于火力发电厂的动力锅炉。在运行条件下，由于非设计附加载荷的作用，单个管段出现了局部应力集中区（stress concertration zone，SCZ），磁相在其中形成，表明有金属损伤产生。在冶金缺陷处容易发生这种状况。为了及时检测 SCZ 和损伤源，提出了一种利用特殊的磁力测量仪器和扫描设备的金属磁记忆（metal megnatic memory，MMM）监测方法。MMM 方法是一种基于对 SCZ 中产生的自杂散场（self-mag netic stray field，SMSF）分布进行记录和分析的无损检测方法。基于该技术，Dubov A 等人[6] 对发电锅炉中奥氏体过热器管的各个部位进行了无损探测。图 15 显示了从锅炉过热器上切割的一段 DI-59 钢 36mm × 5mm 管根据 MMM 方法的检查结果。图 15（a）显示了沿其中一条母线记录的磁力图，其中管自磁场 H 及其梯度（dH/dx）变化最大。磁场的这种局部变化对应于内部金属缺陷引起的局部应力集中区。在管的外表面，磁异常的最大值对应于 SCZ。记录了磁异常最大值的管段如图 15（b）所示。图 15（c）为含有局部应力区的管段实物图。

图 16 显示了带有 SCZ 的管子横截面结构的金相照片。从图 16（a）中可以看出，在应力集中区发现了长度约为 1.5mm 和宽度约为 30μm 的冶金缺陷带，缺陷位于距外管壁 1.5~2μm 处。在管子的另一侧（图 15（c）中的 B 区），金属组织状况良好，无明显缺陷。对条带缺陷进行取点硬度分析，对应的硬度位置如图 16（a）所示。硬度结果如表 7 所示，可以看出，条带缺陷处的硬度值相对较高，而在没有 SCZ 区的 B 区，其硬度值平均值为 200HV，要比 SCZ 区低很多。

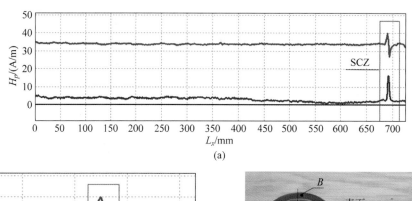

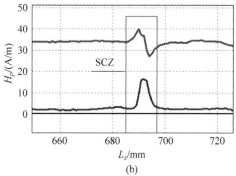

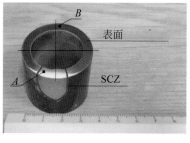

图 15　从锅炉过热器上切下带有缺陷管段的检测结果

（a）MMM 测量结果；（b）局部应力区放大；（c）管段实物照片

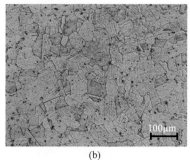

图 16　管段上不同位置的金相组织照片

（a）应力集中区；（b）无缺陷区

表 7　管道截面硬度结果

取 点 位 置	硬度值 /HV
1	340
2	330
3	325
4	290
5	239

图 17 显示了从另一台动力锅炉过热器上切下的一段 42mm × 7mm 的 DI-59 钢管的 MMM 检查结果。图 17（a）为沿其中一条管产生线记录的自磁场 H 及其梯度 $\mathrm{d}H/\mathrm{d}x$ 的分布磁图，可以发现明显的波动段。图 17（b）则为对应区域的金相照片，可以发现裂纹，这也证实了 MMM 技术能够探测道管道表面的裂纹。图 18（a）为

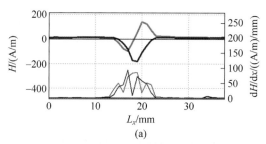

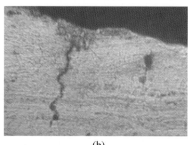

图 17　42mm × 7mm 的 DI-59 钢管管段检测结果

（a）检测数据；（b）对应区域金相组织

BKZ-320GM 型锅炉末级过热器奥氏体盘管（2号）用 MMM 法探测的数据结果。对产生的 SCZ 进行金相观察，发现了一些晶间腐蚀现象。靠近连接点的 H 场之所以发生突变，是由于在缺乏温度补偿的挤压条件下，管子的金属表面层产生了硬化（塑性应变）。

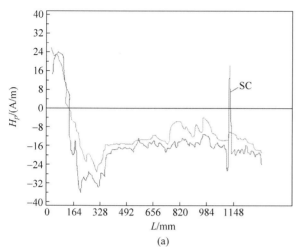

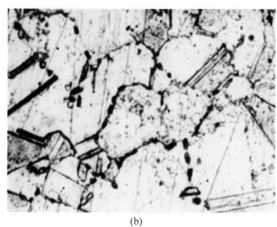

图 18　BKZ-320GM 锅炉末级过热器奥氏体盘管检测结果
（a）磁力图；（b）SCZ 显微组织

从上述检测分析的结果可以知道，基于使用金属磁记忆的检查方法，能够有效应用于奥氏体管损坏的早期诊断，及时防范风险，这是一种可靠的无损检测手段。

3.4　高分子机械响应发光体监测

焊接接头广泛用于连接压力容器和压力管道中的结构部件。然而，由于焊接过程的热历史，焊接接头和母材具有不同的力学性能，这往往会导致不协调变形。受压部件经常受到循环载荷和交变温度的影响，尤其是在启动 / 停

止操作期间。因此，焊接接头的疲劳损伤至关重要。尽管已经开发了许多疲劳损伤检测方法，但检测结果无法用肉眼直接看到。因此，迫切需要开发新的方法来无损、实时、全场和直接可视化检测服役中的大型复杂结构部件的疲劳损伤。在过去的几十年中，许多研究集中在机械发光材料的开发上，该种材料在外部机械力的作用下表现出荧光波长或强度的变化。因此，机械发光现象被提出来实现应力分布和疲劳裂纹扩展的可视化。当前，Zhang 等人[7] 提出了一种基于有机机械响应四硝基 - 四苯基乙烯（TPE-4N）发光体的非接触式、实时和可视化结构监测技术，可用于大规模可视化疲劳损伤的检测。

图 19 为实验装置，其中包括原位疲劳试验机、传统的 CCD 相机、传统的紫外线照射（365nm）装置和用于数据分析的计算机系统。为了防止可见光反射，紫外灯和透镜上固定有滤光片。用 CCD 相机记录荧光图像，通过 MATLAB 等基础图像分析软件对荧光分布和强度进行分析。荧光强度与应变或应力之间的校准可以通过 FEM 或数字 DIC 方法进行。

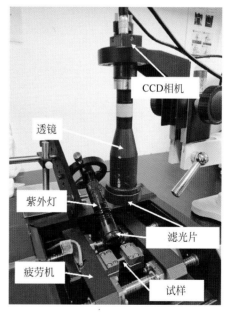

图 19　基于有机 ML 荧光的监测方法实验装置

图 20 显示了拉伸过程中 TPE-4N 在 316L 不锈钢上的应力 - 荧光响应。如图 20（a）所示，拉伸样品最初几乎没有发光。当施加力时，观

察到绿色发光并随着应变的增加而逐渐增强，金属的机械变形成功转化为可见荧光信号。

用SEM观察拉伸前后TPE-4N薄膜的形貌。图21（a）为拉伸后的典型荧光图像；选择荧光强度不同的两个区域（A和B）进行观察。如图21（b）所示，未成形样品表面的TPE-4N薄膜呈现出晶体结构。相反，由于拉伸后形成了几个较小的裂纹，区域A和区域B的结晶TPE-4N薄膜被破坏。此外，区域A形成的裂纹比区域B细得多。同时，发现区域A表现出比区域B

更高的荧光强度。因此，TPE-4N在金属上的有机机械发光机制可以解释为结晶TPE-4N薄膜在金属试样变形过程中会由于形成几个较小的裂纹而被破坏，从而诱发荧光信号。

图22显示了TPE-4N薄膜在不同局部应变下的荧光响应和形貌，可以发现结晶TPE-4N薄膜在拉伸过程中被破坏成更小的碎片，从而产生更高的荧光强度。然而，2区和3区的荧光强度相似，但3区TPE-4N薄膜的破坏比2区严重得多。当局部机械应变超过一定值时，碎

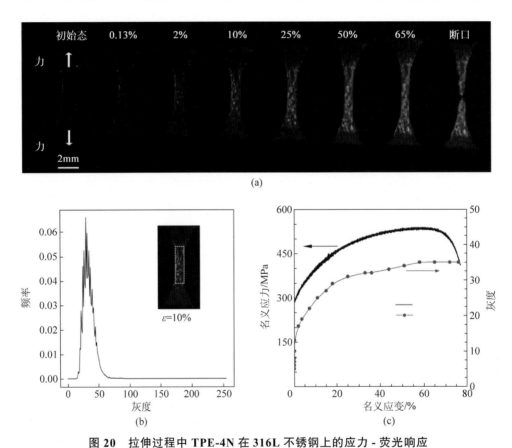

图20 拉伸过程中TPE-4N在316L不锈钢上的应力-荧光响应

（a）不同应变下TPE-4N涂层316L钢的荧光图像；（b）在$\varepsilon = 10\%$时对所选仪表区域进行灰度分析；
（c）TPE-4N涂层钢拉伸试样的应变与应力和灰度图

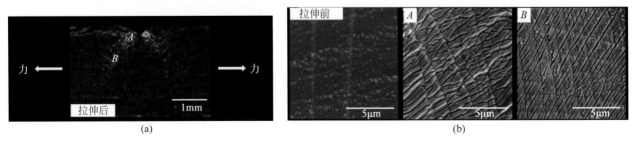

图21 拉伸前后TPE-4N薄膜的形貌图片

（a）拉伸后缺口试样的荧光图像和分析区域；（b）拉伸前TPE-4N薄膜的形态以及拉伸后区域A和区域B的形态

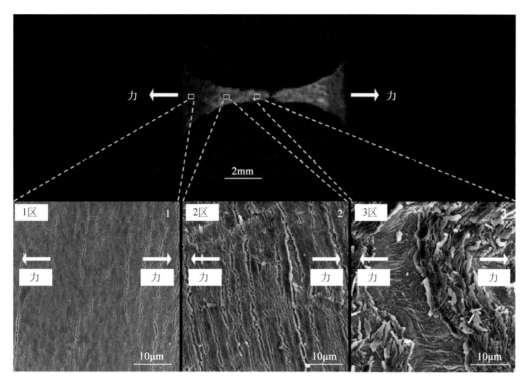

图 22　TPE-4N 薄膜在不同局部应变下的荧光响应和形貌

片数量显著增加，而碎片尺寸变化不大。因此，在拉伸过程中荧光强度趋于稳定。

此外，疲劳裂纹尖端通常具有塑性区。塑性区的局部变形会导致机械响应荧光的产生。因此，可以利用有机机械响应发光体（mechano responsive luminogen，MRL）方法来实现疲劳裂纹扩展的动态可视化。图 23 显示了在 A2024 铝合金疲劳裂纹扩展试验期间缺口的荧光图像。除了图像背景外，初始试样中的荧光信号是微不足道的。可以看出，疲劳裂纹附近出现荧光，荧光生长伴随着疲劳裂纹的生长。从中可以知道，疲劳裂纹萌生、裂纹扩展路径和长度可以通过荧光信号实时监测。

从以上的结果可以看出，这种使用有机 MRL 的非接触式、实时和可见的检测方法能有效评估疲劳损伤。TPE-4N 具有良好的成膜能力，对机械力敏感。此外，TPE-4N 还与金属基材具有良好的结合性，适用于长期疲劳损伤检测。不可见的局部变形和疲劳损伤可以转化为可见的荧光。与传统的 SHM 方法相比，有机 MRL 方法能够密切监测应变分布，甚至预测裂

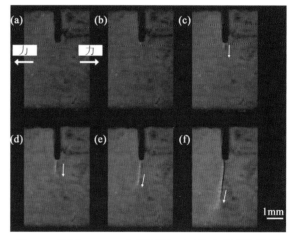

图 23　监测 Al2024 在不同循环下的疲劳裂纹扩展

$F=700N$：（a）初始；（b）4500 次循环；（c）5500 次循环；（d）8500 次循环；（e）11200 次循环；（f）13000 次循环

纹扩展，仅使用简单的 CCD 相机和紫外线，以及基本的图像分析。有机 MRL 方法能为复杂结构部件局部应变积累的大规模、全场和现场可视化开辟新的机会，有利于航空、航天和汽车行业的疲劳损伤早期检测。

3.5　三维蠕变连续损伤建模分析评估蠕变寿命

在高温高压下运行的蒸气管道可能会发生

蠕变，有可能导致部件损坏和失效。使用中的大多数此类部件和结构在多轴负载条件下运行，导致双轴或三轴应力状态。使用经典蠕变变形分析和线性损伤累积（linear damage accumulation，LDA）进行的蠕变寿命预测通常与工程实践大相径庭。要使用经典蠕变分析预测部件的蠕变寿命，通常需要单轴实验蠕变数据、适当的多轴蠕变本构定律、多轴蠕变分析、破裂时间数据和蠕变损伤累积定律。Toudeshky 等人[8]提出了一种三维蠕变连续损伤分析，考虑了母材、焊缝金属和热影响区的不同蠕变特性。为此，他们开发了一个用户材料子程序，以验证在恒定载荷和温度下在半圆形缺口棒材中具有圆孔和三轴应力条件下钛板的程序。这些模型包含考虑或不考虑连续损伤的蠕变分析概念，并假设管道交叉处为多区或单区材料。

为了验证他们开发的程序，他们利用蠕变连续介质损伤模型分别分析了在多轴应力条件下带圆孔钛板和在施加恒定应力及温度下半圆形缺口棒的损伤情况。图 24 显示了有限元分析和 182 个平面的网格配置（在建模中使用了四个节点元素）。

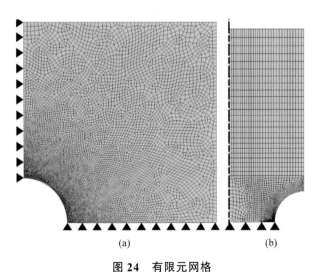

图 24 有限元网格
（a）带圆孔的钛板；（b）缺口圆棒

将应力集中处损伤因子随时间的预测变化与 Becker 等人获得的结果进行比较，发现两种预测结果有着良好的一致性，如图 25 所示。从

Toudeshky 等人的研究中预测的裂纹萌生寿命（假设损伤系数等于 0.9）分别为 403h 和 1494h，而 Becker 等人的模型寿命分别为 419h 和 1532h。这清楚地表明 Toudeshky 等人提出的蠕变 CDM 程序可以预测多轴应力条件下部件的蠕变寿命。

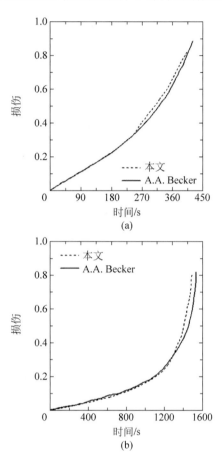

图 25 损伤和时间变化曲线
（a）带圆孔的钛板；（b）缺口圆棒

图 26（a）为典型管道分支交叉点的几何形状模型图。该模型包含多个焊缝截面、两个 HAZ 区域和母材区。对称边界条件也被强制为 A2 表面，图 26（b）为对应的有限元建模网格图。图 27（a）显示了从经典蠕变分析中获得 100000h 寿命时的米塞斯应力场。在这部分分析中没有考虑由损伤导致的损坏和材料退化。最大应力值在 #1 点，确定为 34.4MPa，最大等效应变也出现在该点。因此，根据本次分析的结果，此时将发生最大损伤和裂纹萌生。图 27（b）显示了临界点 #1 处米塞斯应力随时间的变化。图 27（c）说明了使用 ISO 和 CEGB Larson Miller 方程在点 #1

处根据 LDA 规则获得的累积损伤值随时间的变化。该图显示，当使用 ISO 计算时，#1 点的裂纹萌生寿命为 15350h。此外，使用 CEGB 计算在 #1 点获得的裂纹萌生寿命为 14600h，比从 ISO 方程获得的寿命低约 5%。

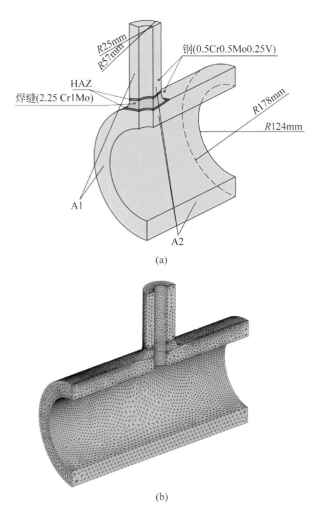

图 26 典型管道分支交叉点的几何形状模型图

（a）结构图；（b）有限元网格图

图 28（a）显示了通过蠕变 CDM 分析单区和多区交叉点两个模型获得的 #2 点损伤因子随时间的变化曲线。与单区域模型相比，多区域模型中的损伤参数增长明显更快。图 28（b）显示了从蠕变 CDM 分析中获得的 100000h 寿命的损伤系数分布。为了更清楚地说明，图 28（c）还显示了两个热影响区的损伤系数分布。这些图表明，在 100000h 后，HAZ 处的最大损伤值为 0.93。但是，对于裂纹萌生寿命，我们需要应力集中区域（#1 点）和 HAZ（#2 点）处的损

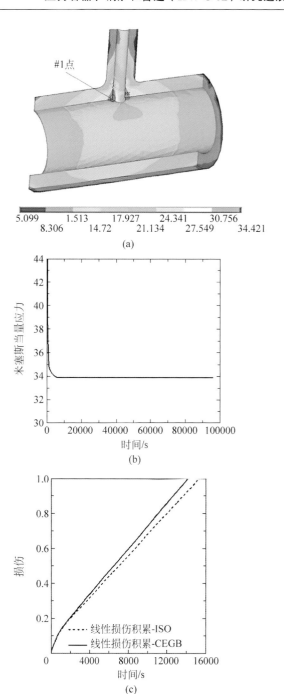

图 27 经典蠕变分析结果

（a）当寿命为 100000h 的米塞斯应力等值线；（b）#1 点应力与时间变化的曲线；（c）使用 ISO 和 CEGB 方程在 #1 点处线性积累损伤随时间的变化曲线

伤因子随时间的变化，如图 29 所示。图 29（a）显示了在 #1 点和 #2 点处损伤值随时间的变化。该图显示，HAZ（#2 点）处的损伤参数值在大约 16600h 内从零增加到临界值，这是该区域裂纹萌生寿命的指示。而 #1 点的损伤值在 8100h 后达到临界值。图 29（b）显示了焊缝中损伤因

子的分布。焊缝中的损伤系数发生在焊缝材料与较低热影响区的界面处的#3点，100000h后的最大损伤系数值在该点，为0.17。该结果表明，HAZ的抗蠕变性低于交叉区域的焊接部位。

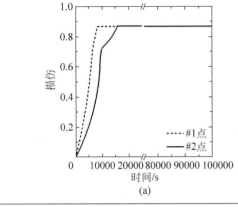

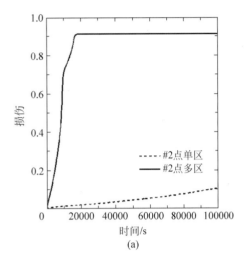

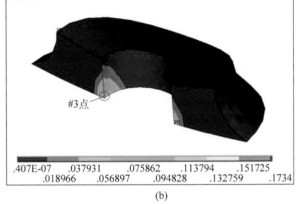

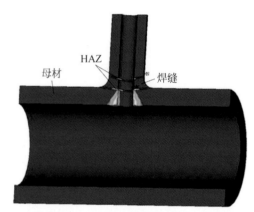

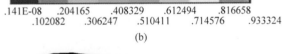

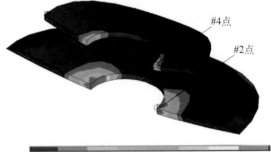

图29 应力集中区域（#1点）和HAZ（#2点）处的损伤因子随时间的变化

（a）多区模型中#2点和#1点损伤与时间变化的比较；
（b）100000h后焊缝区的损伤模拟图

从以上结果中可以发现，经典蠕变分析和考虑多区域建模的预测寿命比其他预测寿命大得多。然而，来自单区和多区模型的蠕变损伤分析的预测结果才具有可比性，大约有7.5%的差异。三维蠕变连续损伤建模法可以较准确地分析评估蒸气管道焊接接口的蠕变寿命。

4 结束语

本次C-XI专委会会议共有8个研究报告，涵盖焊接材料、焊接工艺、焊接结构件疲劳损伤监测方法等内容。所报道的研究进展主要体现在：①通过对Al-Mg系合金焊接进行成分优化设计，微量元素或陶瓷增强粒子的添加，可以显著改善焊缝的力学性能，从而增强焊接构件的服役能力；②通过两个等离子转移弧焊系统的耦合，形成一个串接的PTA系统，可以显著提高焊接涂层的沉积效率；③通过旋转尖端

图28 不同损伤模型下的蠕变损伤曲线和损伤模拟图

（a）单区和多区蠕变损伤模型在#2点损伤与时间变化的比较；
（b）蠕变损伤模型下多区域交叉口100000h寿命时的损伤模拟；
（c）蠕变损伤模型在100000h寿命时的HAZ损伤模拟

磁场与变极性等离子弧焊工艺耦合，能够提高等离子弧的能量密度和穿孔能力，可用作厚板铝合金焊接；④提出基于有机机械响应发光体的非接触式、实时和可视化结构监测技术，可用于大规模可视化疲劳损伤；⑤采用三维蠕变连续损伤建模分析，能够较为准确地预测蒸气管道焊接接口的蠕变寿命。

从上述报告中可以看出，新焊接工艺和疲劳损伤或缺陷监测技术是该领域的研究重点和热点，本专委员也会进一步持续关注，希望能够带来最新的研究进展和资讯。

参考文献

[1] WEN S H, JIAO H J, ZHOU L G, et al. Microstructure and mechanical properties of Al-Mg-Sc welded joint [Z]. XI-1108-2021.

[2] ERTUGRUL G, HäLSIG A, KUSCH M. Efficient multimaterial and high deposition coatings by tandem plasma transferred arc welding for graded structures [Z]. XI-1106-2021.

[3] PAN J J, XIAO J, GUO H, et al. Recent progress in VPPA welding of aluminum vessel-process, sense & control, simulation [Z]. XI-1109-2021.

[4] KIRKWOOD P. Carbon equivalent formulae, knowns and unknowns [Z]. XI-1110-2021.

[5] ZHANG Y H. Magnification factor M_k for assessing fatigue crack growth of flaws at girth weld root toes [Z]. XI-1111-2021.

[6] DUBOV A, KOLOKOLNIKOV S, MARCHENKOV A. Diagnostics of power boiler superheater tubes made of austenitic stee [Z]. XI-1107-2021.

[7] ZHANG Z, LIN H, WEI X W, et al. Real-time and visible monitoring of fatigue damage using organic mechanoresponsive luminogen (MRL) [Z]. XI-1113-2021.

[8] TOUDESHKY H H, JANNNESARI M. An investigation on creep life assessment of welded steam pipeline intersection using classical and progressive damage analyses [Z]. XI-1112-2021.

作者：吴素君，博士，教授，博士生导师。中国机械工程学会材料分会常务理事、焊接分会理事，英国结构完整性论坛（FESI）理事会理事，国际焊接协会 C-XI 专委会主席。研究方向包括材料强韧化机理和技术，结构完整性和安全评估，结构损伤容限和剩余强度评估及服役寿命预测，材料疲劳断裂磨损等性能与微观组织结构的关系，极限环境下材料脆化及表征等。发表论文百余篇。E-mail: wusj@buaa.edu.cn。

审稿专家：徐连勇，博士，天津大学教授，博士生导师。主要从事长寿命高可靠性焊接结构方面的科研和教学工作。发表论文 150 余篇。E-mail: xulianyong@tju.edu.cn。

弧焊工艺与生产系统（IIW C-XII）研究进展

华学明　沈忱　黄晔

（上海交通大学材料科学与工程学院焊接与激光制造研究所　上海　200240）

摘　要：国际焊接学会（IIW）的C-XII专委会（Arc Welding Processes and Production Systems）主要关注弧焊工艺和焊接生产系统的最新进展。在近几年的年会报告中，C-XII专委会重点关注新型弧焊方法、弧焊工艺参数对熔池及焊接质量的检测评估与过程模拟，以及熔丝电弧增材制造的新应用与过程模拟。同时，随着人工智能技术的快速发展，机器学习与深度学习理念开始被应用于对电弧焊接复杂过程的分析与模拟，并取得了很好的成果。本文从新型电弧焊接的工艺与方法、电弧焊接质量监测和智能控制技术、电弧焊接物理过程与机理、熔丝电弧增材制造技术研究4个方面，对本届C-XII专委会报告进行总结，旨在通过对国际前沿焊接技术研究的评述，为我国焊接技术在相关领域的发展提供思路。

关键词：弧焊工艺；弧焊质量监测；智能化焊接；电弧物理；熔丝电弧增材制造；数值模拟

0　序言

74届IIW年会C-XII专委会报告的内容相比去年更为丰富，主要涉及4个方面：①新型电弧焊接的工艺与方法；②电弧焊接质量监测和智能控制技术；③电弧焊接物理过程与机理；④熔丝电弧增材制造技术。新型电弧焊接的工艺与方法主要关注了对厚板焊缝的高效率成形；电弧焊接在线监控和智能化控制主要关注了机器学习算法的应用和焊接过程自适应反馈调节系统的开发；电弧焊接的物理过程关注了焊接电弧物理特性及其对熔池流动和焊缝成形的影响；熔丝电弧增材制造方面主要关注了熔敷质量与过程可靠性的提升。本文将对C-XII专委会本届报告的内容进行总结和评述，为我国在相关焊接领域的发展提供参考。

1　新型电弧焊接工艺与方法

随着焊接技术的不断发展，近年来，面向多种复杂工况的高效率焊接方法不断涌现，然而在实现可行性验证的基础上，还需保证新方法焊接过程的稳定性，进而为新工艺进入实际生产应用打下基础。所以本届年会在新型电弧焊接工艺与方法的部分，主要侧重于针对特殊焊接方法的过程稳定性控制。与以往追求新颖、强调前沿相比，本届年会的新型电弧焊接工艺与方法的相关报告侧重返璞归真，通过更为直接的过程参数调节，实现焊接质量与稳定性的有效提升。

1.1　厚板埋弧熔化极气体保护焊

厚板的高效、高质量焊接是近年来焊接工艺开发、创新的热门领域，目前生产中主要采取的方法为多层多道埋弧焊（SAW）和熔化极气体保护焊（GMAW），少部分会采用匙孔等离子焊（K-PAW）和大功率激光焊（LBW）。GMAW相比其他方法具有更好的材料适配性和环境适应性。在一般的GMAW过程中，电弧处于熔池金属上方，电弧热输入集中于熔融金属上表面，使其熔深受限。为提高GMAW工艺熔深，实现对10mm左右厚板的一次性焊透，日本DAIHEN公司于21世纪初研发了GMAW的埋弧工艺，如图1（a）所示，相比于一般的GMAW，该工艺的电弧可以深入熔池以下，进而获得更大的熔深，也可以使用更高的填充率，一定程度上可以实现窄间隙焊接。当然如图1（b）所示，该工艺在对厚板进行焊接时需要开一定的坡口。虽然具有上述优点，但是由于埋弧位置较难控制，熔池流动不稳定，进而获得了如图1（c）所示的表面形貌飞溅很大的焊缝。

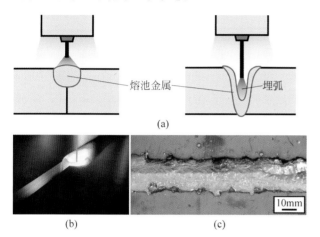

图1　埋弧 GMAW 工艺特点与效果
（a）与一般 GMAW 的焊缝熔深对比；（b）工艺过程熔池特点；
（c）参数优化前焊缝表面

为进一步发展该埋弧 GMAW 技术，DAIHEN 公司与熊本大学和大阪大学的研究者联合开展了针对该技术的过程稳定性研究[1]。通过对焊接过程中的电压施加低频调制控制，使埋弧 GMAW 电弧在熔池底部和侧壁周期性移动，实现焊接过程熔池稳定性的有效提升，飞溅消失并获得平整的焊缝表面（图2（a））。对过程优化后的埋弧 GMAW 在 19mm 厚的 SM490A 低碳钢完成的对接焊缝（单面焊双面成形一次焊透完成）进行的宏观组织表征结果如图2（b）显示，该埋弧 GMAW 工艺可以直接对 19mm 的厚板进行一次性成形对接焊（焊丝直径为 1.2mm）。图2（c）的背散射电子衍射（EBSD）反极图（IPF）结果也表明，虽然宏观上焊缝金属具有粗大组织，但其实为晶内的细小晶粒，表明焊缝在该埋弧 GMAW 工艺下依然具有良好的性能。

此种埋弧 GMAW 技术出现于 21 世纪初，经过多年的可行性验证、设备改进优化之后，如今在过程稳定性上也开展了相关工作，并做出了很好的焊缝，可见随着此工艺的日渐成熟，其生产应用指日可待。与其他厚板焊接工艺相比，该埋弧 GMAW 坡口简单，相比多层多道 SAW 焊缝的坡口尺寸小得多且一次完成，极大地减少了焊接热输入，本次汇报没有其力学性能的结果，但是通过组织表征可以预见其焊缝性能是优于多层多道 SAW 的。且该埋弧 GMAW 技术相比 K-PAW 与 LBW 对环境洁净程度的要求较低，适用范围更大。目前针对埋弧 GMAW 的研究已经完成了熔滴过渡的有限元模拟，对于其具体过程的推弧还是拉弧也进行了工艺研究，

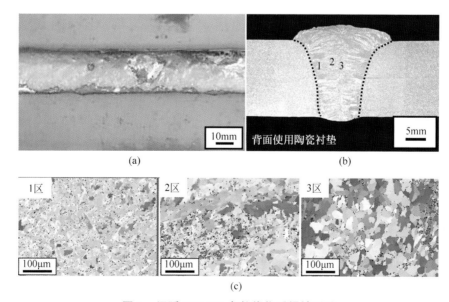

图2　埋弧 GMAW 参数优化后焊缝形貌
（a）参数优化后焊缝表面；（b）截面宏观金相；（c）焊缝各区域组织（EBSD-IPF）

对过程中使用各类保护气体对熔滴过渡的作用也进行了初步研究，坡口尺寸对埋弧 GMAW 的影响也已有一些工作。此外，埋弧 GMAW 对于厚板角焊缝的高效成形也提供了一种有前景的方法[6]。埋弧形式对于 GMAW 熔深的有效提高，使其在多种场景都有着很好的应用潜力，在该方向开展相关研究可以有效提高厚板焊接的效率和质量。

1.2 厚板粗丝熔化极气体保护焊

针对厚板焊缝的 GMAW 技术除了如前文使用的埋弧 GMAW 方法，使用更粗的焊丝和更大的工艺参数也可以更为直接地达到提高熔敷速率、完成大尺寸焊缝一次性填充的目的。德国开姆尼茨技术大学（Technical University Chemnitz）的研究人员于此次年会汇报了其近期对粗丝 GMAW 开展的工作[2]。其使用的粗丝 GMAW 工艺设备如图 3（a）所示，主要包含：3 轮驱动的直丝装置、4 轮驱动的送丝装置、焊丝电极、焊枪头与冷却装置、保护气喷嘴。通过使用直径为 2.4mm，3.0mm，3.2mm，4.0mm 的 S3Ni2.5CrMo 焊丝对厚度为 20mm 的 S690Q 钢板开展工艺窗口实验，得出粗丝 GMAW 在焊接输入功率的极限为 23000~25000W。在坡口设计方面，使用单 V 或者双 V 进行单面焊双面成形及双面焊均可得到外观合格的焊缝（图 3（b））。且通过对焊丝干伸长及形式（实心/药芯）的优化，可以有效缩短焊接的 $t_{8/5}$ 时间至 10s 左右，并获得晶粒较细的 20mm 厚板焊缝。在力学性能方面，使用粗丝 GMAW 工艺完成的焊缝在硬度、拉伸、冲击韧性等方面均可满足现有焊接标准的要求。在焊接效率方面，粗丝 GMAW 相比一般 SAW 在焊接时间上可以缩短 30%，焊接成本（焊料费、保护气体费、电费）降低 40%，金属填充速率完全处于 DVS 标准规定的高性能 GMAW 填充范围（>8kg/h）。

此工艺实用性验证研究表明，大于 2.4mm 的粗丝 GMAW 在厚板焊接方面具有对 SAW 工

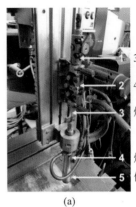

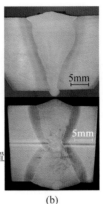

1 3轮直丝装置
2 4轮送丝装置
3 焊丝电极
4 焊枪与冷却装置
5 保护气体喷嘴

（a） （b）

图 3 粗丝 GMAW 工艺装备与焊缝特点
（a）工艺实验系统；（b）20mm 厚 S690Q 钢板单 V 及
双 V 坡口对接焊缝宏观形貌

艺的替代潜力，无论是在节省焊机焊料成本还是提高工艺灵活性上都有很大优势，且完全省略了去除熔渣的步骤。尤其在焊缝组织与性能方面，粗丝 GMAW 焊缝的性能达标率非常高，且通过这种相对低热输入的厚板焊接，多重多道焊接加热引起的钢材母材多重热影响区重叠位置的脆性马氏体组元对焊缝性能的影响也可以排除。与埋弧 GMAW 工艺相比，此粗丝 GMAW 在适用性及稳定性方面更具有优势，也更容易被实际生产应用接受。此类高功率、高填充效率的 GMAW 技术发展表明，在厚板焊接中，SAW 被逐步替代的趋势已经非常明显。目前，对于该粗丝的 GMAW 尚处于起步阶段，相关研究主要来自德国开姆尼茨技术大学，相比传统意义上焊丝直径大于 1.6mm 的概念，该粗丝的 GMAW 具有更高的效率和熔深。这种粗丝 GMAW 是一种全新理念的厚板焊接工艺，且对环境的适应性更高，值得我国焊接界开展相应研究。

1.3 厚板热丝金属气体保护焊

厚板 GMAW 除了上述的埋弧与粗丝两种之外，热丝 GMAW 也是一种行之有效的方法。通过在 GMAW 熔敷填充的基础上，增加一根加热焊丝，使其在 GMAW 熔池内熔化，扩大熔池尺寸，提高焊接填充效率（图 4（a））。但是在提高金属填充效率的同时，热输入对母材的影响变大，导致焊缝 HAZ 性能下降，所以如何

图 4　热丝 GMAW 工艺特点

（a）熔池高速摄影；（b）热丝、双丝、高电流模式下焊缝组织对比

同时做到高焊接效率和较低热输入，是该热丝 GMAW 技术的主要研究方向之一。日本广岛大学和日立公司在本届年会的 C-Ⅻ 专委会上报告了其近年来在此方向的工作成果，通过对厚度为 19mm 的 SS400 钢板进行对接多层多道焊，基于参数组的变化开展了工艺窗口试验，并分析了焊缝各参数条件下的 HAZ 尺寸[3]。研究结果除了给出针对厚度为 19mm 的钢板在一定尺寸坡口条件下的合理焊接参数范围之外，还表明：①在该热丝 GMAW 工艺中，焊接速度相比焊接电流对 HAZ 宽度和焊缝金属硬度的影响更为主要，因为增加的热丝主要增加了焊接熔敷效率，而对焊接整体热输入属于一个抑制；②相比于双丝（tandem）GMAW 和高电流 GMAW 技术，热丝 GMAW 可以有效抑制 HAZ 熔合线附近的晶粒粗化；③与双丝 GMAW 和高电流 GMAW 技术相比，热丝 GMAW 在显著提高焊接热效率（热效率 = 熔敷金属体积 / 热输入）的同时，还具有较低的用电成本。

热丝 GMAW 已出现多年，相比于埋弧与粗丝 GMAW，其与传统 GMAW 在电源模式上没有大的变化，更易被生产应用所接受。但是热丝 GMAW 在熔深上没有优势，在厚板焊接中依然需要多层多道焊来完成，所以其 HAZ 组织难以避免地较为粗大，进而导致焊缝冲击韧性降低。且对于多层多道焊缝来说，多重焊接过程 HAZ 重叠区中的马氏体组元对焊缝性能的影响不可忽视。本文对比的技术主要是更为传统的双丝 GMAW 与高电流 GMAW，虽然有一定的先进性，但是在多层多道焊形式、HAZ 组织转变方面没有显著变化。

1.4　碱性元素对 GMAW 金属过渡作用

GMAW 过程中的熔池流动、熔滴过渡对焊缝的成形质量有直接影响。在 GMAW 过程中，由熔滴生成的收缩效应引起的电磁力、重力引起的熔滴加速、熔融金属的表面张力、金属蒸发引起的反弹力、等离子流力、熔滴自身重力等因素形成了不同的熔滴过渡形式。以往研究对熔滴过渡多聚焦于焊接参数的影响，包括电流、电压、电极极性、保护气组分、电极尺寸，而关于电极材料对金属过渡影响的研究较少。药芯焊丝的 GMAW 具有工艺窗口较大、气孔缺陷控制良好、在高电流（300A）范围的熔滴射流过渡顺畅等优点，但是由于电弧不稳和金属过渡速率较低等因素，其在低电流区域的熔滴过渡不稳定，所以要进一步提高焊接质量，需要优化焊丝材料。在本届年会的 C-Ⅻ 专委会上，由大阪大学牵头的多机构研究团队汇报了碱性元素钠对 GMAW 金属过渡行为的作用[4]。其在控制焊丝中的碳、硅、锰、铝、钛为定值的基础上，设计了钠含量为 0，0.028%，0.056%，0.084% 的四种焊丝，并使用同等焊接参数对 GMAW 焊接熔池熔滴过渡进行高速摄影与光谱分析研究。结果表明：①随着焊丝钠含量的提高，金属熔滴过渡频率提高；②相比于铁元素等离子体集中于熔滴下部与熔池之间，钠元素等离子体位于焊丝尖端和熔滴颈缩位置（图5）；③钠元素等离子体在电弧中促进了焊丝尖端和熔滴缩颈至熔池间电流路径的生成，进而分流了熔滴下部与熔池间铁元素等离子体的电流，降低了电弧压力，从而加强了电磁力对熔滴颈缩的作用，促进了熔滴从焊丝的脱离，提升了熔滴过渡频率。

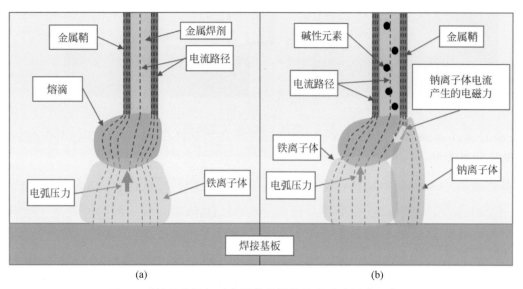

图 5　碱性元素添加对金属药芯焊丝熔滴过渡影响示意图

（a）碱性元素添加前；（b）碱性元素添加后

焊丝成分的调控对于优化焊接过程稳定性，提高焊缝质量具有重要作用。开展这个方向的研究，对焊丝质量和适用性的提高具有重要意义，其也是新型焊丝研发的核心步骤。然而就目前来看，虽然焊接过程的工艺五花八门，焊丝的开发和优化是严重滞后的，究其原因主要是焊丝成分设计研究的过程复杂、成本高、回报不稳定，需要多次熔炼拔丝来实现最后的电弧过程研究。但越是面临各种困难，越体现出其对高性能焊缝成形的重要性。这个汇报为相关研究的进一步开展给出了很好的范例，通过对元素含量在熔滴形成过程中具体作用的系统和机理性分析，为焊丝元素含量的设计明确了方向。

1.5　钢铝异种搅拌摩擦焊

随着汽车对轻量化需求的进一步提高，尤其是在新能源电动车不断增大市场份额的背景下，钢铝异种连接的使用量不断增加。然而由于铁铝金属间化合物层的存在，多种技术在钢铝异种连接上都有着各自的限制，比如爆炸焊无法实现小型零件的焊接，激光焊的参数敏感性高且存在金属间化合物问题，胶接存在固化、老化的问题，机械连接则在生产效率成本方面难以被大批量生产接受。搅拌摩擦焊（FSW）作为一种高效率固相连接技术，其在多材料设计（multi-material interface，MMI）车架上的应用具有适用性。在 FSW 钢铝异种接头中，搅拌摩擦头的转动方向会在接缝的不同位置出现钩状连接，钩状连接的形态对焊缝拉伸性能的影响明显。钩状连接的形态又直接取决于搅拌摩擦头的形状，所以控制焊接过程的搅拌摩擦头形状，可以显著提升 FSW 钢铝异种焊缝的强度。韩国工业技术研究所（Korea Institute of Industrial Technology，KITECH）的研究人员在本届年会上报告了相关的内容。其通过对 FSW 搅拌摩擦头的不同尺寸设计，建立了搅拌摩擦头形状与钢铝异种 FSW 接头拉伸强度的联系[5]。在明确搅拌摩擦头各个尺寸对于焊缝拉伸强度的作用之后，该研究进一步设计了多层级搅拌摩擦头，并运用人工智能算法得到了更为优化的搅拌摩擦头形状。如图 6 所示，其在实验数据获取方面，主要是获得搅拌摩擦头形状、焊接速度、搅拌摩擦方向等输入因子，与拉伸强度、钩状结构宽/高度、钩状结构类型等输出因子的联系，进一步在数据预处理中建立设计图形与各种标量之间的对应关系，进而获得处理后的卷积神经网络（CNN），最后获得优化的结果。该研究基于机器学习建立的针对钢铝异

图 6　FSW 搅拌摩擦头形状设计机器学习算法流程图

种 FSW 连接的搅拌摩擦头形状设计优化算法，在后续的优化结果实验中，实现了对 FSW 焊缝钩状结构形状类型预测成功率 91%、拉伸强度预测准确率 80% 以上的预测，虽然在钩状结构具体尺寸预测上成功率不高，但是这种算法后续优化的潜力巨大。

近年来，随着人工智能（AI）技术的发展，虽然其机理尚待进一步研究，以机器学习为代表的各种基于 AI 的优化设计算法不断被应用到焊接技术研发中。目前在焊接方面的研究中，AI 或者机器学习主要被用在焊接过程质量监控，以及对焊缝最终合格与否的快速评估方面，在焊接设备设计上的应用凤毛麟角，上述研究为焊接设备的 AI 优化提供了很好的范例。所以 AI 作为一项新兴的优化设计技术，在焊接方面的使用还需进一步打开思路，进而加速焊接技术的发展。

1.6　等离子焊的超声振动匙孔优化

等离子焊（PAW）具有良好的焊接熔深，其主要得益于由等离子形成的匙孔效应。PAW 与激光焊接（LBW）和电子束焊接（EBW）等同样具有匙孔的焊接方法相比，具有成本低、操作简单、应用场景适配性高的优势。但是 PAW 也具有对焊接参数敏感、高质量焊接参数窗口小、熔深在某些场景下仍显不足的缺陷。为进一步提升 PAW 的匙孔熔深能力，当前主要的方法有：①激光辅助，即将 PAW 钨极做成空心，在空心内部同一束激光，同轴增加 PAW 的熔深匙孔能力；②集中压缩气体辅助：即在 PAW 的焊枪本身具有的压缩等离子气基础上，在其外部增加一个环形压缩保护气，使等离子压缩更大，进而提升 PAW 的匙孔能力；③超声辅助：该方法主要用于增加钨极氩弧焊（GTAW）的熔

深，其通过在 GTAW 的焊枪外部增加一个超声辅助装置，将超声振动间接施加于电弧，增加熔深。在本届年会上，山东大学的武传松教授团队展示了其基于超声振动辅助提升脉冲 PAW 匙孔熔深能力的工作[6]。该超声振动辅助 PAW（U-PAW）装置如图 7（a）所示，其自上而下包括超声波换能器、变幅器、可调节支架、钨极、PAW 焊枪，该装置通过将超声振动直接施加于 PAW 钨极，实现对熔池的超声振动辅助，根据初步的实验研究，U-PAW 相比于一般 PAW 在熔深上有着显著提升，其在 140A 焊接电流、140mm/min 焊接速度、500W 超声辅助条件下实现了 8mm 不锈钢板的匙孔熔透焊（图 7（b））。更进一步地，该研究团队开展了将超声振动与脉冲 PAW 复合的研究，相关结果表明：①超声振动与等离子弧的相互作用提升了等离子弧压力和阳极表面的电流密度；②超声振动辅助可以强化等离子弧的匙孔能力，在同等条件下具有超声振动辅助的 PAW 可以在更低焊接电流和更高焊接速度下完成开放匙孔的全熔透焊接；③通过在脉冲 PAW 基础上附加超声振动辅助，可以确保每个高电流脉冲下均可稳定形成一次匙孔，即使在提升焊接速度的情况下，电流峰值依然可以降低。研究得到的一系列结果体现了超声振动辅助对提升现有 PAW 熔深的能力，为厚板等离子窄间隙焊接提供了很有价值的参考。

超声振动辅助一直以来都是改善熔池流动性、提高焊接熔深与效率的一种很有吸引力的方法。而对于 PAW 来说，超声振动辅助的增加对于提高过程稳定性也极具意义。目前在相关方向上，已经实现了对 U-PAM 匙孔过程的模拟，通过与脉冲的复合也得到了质量好的焊缝。

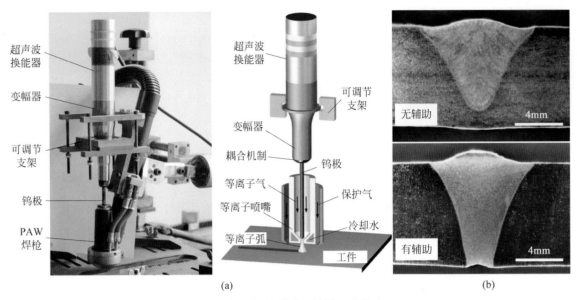

图7　超声振动辅助系统及工艺特点

（a）装置实物图与示意图；（b）超声振动辅助效果对比图

2　电弧焊接质量监测和智能控制技术

焊接智能化和信息化是近年来焊接技术发展的主要趋势。在已有自动化焊接的基础上，通过新型传感技术实现对焊接过程的信息采集和自适应反馈调节成为本届年会关注的焦点。以神经网络算法为代表的机器学习方法为探索和建立焊接过程物理现象和焊接接头质量之间的联系提供了有效的途径。同时，随着新型焊接方法的开发和焊接生产系统的不断更新，不同焊接专业设备之间数据信息的可交互性和可视化技术的开发也引起了广泛关注。

2.1　新型传感技术的开发与应用

红外热成像测温仪被广泛地应用于焊接过程在线监控、焊缝熔深反馈与调节、焊缝跟踪等领域。按工作原理，红外热成像测温仪可以分为单色红外热成像仪和双色红外热成像仪两种。相比于双色红外热成像仪，单色红外热成像仪具有更大的温度测量范围。然而，对于单色红外热成像测温仪，当被测量物体表面为灰体时，必须首先对物体表面辐射发射率进行测量，才能计算得到目标的温度。当物体表面性质发生改变时，如发生熔化、氧化、形成表面织构等，其表面辐射发射率也会随之发生改变，从而导致红外直接测量温度的结果产生误差，需要进一步通过热电偶或布拉格光栅传感器等高温计对不同温度条件下被测量物体表面的辐射发射系数进行校准。日本大阪大学的研究者提出了一种通过单色红外热成像焊接过程中母材表面的黑体辐射系数和温度进行同步多点测量的新方法[7]。该方法以SUS304不锈钢和SS400低碳钢板材作为母材，并在母材的背面以2mm的间隔涂覆条纹状的黑体涂层（图8（a））。研究者在母材的正面采用钨极惰性气体保护焊（TIG welding）焊枪产生的电弧作为热源，在母材的背面放置一台型号为Optris PI640的红外热成像仪。通过普朗克定律对红外热成像仪采集到的母材背面没有黑体涂层区域位置和相邻条纹状黑体涂层区域位置的辐射强度进行计算，可以同时获得该位置的亮度温度和真实温度，并进一步得到母材在该位置处的黑体辐射系数。研究者将通过K形热电偶得到的母材表面温度测量数据和该方法进行了对比验证，如图8（b）所示，两者测量的温度结果相符。进一步地，研究者通过该方法所得的材料表面温度与黑体

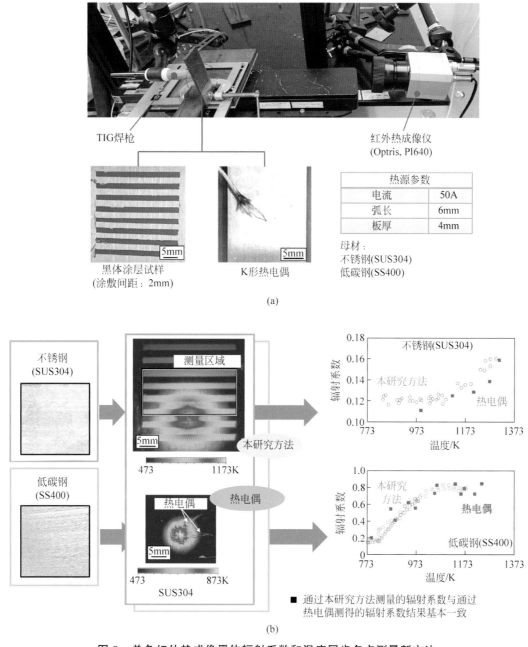

热源参数	
电流	50A
弧长	6mm
板厚	4mm

TIG焊枪

红外热成像仪
(Optris, PI640)

母材：
不锈钢(SUS304)
低碳钢(SS400)

黑体涂层试样
(涂敷间距：2mm)

K形热电偶

(a)

不锈钢
(SUS304)

低碳钢
(SS400)

测量区域

本研究方法

热电偶

热电偶

SUS304

■ 通过本研究方法测量的辐射系数与通过
热电偶测得的辐射系数结果基本一致

(b)

图8 单色红外热成像黑体辐射系数和温度同步多点测量新方法

（a）工件表面辐射发射率测量方法；（b）新测量方法与热电偶测量结果对比

辐射系数之间的映射关系应用于 TIG 表面堆焊过程中的焊缝和母材区域的温度测量中，修正了采用恒定发射系数计算得到焊缝和母材的熔合线区域位置温度分布测量结果不连续的问题。

在电弧焊接过程中，由于电弧辐射的干扰，通过可见光谱段的视觉传感器难以获得电弧作用区域熔池图像的细节。因此，现有的研究者主要通过光谱信号和声信号对电弧焊接过程中气孔缺陷的形成进行实时在线监控和检测。在之前的研究中，日本住友重机械工业株式会社和大阪大学的研究者发现，通过红外视觉传感器观察熔池，可以有效地抑制电弧辐射光的干扰，获取更清晰的熔池图像。当通过 InGaAs 红外图像传感器和对应的滤光片对熔池进行观察时，在 1320nm 附近获取的熔池图像和电弧之间的亮度信号具有最高的比值，因此也更适用于熔池图像的观察和在线监控。在本届年会上，研究者选用了 InGaAs 红外图像传感器和（1320±5）nm 的红外窄带滤光镜替代了常用的可见光图像传感器，研究了在活性气体保护电弧焊接镀锌 SM490 A 钢板过程中的气孔的产生特征（图9（a））[8]。通过红外图像传感器可以清晰地观察到钢板镀锌部分电弧作用区域的熔池表面气泡形态和运动（图9（b））。进一步地，研究者基于卷积神经网络训练的模型对熔池图像中的气泡产生特征进行识别，从而实现基于视觉传感的深度学习对电弧焊接过程中气孔缺陷的在线检测（图9（c））。

2.2 焊接质量在线监控和自适应反向调节

在自动化焊接的生产过程中，实际生产质量容易受到导电嘴磨损、焊丝硬弯、送丝速率与保护气流量波动等工况条件改变和坡口加工精度、装配精度，以及焊接热变形等外界因素干扰而导致产生焊接缺陷。通过视觉传感器对焊接过程的物理现象进行图像采集和在线监控，可以获取丰富的信息。然而，通过视觉传感器获取的图像并不能直接反映焊接质量的变化，需要进一步对图像进行处理和特征提取，以获取焊接现象和焊接质量之间的联系。在本届年会中，日本大阪大学的研究者通过数值模拟仿真的方法研究了在熔化极气体保护焊接（GMAW）SS400 不锈钢 T 形焊缝过程中由于焊丝位置改变导致的熔池形状特征与焊接质量变化之间的相应联系[9]。研究发现，在 GMAW 焊接 T 形焊缝过程中，熔池中的液相在熔池纵截面内存在两个环流。其中，熔池前端的液相流动由电弧压力和熔滴过渡的冲击力驱动，对焊接熔深产生影响；熔池后端的金属液相流动是由马兰格尼效应（Marangoni effect）导致的，影响着熔池尾部的形态特征。如图10（a）所示，当焊丝指向位置由 T 形焊缝顶角位置向外发生偏移时，熔池前端的环流减弱，导致焊接熔深发生变化；而熔池后端的环流基本保持不变，熔池尾部的形状也不会发生改变。基于数值模拟仿真的结果，研究者从熔池图像中提取电弧区域中心点到熔池尾部边缘的位移角作为焊丝指向位置偏移量的指标（图10（b））。如图10（c）所示，实验论证结果表明，随着焊丝指向位置的偏移，位移角增大，由于熔池前端环流的减弱，焊缝的熔深线性降低。以电弧中心点和熔池后边缘的位移角作为特征量可以有效地避免中心区域的电弧辐射对图像的干扰，为通过视觉传感实现焊接过程在线监控提供了可靠的依据。

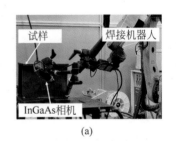
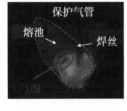
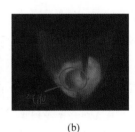
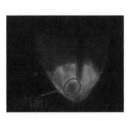

(a)   (b)

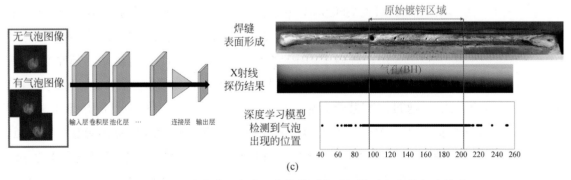

(c)

图9 基于视觉传感的深度学习在线检测电弧焊接过程中的气孔缺陷

（a）焊接与红外图像传感器装置；（b）电弧作用区域熔池表面气泡的形态；
（c）通过卷积神经网络训练的模型监测熔池图像中气泡产生特征的结果

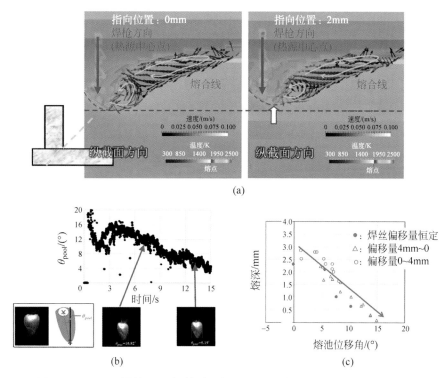

图10　GMAW 焊接 T 形焊缝过程焊丝位置 - 熔池形状 - 焊接质量关系
（a）焊丝指向位置偏移 0 和 2mm 时纵截面熔池流动模拟结果；（b）焊丝指向位置偏移时电弧区域中心点到
熔池尾部边缘的位移角的变化；（c）焊丝偏移量与熔池位移角之间的关系

在船舶建造领域，船体外板横缝由于需要工人进行二次修割，焊缝坡口根部间隙存在变化，现主要采用手工焊接或者半自动焊接的方法。国内外研究者开发了双丝及三丝 CO_2 气体保护焊、旋转电弧气体保护焊等方法以提高其桥接和侧壁熔合能力，抑制横焊熔池的外淌，实现侧板的自动化焊接。然而，这些研究针对船体外板横缝坡口根部间隙变化的问题没有提出可靠的解决方案。日本神户制钢的研究者提出采用向不含氧化物造渣剂的药芯焊丝中添加脱氧剂（Al-Mg）以减少焊缝中的氧含量和提高填充金属桥接能力、同时基于视觉传感器获取焊接过程中的间隙特征并进行自适应控制的方法，实现了对变间隙的 SM490 A 结构钢的自动化焊接[10]。研究结果表明，通过在药芯焊丝中添加 2% 含量的脱氧剂，当 Al 和 Mg 的比例为 1：1 时，可针对坡口根部间隙 7mm 的结构钢实现无背部垫板的横焊，同时焊缝具有良好的成形（图 11（a））。针对坡口根部间隙变化的

问题，研究者通过视觉传感器采集了焊接过程中熔池的图像，并分别采用了焊丝尖端到上熔池前端的水平距离（PLL）作为焊接速度控制的变量，以及上、下熔池前端的垂直间距（PLW）作为焊丝摆动路径（摆动幅度、频率、倾角和驻留时间）控制的变量。进一步地，研究者通过卷积神经网络算法对不同时刻采集的带有渐变根部间隙的母材横焊过程中的熔池图像训练集进行训练，以实现对不同条件下采集的熔池图像中各参照点的识别和提取。如图 11（b）所示，测试集对神经网络算法模型进行验证的结果表明，训练模型对熔池图像中各参照点的识别准确率高于 75%，通过训练模型提取得到的根部间隙的表征值具有很好的稳健性。最终，如图 11（c）所示，研究者结合焊丝优化和借助神经网络算法针对坡口根部间隙变化开发的自适应反馈调节系统，实现了对具有 3~7mm 变间隙的无垫板 V 形坡口 SM490 A 结构钢的自动化横焊。

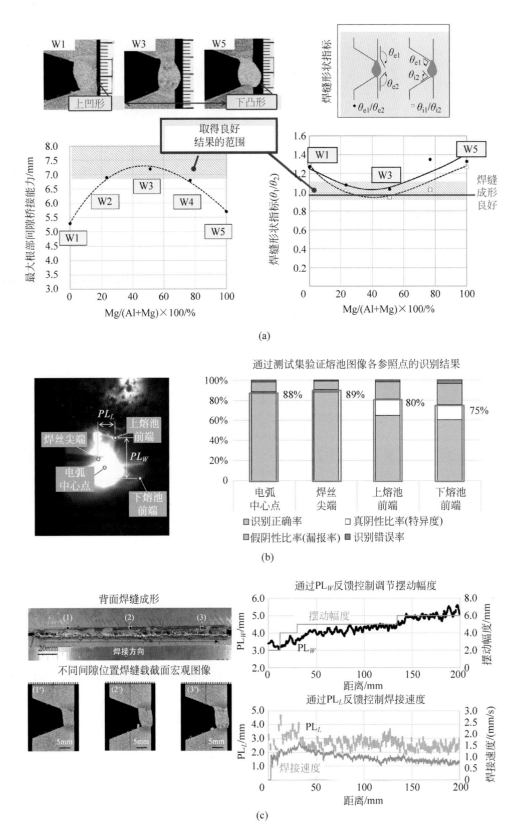

图 11　药芯焊丝气体保护横焊 V 形坡口 SM490 A 结构钢过程优化

（a）脱氧剂添加对焊缝桥接和成形的影响；（b）神经网络算法训练模型对测试集熔池图像各参考点的识别准确率；
（c）结合焊丝优化和自适应反馈调节实现无垫板自动化横焊的表面成形

2.3　焊接数据信息化与可视化技术开发

随着新的焊接技术不断发展，焊接设备日益高精化和专业化，不同焊接设备之间、数据之间的信息交互和传递越来越困难。德国联邦材料研究所（Bundesanstalt für Materialforschung und-prüfung，BAM）的研究者通过 WelDX 项目开发和建立了一套通用的开源文件格式，以实现焊接试验数据记录和相关联的质量标准的交换，促进国内和国际焊接界内部的科学合作[11]。WelDX 项目规划的目标包括：①开发通用文件格式和开源软件；②保存焊接实验或模拟数据；③管理日常实验工作和档案；④开发分析和可视化工作；⑤聚焦于电弧与激光焊接；⑥建立焊接研究数据的合作社区。WelDX 所开发的焊接数据交换文件格式包括 WelDX 数据文件和模块定义文件（schema definition file）。其中，WelDX 数据文件包括焊接工艺参数、试验设备信息、工件信息、测量数据，以及描述各属性的元数据等，主要用于数据的储存和交换。模块定义文件主要描述独立元素和 WelDX 数据文件的结构和内容，并通过个人或社区进行维护，用于定义社群标准和保证数据文件的完整性和构成。在进一步的研究中，WelDX 已经提供了 Python 编程语言的应用程序接口，用于数据信息的可视化。如图 12 所示，焊接试验后生成的 WelDX 文件可以通过开源软件实现对工件尺寸的三维建模、分形和重构，以及焊接电信号和热电偶信号的分析和储存等功能[12]。现有的 WelDX 项目已经通过 Github 进行开源，并提供了相关的案例介绍。

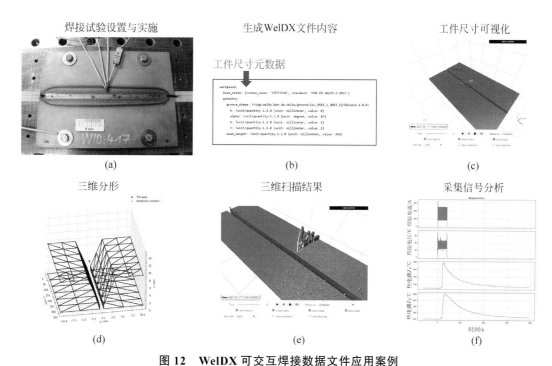

图 12　WelDX 可交互焊接数据文件应用案例

（a）焊接试验设置与开发；（b）生成 WelDX 文件；（c）工件形状可视化；（d）工件形状三维分形；
（e）工件表面三维扫描数据保存；（f）焊接电信号与热电偶数据保存与分析

3　电弧焊接物理过程与机理

电弧焊接中的物理现象和焊接传质与传热过程有着紧密的联系。通过对电弧焊接物理过程和机理展开研究有助于深入地理解电弧焊接的本质，揭示焊接工艺与焊接质量之间的内在联系。本届年会主要介绍了电弧等离子体光谱诊断和电弧焊接物理过程数值模拟两方面的研究进展。其中，通过结合电弧传质与传热过程和熔池流动与凝固过程数值模拟的虚拟焊接制造技术实现对电弧焊接接头焊缝形状的可靠预测是本届年会的亮点。

3.1 电弧等离子体物理特性光谱诊断

活性钨极气体保护焊接（A-TIG）通过表面涂覆的活性助焊剂可以有效地增加焊接的熔深，提高焊接效率，同时防止飞溅和改善焊缝表面成形。已有研究表明，在相同焊接规范下，活性助焊剂的加入能够引起电弧的收缩，增加电弧能量密度，增强电弧压力，从而提高熔深。通过光谱诊断的方法研究 A-TIG 焊接过程中的电弧等离子体传输特性可以帮助研究者更深入地理解活性助焊剂促进电弧收缩和提高焊接熔深的机理，开发和改进 A-TIG 焊接工艺。兰州理工大学的研究者通过光谱诊断的方法研究了 B_2O_3、SiO_2 和 TiO_2 活性剂对 A-TIG 焊接 304 不锈钢过程中电弧等离子体发射光谱特征和温度分布的影响（图 13（a））。研究发现在加入 B_2O_3 和 SiO_2 活性剂后，通过光谱诊断在电弧等离子体中可以检测到明显的 SiI 和 BI 的原子特征峰。而加入 TiO_2 活性剂后，TiI 的原子特征峰不明显（图 13（b））。因此，研究者认为 B_2O_3 和 SiO_2 在蒸发、电离后进入电弧等离子体区域，导致了电弧等离子体的收缩。研究结果同时发现 B_2O_3 和 SiO_2 引起的电弧收缩对电弧等离子体温度场产生的影响很小。对于 TiO_2，研究者认为是因为 TiO_2 活性剂导致了阳极斑点区域收缩，从而促进了电弧的收缩和焊接熔深的提高[12]。

在电弧焊接过程中，金属蒸发行为和金属蒸气会对电弧等离子体的温度场和电子密度场分布产生影响，从而影响电弧等离子体的能量传输过程。在单一电弧热源的低速焊接过程中，电弧等离子体的形态可视为轴对称的圆锥体。因此，研究者可以通过对平行采集得到的电弧辐射光谱强度进行阿贝尔变化（Abel transformation）获得电弧等离子体内任一点的辐射发射强度，并进行光谱诊断和计算。然而，对于多电弧的多丝 GMAW 和复合焊接，电弧等离子体由于相互干扰无法再视为轴对称的圆锥体，因此需要通过三维采集和重构的方法实现对电弧等离子体的诊断。日本大阪大学和森田集团的研究者通过三维测量的方法研究了等离子体弧 - 熔化极惰性气体保护复合焊接（plasma-MIG hybrid welding）过程中电弧等离子体的特性[13]。如图 14（a）所示，研究者通过 3 组（共 12 台）

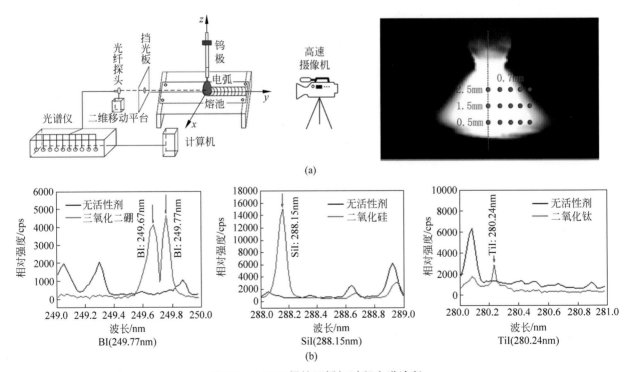

(a)

(b)

图 13　A-TIG 焊接不锈钢过程光谱诊断

（a）电弧光谱采集装置和位置示意图；（b）有不同活性剂时电弧等离子光谱和无活性剂条件下的光谱对比

高速相机分别在各个方向采集了电弧等离子中在 516.7nm（FeI）、492.1nm（FeI）和 763.5nm（ArI）发射的原子特征峰，通过空间分解的方法获得了 3 个原子峰在电弧内任意点的辐射发射强度，并进一步通过标准温度法（Fowler-Milne method）和谱线相对强度法计算得到了焊接过程中电弧温度的三维分布（图 14（b）上）和金属蒸气浓度分布（图 14（b）下）。如图 15（a）所示，当 MIG 焊接电流变化时，等离子体弧焊接电弧与 MIG 焊接电弧之间的耦合行为随之变化。如图 15（b）所示，通过三维光谱诊断得到的电弧温度场分布表明，在 t_2 和 t_3 时刻，MIG 焊接电弧和等离子体弧焊接电弧在靠近基板附近相互连接。如图 15（c）所示，通过计算得到的电弧内部电导率分布结果表明，从 t_2 时刻开始，MIG 焊接电弧和等离子体弧焊

接电弧电场相互耦合；在 t_3 时刻，当 MIG 焊接电流增大至等离子体弧焊接电流的两倍时，等离子体弧焊接电弧朝前偏转，和 MIG 焊接电弧之间的耦合作用消失。研究者通过电弧之间的受力分析对不同时刻 MIG 焊接电弧和等离子体弧焊接电弧之间的耦合和排斥现象进行了解释。如图 15（d）所示，在 t_1 时刻，MIG 焊接电流远小于等离子体弧焊接电流，MIG 焊接电弧由于洛伦兹力的排斥作用背向等离子体弧焊电弧的方向弯曲。从 t_2 时刻到 t_3 时刻，随着 MIG 焊接电流增大至和等离子体弧焊接电流相近，由于电弧挺度的增加，焊接电流从 MIG 焊接电极（正极）流向等离子体电极（负极）而产生耦合。同时，电弧等离子体仍然保持相互排斥。当 t_3 时刻 MIG 焊接电流远大于等离子体弧焊接电流时，电弧等离子体之间的洛伦兹力导致等离子体电弧

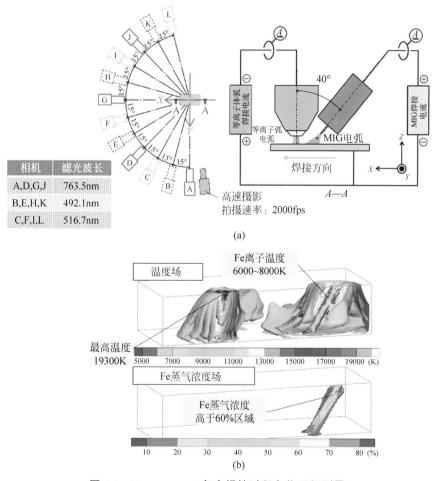

图 14 Plasma-MIG 复合焊接过程多物理场测量

（a）电弧等离子体三维测量设备平台；（b）电弧等离子体温度场和金属蒸气浓度场三维测量结果

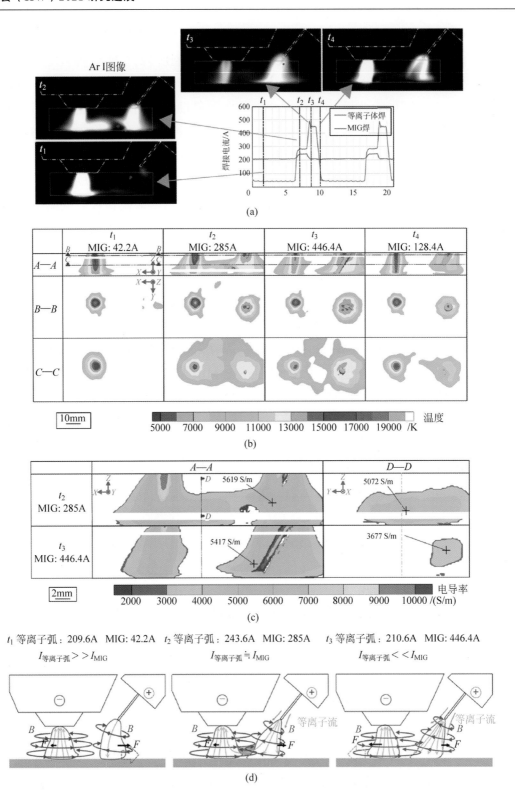

图 15　等离子体 -MIG 复合焊接过程多物理场测量

（a）电弧等离子体不同时刻高速摄影；（b）电弧等离子体温度场分布；
（c）t_2~t_3 时刻电弧等离子体电导率变化；（d）电弧之间的耦合和排斥机理

背向 MIG 焊接电弧的方向弯曲，两个电弧开始分离。在 t_4 时刻，由于电流下降，等离子体弧接电弧和 MIG 焊接电弧之间不存在耦合作用。

3.2　电弧焊接物理过程数值模拟

传统钨极气体电弧焊接（GTAW）在高的焊接速度下会导致驼峰、咬边等一系列缺陷，限制了 GTAW 焊接效率的提高。早期的研究者发现，焊接过程中驼峰缺陷的出现主要与焊接速度和电流有关，而受到表面张力的影响很小。美国宾夕法尼亚州大学的 KUMAR 等人发现，驼峰的敏感性与电流、焊接速度、电极形状、焊枪倾角有关，并受到外界磁场和保护气特性的影响。研究者认为，电弧压力和速度是导致驼峰出现的关键因素。山东大学的孟祥萌等人在对 GTAW 焊接过程的数值模拟中引入了自由曲面和电弧压力的影响。研究者认为在电弧压力的作用下，熔池形成一个极薄的液态金属层凹陷区，熔池被拉长，金属液相主要通过凹陷区侧壁通道向后流动。熔池液态金属向后流动增强，而尾部液态金属受冷却速率的影响无法充分回流，导致了驼峰的形成。在此次 IIW 会议中，重庆大学和兰州理工的研究者进一步在 GTAW 高速焊接的数值模拟中考虑了电弧剪切力对熔池形态和液相金属流动的影响[14]（图 16（a））。研究发现，焊接过程中的电弧压力和剪切力集中作用于电弧中心位置，导致作用位置的熔池向内凹陷，促使焊缝表面产生驼峰（图 16（b））。研究者基于对熔池温度场和流场的数值模拟结果讨论提出，由熔池表面凹陷表面热源分散导致熔池表面温度降低（图 16（c））和由电弧剪切力导致的金属液相向熔池尾部流动增强（图 16（d））是高速 GTAW 焊接过程中驼峰缺陷形成的两个关键因素。

节能减排的能源发展战略对轨道交通和车辆工程结构设计的轻量化提出了越来越高的要求，具有密度低、比强度高、耐腐蚀性能良好的铝合金被广泛地应用于汽车结构件的生产中。钢与铝的异种焊接问题受到了越来越多的关注。钢和铝在进行熔焊的过程中，Fe/Al 界面位置容易产生脆性中间相，影响接头的力学性能。如何抑制 Fe/Al 界面的金属间化合物成为提高钢/铝异种焊接接头力学性能的关键。在已有的研究中，日本大阪大学和韩国朝鲜大学的研究者发现，在变极性脉冲 GMAW 搭接焊 A5052 铝

合金和镀锌钢板的过程中，通过提高电流波形的直流正极性比率（electrode negative ratio，EN）可以有效地降低热输入量、提高焊丝熔化效率和润湿角、增加焊缝厚度、减小焊接缺陷，从而提高焊接的力学性能。在新的研究中，研究者通过有限元模拟的方法进一步深入地研究了变极性 GMAW 搭接焊 A5052 铝合金/镀锌钢板过程中镀锌层蒸发对焊接能量分布和中间相生长的影响[15]。如图 17（a）所示，数值模拟的结果表明由于锌在蒸发过程中存在吸热效应，模型中的 Fe/Al 界面在考虑锌蒸发时的最高温度比不考虑锌蒸发时低 100K。研究者认为，由于电流波形中 EN 的提高，熔滴部分的能量获得比率增加，导致 Fe/Al 搭接界面中间位置锌镀层的蒸发速率增大，界面位置的温度分布相对平滑。因此，如图 17（b）所示，随着 EN 的增大，Fe/Al 界面中间相的厚度减小。通过数值模拟得到的中间层的厚度与实验测量结果一致。同时，研究表明，在平均电流为 55A 的条件下，当 EN 为 20% 时，Fe/Al 界面中间层的厚度约为 7.83μm，能有效地保证焊接接头界面的力学强度。

焊接虚拟制造（virtual manufacturing）是指通过完全的模拟和仿真预测不同工艺条件下焊接接头的组织与性能（焊缝成形、熔深、微观结构、残余应力以及焊后变形等）。在现有的电弧焊接模拟研究中，主要通过简单高斯或椭球热源替代真实电弧热源实现对焊接过程熔池流动和凝固过程的模拟，实现对焊接熔深和焊缝成形的预测。然而，电弧焊接实际过程中电弧的能量场分布会受到熔池金属蒸发、保护气条件、电流电压特性以及熔滴过渡行为等因素的影响。简单的热源模型并不能真实地反映出电弧焊接实际过程中电弧能量场和压力场分布对熔池形成和流动过程的作用。

在过去的研究中，国内外的研究者针对电弧焊接过程中的等离子体特性和行为展开了一系列的实验和数值模拟研究。日本大阪大学的研究者基于已有的研究，将焊接过程电弧模型

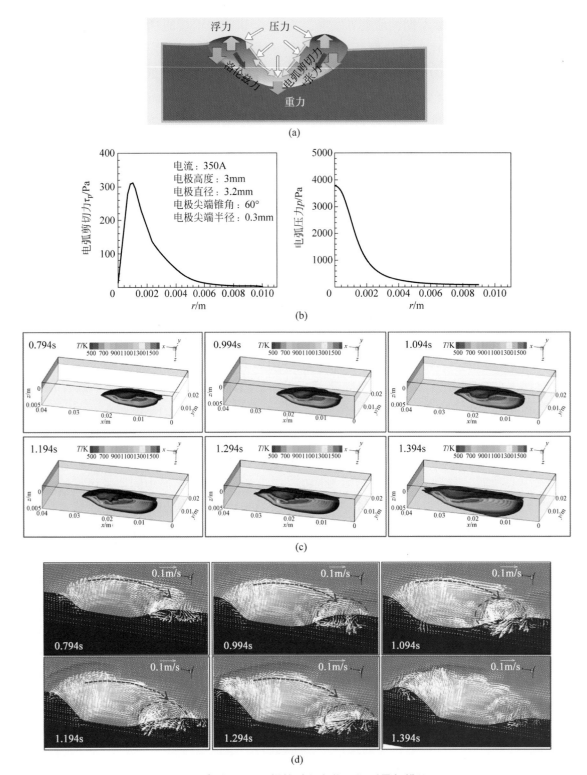

图16 高速GTAW焊接过程多物理场测量与模拟

（a）熔池受力示意图；（b）电弧剪切力和压力分布；（c）熔池表面温度场模拟；（d）熔池纵截面金属液相流动模拟

（图18（a））、熔滴过渡模型和熔池流体力学模型相结合，通过数值模拟的方法获得了脉冲GMAW焊接低碳钢过程中的电弧能量分布、熔滴质量传递过程，以及其对熔池液相金属流动行为的影响[16]。研究结果表明，如图18（b）所示，在焊接电流峰值阶段，电弧的温度分布由于熔滴表面蒸发产生的金属蒸气的影响在电弧中心产生极小值，不再从中心向边缘递减。

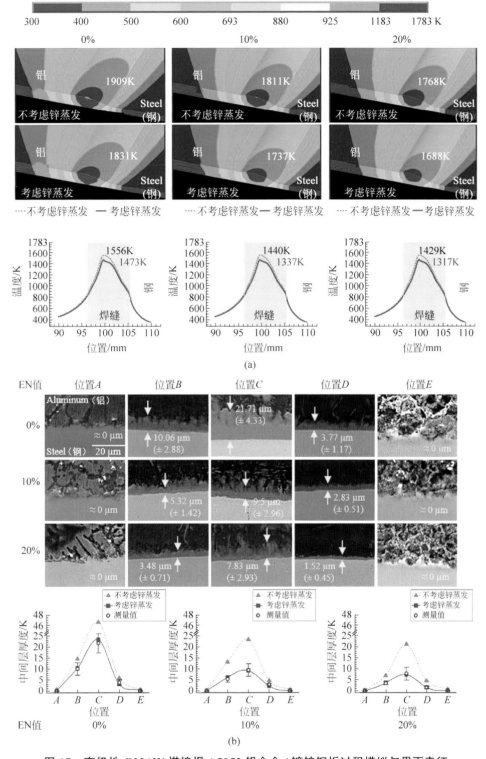

图 17 变极性 GMAW 搭接焊 A5052 铝合金／镀锌钢板过程模拟与界面表征

（a）Fe/Al 界面温度场模拟结果；（b）Fe/Al 界面金属间化合物层厚度变化表征

工件表面的热流密度分布和电弧压力分布也随之发生变化。同时，如图 18（c）和（d）所示，随着送丝速度的增大，电弧和熔滴向熔池传递的能量也会增加。如图 19（a）所示，将通过电弧模拟得到的热源和熔滴过渡模型进一步结合熔池流动模型进行模拟仿真，得到的结果表明熔池的熔深主要受到由熔滴冲击导致的金属液相向下的流动的影响。如图 19（b）所示，随

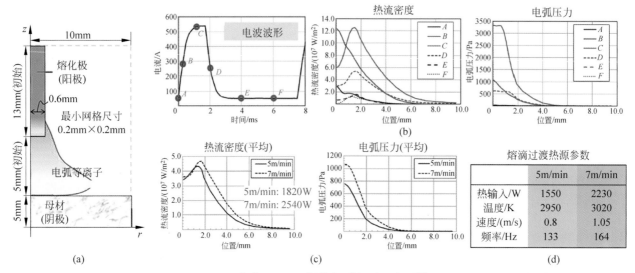

图 18　脉冲 GMAW 焊接低碳钢过程电弧模拟

（a）电弧模型；（b）不同时刻电弧特性变化过程；（c）不同送丝速度条件热流密度和电弧压力分布对比；
（d）不同送丝速度条件熔滴过渡热源参数

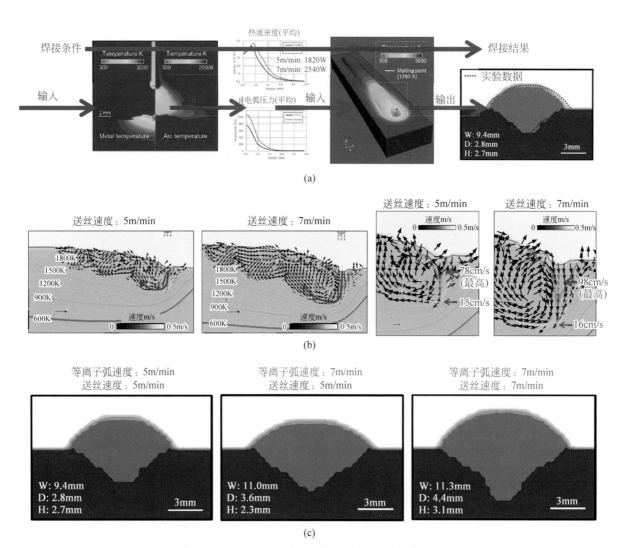

图 19　脉冲 GMAW 焊接低碳钢过程熔池流动模拟

（a）从电弧模型过渡到熔池流动模型示意图；（b）送丝速度对熔池流动的影响；（c）等离子体弧流速和送丝速度对焊缝形貌的影响

着焊接送丝速度的提高和熔滴过渡频率增加导致液相金属向下的流动的增强，熔池的熔深也随之增加。同时，如图19（c）所示，熔池的熔宽主要由等离子体流速和电弧压力的分布决定。最终，结合电弧能量分布、熔滴过渡和熔池流动的模型得到的模拟结果和实验得到的实际焊缝形状相符合。

4 熔丝电弧增材制造技术

熔丝电弧增材制造（wire-arc additive manufacturing，WAAM）技术的相关研究内容在IIW年会报告中所占比例逐年增加。由于其在根本上属于一种弧焊控制工艺与生产系统，所以关于WAAM的研究在C-XII专委会上的报告较多，本届年会的该方向内容报告占了整体数量的1/3。相比于前几届的汇报内容，本届年会中关于WAAM的汇报开始向数值模拟、过程稳定性优化、性能提升等方面倾斜，这说明WAAM技术的发展正在从最初的实验研究转向更为细节和深入的过程优化。目前基于前期的实验工作，WAAM技术已经被应用于航空、航天等领域的特殊非标部件，相信随着WAAM技术标准化的不断成熟，该技术将会被应用于更广泛的工业领域。

4.1 钛合金WAAM模拟关键因子分析

以Ti6Al4V（TC4）为代表的钛合金是航空、航天、精密仪器等领域的重要材料，所以针对该类合金的WAAM中的大型部件成形一直

是研究热点。虽然目前对使用TC4的WAAM已经进行了大量实验研究并获得了比较好的力学性能，但是在构件变形与残余应力方面一直都是基于实验研究，开展数值模拟建立可靠的分析模型对于提高增材构件设计和制造效率具有重要意义。虽然已经开展了一些工作，但是对于WAAM构件中的残余应力的具体分布形式和规律的研究还很欠缺。在本届年会上，奥地利蒙坦大学莱奥本校区（Montan Universitat Leoben）的研究者报告了基于GMAW平台的TC4合金WAAM过程模拟工作[17]，针对模拟中的影响因子进行了分类，包括：热源属性、热量边界条件、几何边界条件、材料属性、过程时间控制，具体的研究展开方式及因子间的相互关系，如图20所示。本次汇报主要对几何边界中的装夹、材料属性、热源属性的内容进行了展示。在几何边界中的装夹方面，通过有限元分析得到装夹位置、螺栓尺寸等几何因素对应力与变形的影响均不可忽略；在材料属性方面，虽然增材与基板材料均为TC4合金，但是由于不同材料形态所具有的热物理性能、力学性能、流量曲线、黏塑性行为及蠕变性能都有所不同，需要分别设置材料属性进行模拟；在热源属性方面，通过使用现有针对GMAW过程的Goldak双椭球体热源模型，可以有效实现熔深和焊高的预测。

WAAM技术面向的是中大型构件，但由于电弧热源的热输入一般较大，其引起的构件

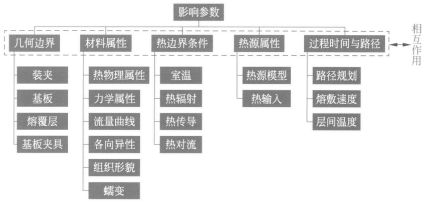

图20 WAAM过程模拟影响因素整理

内应力与相应变形需要重点考虑，所以针对 WAAM 的数值模拟对进一步发展该技术具有重要意义。目前，在这个方向上已经开展了不少工作，无论是有限元模拟，抑或针对单一变量的计算模拟[18]。但是系统性的对各种变量进行的研究还是少数，上述报告可以为相应方向研究的开展提供很好的分类逻辑思路。

4.2　基于 GMAW 的钛合金构件 WAAM 电弧稳定性提升

GMAW 作为一种普遍使用的电弧热源，具有环境适配性好、材料堆积效率高的特点，在大型构件的 WAAM 中被普遍使用。但对于钛合金来说，GMAW 过程易出现飘弧和飞溅缺陷，对成形质量影响很大，为解决这些问题，以往业界尝试过在焊丝表面层添加 Al，Cu，Fe 等成分，激光辅助，熔池振动辅助等方法提高钛合金 GMAW 过程的稳定性，减少飘弧；使用可控的脉冲浸入短路，还有直流正 / 反极 GMAW 法来减少过程飞溅缺陷。在本届年会中，印度马德拉斯理工学院（Indian Institute of Technology Madras）和法国南特理工学院（Ecole Centrale de Nantes）的研究人员汇报了在钛合金 GMAW 增材过程稳定性方面的进展，通过将现有电弧稳定性提高的方法相结合，获得了比较好的结果[19]。如图 21 所示，通过使用表面成分优化的焊丝，并结合直流正接的方法，得到了相对稳定的钛合金 GMAW 增材过程。

钛合金的 WAAM 是近年来的研究热点，在航空航天的很多场景中已经实现了初步应用。基于 GMAW 热源的增材方法由于具有较高的熔敷效率，可以大幅降低增材成形构件的时间成本，故而研究较多。相关研究与 GMAW 下 TC4 合金的焊接有一定程度的重复，虽然如此，开展 WAAM 条件下的相关工艺过程与材料研究，对于 WAAM 技术自身的进一步发展有很大意义。此外，GMAW 热源的 TC4 合金增材还需要与其他增材方法相比较，比如激光送粉熔敷和等离子熔丝技术。

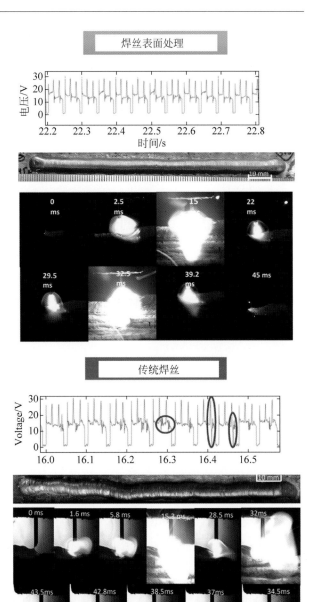

图 21　直流正接条件下使用不同表面处理焊丝的钛合金 GMAW 增材制造

4.3　基于 WAAM 的高强钢梯度材料制造

WAAM 的高堆积效率和成形空间基本不受限制的优点，在中、大型构件的制造中具有显著优势，而近年来其在超大型构件的制造中也开始发力。虽然 WAAM 由于热输入较高，会出现不同位置性能不一致的问题，但是这种特点也可以在调控后被用于梯度材料大尺寸构件的制造中，目前在不同钢种间的梯度材料 WAAM 制造上已有不少研究，由于钢材间的可焊性普遍良好，相应的梯度材料都得到了较好的结果。在本届年会上，荷兰代尔夫特大学（Delft University of Technology）的研究人员汇报了关于这个方向的工作[20]。基于 S690 高强钢，通过控制不同 WAAM 增材层的热输入和冷却速度，在相应层得到了不同的微观组织和性能和性能高低相间的梯度材料。如图 22 所示，在该梯度材料中的高热输入区域得到了残余奥氏体和马氏体——奥氏体组元（MA islands），在低热输入区域则得到了以马氏体为主的组织。其后续工作将聚焦于力学性能、微观组织模拟方面。此种通过改变热输入在材料内部得到梯度可控的结构的方法为优化构件的设计提供了思路。

S690 钢作为高强钢的代表合金，在各类钢结构中有广泛应用，也是重要的建筑材料。所以开展对这个钢种的 WAAM 研究，对新型结构建筑的发展具有重要意义。其实对于荷兰代尔夫特大学和 RAMLAB 这两个机构来说，此前已经对 S690 钢的 WAAM 进行了很多的工作，并在 2021 年年中竣工了世界首个 WAAM 人行过河桥。虽然他们发表的论文很少，且基本都是硕士论文，但是其工作的系统程度已经使 WAAM 制造 S690 钢结构构件进入了应用阶段。我国在这个方面的工作相对较少，需要迎头赶上，现阶段该技术虽然在成本上没有优势，但是从应用前景来看确实是一项值得投入的新兴技术。

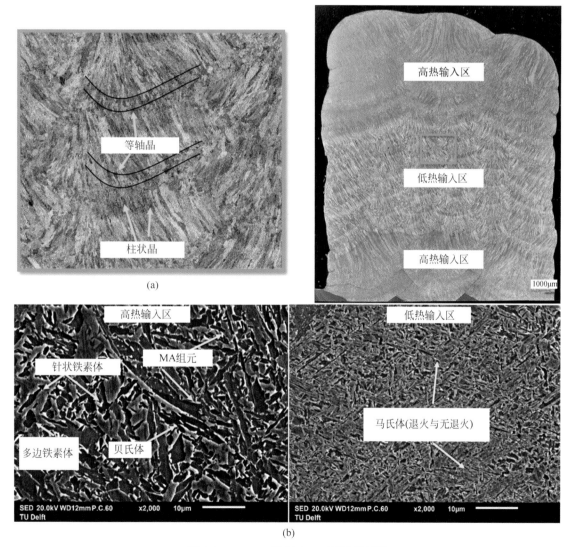

(a)

(b)

图 22　WAAM 增材 S690 钢梯度材料

（a）截面宏观形貌；（b）增材层不同位置微观组织

4.4 WAAM 制造梯度材料在大型结构中的应用

梯度材料在以往的概念中，仅以一种功能性的材料出现，由于制备不便所以很少出现大型结构的梯度材料。然而，随着 WAAM 技术的出现，梯度材料在大型结构中的应用成为可能。欧洲近十年来在 WAAM 技术上的创新进展迅速，并于 2020 年由欧盟地平线研究与创新基金（European Union's Horizon 2020 research and innovation programme）资助，开展了新一轮的超大型 WAAM 梯度材料构件研究"Grade2XL"，该项目有 8 个欧洲国家共 21 个合作伙伴组成，其中有 8 家工业企业进行示范，项目时间为 4 年，总项目金额为 1000 万欧元，其中欧盟资助为 800 万欧元。该项目聚焦于多材料 WAAM 大型构件的制造，热源使用 GMAW，最终形成灵活的制造系统，包括全生产数据库、配套的无损探伤与后处理，实现用户"交钥匙"制造，还会开发集成式低温冷却系统[21]。该项目的主要目的是：①形成高通量 WAAM 系统；②新系统将实现多种材料协同增材制造；③解决限制 WAAM 进一步发展的技术瓶颈。该项目的影响力主要体现在：①更高质量和性能的 WAAM；②针对特定构件的制造时间缩短最高 96%；③为海洋与能源工业构件制造大幅降低成本；④向其他工业领域快速辐射；⑤形成对中小企业有吸引力的投资机会；⑥强化欧洲在全球制造业创新的赋能。在构件梯度材料复合设计上，该项目聚焦于低合金钢 ER70、奥氏体不锈钢 AISI316L、马氏体不锈钢 AISI410、INCONEL625 镍基合金、殷瓦钢 INVAR36 与 INVAR42 以及其他药芯高合金定制钢丝。如图 23（a）所示，其对 WAAM 系统的初步设计包括多个机器人焊接系统和低温冷却系统，还有多种、多维度的过程监控及形状控制传感器。该项目的主要参与单位 RAMLAB 在此前多年已经进行了多个项目的 WAAM 螺旋桨制造（图 23（b）），并已经实现相应构件在军船与民船上的应用，相信该项目将为 WAAM 的进一步发展提供更大的助力。

欧洲近十年来在 WAAM 方面进展迅速，以德国、荷兰、法国、英国等工业制造强国为引领的 WAAM 项目及其成果在全球范围内都很抢眼，第一座 WAAM 人行桥、第一个民用船舶 WAAM 螺旋桨、第一个军用船舶 WAAM 螺旋桨都出自欧洲，虽然在论文发表方面并不多，但是欧洲的几乎所有工作都在世界范围内产生了很大影响力，切实推动了 WAAM 在工业领域中的应用。目前在 WAAM 螺旋桨制造方面，主要的几项工作是基于镍铝青铜（NAB）合金的 WAAM 成形，包括对于 NAB 增材组织的各向

(a)   (b)

图 23　欧盟地平线研究与创新基金资助 WAAM 一体化工艺系统

（a）多材料 WAAM 系统；（b）WAAM 螺旋桨制造

异性调控工作[22]。随着螺旋桨设计的不断发展，近年来对不锈钢和钛合金螺旋桨的设计也不断进步。这意味着，至少在欧洲范围内，WAAM技术已经正式应用到建筑、桥梁、船舶、甚至汽车等大规模制造行业，这为WAAM在全球范围内的发展指出了切实可行的方向。目前，我国在这个方面尚无切实可行的方案，WAAM新技术在制造业中大规模地推广很困难，主要由于制造成本不占优势使生产单位没有使用新技术的动力。然而，从欧洲在这个方向的项目内容和目的，以及近年来获得的大量成果来看，WAAM技术对于新型构件的制造能力是传统铸造无法达到的，可以说欧洲看到的是WAAM对于巩固其制造业强国地位的潜力。所以要实现我国从制造业大国到制造业强国的转变，理念上的转变是必要的。

4.5 低合金高强钢（HSLA）在WAAM过程中的组织演变

虽然目前GMAW热源是WAAM的主流形式，但是GMAW中也具有多种电源形式，最典型的有短路（short circuit，SC）、脉冲（pulse，P）、冷金属过渡（cold metal transfer，CMT）。目前大部分基于GMAW的WAAM研究均使用的是CMT，其主要原因是CMT模式下的电源热输入相对集中于焊丝而非母材，使同等热输入下的CMT相比SC与P在WAAM构件中产生的残余应力与变形更小。且得益于CMT中的焊丝机械回抽，增材电弧和熔池的稳定性也比较高。但是上述优点也使CMT的熔敷效率较低，而对于WAAM技术，熔敷效率直接决定了构件的制造成本，所以具体是GMAW下的SC更适用还是CMT更好，需要进一步研究。在本届年会上，俄罗斯圣彼得堡理工大学（Saint Petersburg Polytechnic University）的研究人员汇报了HSLA钢WAAM制造的CMT与一般GMAW的选型工作[23]。如图24所示，HSLA钢在CMT与一般GMAW电源条件下产生了迥然不同的微观组织。该研究将电源比较研究的工作总结为：①在

HSLA钢基于GMAW的WAAM过程熔敷与冷却过程中，两种主要区域出现：第一种是在无扩散条件下，微观组织由800℃至500℃的冷却速度决定，进而该种组织出现在熔覆层的上部；第二种是在WAAM熔敷过程造成的退火过程影响下，前一层组织由300℃至800℃的持续时间决定；②随着熔敷次数的不断增加，第二种组织区域也不断增加，在数层熔敷之后，第一种组织几乎被完全转变为第二种组织。该研究开展的熔敷次数能量对熔敷金属微观组织的具体影响看似简单，实则是掌握WAAM合金性能的必需步骤，也说明了在WAAM过程中，要维持组织的稳定必须要对层间温度加以控制。

(a)　　　　　　　　(b)

图24　HSLA钢在不同GMAW热源条件下的WAAM组织

（a）CMT；（b）一般GMAW

WAAM的多层多道熔敷过程直接决定成形材料的微观组织与力学性能，然而对于每一道熔敷对构件整体微观组织的作用，开展的研究甚少，较为系统的研究均针对HSLA钢。这篇报告为这方面的工作展示了一个良好的范例，由此扩展到其他已经开展WAAM工作的材料，都可以为WAAM的进一步发展提供坚实的基础。

4.6 基于数据驱动建模的GMAW增材电源波形控制

如前文介绍，目前主流的WAAM热源是GMAW，控制好该热源的过程稳定性是获得成形良好、质量过关的构件的核心。要实现过程稳定性的有效控制，对WAAM增材过程建立有效的预测数模很关键，也是目前的难点，其原因在于WAAM过程的变量很多，难以进行有效耦合。基于数据驱动的数模建立从其定位来

讲是一种通过采集数据并将其组织形成信息流，进而在分析特定内容时，根据不同需求对信息流进行提炼，从而在数据的支撑下进行的数模建立。本届年会上，来自印度马德拉斯理工学院（Indian Institute of Technology Madras）的研究人员汇报了基于数据驱动建模的GMAW增材电源波形控制的内容[24]。通过数据驱动建模的方法，该研究建立了基于物理的瞬时电弧热源模型，其主要目的是对GMAW受控浸入短路过渡的复杂电流电压波形进行有效描述，热源基础模型使用Goldak双椭球体热源模型。在模拟GMAW的场景设置上，采用1.2mm的ER4047铝合金焊丝在A1050铝板上的单道熔敷。在实验对比验证方面，除了对电流电压信号进行采集之外，还使用热电偶对温度场进行了测量。研究通过对GMAW过程的电流电压波形进行多次采集得到数据，对基础热源模型进行修正、建立模型，并通过对焊缝不同位置进行多次切样，分析焊缝形貌，对热源模型的几何参数进行了修正。结果表明，基于数据驱动建模的GMAW增材过程模型在温度分布的预测上准确度达到99%（图25）。该工作的开展结果表明，对于WAAM复杂过程的建模来说，数据驱动是一个较为合适的方法。

正如数据驱动的定义，对于这个方面的工作，大量的基础实验数据采集对于其建模结果的有效性具有十分关键的作用。从焊接过程电

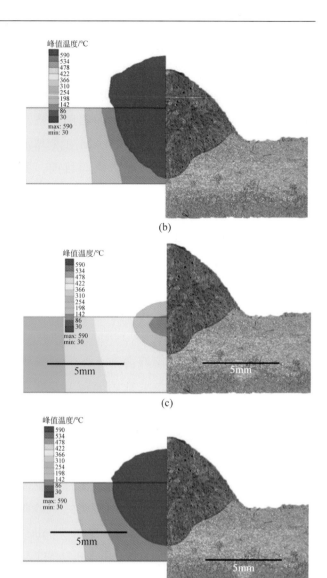

(b)

(c)

(d)

图25 （续）

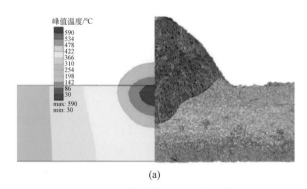

(a)

图25 温度场模拟结果与实际形貌对比

（a）无数据驱动传统模型；（b）部分数据驱动建模模型1（使用瞬时电弧功率和恒热源参数）；（c）部分数据驱动建模模型2（使用恒弧功率和瞬时热源参数）；（d）完全数据驱动建模模型

流电压信号采集的角度，可以在较短时间内取得大量对应数据实现足够的数据采集。开展该类型的工作可以为现有许多的热过程模拟提供有力的数据支撑。

4.7 钛铝合金的异种双丝等离子弧增材制造（TW-PAAM）

WAAM技术在金属间化合物（IMC）方面的工作自2015年以来得到快速发展，以钛铝合金为代表的异种双丝WAAM已经在材料的制备与成形方面取得了一定突破。在此前，钛铝合金的增材制造只能通过高成本的电子束选区熔化（selective electron beam melting，SEBM）实现，异种双丝WAAM为钛铝合金的低成本高效率增

材成形提供了一种新方法。在本届年会中，上海交通大学的研究人员报告了其使用在前期技术基础上开发的 TW-PAAM 技术开展钛铝增材成形的近期成果[25]。在 2020 年的年会中，该研究团队已经汇报了其异种双丝 WAAM 在钛铝增材成形方面的研究[26]，本次则聚焦于 TW-PAAM 可行性与添加其他成分后的合金均匀性调控方面。和异种双丝 WAAM 相比，TW-PAAM 的主要改进是使用了等离子弧热源，相比之前的 GTAW 热源，其能量集中度更高、熔深更大、熔池内的金属流动速度更快、增材过程引起的构件受热面积更小。TW-PAAM 过程的示意图如图 26（a）所示，铝丝和钛丝在熔敷过程中通过特定的角度实现了在等离子熔池内的原位混合进而生成目标成分的钛铝合金。其熔滴过渡如图 26（b）所示，在二元 Ti-48Al 的增材过程中，铝丝通过搭接在钛丝的表面上送入熔池，避免了低熔点铝丝过早形成液滴无法进入熔池的问题。

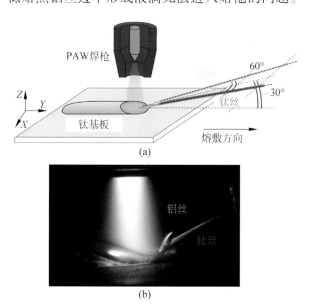

图 26 基于 TW-PAAM 的钛铝金属间化合物原位制备成形技术

（a）TW-PAAM 过程示意图；（b）TW-PAAM 熔滴过渡高速摄影

虽然异种双丝 WAAM 与新开发的 TW-PAAM 技术都完成了二元钛铝合金的增材成形，但是从钛铝合金自身角度来讲，二元合金是没有实际应用价值的，其组织的单一性与高室温脆性难以被实际应用环境接受。所以，本届年会的报告内容中展示了合金元素添加的内容，通过使用商业化 TC4 焊丝，制备成形了 Ti-48Al-2V 合金。从代次角度来说，钒元素的添加属于第一代钛铝合金，在性能调控方面，钒元素可以通过固溶强化的形式提升钛铝合金的室温与高温力学性能。然而丝材的改变与钒元素的添加直接改变了 TW-PAAM 熔池的流动性，进而使增材样品内部产生不均匀缺陷（图 27（a））。为了提高等离子熔池的流动性，消除不均匀缺陷，该研究将等离子气流量从 0.3L/min 提高到 1.0L/min，成功消除了 Ti-48Al-2V 样品内部的不均匀缺陷（图 27（b））。该研究表明：①通过使用含一定含量合金元素的焊丝，可以实现目标合金元素的有效改变；② TW-PAAM 制备成形合金的均匀性直接取决于过程金属过渡的特性；③更好的熔池对流是解决成分不均匀缺陷的有效手段之一。

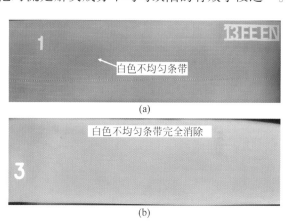

图 27 TW-PAAM 增材 Ti-48Al-2V 样品 X 射线探伤结果

（a）过程优化前；（b）过程优化后

异种双丝 WAAM 技术自 2015 年正式在期刊发表以来，已经在多种二元合金的原位制备成形方面开展了工作，包括铁铝、钛铝、铜铝、镍钛、铁镍等。而作为在异种双丝 WAAM 基础上开发的 TW-PAAM 技术，由于热源模式发生了根本性改变，导致熔滴过渡方法、工艺特性、材料特性都发生了很大变化。目前在 TW-PAAM 原位制备成形的钛铝合金方面，已经完成了可行性研究和成分调控研究[27]，相信后续还会有更好的进展。TW-PAAM 作为一种从零到一的金属间化合物合金制备成形技术，对其开展研究可能在钛铝合金增材制造上形成全新的方法，未来可期。

4.8 WAAM 路径规划软件开发

基于目标三维数模的增材路径规划是 WAAM 必不可少的环节，合理的路径规划对 WAAM 成形效率、形状精度、应力状态、变形、构件性能具有重要作用，全球范围内开展 WAAM 研究的团队都需要编写路径规划软件。但是由于 WAAM 研究团队大部分为焊接研究转型而来，对于 WAAM 路径规划算法与软件代码的编写并不擅长，所以针对一般 WAAM 的基础开源程序对广大 WAAM 研究团队的发展很重要。本届年会上巴西联邦教育学院（Federal Institute of Education）、巴西乌贝兰迪亚联邦大学（Federal University of Uberlândia）、瑞典西部大学（University West）的联合研究团队报告了他们在开源 WAAM 路径规划软件程序编写方面的研究工作[28]。软件的基本运行逻辑如图 28 所示，在获得已建立的三维数模后，读取其 STL 格式的三维数据，进而基于 STL 三维数模中每个小三角形组元的单位法向量坐标和顶点建立直接读取三维数模的 WAAM 路径规划软件。在读取数模的整个过程中，还需要对三维数模的 STL 文件进行拓扑优化，且在切片之前进行切片方向的优化。除此之外，单道熔覆层的形状参数与熔敷参数的关系模型也很重要，通过结合单道熔覆层模型与合理的路径规划，生成最终的机器人运动路径轨迹代码。该项工作使用的软件编写平台是开源低成本的 Scilab，目前已经形成了软件的基础框架，还需要在其他诸如应力、变形、材料组织性能、填充缺陷等方面进行后续的优化。

目前，WAAM 领域的路径规划软件已经很多，大体使用的都是如图 28 所示的基本运行逻辑，但是在进一步的优化上还存在很大上升空间，并且在填充缺陷的优化上，仍缺乏相关的系统性研究。路径规划相关的研究已经开展了很多[29]，且已经提出了切实可行的完全填充路径算法[30]，这些算法大部分是基于机加工路径程序编写的。近年来，路径规划已经不仅仅满足于全部填充，而且开始针对残余应力等增材关键特性进行综合考量、编写算法。相信随着相关研究的不断推进，更多的因素会被考虑进 WAAM 路径规划的优化规则中。

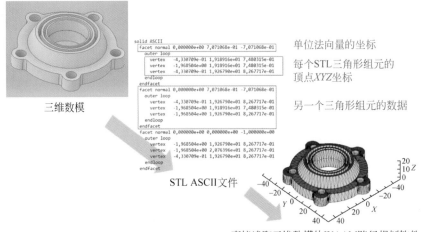

图 28　WAAM 路径规划软件的基础运行逻辑

5　结束语

受新冠肺炎疫情的影响，2021 年度的 IIW 年会仍然以线上会议的形式开展。其中，C-XII 专委会以及 C-Ⅰ，C-Ⅳ，C-XII 和 SG212 联合专委会安排的报告数量（总共 26 个报告）相比于 2020 年（总共 14 个报告）有了较大的回升。从本届年会 C-XII 专委会报告的热点可以看到，高效焊接和智能化焊接仍然是电弧焊接技术的主要发展趋势。通过深度学习模型探索、建立焊接过程传感信号和焊接质量之间的联系，为焊接过程自适应控制算法的开发提供了可靠的依据。随着对焊接过程电弧等离子体物理特性和能量传输过程研究的深入，通过数值模拟技术实现焊接过程"虚拟制造"成为可能。同时，随着电弧增材制造技术的不断推进，本届年会C-Ⅻ专委会中关于电弧增材制造报告的研究内容从制造工艺开发和材料组织性能表征向着过程控制、组织演变、数值模拟等多方面共同发展，电弧增材制造生产系统的集成化程度也在不断提高。

通过分析对比本届年会中国内外的报告内容可以发现，我国在电弧加工制造过程和机理方面的研究取得了很大的进展。但是，相对于国外的研究机构，我国在电弧焊接和增材制造领域研究报告中涉及的工业实践中的应用实例较少。同时，针对新型焊接和电弧增材制造生产系统装备开发的研究非常欠缺。我国焊接技术产业的升级和发展仍然需要积极推动高校研究机构加速技术成果转化，促进产学研的深度融合，构建科学研究与生产制造协同创新体系。

参考文献

[1] BABA H, HONDA R, ERA T, et al. Stabilization of high-current buried arc and microstructure observation of welded joint [Z]. Ⅻ-2457-2021/ 212-1681-2021/Ⅳ-1467-2021/Ⅰ-1458-2021.

[2] NEUMANN M, HÄLSIG A, KUSCH M. Qualification of thick-wire GMAW on high-strength fine-grained structural steels [Z]. Ⅻ-2470-2021.

[3] MARUMOTO K, TAMATA H, FUJINAGA A, et al. Selection of welding conditions for achieving both of high efficiency and low heat input on hot-wire GMAW [Z]. Ⅻ-2472-2021.

[4] TRINH N Q, TASHIRO S, TANAKA K, et al. Effects of alkaline elements on the metal transfer behavior in metal cored arc welding [Z]. Ⅻ-2479-2021.

[5] YOON J Y, CHEON J. The improvement of joint strength directional dependency on the Al-Fe FSW overlap joint through the tool probe shape driven hook shape control [Z]. Ⅻ-2485-2021.

[6] QIAO J, TIAN S, WU C. Effect of ultrasonic vibration on keyholing/penetrating capability in waveform-controlled plasma arc welding [Z]. Ⅻ-2487-2021.

[7] NOMURA K, HIROYUKI O, SANO T, et al. Study on simultaneous multipoint measurement monitoring emissivity in welding process monitoring [Z]. Ⅻ-2462-2021/212-1686-2021/ Ⅳ-1472-2021/Ⅰ-1463-2021.

[8] KASANO K, OGINO Y, SANO T, et al. Study on blow hole detection technology using image sensing method with deep learning [Z]. Ⅻ-2473-2021.

[9] OGINO Y, NITTA S, ASAI S, et al. Development of weld quality monitoring technique by using a visual sensor and numerical simulation [Z]. Ⅻ-2467-2021/212-1691-2021/Ⅳ-1477-2021/ Ⅰ-1468-2021.

[10] OZAKI K, FURUKAWA N, OKAMOTO A, et al. Weld pool image recognition and welding wire design for automatic penetration bead welding in horizontal position [Z]. Ⅻ-2471-2021.

[11] FABRY C, HIRTHAMMER V, PITTNER A, et al. WelDX - Progress report on the welding data exchange format [Z]. Ⅻ-2464-2021/212-1688-2021/Ⅳ-1474 -2021/Ⅰ-1465-2021.

[12] FABRY C, HIRTHAMMER V, SCHERER M, et al. WelDX—Progress report on the welding data exchange format [Z]. Ⅻ-2476-2021.

[13] ISHIDA K, TASHIRO S, NOMURA K, et al. 3D Spectroscopic measurement of plasma temperature and metal vapor concentration in plasma-MIG hybrid welding process [Z]. XII-2478-2021.

[14] WANG X, LUO Y, FAN D. Investigation of weld pool dynamics from arc properties in high speed TIG welding [Z]. XII-2459-2021/212-1683-2021/IV-1469-2021/I-1460-2021.

[15] HONG S M, TASHIRO S, BANG H-S, et al. A Numerical analysis on the effect of zinc evaporation at the joint interface in hot-dip galvanized steel to aluminum alloy joining by AC pulse GMAW [Z]. XII-2481-2021.

[16] OGINO Y, ASAI S, SANO T. Numerical simulation of the pulsed-MAG welding process from the heat source properties to the weld pool formation [Z]. XII-2482-2021.

[17] SPRINGER S, LEITNER M, STOSCHKA M, et al. Factors influencing the thermomechanical simulation of the WAAM process for Ti-6Al-4V [Z]. I-1459-2021/IV-1468-2021/XII-2458-2021/212-1682-2021.

[18] RíOS S, COLEGROVE P A, MARTINA F, et al. Analytical process model for wire+arc additive manufacturing [J]. Additive Manufacturing, 2018, 21: 651-657.

[19] CHOUDHURY S S, MARYA S K, AMIRTHA-LINGAM M. Improving arc stability during wire arc additive manufacturing of thinwalled titanium components [Z]. XII-2461-2021/212-1685-2021/IV-1471-2021/I-1462-2021.

[20] BABU A, GOULAS C, HERMANS M. Functional grading of high strength steels by process parameters variations during wire arc additive manufacturing (WAAM) [Z]. I-1467-2021/IV-1476-2021/XII-2466-2021/212-1690-2021.

[21] GOULAS C, HERMANS M J M. Application of functionally graded materials to extra-large structures (Grade2XL): The European ambition to industrialise the multi-Metal WAAM process [Z]. I-1469-2021/IV-1478-2021/XII-2468-2021/212-1692-2021.

[22] SHEN C, MU G, HUA X, et al. Influences of postproduction heat treatments on the material anisotropy of nickel-aluminum bronze fabricated using wire-arc additive manufacturing process [J]. International Journal of Advanced Manufacturing Technology, 2019, 103(5-8): 3199-3209.

[23] PANCHENKO O, KURUSHKIN D, IVAN K, et al. Study of microstructure evolution during wire arc additive manufacturing HSLA steel [Z]. XII-2474 2021.

[24] PRADEEP N, PRAKASH S, SARAVANA K G, et al. A data-driven modelling of complex current-voltage waveform controlled gas metal arc based wire arc additive manufacturing processes [Z]. XII-2475-2021.

[25] SHEN C, ZHOU W, XIN J, et al. Alloying element addition to the titanium aluminide fabricated using the twin-wire plasma arc additive manufacturing (TW-PAAM): Feasibility study and composition uniformity modification [Z]. XII-2477-2021.

[26] SHEN C, HUA X, LI F, ZHANG Y, et al, Application of the wire-arc additive manufacturing process for in-situ alloying of intermetallic compounds: Present development and future prospects [Z]. XII-2454-2020.

[27] WANG L, ZHANG Y, HUA X, et al. Fabrication of γ-TiAl intermetallic alloy using the twin-wire plasma arc additive manufacturing process: Microstructure evolution and mechanical properties [J]. Materials Science and Engineering: A, 2021, 812,141056: 1-13.

[28] FERREIRA R P, VILARINHO L O, SCOTTI A. Development and implementation of a software for wire arc additive manufacturing pre-processing planning: Trajectory planning and machine code generation [Z]. XII-2486-2021.

[29] DING D, PAN Z, CUIURI D, et al. Wire-feed additive manufacturing of metal components: Technologies, developments and future interests [J]. The International Journal of Advanced Manufacturing Technology, 2015, 81: 465-481.

[30] DING D, SHEN C, PAN Z, et al. Towards an automated robotic arc-welding-based additive manufacturing system from CAD to finished part [J]. Computer Aided Design, 2016, 73: 66-75.

作者：华学明，博士，上海交通大学教授、博士生导师。研究方向为先进焊接方法与智能装备、异种材料连接、增材制造等。发表论文 180 余篇，获得授权专利 20 余项。E-mail: xmhua@sjtu.edu.cn。

审稿专家：朱锦洪，博士，河南科技大学教授。研究方向为先进焊接技术与数字化、智能化焊接设备。发表论文 80 余篇，编著 4 部。E-mail: zhjh@haust.edu.cn。

焊接构件和结构的疲劳（IIW C-XIII）研究进展

邓德安[1]　芦凤桂[2]　冯广杰[1]

（[1]重庆大学材料科学与工程学院　重庆　400045

[2]上海交通大学材料科学与工程学院　上海　200240）

摘　要：本文通过阅览国际焊接学会 C-XIII 专委会于 2021 年年会提交的 21 篇论文、研究报告及相关参考文献，分类整理并介绍了焊接接头和结构疲劳研究方面的最新研究进展。主要内容包括焊接接头与结构的疲劳强度评定、疲劳强度改善方法与强化技术、残余应力值模拟与实验测量以及增材制造工件中的疲劳问题。从提交的论文和研究报告来看，多数研究与实际工况结合十分紧密，部分研究注重了焊接结构的细节分析，另有部分论文和研究报告提供了翔实的基础试验数据。此外，也有论文系统地介绍了疲劳强度评定的新方法并给出了详细的数学推导过程。

关键词：焊接结构；疲劳；残余应力；强化技术；疲劳评估方法

0　序言

每年一度的国际焊接学会（IIW）C-XIII 专委会主要关注焊接构件和结构疲劳失效方面的最新理论研究进展，以及提高焊接接头与结构疲劳寿命的新技术与新方法，核心任务是为工程实际中焊接结构的疲劳设计与疲劳寿命改善提供科学指南。由于受到新冠肺炎疫情的影响，与 2020 年一样，2021 年的国际焊接学会年会也采用了线上会议的方式进行。与会期间，C-XIII 分委员会有 20 多个国家和地区的代表参加了会议，总共提交了 21 篇会议论文与研究报告，与 2020 年相比，论文总量有大幅回升，但仍不足 2019 年论文数量的一半。其中，关于焊接构件与结构疲劳强度评定及疲劳理论研究的论文有 9 篇；关于焊接接头与结构疲劳强化技术研究的有 8 篇；关于焊接残余应力的测量与数值模拟的研究论文和报告有 1 篇；关于增材制造工件中的疲劳问题研究的论文有 3 篇。总体而言，日本、德国、芬兰和瑞典等老牌工业发达国家在这一领域的研究成果最多、最活跃；而我国在这方面的研究较少。本章将按照"分类整理、详简兼顾、综合评述"的原则来介绍在本届年会上提交的论文和报告的总体情况，同时针对每个方面的研究给予适当评述。

1　焊接接头与结构的疲劳强度评定

关于焊接构件与结构疲劳强度评定方面的研究，在本届年会上，来自德国、芬兰和日本等国家的学者一共提交了 9 篇论文与研究报告，这里选取几篇有代表性的论文进行介绍。

在现有设计标准中，当采用名义应力法来评价十字接头的疲劳强度时，在大多数情况下仅考虑了轴向载荷，而较少涉及弯曲载荷。针对这一问题，芬兰学者 Antti Ahola 等人[1]在本届年会上提交了关于十字焊接接头在轴向载荷和弯曲载荷下的疲劳特性的会议论文。首先，作者从现有的文献中收集了在轴向载荷和弯曲载荷下得到的十字接头疲劳强度数据，然后采用式（1）和式（2）所定义的名义应力评估了十字接头在轴向加载下的疲劳强度，发现二者的评估结果并没有明显差异，如图 1 所示。

$$\Delta\sigma_{w} = \frac{\Delta F}{2a_{eff}} = \frac{\Delta\sigma_{m}t}{2a_{eff}} \tag{1}$$

式中，ΔF 表示单位载荷范围（N/m），$\Delta \sigma_m$ 表示应力范围，t 表示板厚，a_{eff} 表示焊缝有效厚度。

$$\Delta \sigma_w = \frac{\Delta F}{2(a+p)} = \frac{\Delta \sigma_m t}{2(a+p)} \quad (2)$$

式中，a 表示母材之外的焊缝厚度，p 表示母材熔化的深度。

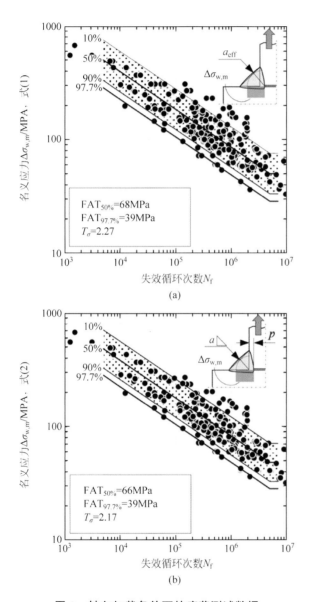

图 1　轴向加载条件下的疲劳测试数据

（a）基于式（1）计算得到的名义应力；
（b）基于式（2）计算得到的名义应力

针对弯曲载荷下的疲劳强度评估，研究者提出了两个计算模型，一个为基于焊接接头线弹性分布的名义应力计算方法（式（3）），另一个为基于力矩对系统的名义应力计算方法（式（4））[2]。

$$\Delta \sigma_{w,b} = \frac{\Delta M_c}{I} = \frac{\Delta \sigma_b \dfrac{t^2}{6} \dfrac{w}{2}}{\dfrac{(w+2a_{eff})^3 - w^3}{12}}$$

$$= \frac{\Delta \sigma_b t^2 w}{6w^2 a_{eff} + 12 w a_{eff}^2 + 8 a_{eff}^3} \quad (3)$$

式中，ΔM 是弯矩范围，c 是距中性层的距离，I 是界面惯性距。

$$\Delta \sigma_{w,b} = \frac{\Delta F_w}{A} = \frac{\Delta M}{a_{eff} l_w(a_{eff}+w)} = \frac{\Delta \sigma_b t^2}{6 a_{eff}(a_{eff}+w)} \quad (4)$$

式中，ΔF_w 表示单位力范围，l_w 是焊缝长度。

图 2 是采用上述两种方法的评估结果，前者得到的疲劳强度结果比后者得到的更加保守。

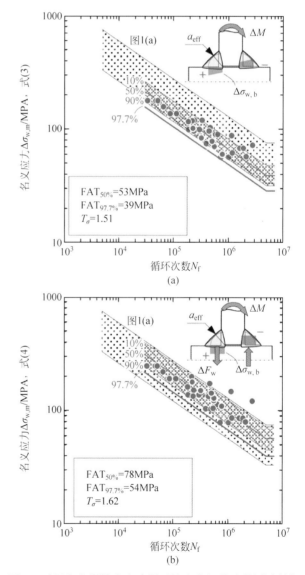

图 2　采用名义焊接应力法得到的弯曲加载疲劳测试数据

（a）基于线弹性分布；（b）基于力偶对

虽然弯曲载荷下的疲劳评估结果均在轴向载荷下的疲劳评估结果范围内，但是弯曲载荷下的疲劳评估结果分散度更小。

研究者针对超高强度钢S960MC做了轴向和弯曲结合的加载条件下的疲劳试验。当试验施加载荷时，采用的是轴向拉伸方式，为了让十字接头产生弯矩，焊接的翼板与腹板的法线方向有2°~4°的夹角，如图3所示。弯曲的程度用DOB（degree of bending）表示，$DOB = \dfrac{\sigma_b}{\sigma_b + \sigma_m}$，$\sigma_b$和$\sigma_m$分别为弯曲应力和膜应力。试验结果依然落在统计数据的范围内，如图4所示。

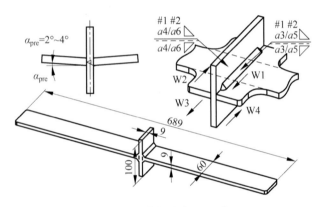

图3 十字接头加工尺寸

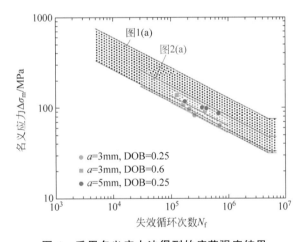

图4 采用名义应力法得到的疲劳强度结果

最后，该研究采用了有限元方法计算了纯轴向载荷、纯弯曲加载和轴向与弯曲结合的加载条件下的缺口应力集中系数。在单纯的轴向加载下，DOB＝0；在单纯的弯曲加载下，DOB＝1；在轴向和弯曲结合的加载下，DOB＝0~1。图5展示了应力集中系数与DOB之间的关系。从图

中可以看出，应力集中系数随DOB的增加而减少，说明在轴向加载和弯曲加载的交互作用中，膜应力占据主导。另一个有力的证明就是，Anami等人[3]发现，即使将弯曲应力增加25%，对最终的疲劳强度的影响也非常小。

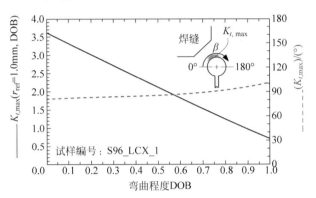

图5 应力集中系数与DOB的关系

芬兰学者Kalle Lipiäinen等人[4]以S960和S1100两种超高强钢为研究对象，采用激光切割缺口的疲劳试件进行了疲劳强度测试。他们分别使用传统的名义应力方法和基于有限元方法的局部应力方法分析了疲劳测试结果；发现采用局部应力法来评价无缺口和含缺口切割边缘试件的疲劳强度都是有效的。此外，他们还利用了同时考虑局部应力循环行为、残余应力、材料特性及通过3D断层扫描获得的几何特征参数（试件表面质量）这四种因素的4R法来评价超高强度钢试件的疲劳特性。在2020 IIW年会的研究进展中对4R法已经做了介绍，需要进一步了解4R法的读者可以阅读参考文献[5]。

在该研究中，研究者使用了淬火钢S1100设计了含有如图6所示缺口的疲劳小试件，缺口采用激光和机械加工的方式得到。同时使用调质钢

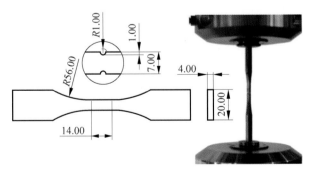

图6 S960钢的疲劳试样尺寸

（淬火＋回火）S960 设计了含有如图 7 所示缺口的中等尺寸试件，缺口同样采用激光和机械加工的方式获得。分别采用名义应力法和局部应力法评估了其疲劳性能，得到如图 8 所示的结果。

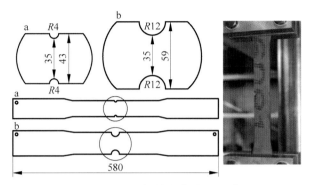

图 7　S1100 钢的疲劳试样尺寸

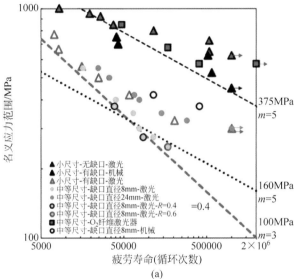

(a)

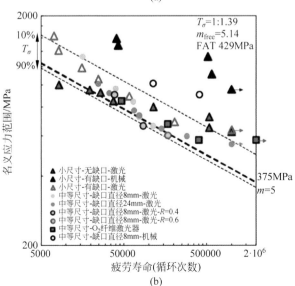

(b)

图 8　基于不同应力表达形式的疲劳测试结果

（a）名义应力法；（b）局部应力法

从图 8 中可以看出，采用局部应力法得到的疲劳测试结果具有较小的分散度，说明采用现有的名义应力法评估有缺口的试件具有很大的不确定性。从图 8 中还可以看到，在采用名义应力法评估缺口由激光加工和机械加工试件的疲劳性能时，二者之间存在较大的差异，这是因为在进行激光切割时，由于局部集中热作用产生了残余应力。

除了名义应力法和局部应力法之外，4R 法也常被用来评估疲劳性能。如前所述，4R 法考虑了材料的局部循环加载行为、材料性能、残余应力及表面质量 4 个方面的因素。图 9 展示了由激光加工和机械加工得到的试件的初始循环加载情况。从此图可以看到各个试件的局部循环加载行为有较大的不同，这也证实了前述激光加工和机械加工缺口的试样疲劳性能有较大的差异。在以往的研究中，局部材料局部性能的影响往往被忽略了。采用 4R 法得到的疲劳测试结果如图 10 所示。

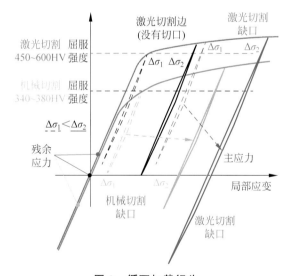

图 9　循环加载行为

针对非焊接结构的疲劳强度的评价问题，德国的 FKM 规范[6] 提出了一种基于缺口应变法评估疲劳寿命的方法，可以考虑材料的弹塑性行为。德国学者 Winniefred Rudorffer 等人[7] 基于 FKM 规范提出了考虑材料弹塑性行为的焊接接头疲劳寿命评估方法，可以针对极低的疲劳寿命（$N > 10$）问题进行疲劳强度评价。

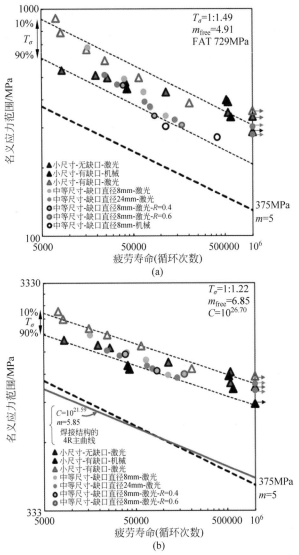

图10 经不同方法得到的疲劳测试结果

（a）真实表面质量修正；（b）4R法修正

对于均质材料，根据FKM规范[6, 8-9]，可以通过材料的抗拉强度推测其循环应力-应变曲线。由于焊接接头的材料不均匀性，材料的Wöhler曲线（S-N曲线）和应力-应变曲线可以通过维氏硬度值进行推测。为了避免材料的局部微观不均匀性，推荐采用HV1硬度的测量值。该研究提出的计算流程如图11所示。

在该方法中，首先基于缺口应力法[10]的规范对焊缝进行建模，基于缺口应变法采用线弹性有限元计算方法获得转换系数，从而将载荷谱转换为局部线弹性等效应力的时间序列。随后，通过扩展Neuber法则[11]或Seeger/Beste近似方法[12]计算局部应力和局部弹塑性应变。如图12所示，将局部弹塑性应力作为初始载荷曲线，采用雨流计数法[13]获得局部应力-应变路径和对应的闭合滞回环，其中考虑了材料的Masing特性和记忆效应[13]。然后，根据闭合滞回环计算损伤参数。FKM规范提出了两种损伤参数，分别为P_{RAM}和P_{RAJ}。其中，P_{RAM}基于Smith等人[14]提出的损伤参数并进行修正，考虑了材料的应力敏感性；P_{RAJ}基于短裂纹的裂纹扩展模型，源于Vormwald[15]提出的损伤参数P_J。与P_{RAM}相比，P_{RAJ}可以在损伤累积中考虑由裂纹闭合引起的载荷序列效应。

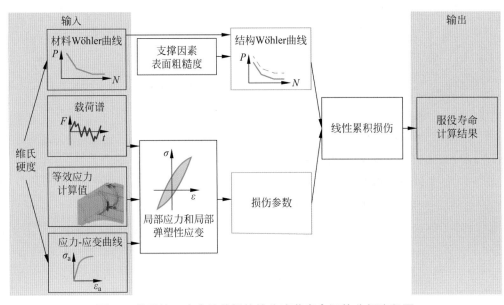

图11 基于缺口应变法的焊接接头疲劳寿命评估分析流程图

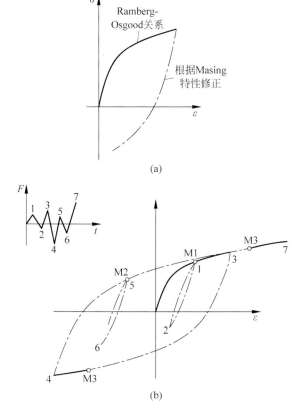

图 12　考虑不同材料的局部应力 - 应变路径

（a）Masing 特性；（b）记忆效应

材料的损伤参数 Wöhler 曲线与损伤参数有关。在双对数坐标下，对于 P_{RAM} 损伤参数，Wöhler 曲线采用三段线性描述，而对于 P_{RAJ} 损伤参数，Wöhler 曲线采用两段线性描述。根据材料的损伤参数 Wöhler 曲线可以确定结构的损伤参数 Wöhler 曲线，其中考虑了统计尺寸效应支撑系数（support factor）[16] 和断裂力学支撑系数 [6] 的影响，这些系数与高应力表面、应力梯度和表面粗糙度等有关。

FKM 规范提供了 $f_{2.5\%}$，γ_L 和 γ_M 三种安全系数。其中，系数 $f_{2.5\%}$ 将损伤参数 Wöhler 曲线移动至失效概率为 $P_f = 2.5\%$ 的情况；载荷安全系数 γ_L 可用于确保负载假设；材料安全系数 γ_M 考虑了材料抗疲劳性的分散度，将结构损伤参数 Wöhler 曲线的强度降低到一个较低的水平。

按照如图 11 所示的流程计算疲劳寿命，并与实验数据 [17] 进行比较和分析。为了对计算精度进行评价，定义了对数平均值 m 和实验疲劳寿

命与计算疲劳寿命之比的分散度 T 这两个指标。当计算值与实验数据相等时，取 $m = T = 1$；$m < 1$ 表示计算结果偏于不安全；而 $m > 1$ 表示计算结果偏于保守。

当不考虑安全系数的影响时（$f_{2.5\%} = \gamma_L = \gamma_M = 1$），对比结果如图 13 所示。结果表明，基于 P_{RAM} 和 P_{RAJ} 的计算结果均偏保守，其中，与基于 P_{RAM} 的计算结果相比，基于 P_{RAJ} 的计算结果更偏保守，但分散度更大。

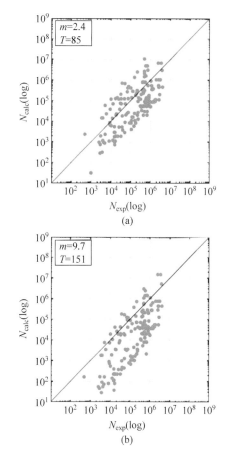

图 13　基于名义应力评估所得到的不同接头的
疲劳寿命测试数据

（a）P_{RAM}；（b）P_{RAJ}

最后，研究者还将本研究的计算结果与采用缺口应力法和 FAT200 疲劳等级的计算结果进行了对比。与传统方法相比，新的计算方法可以考虑包含裂纹萌生阶段的全过程的疲劳寿命，且计算方法的复杂度与传统方法基本相当。

针对具有两个表面裂纹的 T 形管 - 管对接接头，日本学者 Satoyuki Tanaka 等人 [18] 采用扩

展有限元方法（X-FEM）对其裂纹扩展行为进行预测，并与疲劳实验结果进行了对比。在有限元分析中考虑了焊接残余应力的影响，并根据JWES疲劳裂纹评估方法[19]在裂纹扩展过程中合并两个表面裂纹。与实验结果相比，X-FEM预测的结果偏保守，可以为疲劳设计提供参考。

德国学者Hensel等人[20]研究了16MnCr5的激光焊接，并分析了间隙和激光束工作方式对接头焊接质量和疲劳性能的影响。表1为实验采用的焊接参数，图14为焊接接头的截面形貌和硬度分布，图15为基于名义应力评估所得到的不同接头的疲劳测试数据。图16为采用局部法（临界距离法和平均应力法）获得的疲劳强度数据。试验数据表明，焊接工艺对焊缝质量（尤其是焊缝宽度和咬边深度）影响很大。在留有间隙时，采用聚焦光束获得的焊接接头质量较差，焊缝中心有较深的凹陷；在采用散

焦光束和振荡光束焊接时，二者所获得的焊接接头质量相差不大，其焊接接头质量相较于聚焦光束有明显提升。由于三种焊接接头的局部焊缝几何参数较为分散，导致其疲劳性能数据也较为分散。总体来说，间隙的存在会显著降低激光焊接接头的疲劳性能，此时采用聚焦光束焊接会进一步降低接头的疲劳性能。局部疲劳评估方法的应用会降低疲劳数据的分散性，但获得的疲劳评估结果更加保守。

高强钢构件在工业领域广泛应用，其疲劳性能对整体的结构安全至关重要。在实际应用中，高强钢结构多由切割加工而成，应用最为广泛的是采用带有磨粒的水切割，其切割过程会直接影响结构的疲劳性能。瑞典学者Hultgren等人[21]研究了磨粒水切割对构件疲劳性能的影响，并建立了疲劳概率模型，该疲劳概率模型综合考虑了表面粗糙度、残余应力、拉伸强度和循环周次，并重点关注了切割所引起的表面粗糙度和残余应力对构件疲劳性能的影响。为了验证模型的可靠性，研究者采用磨粒水切割法切割了S700钢，加工成试样，并测量了表面粗糙度、残余应力和疲劳性能数据。图17为所测得的疲劳数据与疲劳概率模型预测结果的对比，试验结果与模型预测结果吻合良好，误差小于4.0%。同时，该研究还采用了一个实际工程案例进一步验证了模型的工程适用性。

表 1 试验参数

试验类型	无间隙	间隙，聚焦	间隙，未聚焦	间隙，振荡
接头类型	对接接头（焊透）			
板厚/mm	4		2	
焊接速度/（m/min）	4		1.0	
振荡形式	—	—	—	线性
聚焦位置/mm	−2	0	+8	0
激光功率/W	3500	850	1610	1400
间隙大小/μm	0		200	

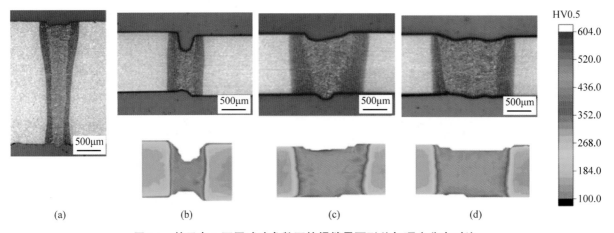

图 14 基于表 1 不同试验参数下的焊缝界面形貌与硬度分布对比

（a）无间隙；（b）有间隙，聚焦；（c）有间隙，未聚焦；（d）振荡

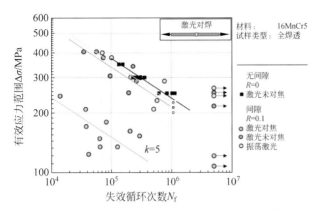

图 15 基于名义应力评估所得到的不同接头的
疲劳测试数据

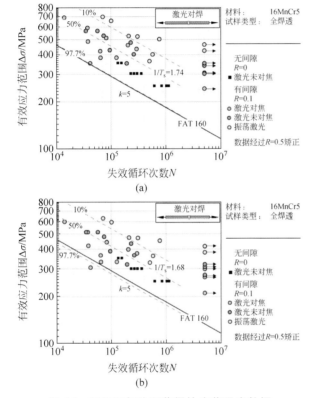

(a)

(b)

图 16 采用局部法所获得的疲劳强度数据
（a）临界距离法；（b）平均应力法

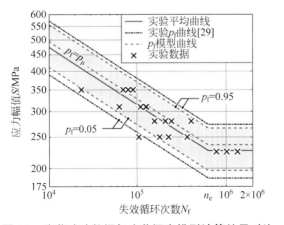

图 17 疲劳试验数据与疲劳概率模型计算结果对比

在目前的国际标准和指南中，关于温度对材料疲劳行为的影响主要集中在高温范围，而对 0℃以下温度的疲劳强度评估却缺乏较为全面的指导。德国学者 Braun 等人[22] 总结了自己近年来关于焊接结构在 0℃以下温度时的疲劳寿命的研究。研究涉及的材料有 S235J2＋N，S335J2＋N 和 S500G1＋M，接头形式有对接接头、十字接头和横向加筋板接头，温度为室温（20℃）、−20℃ 和 −50℃。图 18 和图 19 分别为试样疲劳性能 S-N 曲线和疲劳强度数据。结果表明，在较低温度下，测试的大部分接头具有的疲劳强度高于室温条件，只有 S235 对接接头在 −20℃ 的疲劳强度比室温低。因此，如果采用在室温下获得的疲劳设计曲线来设计工作在零下温度的构件，会低估构件的疲劳强度，使设计具有一定的保守性。

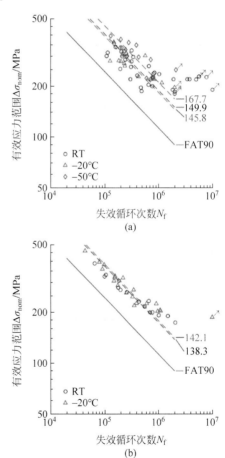

(a)

(b)

图 18 试样 S-N 曲线与疲劳等级对比
（a）S235 对接接头；（b）S355 对接接头；（c）S500 对接接头；
（d）S235 横向加筋板接头；（e）S500 横向加筋板接头；
（f）S235 十字接头；（g）S500 十字接头

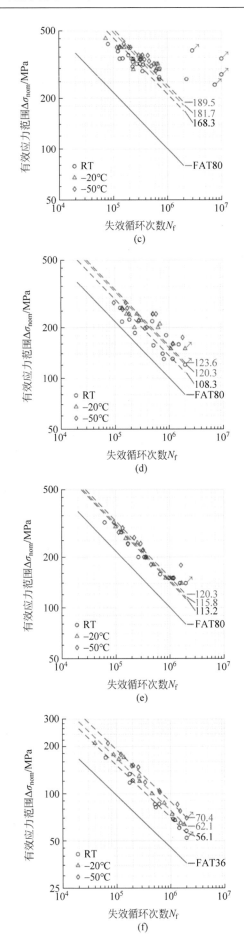

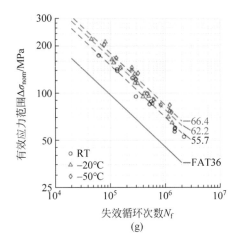

图18 （续）

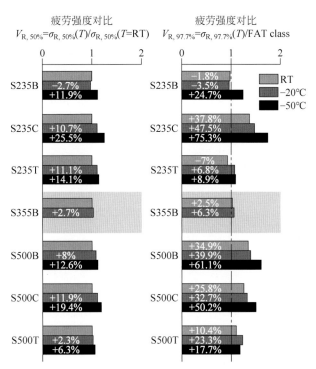

图19　各温度下的接头疲劳强度对比

德国学者 Schiller 等人[23] 采用试验和数值模拟相结合的方法研究了不规则未焊透的 S355 对接接头的疲劳强度。研究分为单边（Y形）和双边（DY形）不同缝隙尺寸的接头，未焊透的长度分别为 4mm，6mm 和 8mm，试板厚度为 20mm，承受 $R=0.1$ 的单轴拉伸脉冲载荷，频率为 50~60Hz。图20为建立的有限元模型。数值模拟结果表明，对于单边未焊透试样，在几乎所有的情况中，焊根的有效缺口应力都大于焊趾；只有当发生了较大的向上角错位和较小的根部缺陷时，焊趾的应力才会略高于焊根。

而对于双边未焊透试样，当错位量较大时，焊趾处的有效缺口应力会大于焊根。图 21 是以名义应力法获得的试样 S-N 曲线（FAT36 为单边全焊透对接，不带无损检测；FAT71 为单边全焊透对接，带根部无损检测）。图 22 为以缺口应力法获得的 S-N 曲线。结果显示，疲劳强度随未焊透高度的增加而减小，但名义应力法显著高估了未焊透缝隙对疲劳强度的影响。

在焊接时，焊缝的局部形貌会发生变化，导致局部应力发生改变并影响焊接质量。通过

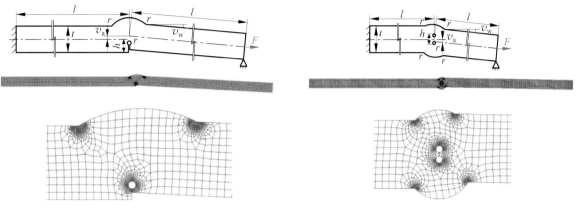

图 20　有限元模型和几何尺寸

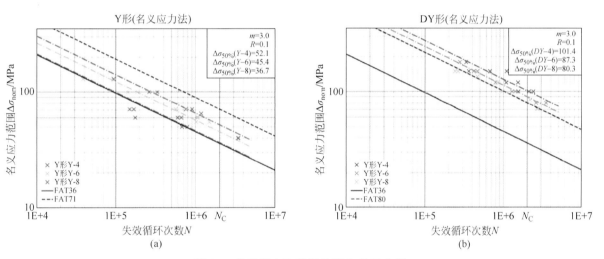

图 21　名义应力法获得的接头 S-N 曲线

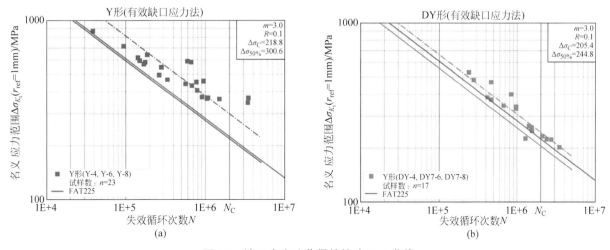

图 22　缺口应力法获得的接头 S-N 曲线

数字化焊接质量保证系统来捕捉焊缝的局部变化，并结合有限元分析，可以对焊接构件的疲劳性能进行预测。瑞典的学者 Hultgren 等人[24]提出了一种方法来确定疲劳评估所需的扫描采样分辨率，并准确地预测了接头的疲劳强度分布。图 23 为模型预测数据与试验数据的对比，二者数据拟合的关联系数达到了 0.9。图 24 为采样分辨率对失效概率计算的影响，结果表明，在扫描局部焊缝几何形状时，高的分辨率能提高对失效概率的预测精度。

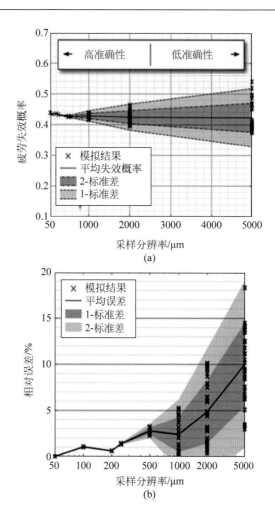

(a)

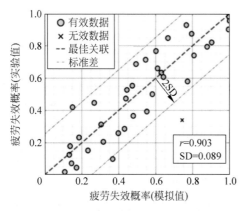

图 23　试验数据和模型预测数据的对比

日本学者 Tustusmi 等人[25]通过详细考虑焊接接头的几何特征参数，基于有限单元方法的计算结果，利用回归方法获得了十字接头的应力集中系数（stress concentration factor，SCF）公式。并用此方法评价了"附加焊道"方式对十字接头疲劳寿命的影响，疲劳寿命是基于 SCF 参数公式的缺口应力来进行评估的。该研究的主要结论如下：①采用有限元方法进行了 400 个案例的计算，基于这些结果的回归分析，得到十字接头的 SCF 计算公式。②与无附加焊道的情况相比，附加焊道可以显著地提高十字接头的疲劳寿命，这是因为附加焊道明显地增加了焊趾半径，以及焊脚长度增加导致了 SCF 有较明显的降低。③该研究提出的样条模型能更精确地考虑焊缝形状，从而能提高 SCF 的计算精度。采用该论文提出的缺口应力法评估的疲劳寿命的离散性远小于名义应力法。

图 24　采样分辨率对失效概率计算的影响
（a）疲劳失效概率分布图；（b）疲劳失效概率计算相对误差

除了直接使用有限元分析方法来获取焊接接头的有效缺口应力之外，采用焊趾处的应力集中系数以及焊缝几何形状参数，如缺口半径等也可以作为一种有限元法的替代方法来更快捷地获得有效缺口应力。德国学者 Josef Neuhäusler 等人[26]以 T 形焊接接头为研究对象，提出了基于耦合项的二阶多项式回归（polynominal regression with coupling terms，PRC）法和人工神经网络（artificial neutral network，ANN）法来估算理想焊接接头几何形状下的缺口应力。这一方法在 2020 年的 IIW 年会上，由 Oswald 等人做了较详细的报告，关于这一方法的介绍请参考《国际焊接学会（IIW）2020 研究进展》[27]。在本年度提交的会议论文中，他们将新方法与 Tsuji[28]，Monahan[29]，Brennan[30] 和 Hellier[31] 等人提出的方法进行了比较，并验证了该方法的预测精度。

法国学者 Becker 等人[32] 提交了针对爆炸焊接获得的钢 - 铝过渡接头的疲劳性能的研究报告，这种接头主要用于轨道交通行业，其宏观和爆炸焊的界面形貌如图 25 和图 26 所示。

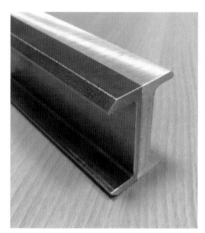

图 25　爆炸焊接复合板切割和加工成 H 形铝（较浅）和钢（较深）的过渡接头

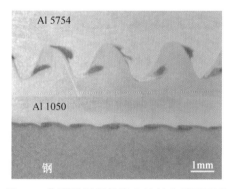

图 26　典型的钢铝转接头的结合界面形貌

通过进行 0.5，0.1 和 -1 三个应力比条件下的拉 - 压疲劳试验，分别得到了该过渡接头的 Wöhler 图和 Goodman-Smith 图，如图 27 和图 28 所示。拉 - 压疲劳试验结果表明，疲劳水平相比于 IIW 给出的推荐值低了 25%~32%，这种差异主要是由试样几何尺寸因素增加了试样约 50% 的应力集中造成的，且考虑到本过渡接头得到的疲劳曲线的斜率更高，使其在 1000 万周次的循环寿命时的疲劳强度与推荐值相当。此外，拉压应力比对疲劳寿命的影响也可以与 IIW 的推荐值相近，如图 29 所示。

针对过渡接头的服役条件同样进行了扭转疲劳试验，其 Wöhler 图和 Goodman-Smith 图分别如图 30 和图 31 所示，结果显示剪切疲劳强度与 IIW 的推荐值相近，有限元数值模拟的结果进一步确认了局部剪切应力与名义剪切应力是相当的。基于上述结果可知，过渡接头的剪切疲劳强度与传统对接接头的剪切疲劳强度相当，如图 32 所示。相比之下，不同的载荷比不会影响过渡接头的剪切疲劳强度。

英国剑桥大学的 Sun 等人[33] 在 2021 年提交的报告中定量探究了不同尺寸下的弯曲对于接头疲劳性能影响的研究。标准中的 S-N 曲线往往是基于轴向或近轴向载荷条件获得的，该

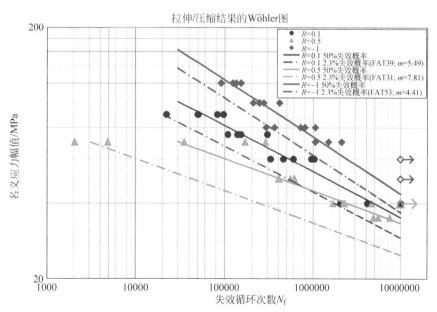

图 27　基于 Basquin 模型的过渡接头的拉伸 / 压缩疲劳试验结果的 Wöhler 图

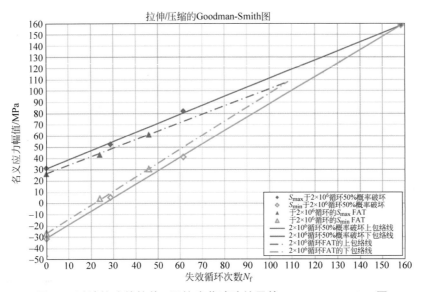

图 28　过渡接头的拉伸／压缩疲劳试验结果的 Goodman-Smith 图

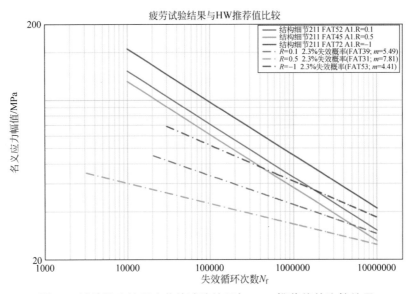

图 29　过渡接头拉压疲劳的试验结果与 IIW 推荐值的比较结果

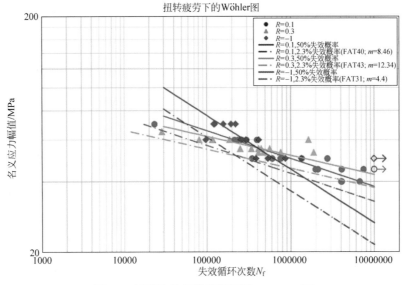

图 30　过渡接头扭转疲劳下的 Wöhler 图

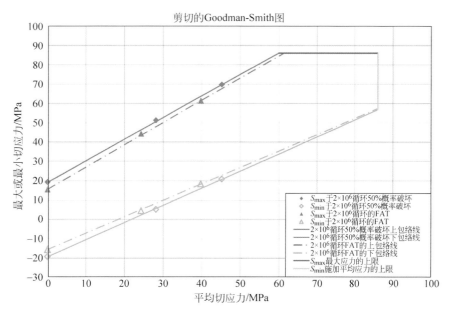

图 31　过渡接头剪切应力的 Goodman-Smith 图

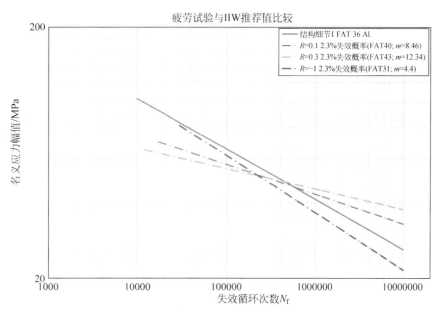

图 32　爆炸复合的过渡接头的剪切应力与 IIW 推荐值的对比

条件会导致壳体中全厚度应力梯度范围随着截面厚度的增加而减少，这一影响在应力梯度较大的条件下显得尤为明显。基于这一问题，他们设计并对比了三种厚度的焊接试样在纯拉伸和纯弯曲疲劳作用下的应力 - 寿命关系，如图 33~图 35 所示，可以看出每一种情况下纯弯曲的疲劳性能均高于纯拉伸后的疲劳寿命。同时可知，随着 W/t 值的增加，计算得到的 K_b 值将随着 t 的减少而降低。

针对上述试验结果可以发现，当 W/t 的值小于 40 时，对 K_b 的理论值有着明显的影响。因此，他们提出了考虑尺寸因素的弯曲修正因子 K_b，其方程式为（其中 $1 < W/t < 40$）：

$$K_b = 1 + \left\{ \frac{0.6}{t^{0.18}} \times 0.63 \log \frac{W}{t} \right\} \Omega^{1.9} \quad （5）$$

如图 36 所示，对比试验结果、基于 BS-7910：2015 的预测结果，可知该 BS-7910 得到的应力强度因子值较为保守。

来自瑞典的 Hultgren 等人[34] 在 2021 年的报告中提出了一种考虑表面粗糙度和残余应力

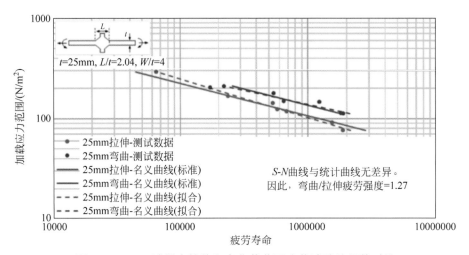

图33 25mm 试样在拉伸和弯曲载荷下疲劳试验结果的对比

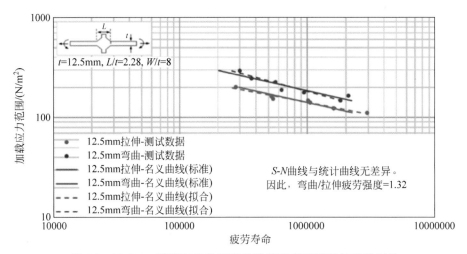

图34 12.5mm 试样在拉伸和弯曲载荷下疲劳试验结果的对比

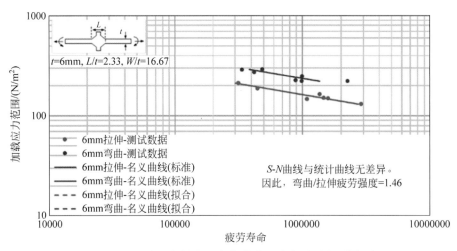

图35 6mm 试样在拉伸和弯曲载荷下疲劳试验结果的对比

的高强钢的疲劳模型，表面粗糙度和残余应力的测量方式如图37和图38所示。试验结果显示，提出的模型与试验结果吻合良好，预测的平均疲劳极限误差小于4%。图39展示了表面

粗糙度、残余应力和疲劳强度三者关系的设计曲线，用以满足不同疲劳概率和循环次数的要求。这一模型为不确定条件下的疲劳性能的优化铺平了道路，在以后的不确定条件下的疲劳

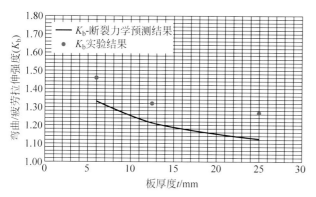

图36 对比试验结果与目前的失效准则分析得到的 K_b 值

设计中，可以根据失效概率要求对工程结构进行优化，同时需要指出的是，该模型也需要更为广泛的验证。

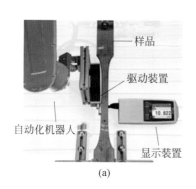

(a)

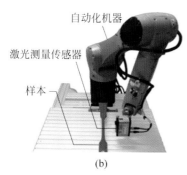

(b)

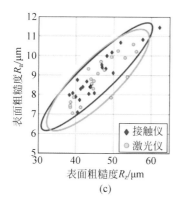

(c)

图37 使用与工业机械臂相连的触针和激光传感器设置、表面粗糙度 R_a 和平均粗糙度深度 R_z 的测量结果

（a）触针设置；（b）激光设置；（c）测量结果

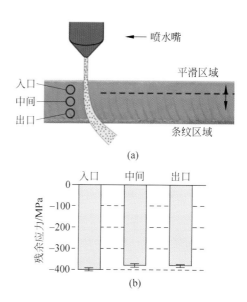

(a)

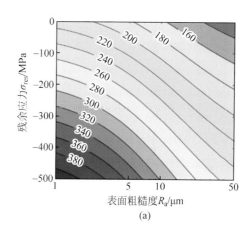

(b)

图38 实验切割试样表面的残余应力测量方式

（a）残余应力位置；（b）残余应力分布结果

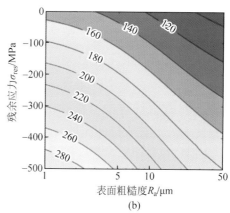

(a)

(b)

图39 表面粗糙度、残余应力和疲劳强度之间的关系曲线

（a）$n = 10^5$，$p_f = 10^{-1}$，$\sigma_{uts} = 845 \text{MPa}$；
（b）$n > n_e$，$p_f = 10^{-1}$，$\sigma_{uts} = 845 \text{MPa}$；
（c）$n = 10^5$，$p_f = 10^{-3}$，$\sigma_{uts} = 845 \text{MPa}$；
（d）$n > n_e$，$p_f = 10^{-3}$，$\sigma_{uts} = 845 \text{MPa}$

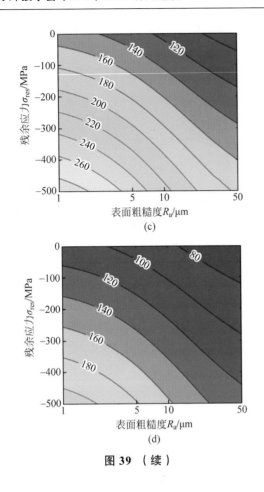

图39（续）

2 疲劳强度的改善方法与强化技术

疲劳强度的改善与强化一直是研究热点，2021年的IIW会议一共收到了8篇论文，主要包括高频机械冲击（high frequency mechanical impact，HFMI）、喷丸处理、深滚压及滚光工艺、结构细节设计优化等方法对疲劳寿命的改善机理。这里选取部分有代表性的论文进行介绍，希望能对我国的焊接工作者，尤其是一线焊接工程技术人员有所帮助。

日本学者HANJI等人[35]以典型的桥梁钢的T形接头为研究对象，采用试验手段和数值模拟方法研究了高频机械冲击处理对焊接接头的残余应力分布和疲劳寿命的影响。同时，他们基于试验和数值模拟结果讨论了T形接头在不同外载荷条件下进行高频机械冲击时的残余应力与疲劳寿命，初步澄清了T形接头在高频机械冲击处理过程中所承受的外载荷（静载）对最

终的残余应力与疲劳寿命没有明显的影响。这就意味着，即使焊接结构在承受外部静载的条件下，采用高频机械冲击处理对提高焊接接头的疲劳强度也是有效的。

考虑到这篇文章内容完整，获得的研究结果有较大的参考价值，下面将对其进行详细的介绍。该研究采用的T形接头的形状和尺寸如图40所示，图中的红色和蓝色方块代表实验中用于测量应力的应变片位置。焊接试板材料是牌号为SBHS500的桥梁钢，其屈服强度为500MPa。采用CO_2焊接方法实施焊接，在焊接完成后采用超声波进行无损检测，接头无冶金缺陷。

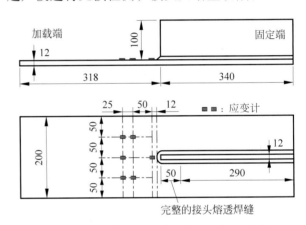

图40 T形焊接接头的形状、几何尺寸和应变片布置示意图

疲劳试验装置和高频机械冲击处理时的加载装置的示意图如图41所示。当图40中的应变计监测的应变范围在测试过程中下降5%时，可以理解为裂纹开始萌生，相应的循环次数记为$N_{5\%}$。当焊趾处萌生的裂纹向主板扩展10mm时，所对应的疲劳循环次数记为N_{10}。

该研究采用的高频机械冲击设备如图42所示，它由高频机械冲击工具、压缩机、辅助储气罐和除湿滤芯等部件构成。为了阻止裂纹从最危险的部位产生，该研究选定的高频机械冲击处理位置如图43所示。在进行高频机械冲击处理时，一种情况是在完全没有外载荷情况下进行的，另一种情况是在施加外载荷情况下进行的，施加外载荷的方式如图41（b）所示。至于冲击过程采用的参数等，这里就不赘述了，

需要了解的读者可以参看原文 [36]。图 44 是经过高频机械冲击处理前后的焊缝表面形貌对比。

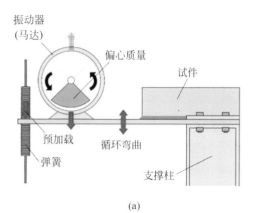

图 41 疲劳实验装置及高频机械冲击处理加载示意图
（a）疲劳试验；（b）静载荷下 HFMI 处理

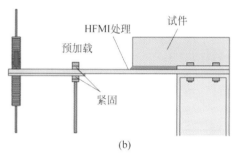

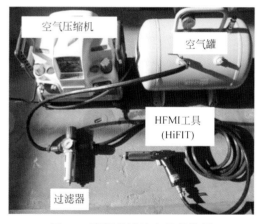

图 42 高频机械冲击处理装置

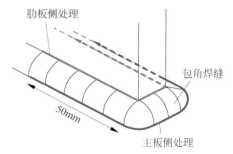

图 43 HFMI 处理位置

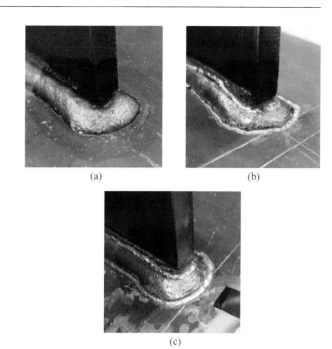

图 44 焊趾的形貌
（a）焊态焊趾；（b）无载荷下处理后的焊趾；
（c）静载荷下处理后的焊趾

高频机械冲击处理除了改变被冲击位置的残余应力分布与大小外，对其几何形貌也有影响。在该研究中，研究者定义了如图 45 所示的几何参数。ρ_{aw} 和 θ_{aw} 分别表示焊态下的焊趾半径和焊角；ρ_p，θ_p，d 和 w 分别表示高频机械冲击处理后的焊趾半径、焊趾角、冲击深度和冲击宽度。图 46 是焊态下和经高频机械冲击处理后的焊趾半径和焊趾角的测量结果，从此图可以看出，经过高频机械冲击处理后，焊趾半径明显增大，而焊趾角也显著减小了。图 47 是高频机械冲击后的冲击深度与宽度的测量结果，总体而言，冲击位置的深度与宽度值几乎都落在 IIW 的推荐值范围内，说明冲击处理是合理的。

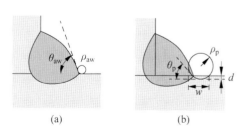

图 45 焊趾处几何参数的定义
（a）焊态；（b）处理后

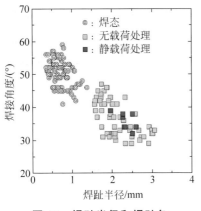

图46　焊趾半径和焊趾角

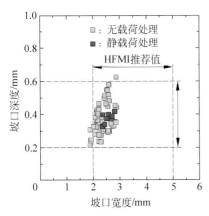

图47　HFMI深度和宽度

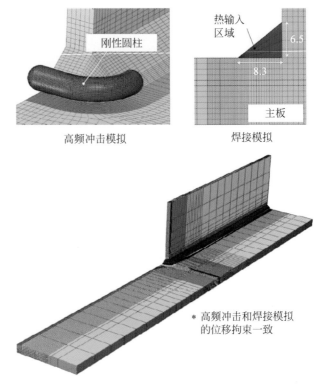

图48　有限元模型

该研究采用X射线法和热弹塑性有限元法分别测量和计算了焊接接头的残余应力，同时研究者也模拟和测量了经过高频机械冲击处理后的残余应力。该研究考虑了结构的对称性，建立的有限元模型如图48所示。图49是实验测量和计算得到的纵向焊接残余应力分布。尽管数值模拟获得的纵向残余应力的峰值高于实验结果，但是总体而言，数值模拟结果与实验测量值比较吻合。在焊趾处的纵向残余应力均为拉伸应力，且数值几乎与材料的常温屈服极限相当。图50是经过高频机械冲击处理后的残余应力分布图。从此图可以看到，经过高频机械冲击处理后，无论是纵向还是横向，在焊趾处均产生了明显的压缩应力。从数值模拟和实验测量结果均可看到，在高频机械冲击处理过程中，外载荷的有无对残余应力的分布几乎没有影响，对应力值的影响也不显著。

图51是采用数值模拟获得的在板厚方向的纵向残余应力分布图，可见经高频机械冲击处

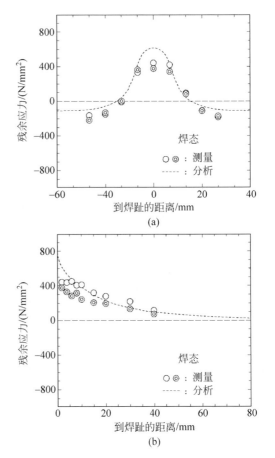

图49　焊态的纵向残余应力分布

（a）横向；（b）纵向

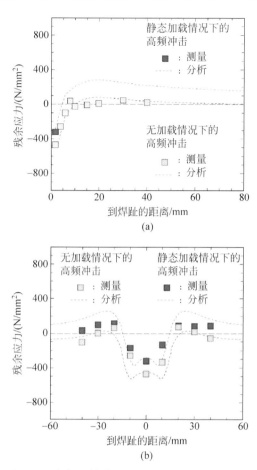

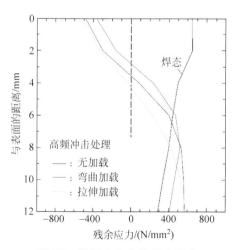

图 50　高频机械冲击后的纵向残余应力分布

（a）纵向；（b）横向

理后产生的压缩残余应力的深度达到或超过了3mm。同时也可以看到，在高频机械冲击处理过程中，焊接接头承受的外部载荷对最终残余应力的影响并不显著。

图 51　板厚方向上的应力分布

图 52 和图 53 分别是应力比为 0 和 0.5 的疲劳寿命测量结果。从这两个图可以看到，经

过高频机械冲击处理后，接头的疲劳强度得到了显著的提升。从图 52 和图 53 的实验结果中还可以知道，与其他疲劳强化技术如焊后锤击、超声冲击相比，高频机械冲击处理对疲劳寿命的提高更有优势。

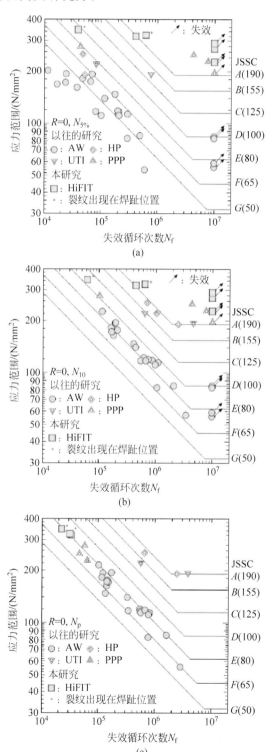

图 52　应力比为 0 时的疲劳强度测量结果

（a）$N_{5\%}$；（b）N_{10}；（c）N_{p}

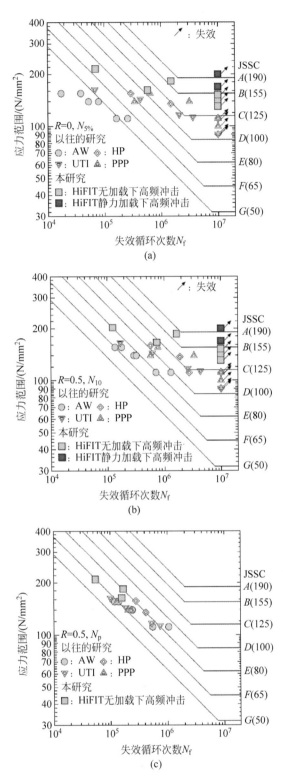

图 53　应力比为 0.5 时的疲劳强度测量结果

（a）$N_{5\%}$；（b）N_{10}；（c）N_p

通过这项研究，总结出以下结论：①经过高频机械冲击处理压缩残余应力的深度达到或超过 3mm。②即使焊接接头在冲击处理过程中承受外部载荷，最终的疲劳寿命与不受外载荷的

情况也几乎没有明显差异。③高频机械冲击处理对疲劳寿命改善似乎主要体现在裂纹的萌生阶段而不是扩展阶段。

在本年度的会议中，该作者还提交论文[37]讨论了高频机械冲击强度与冲击处产生的压痕面积等因素对残余应力的影响。同时，也提出了基于冲击强度来预测压缩残余应力的方法。

德国学者 Löschner 等人[36]以如图 54 所示的 T 形接头为对象，对焊态（as welded，AW）和高频机械冲击处理的两种接头进行了恒幅载荷（constant amplitude loading，CAL）、随机变幅载荷（variable amplitute loading，VAL）、高-低 VAL 及低-高 VAL 的疲劳实验。制备焊接接头使用的母材有两种，即 S355 和 S700。该研究的主要目的是分析载荷顺序对 HFMI 处理后的 T 形接头的疲劳强度的影响，并验证线性损伤累积假设对焊态和经 HFMI 处理后的焊接接头疲劳设计的适用性。

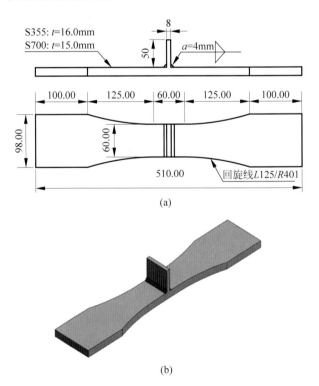

图 54　T 形焊接接头的尺寸及形状

（a）试件详细尺寸；（b）试件形状

图 55 和图 56 分别是 S355 和 S700 接头在恒幅载荷下的疲劳实验结果。从这两幅图可以看到，

无论是强度较低的 S355 接头，还是强度较高的 S700 接头，经过 HFMI 处理后，接头的疲劳强度均有显著提高。对于 S700 接头而言，焊态下接头疲劳裂纹和断裂位置均在焊趾处，而经 HFMI 处理后的接头的疲劳裂纹和断裂位置均在母材。

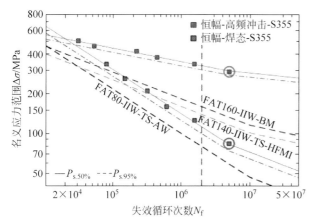

图 55　S355 接头恒幅载荷下疲劳实验结果

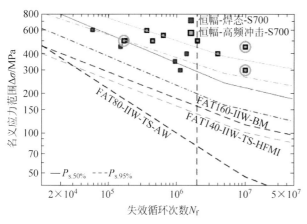

图 56　S700 接头恒幅载荷下疲劳实验结果

图 57 和图 58 分别是 S355 和 S700 接头在变幅载荷条件下不同加载顺序的疲劳实验结果。从这两个图可以看到，在变幅载荷实验条件下经 HFMI 处理的接头的疲劳强度高于焊态下接头的疲劳强度。此外，实验结果表明，变幅载荷的加载顺序对接头的疲劳强度的影响并不显著。

高频机械冲击处理除了直接用于焊接处理外，也可用于服役条件下的焊缝处理以延长焊接结构的疲劳寿命。比如，桥梁维护是一个需要长期持续的关键工作，在旧钢结构桥梁中的一个严重问题就是疲劳裂纹。由于焊接接头本身几何形状的不连续性、性能的不均匀性及循环载荷条件，焊

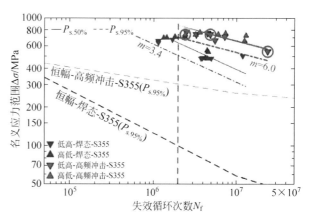

图 57　S355 接头变幅载荷下的疲劳实验结果

"低高"为先进行低应力加载，后进行高应力加载。"高低"则相反

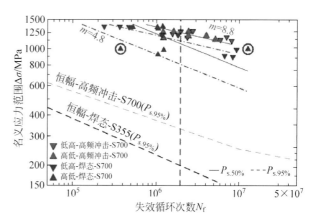

图 58　S700 接头变幅载荷下的疲劳实验结果

"低高"为先进行低应力加载，后进行高应力加载。"高低"则相反

接接头位置是最容易产生疲劳裂纹的地方。统计结果表明，在现有服役的钢结构桥梁中的焊趾处产生了大量的疲劳裂纹，这将直接影响钢桥的耐久性和安全性。因此，在失效之前，有必要对焊接接头进行处理以延长其使用寿命。高频机械冲击可修复焊趾裂纹，其已成为一种可靠的焊后疲劳强度改善技术。然而，闭合的疲劳裂纹在受力时有可能重新打开，并导致裂纹持续扩展。为了提高高频机械冲击处理延长疲劳寿命技术的可靠性，日本学者 Banno 和瑞典学者 Barsoum 等人[38]研究了 HFMI 修复的预疲劳焊接接头的裂纹张开与闭合行为，这也是近年来的一个新的研究动向。

意大利学者 Meneghetti 等人[39]首次将基于缺口应力强度因子的局部应力法应用于高频机械冲击强化焊接接头的疲劳性能评估。他们首

先对结构热点应力法（SHSS，结构应力法）和峰值应力法（PSM，局部应力法）进行了详细介绍，并对文献中结构钢纵向和横向非承载式角接接头的疲劳数据进行了总结。随后，分别采用上述两种方法对焊态和HFMI处理态的接头疲劳性能进行评估，并进行了对比。在首次使用PSM方法对HFMI处理态接头进行评估时，首先对原始的疲劳数据进行归一化处理，以消除由材料、接头几何、加载方式等带来的固有离散性。

随后，通过方程（6）计算相应的等效峰值应力范围：

$$\Delta \sigma_{eq,peak} = \sqrt{c_w \cdot \frac{2 \cdot E \cdot \Delta \overline{W}_{FEM}}{1-v^2}} \qquad (6)$$

式中，c_w为系数，取1.0，$\Delta \overline{W}_{FEM}$为平均应变能密度，$E$和$v$分别为弹性模量和泊松比。考虑HFMI引入的残余压缩应力在循环载荷下常有一定程度的释放，其实际的残余应力值和稳定性是未知的，由此认为，残余应力已经在实际接头的疲劳强度中进行了考虑。由此，获得了重新设计的疲劳离散数据带拟合曲线，如图59所示。其中，图59（a）～（d）分别为不同屈服强度范围和应力比范围的接头疲劳数据拟合结果，均获得了良好的拟合效果。

日本学者Osawa等人[40]基于断裂力学方法和影响函数法（influence function method，IFM），提出了针对HFMI处理的焊接接头的混合断裂

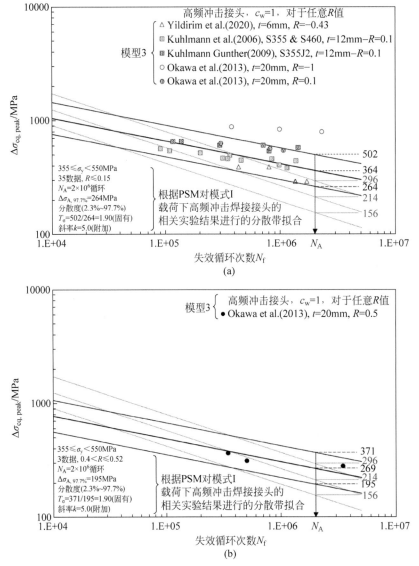

图59　结构钢接头HFMI处理后基于峰值应力法的焊趾失效疲劳性能评估

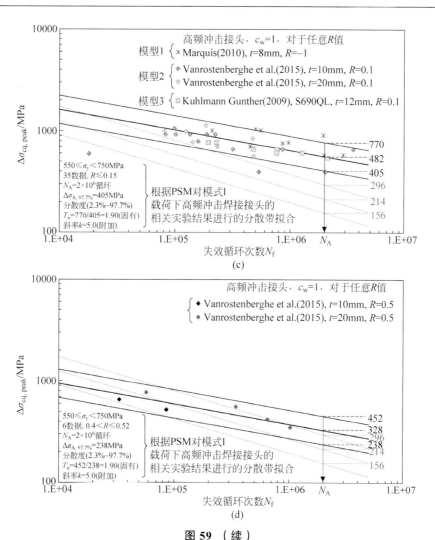

(c)

(d)

图 59 （续）

模式参数，以用于疲劳强度的评估。结合数值仿真方法，其可获得更精确的混合模式应力强度因子（MM-SIF）解，并降低了任意应力分布状态下的 SIF 求解难度。

在本研究中，首先采用大阪大学接合科学研究所的 JWRIAN 对一种三通接头的残余应力进行数值计算，然后通过"切割"仿真，获得疲劳试样的残余应力分布，其在切割前后的纵向和横向残余应力对比分别如图 60 和图 61 所示。在焊接过程后，受纵向约束的影响，热影响区存在较高的纵向拉伸应力，在切割操作后，纵向残余拉应力的峰值由 438MPa 下降至 224MPa。焊后横向应力的分布则相对更复杂，其在厚度方向达到了自平衡状态，且在切割操作后峰值应力下降较少（小于 10MPa），可见切割成疲劳试样后横向残余应力仍然对断裂计算存在较大的影响。

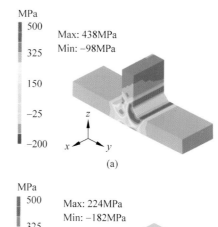

(a)

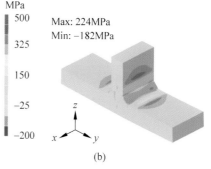

(b)

图 60 纵向残余应力分布对比
（a）焊态；（b）切割后

227

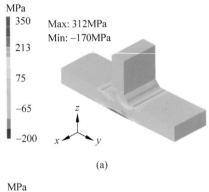

(a)

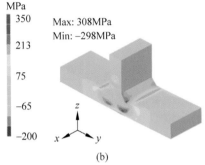

(b)

图 61　横向残余应力分布对比

（a）焊态；（b）切割后

随后，基于 MSC. Dytran 显式计算程序和位移控制方法对 HFMI 过程进行了数值仿真，其有限元模型如图 62 所示。分别对无应力模型（SF model）和带焊接残余应力模型（RS model）进行 HFMI 处理。针对后者，通过对 JWRIAN 获得的焊接残余应力结果进行插值，作为 HFMI 处理的初始应力场。

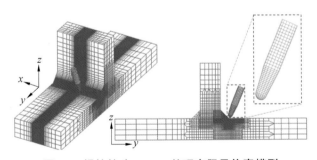

图 62　焊接接头 HFMI 处理有限元仿真模型

喷丸处理在焊趾部位长度为 8mm 的范围内进行，其纵向和横向的残余应力分别如图 63 和图 64 所示。可见 HFMI 处理后 SF 模型和 RS 模型的最大纵向和横向残余压应力分别仅相差约 1.26% 和 6.46%，在各方向上的残余压应力最大深度可达 4.6mm，而焊接导致的较高残余拉伸应力则已完全消失。

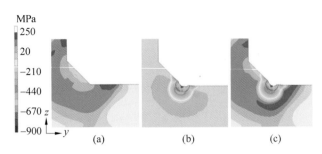

图 63　对称面纵向残余应力分布

（a）焊态；（b）SF 模型；（c）RS 模型

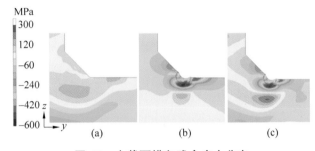

图 64　中截面横向残余应力分布

（a）焊态；（b）SF 模型；（c）RS 模型

基于混合加载模式下的影响函数法，研究者对焊态和 HFMI 处理态的接头焊趾部位开展了断裂力学分析。两个模型分别如图 65（a）和（b）所示，其区别主要在于焊趾部位的曲率半径：其在焊态为 0，而在 HFMI 处理态则需要通过形函数进行评估。焊趾部位的预制深度和半长均为 1.5mm 的裂纹，在端部施加 100MPa 的名义应力。

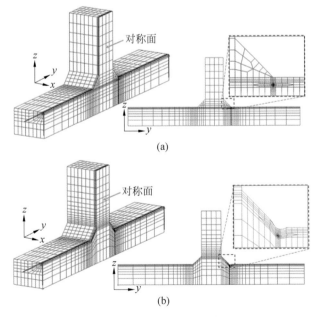

(a)

(b)

图 65　MM-SIF 评估模型

（a）焊态；（b）HFMI 处理态

研究者在如表 2 所示的四种载荷状态下开展了混合模式下的应力强度因子的评估研究。计算获得的应力强度因子由方程（7）进行归一化处理：

$$F_{\mathrm{I,II,III}} = K_{\mathrm{I,II,III}}^{ij,\mathrm{PQ}} \Bigg/ \left[\sigma \sqrt{\frac{\pi a}{q}} \right] \qquad (7)$$

式中，$F_{\mathrm{I,II,III}}$ 表示三种载荷模式下归一化后的应力强度因子，q 为缺陷形状参数。四种分析条件下不同 SIF 分量求解结果的对比如图 66 所示。由于应力集中和较高的拉伸残余应力，Case1 和 Case2 分析条件下的裂纹嘴位置（0°）的 SIF 最大，而当考虑 HFMI 冲击后，SIF 解则变为负值。由于仅施加了单向拉伸载荷，模式 I 条件下的 SIF 为主导作用。然而受接头几何形状和残余应力分布的影响，在 Case3 和 Case4 条件下，模式 II 和模式 III 的应力强度因子分布存在不一样的规律。

表 2　MM-SIF 的分析条件

Case	模型	载荷
Case1	焊态带裂纹模型	远场拉伸载荷
Case2	焊态带裂纹模型	远场拉伸载荷 + 焊接残余应力
Case3	HFMI 处理带裂纹模型	远场拉伸载荷 +HFMI 后的残余应力
Case4	HFMI 处理带裂纹模型	远场拉伸载荷 + 焊接残余应力下 HFMI 后的残余应力

一般来说，根据 IIW 的标准，钢材接头的疲劳强度被定义为母材的疲劳强度值，然而，焊后处理技术可以有效改善接头的疲劳性能。来自澳大利亚的 Brunhofer 等人[41] 通过 TIG 焊接熔修处理，尝试改善接头的疲劳强度。图 67 展示了有无焊后 TIG 熔修处理的十字接头的疲劳测试结果和对应的 S-N 曲线图，可以看出，在 200 万周次的循环载荷下，标准疲劳强度数值从焊态的 90MPa 增加到了 TIG 熔修态下的 182MPa。可见，TIG 熔修对于接头的疲劳强度有着明显提升。

通过有限元方法，对比了两种接头的最大主应力集中区域的不同，如图 68 和图 69 所示，

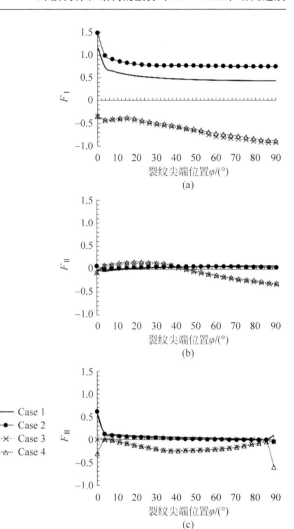

图 66　不同分析条件下的 MM-SIF 解对比

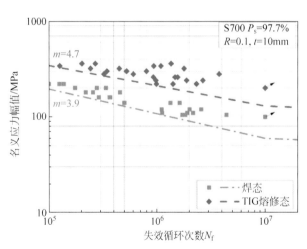

图 67　焊态和 TIG 熔修态试样的疲劳测试结果及拟合获得的 S-N 曲线

熔修后接头的最大主应力所在位置从接头的表面转移到了焊趾，这一明显的差异造成了前者较后者应力集中系数的明显下降。

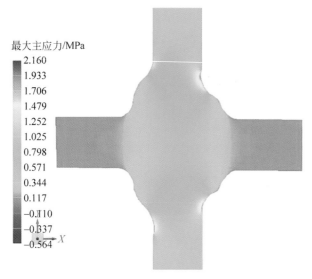

图68　TIG熔修状态下十字接头的最大主应力

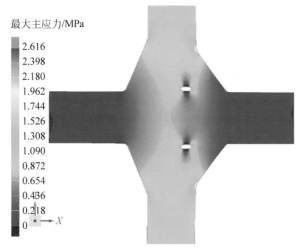

图69　焊态下十字接头的最大主应力

如图70所示，基于焊接条件下推荐的和本实验得到S-N曲线的对比情况可知，目前对于S-N数据的估计是过于保守的，对于TIG焊熔修过的接头，建议的斜率m值应从目前的3提高至4，这也与试验得到的4.7相符。

在本届会议上，日本学者Kinoshita等人[42]提交了喷丸处理对钢桥中焊接接头疲劳寿命影响的研究论文。他们利用X射线衍射法在日本1969年建成的公路桥梁上进行了喷丸前、后焊接接头的残余应力测量。该钢梁由SM490A钢和SM490B钢制成，其屈服强度大于325MPa（与我国的Q345钢类似）。为了确认喷丸确实引入了残余压应力且导致了疲劳强度的提高，研究者制备了与实际钢桥中相同的焊接接头来测

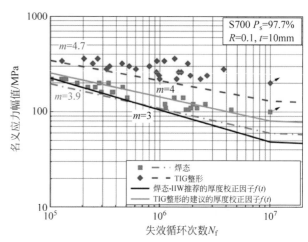

图70　试验获得的与IIW推荐的标准疲劳结果的对比情况

量残余应力。为了研究喷丸次数对引入残余压应力和疲劳强度提高的影响，分别对试样进行了一次、两次和三次喷丸处理。在喷丸处理后，在100μm深度处测得的最大压缩残余应力约为300MPa，然后随着深度的增加而逐渐减小。研究者建议采用两次或两次以上的喷丸处理，以确保疲劳强度提高的效果。

德国学者Schubnell等研究了深滚压工艺对如图71所示的铝合金对接接头焊趾部位的疲劳强度的提升作用[43]。该接头的焊接方式为熔化极气体保护焊，焊接电流、电压和速度分别为220A，25V和45cm/min。焊后采用了深滚压（deep rolling）和滚光（burnishing）工艺进行处理。

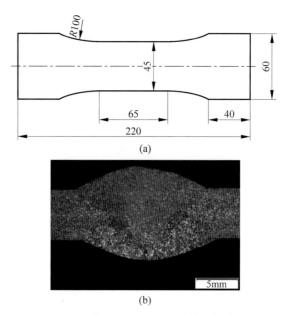

图71　疲劳试样几何尺寸及焊接接头横截面形状

在 IIW 2020 进展报告中也报道了该作者以往的研究成果，他们的研究成果表明对焊趾部位的合理处理有利于疲劳增寿。因此，在本研究中，对焊态、深滚压态和滚光态的试样焊趾部位分别进行了光学三维形貌观察，发现深滚压态下焊趾部位并未得到全面的处理，而滚光态下焊趾部位的缺口已被完全移除。针对所有试样而言，两种焊后的处理工艺仍会留下一些未发生完全变形的焊趾部位。

之前对该种接头深滚压工艺的研究表明，较大的接触载荷和范围会导致表面缺陷和较高的粗糙度，这可能会对疲劳性能带来负面影响。因此，研究者也对焊态和处理态的粗糙度、硬度和残余应力进行了测量，结果如图 72 所示。可见，当保持其他参数不变时，降低接触应力可以有效降低粗糙度。而对深滚压工具 HG13（直径为 13mm）来说，其在更高的接触应力下获得了更小的粗糙度。在同等工艺参数下，滚光方式获得的表面粗糙度均高于深滚压工艺。

如图 73 所示，通过在横截面的金相上进行显微硬度测试，研究者对加工硬化的程度也进行了估算，发现滚光工艺焊趾部位的显微硬度高于深滚压工艺，且随着接触应力的上升而增大。对深滚压工艺而言，当采用 HG4（压头直径为 4mm）工具时，提高接触应力对显微硬度无明显提升作用。

研究者对焊接接头焊趾部位沿深度方向和表面垂直焊缝方向的残余应力进行了测量，其结果分别如图 74 和图 75 所示。可见，两种焊后处理状态下的横向残余应力显然高于纵向残余应力。表面的残余压应力随着接触载荷的上升而增大，且其深度可达 1mm。相比而言，在相同的接触载荷下，HG4 工具可产生更高的残余压应力。对比焊态与处理态的试样可见，两种焊后处理工艺均在焊趾部位引入了残余压应力，其中 HG4 工具的最大压应力可达 −360MPa，而滚光工具获得的残余压应力仅为 −190MPa。

对焊态、深滚压态和滚光态的焊接接头进

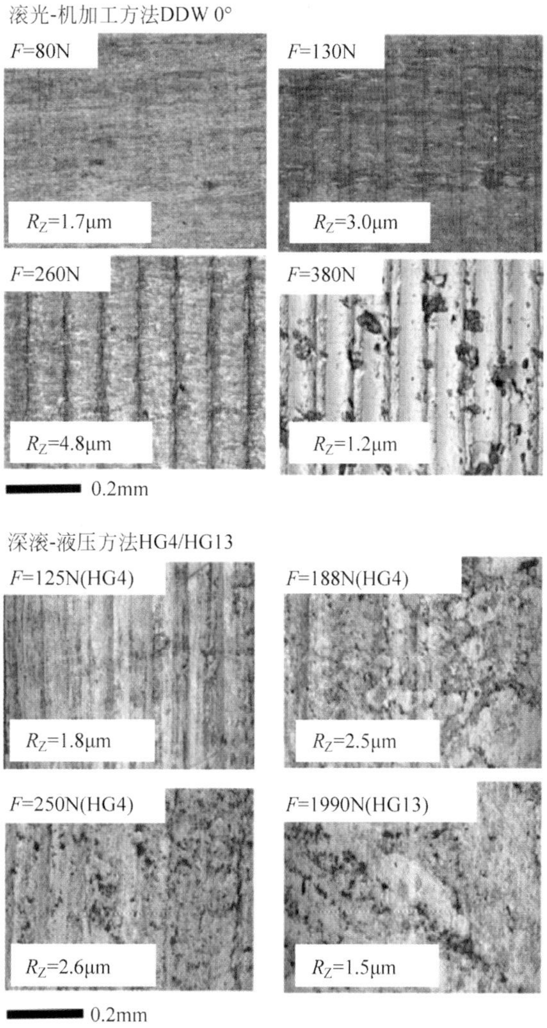

图 72　深滚和滚光试样的表面粗糙度对比

行单轴拉伸条件下的高周疲劳性能试验，应力比为 0.1，试验结果与超声冲击处理（UIT）进行对比，如图 76 所示。可见，深滚压和滚光两种焊后处理工艺使疲劳强度分别提高了 81% 和 86%，提升效果差异较小，且均高于超声冲击处理的 72% 的提升。

在本届 IIW 年会上，日本学者 Tanabe 等人[44]提交了通过改善垂直加强筋与甲板连接的细节设计来提高抗疲劳性能的研究报告。

在桥梁和船舶中的直立加强筋板与主板连接处由于应力集中存在，容易产生疲劳裂纹。以往的研究表明，通过改变加强筋板与主板连接处附近的细节设计可以有效减缓应力集中程度、改变应力分布，从而能提高结构的疲劳强度。Tanabe 等人研究了加强筋板与主板连接处

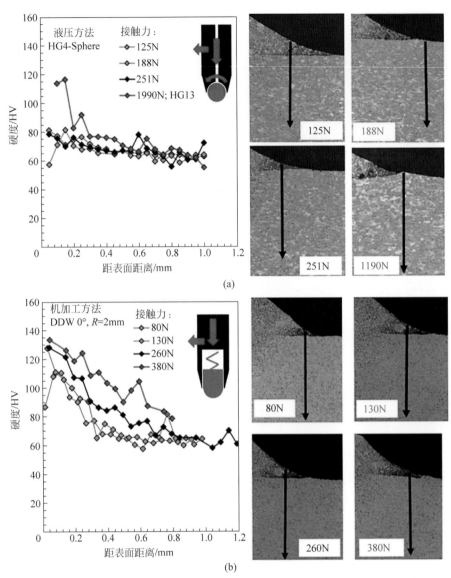

图 73　焊趾部位显微硬度与深度的关系

（a）液压方法；（b）机加工方法

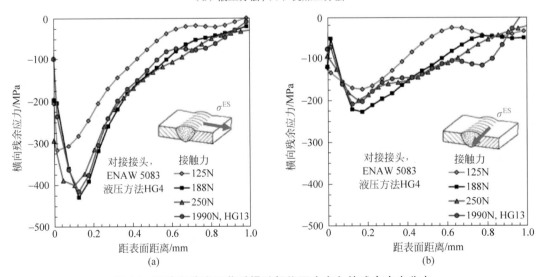

图 74　深滚和滚光工艺后焊趾部位深度方向的残余应力分布

（a）深滚压，横向残余应力；（b）深滚压，纵向残余应力；（c）滚光，横向残余应力；（d）滚光，纵向残余应力

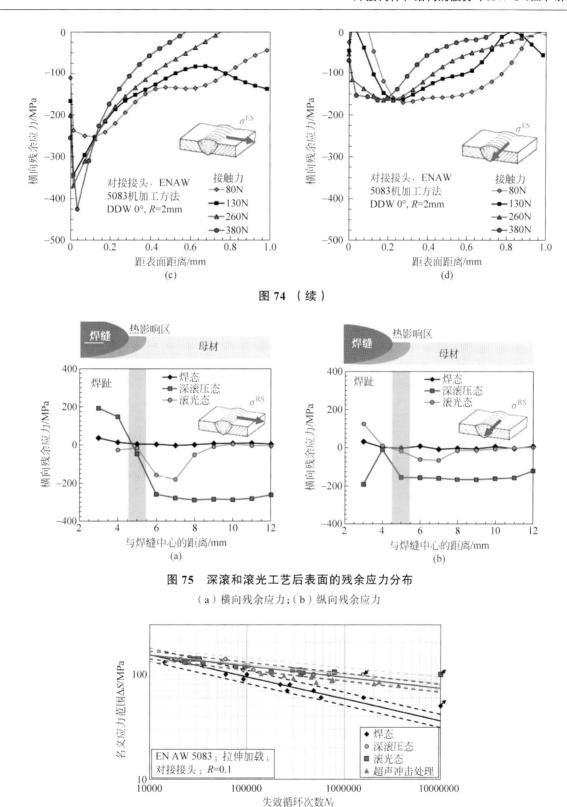

图 74 （续）

图 75　深滚和滚光工艺后表面的残余应力分布

（a）横向残余应力；（b）纵向残余应力

图 76　焊态、深滚压态和滚光态的焊接接头疲劳测试结果

的细节设计对该处应力分布、应力集中程度和对结构疲劳寿命的影响。研究者以三种竖直加强筋与主板接头形式（图 77），即直角形、圆倒角形和半圆切割形的接头为研究对象，采用有限元法计算了圆角半径分别为 30mm，45mm和 60mm（图 78）时的应力分布，并基于应力计算结果讨论了接头处细节因素（尺寸与形状）对应力分布与应力集中程度的影响。有限元分

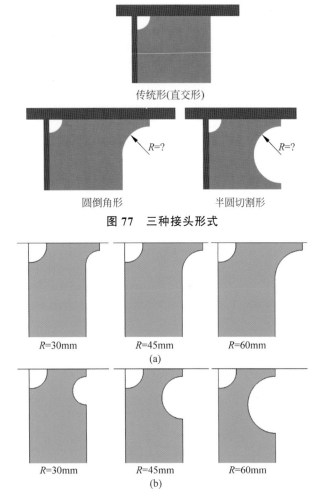

图 77　三种接头形式

传统形(直交形)

圆倒角形　　半圆切割形

R=30mm　　R=45mm　　R=60mm

(a)

R=30mm　　R=45mm　　R=60mm

(b)

图 78　加筋板与主板连接处的设计细节

（a）倒角形接头；（b）半圆切割形接头

析时采用的整体模型和连接部位的细节如图 79 所示。采用有限元方法计算得到的米塞斯应力分布如图 80 所示。

从该研究可以得到以下几个方面的启示：①有限元计算结果表明，与传统直角形接头相比，采用圆倒角形接头后，垂直加强筋板边缘上端的应力可以得到显著减小，从而改善结构的抗疲劳能力。②尽管半圆切割形垂直加强筋边缘上端的应力降低可以防止疲劳开裂，但从疲劳实验结果来看，在弯曲边缘仍然发现了疲劳裂纹。因此，可以推断这种改进的设计并不能提高结构的疲劳强度。有限元分析和测量结果表明，在弯曲边缘上获得了超过其屈服强度的应力，这意味着由于半圆切割减少了加强筋板的横截面而引起了塑性变形。此外，在采用热切割方式加工切割半圆时，会在曲面边缘处产生高拉伸残余应力，这会促进疲劳裂纹的萌生。③有限元计算结果表明，对于半圆切割型接头而言，增大圆的半径会在主板焊趾处产生更大的拉应力，而在竖直加强筋板上端的应力较小。因此在该研究选定的三种半径（30mm，45mm 和 60mm）中，采用 30mm 的半径最好。

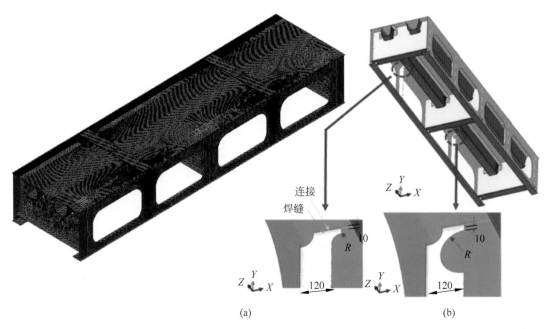

连接
焊缝

R　10

120

R　10

120

(a)　　　　　　　　　　(b)

图 79　有限元全模型及连接处的细节

（a）整体模型；（b）模型改进后的细节

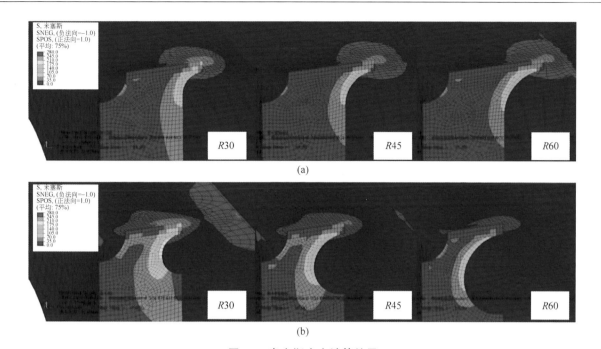

(a)

(b)

图 80　米塞斯应力计算结果

（a）倒角形细节；（b）半圆切割形细节

不过，竖直加强筋板结构的最佳半径可能会随主板的厚度和垂直加强筋尺寸等因素而改变，因此，最优尺寸还需要进一步研究。

3　增材制造工件中的疲劳问题

增材制造工件的疲劳问题是近年来的一个研究热点，在本届 IIW 年会上，也收到来自不同国家和地区的论文，这里选取 2 篇有代表性的论文进行简介。

伊朗学者 Dastgerdi 等人[45] 基于 X 射线断层扫描（X-ray computed tomography，XCT）技术开发了一种新方法，表征了 SUS316L 不锈钢增材制造工件中的缺陷和表面形貌，并对构件的疲劳性能进行了研究。该方法利用局部灰度值来定义材料边界，并采用特定的缺陷识别算法来对构件中的 3D 缺陷进行分析。如图 81 所示为缺陷表征结果，其中图 81（a）中的黑色区域为缺陷，图 81（b）为缺陷分布（缺陷体积占比）的极图。同时，研究者制备了不同堆叠方式（垂直、水平堆叠）和不同堆叠层厚（20μm 和 40μm）的疲劳试样，并获得了其疲劳性能数据，如图 82 所示。对比发现，增材制造工艺参数（堆叠方

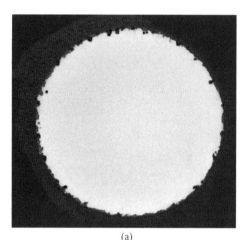

(a)

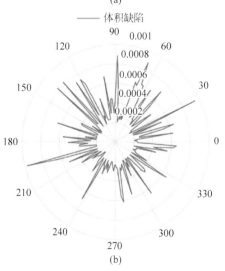

(b)

图 81　3D 缺陷表征

（a）2D 截面的缺陷表征结果；（b）极坐标下缺陷分布

式、堆叠层厚）决定了构件中的缺陷特征和表面粗糙度，进而影响其疲劳性能。

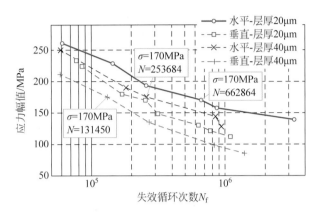

图82 不同工艺参数制备的试样疲劳曲线

在该研究中，研究者对构件中的缺陷特征（尺寸、体积、球度和位置）和表面粗糙度进行

了表征和分析，重点关注了缺陷特征和表面粗糙度对构件疲劳性能的影响，并量化了二者疲劳性能的影响。研究发现，相对于内部缺陷，表面粗糙度和贯穿表面的缺陷对构件疲劳寿命的影响更大，而且内部缺陷和表面粗糙度具有协同作用。因此，在分析缺陷对构件疲劳性能的影响时，需要特别关注缺陷与表面的接近程度。针对这种情况，该研究提出了参数 d/R_{eq}（d 为孔隙中心距离表面的深度，R_{eq} 为孔隙的当量半径），用来反映缺陷与构件表面的距离。该方法可以获得构件表面拓扑形貌的整体信息，确定样品表面所有的粗糙度参数，不仅能识别关键的参数，而且能够预测疲劳裂纹的萌生位置。图83为预测数据与试验数据的对比，二者表现出了良好的一致性。

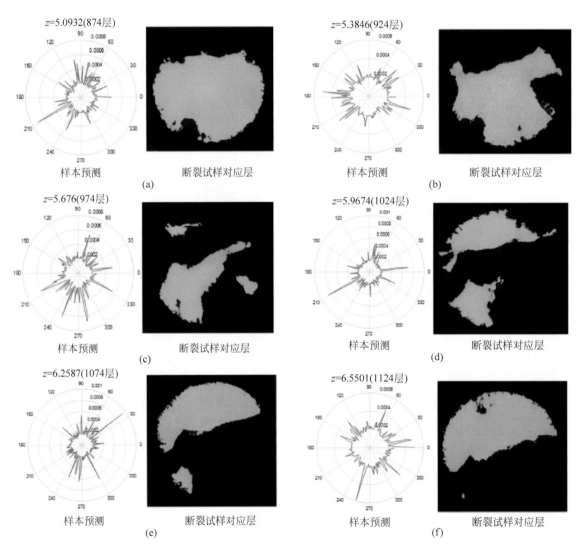

图83 预测数据与试验数据的对比

（a）第874层；（b）第924层；（c）第974层；（d）第1024层；（e）第1074层；（f）第1124层

德国学者 Hensel 等人[46]首先研究了电弧增材制造过程中构件表面的质量控制问题。作者将构件的表面形貌偏差分为四类：形状误差、波纹度、宏观粗糙度和微观粗糙度（表3），用这四类参数描述构件的表面质量；同时，建立了增材制造工艺参数与表面形貌的内在关系，为控制增材制造工件表面形貌提供了参考。

表 3　形状偏差类型

类别	描　　述	图像示意图
形状误差	形状的不规则，例如直线度偏差，形容形状粗糙度	
波纹度	具有中间波长形状的周期性偏差。波纹度一般描述水平间距大于截止波长 λ_c 的不规则性	
宏观粗糙度	短波长形状的周期性偏差。形容形状优美	
微观粗糙度		

4　结束语

在 2021 年第 74 届国际焊接学会 IIW 年会期间，来自世界 20 多个国家或地区的学者共在 XIII 分委员会提交了 21 篇论文和研究报告。由于受到新冠肺炎疫情的影响，与 2019 年相比，论文数量大幅减少，但与 2020 年相比，论文数量回升了 40%。作者多数来自日本、德国、法国、瑞典和芬兰等国家，这充分体现了拥有先进工业水平的国家对焊接结构疲劳问题和抗疲劳设计等方面的高度重视。本届年会的交流内容除了涉及常规焊接构件和结构的疲劳评定、疲劳强化技术的研究与工程应用、残余应力的测量与数值模拟等方面外，也对金属增材制造领域的疲劳问题进行了报道。总体而言，这些研究体现了当今国际焊接界在焊接疲劳问题方面的最新动态。

焊接结构的疲劳研究大体上分为两大类：一类是经验性的研究，另一类是纯学术性的研究。前者通过获取大量试验结果，并结合材料力学、弹塑性力学和断裂力学的参量总结经验规律，从而预测同类型问题的疲劳强度或疲劳寿命。从工程实用性的角度来看，此类研究更具有应用价值。由于实际焊接构件和结构的多样性与特殊性，在特定条件下得到的试验规律并不具备普遍性。这样，无论总结多少试验规律，都难以满足实际工程应用的需要。从近几年的 IIW 年会论文来看，很多研究获得的试验规律只能适用于一定的范围，因此，焊接接头疲劳问题的研究几乎是一个永恒的话题，难以获得普适性的规律。尽管如此，获得的试验数据和总结出来的规律仍然十分重要，这对实际工程的抗疲劳设计和在焊接制造过程中提高结构的疲劳强度具有重要的指导意义。至于纯学术上的研究，主要是从局部塑性出发，利用损伤力学方法来研究焊接接头的疲劳规律，以及根据裂纹扩展速率来预估疲劳寿命。近几年来，尽管取得了一定的进展，但仍然与工程实际应用的距离较大。

与精密加工相比，焊接制造在制造精度上略显粗糙，不能划归精加工范畴。但是，从提高焊接结构的疲劳强度的角度来讲，焊接又是一个非常需要关注结构细节的制造工艺。从本届年会的论文来看，不论是焊接结构的设计还是制造过程，研究者们都越来越重视细节问题，这一点非常值得学习与借鉴。

与前几年一样，从会议论文的统计情况来看，我国学者在焊接疲劳方面的研究方面仍然不够活跃。最近，也出现了好的苗头，上海交通大学的芦凤桂教授的团队在本届年会上提交了焊接疲劳方面的研究报告。在这里，我们仍然要呼吁一下，希望更多的国内学者尤其是年轻学者要主动从事焊接疲劳方面的研究，并积极参加国际焊接学会 C-XIII 委和其他相关的重要国际会议。只有通过在国际舞台上的交流与合作，才能更有效地促进国内焊接结构疲劳方面研究的发展，为我国大型复杂工程和尖端装备中的焊接结构的设计、制造和完整性评估打下坚实的基础，提供强有力的理论支撑。

参考文献

[1] AHOLA A, RAFTAR H R, BJÖRK T, et al. On the interaction of axial and bending loads in the weld root fatigue strength assessment of load-carrying cruciform joints [Z]. XIII-2883-2021.

[2] Design of structures: EN 1993-1-9 (2020) [S]. [S.l.: s.n.], 2020.

[3] ANAMI K, YOKOTA H, TAKAO R. Evaluation of fatigue strength of load-carrying cruciform welded joint under combination of axial loading and out-of-plane bending [J]. International Journal of Steel Structures, 2008, 8: 183-188.

[4] LIPIÄINEN K, AFKHAMI S, AHOLA A, et al. On the geometrical notch and quality effects on the fatigue strength of ultra-high-strength steel cut edges [Z]. XIII-2884-2021.

[5] AHOLA A, MUIKKU A, BRAUN M, et al. Fatigue strength assessment of ground fillet-welded steel joints using 4R method [Z]. XIII-2862-2020.

[6] FIEDLER M, WACHTER M, VARFOLOMEEV I, et al. Rechnerischer festigkeitsnachweis für masch-inenbauteile unter expliziter erfassung nichtlinearen werkstoff-verformungsverhaltens [M]. Frankfurt: VDMA-Verlag, 2019.

[7] RUDORFFER W, WACHTER M, ESDERTS A, et al. Fatigue assessment of weld seams considering elastic-plastic material behavior [Z]. XIII-2886-2021.

[8] WACHER M. Zur ermittlung von zyklischen werkstoffkennwerten und schädigungspara-meterwöhlerlin-i-en [D]. Clausthal-Zellerfeld: TU Clausthal, 2016.

[9] WACHER M, ESDERTS A. On the estimation of cyclic material properties–Part 2: Introduction of a new estimation method [J]. Materials Testing, 2018, 60(19): 953-959.

[10] HOBBACHER A F. Recommendations for fatigue design of welded joints and components [M]. Basel: Springer International Publishing, 2016.

[11] SEEGER T, HEULER P. Generalized application of Neuber's rule [J]. Journal of Testing and Evaluation, 1980, 4(8): 199-204.

[12] SEEGER T, BESTE A. Zur weiterentwicklung von näherungsformeln für die berechnung von Kerb-spannungen im elastisch-plastischen bereich [R]. Kerben und Bruch, 1977.

[13] CLORMANN U H, SEEGER T, RAINFLOW-HCM. Ein zählverfahren für betriebsfestig-keitsnachweise auf werkstoffmechanischer grundlage[J]. Stahlbau-der, 1986, 55(3): 65-71.

[14] SMITH K, WATSON P, TOPPER T. A stress-strain function for the fatigue of metals [J]. Journal of Materials, 1970, 4: 767-778.

[15] VORMWALD M. Anrisslebensdauer auf basis der schwingbruchmechanik für kurze Risse [D]. Darmstadt: TU Darmstadt, 1989.

[16] DEINBOCK A, HESSE A C, WACHTER M, et al. Increased accuracy of calculated fatigue resistance of welds through consideration of the statistical size effect within the notch stress concept [J]. Welding in the World 2020, 64: 1725-1736.

[17] RUDORFFER W, DITTMANN F, WACHTER M, et al. Modellierung von schweißnähten zum nachweis der ermüdungsfestigkeitmit dem örtlichen konzept [R]. [S.l.: s.n.], 2020.

[18] TANAKA S, TAKAHASHI H, HTUT T T, et al. Fatigue-fracture characteristic of a T-shaped CHS joint with two surface cracks [Z]. XIII-2906-2021.

[19] JWES. Methods of assessment for flaws in fusion welded joints with respect to brittle fracture and fatigue crack growth [S]. [S.l.]: Welding Engineering Society, 1997.

[20] HENSELA J, KÖHLER M, UHLENBERG L, et al. Laser welding of 16MnCr5 butt welds with gap: Resulting weld quality and fatigue strength assessment [Z]. XⅢ-2895-2021.

[21] HULTGREN G, MANSOUR R, BARSOUM Z, et al. Fatigue probability model for AWJ-cut steel including surface roughness and residual stress [Z]. XⅢ-2899-2021.

[22] BRAUN M. The effect of sub-zero temperatures on fatigue strength of welded joints [Z]. XⅢ-2888-2021.

[23] SCHILLER R, OSWALD M, LOSCHNER D, et al. Fatigue strength of partial penetration butt welds of mild steel-experimental and numerical results and economic aspects [Z]. XⅢ-2889-2021.

[24] HULTGREN G, MYREN L, BARSOUM Z, et al. Digital scanning of welds and influence of sampling resolution on the predicted fatigue performance: Modelling, experiment and simulation [J]. Metals, 2021, 11(5):822.

[25] WANG Y, TSUTSUMI S. Fatigue life extension by additional weld and its assessment by high-performance SCF formula considering spline bead profile [Z]. 2907-2021.

[26] M SC J N, ROTHER K. Determination of notch factors for transverse non-load carrying stiffeners based on numerical analysis and metamodeling [Z]. 2896-2021.

[27] 李晓延. 国际焊接学会（IIW）2020 研究进展 [M]. 北京：机械工业出版社，2020：171-172.

[28] TSUJI I. Estimation of stress concentration factor at weld toe of non-load carrying fillet welded joints [J]. West-Japan Society of Naval Architects, 1990, 80:241-251.

[29] MONAHAN C C, Early fatigue crack growth at welds: Topics in Engineering [M]. Computational Mechanics Publications, 1994.

[30] BRENNAN F P, PELETIES P, HELLIER A K. Predicting weld toe stress concentration factors for T and skewed t-joint plate connections [J]. International Journal of Fatigue, 2000, 22: 573-584.

[31] HELLIER A K, BRENNAN F P, CARR D G. Weld toe SCF and stress distribution parametric equations for tension (membrane) loading [J]. Advanced Materials Research, 2000, 891-892:1525-153.

[32] BECKER N, GAUTHIER D, E. VIDAL E. Fatigue properties of steel to aluminum transition joints produced by explosion welding [J]. International Journal of Fatigue, 2020, 139:105736.

[33] SUN X, DORÉ M. Fatigue assessment of welded joints in bending [Z]. XⅢ-2900-2021.

[34] HULTGREN G, MANSOUR R, BARSOUM Z, et al. Fatigue probability model for AWJ-cut steel including surface roughness and residual stress [Z]. XⅢ-2899-2021.

[35] HANJI T, TATEISHI K, KANO S, et al. Fatigue strength and residual stress of longitudinal attachment joints improved by HFMI treatment under static load [Z]. XⅢ-2903-2021.

[36] LÖSCHNER D, SCHILLER R, DIEKHOFF P. Sequence effect of as welded and HFMI treated transverse attachments under variable loading with linear spectrum [Z]. XⅢ-2890-2021.

[37] HANJI T, TATEISHI K, KANO S. Prediction of residual stress induced by high-frequency mechanical impact treatment [Z]. XⅢ-2904-2021.

[38] BANNO Y, KINOSHITA K, BARSOUM Z. Numerical investigation of crack opening-closing behavior on pre-fatigued welded joints repaired by HFMI [Z]. XⅢ-2898-2021.

[39] CAMPAGNOLO A, BELLUZZO F, YILDIRIM H C, et al. Fatigue strength assessment of

as-welded and HFMI treated welded joints according to structural and local approaches [Z]. XⅢ-2892-2021.

[40] KYAW P M, DAI P Y, RASHED S, et al. Comparative study on mixed-mode stress intensity factors of as-welded joint and HFMI-treated welded joint [Z]. XⅢ-2901-2021.

[41] BRUNNHOFER P, BUZZI C, PERTOLL T, et al. Fatigue strength assessment of TIG-dressed high-strength steel cruciform joints by nominal and local approaches [Z]. XⅢ-2893-2021.

[42] KOJI K, SUGAWA K, BANNO Y, et al. Fatigue strength of shot peened welding joints of steel bridges [Z]. XⅢ-2902-2021.

[43] SCHUBNELL J, FARAJIAN M. Fatigue improvement of aluminum welds by means of deep rolling and burnishing [Z]. XⅢ-2885-2021.

[44] TANABE A, SHIRAISHI Y, KONISHI H, et al. New vertical stiffener-to-deck connection details with high fatigue resistance in orthotropic steel decks [Z]. XⅢ-2905-2021.

[45] DASTGERDIA J N, JABERIA O, REMESB H, et al. Study of defect characteristics and their effect on the fatigue performance of metal additive manufactured components using X-ray computed tomography [Z]. XⅢ-2891-2021.

[46] HENSEL J, PRZYKLENK A, MÜLLER J, et al. Surface quality parameters for structural components manufactured by DED-arc processes [Z]. XⅢ-2894-2021.

作者：

1. 邓德安，工学博士，重庆大学教授，博士生导师。主要从事计算焊接力学、高强钢及超高强钢焊接、轻合金焊接及焊接结构完整性等方面的研究。发表论文 180 余篇，论文被引用 5000 多次，入选斯坦福大学发布的 *World's Top 2% Scientists 2020*。E-mail: deandeng@cqu.edu.cn.

2. 芦凤桂，博士，上海交通大学教授，博士生导师。研究方向为焊接数值建模与性能评估。发表论文 200 余篇，授权发明专利 20 项，获省部级一等奖 4 项，二等奖 3 项。E-mail: Lfg119@sjtu.edu.cn。

审稿专家：张彦华，工学博士，教授。主要从事焊接结构完整性与断裂控制方面的研究工作。E-mail: zhangyh@buaa.edu.cn。

焊接教育与培训（IIW C-XIV）研究进展

闫久春　赵普　丛伟　马欣然

（哈尔滨工业大学材料科学与工程学院　哈尔滨　150001）

摘　要： IIW C-XIV专委会（焊接教育与培训专委会）于2021年7月16日召开研讨会，共交流了5个报告，主要包括增材制造技术资质认证体系的建立与实施、焊接技能型人才培养与培训及青年焊接学者的发展。报告所介绍的做法与建议对增材制造技术的发展与工程应用、解决焊接技能型人才短缺和焊接领域存在的焊接工人性别差异等问题，起到了良好的促进作用。会议还分享了IIW为焊接青年学者的发展所做的新举措。

关键词： 增材制造；技能型人才培养；青年学者发展；性别歧视

0　序言

国际焊接学会年会于1950年设立了焊接教育与培训（C-XIV）专委会。该专委会致力于发展资格认证、数字化与远程学习与培训，提供培训创新的最佳方案，为成员国提供经验交流的平台，帮助各个国家共同提升焊接水平。

在本次年会上，C-XIV专委会副主席Rick Polanin提出了未来将把改善全球范围内认证焊工短缺和提升焊接的社会形象作为重点工作。来自葡萄牙、美国、德国、意大利等国家的专家代表进行了相关报告。报告主要聚焦于增材制造的认证体系建设、技能型人才的流失、焊接工人的性别歧视和焊接领域青年学者活跃不足等问题，相关学会组织机构、企业和政府管理者在报告中分析现状，举例说明了有借鉴意义的新举措，介绍了有价值的工作经验和具体做法。主要内容集中于增材制造的认证体系实施、焊接人才培养的重要性和焊接青年学者的发展三个方面。

欧洲焊接学会完成了增材制造技术认证体系的建立与实施工作，他们建立了一个完善的包括人员培训和认证、员工或企业的专业认证、技术信息搜集、技术咨询等的技术认证体系，对增材制造技术的发展与工程应用起到了良好的促进作用。

全球焊接技能型人才短缺的问题日益严重，影响了企业的生产效率和产品质量，来自美国人力资源管理机构的报告人提出了加强焊接技能型人才培养的倡议，提出了五项方法解决措施，并介绍了焊接技能型人才培养与培训的经验。来自意大利企业的报告人，针对焊接领域一直存在的焊接工人的性别差异问题，从女性在焊接历史中的贡献出发，提出"打破固有观念、重视女性焊接工人"的观点，并提出了值得借鉴的三条改变现状举措。来自德国的报告人针对焊接领域青年学者所遇到的交流不顺畅、不活跃等问题，分享了IIW为焊接青年学者的发展所做的新举措，着重介绍了IIW新增的青年焊接专业人才国际会议（young welding professionals international conferences，YPIC）。总之，会议提出了新的建议与举措，对焊接教育培训工作的推进有着重要的指导意义。

1　增材制造技术资质认证

比利时欧洲焊接学会的Adelaide Almeida[1]做了《第一个增材制造（additive manufacturing，AM）技术认证体系的建立与实施》的报告。报告主要从AM认证体系的内容及形成过程、工业界对AM技术的需求、AM技术认证体系的推广等方面，介绍了AM技术认证体系的建立与实施情况。

AM技术认证体系，主要基于工业界需求或国家需求制定相应的技能发展战略，也可根据个人发展意愿制订私人技能培训计划，从而形成一套高效且完善的技能发展路线。目前，已经有46个国家支持并参与AM技术认证体系，主要包括焊接与连接的人员培训和认证、员工或企业的专业认证、技术信息搜集、技术咨询和其他项目合作等。国际AM认证体系所培养的人才岗位有工艺工程师、监理、操作工程师、设计师。技术领域包括直接能量沉积（direct energy deposition，DED）-电弧增材（DED-arc）、直接能量沉积-激光增材（DED-laser beam）、铺粉选区熔化（powder bed fusion，PBF）-激光增材（PBF-laser beam）、铺粉选区熔化-电子束增材（粉末床熔合（PBF-electron））、光聚合增材、材料喷射和黏结成型增材。其中，AM操作工程师具备DED-arc，DED-laser beam，PBF-laser beam的操作资格；AM设计师具备铺粉选区熔化或直接能量沉积技术的工艺设计资格；AM工艺工程师均具备DED-arc，DED-laser beam和PBF-laser beam技术资格。

AM的行业技能策略在建立国际AM资格认证体系中起着关键作用。根据当前与未来对AM技能的需求，创立AM监管机制，建立欧洲AM认证体系。其中，在AM认证体系方面，要实现6个发展方向：①促进工业界与教育界专家的合作；②形成一种评估当前与未来AM技术需求的技能策略；③完成欧洲体系认证，引领国际和地区发展；④提升AM部门的吸引力和相关人员的参与程度；⑤重视专业概况及资质的发展；⑥了解AM市场与工作机遇的布局。

通过行业调查，创办了企业研究机构和企业与专家合作的机制。在2019年的行业调查，针对AM技术的短板进行了调查和访谈，创办了企业的研究机构；2020年实现了企业与专家

合作的机制，对AM工艺工程师和AM设计师提出了新要求，希望能够实现金属和高分子材料的PBF/DED认证。在2020—2025年的发展趋势中，计划实现实时控制/监控系统，发展新材料、零缺陷加工制造等目标。经过充分的论证，解决了技能不匹配的问题，并在健康与安全方面提出了更高的要求，最终的目标是实现体系认证的标准化、体系的完善化。

另外，AM技术资质认证体系的推广工作也在持续展开。为了提高AM技术的知名度，通过AM海报、AM开放日、每月SAM研讨会、在线问答平台、SAM博客和领英求职网站等途径，在学生与专业人士中开展了宣传工作；通过AM海报、Tech4Kids、儿童在线问答平台和学校教材等方式，在儿童和青少年群体中进行了宣传。拟定实现的目标是：①年轻人能够通过金属AM设计的初步培训，获得欧洲资格证书；②形成一套培养技能型人才的独特方式，提高年轻人在金属AM的设计能力，开拓技能型人才的职业生涯；③通过类似于WorldkillsTM和EuroSkillsTM等国家级或欧洲级的技能竞赛方式，提升VET的技能水平，让学员通过创新的方式掌握技能；④将这些工作内容整合到WorldkillsTM和EuroSkillsTM中。

2　焊接专业人才的培养

2.1　焊接技能型人才

美国费米尔制造公司的人才引进负责人Austen Schueler[2]做了有关《技能型人才短缺与人才培养》的报告，如图1所示。据相关调查报告显示，全球有大约54%的企业声称，公司内部存在人才短缺情况，与十年前相比，相关专业的人才短缺数量已经趋于两倍之多，人才短缺问题正在全球蔓延。

在美国、瑞典、芬兰、匈牙利、斯洛文尼亚等国家，人才短缺问题日益严重，全球只有18%的国家还没有出现人才短缺的情况。以美国艾奥瓦州为例，该州目前的失业率为3.7%，

图 1　近十年全球人才短缺现状

同比其他国家，艾奥瓦州的农村地区同样面临着严重的人才紧缺问题。如图 2 所示，这种情况的出现严重影响了企业的生产效率和产品质量，最终极大降低了企业的经济效益。因此，如何解决人才短缺问题，并且采用更高效的方式用于培养相关高质量技能人才是一个至关重要的问题。

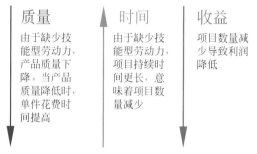

图 2　缺乏技能型人才对企业的影响

　　为了解决由人才短缺造成的产业低迷，美国制造业提出了目标计划。首先在设备领域，建立一套完整的未来自动化生产线；其次，提高员工技能水平，培训不同职能属性的员工，实现多领域、全覆盖产业人才培养机制；最后，改善现有的管理制度，大力投资基础设施建设，提高出 / 入境管理效能，精缩员工数量，保证最低人才储备量。此外，针对人才短缺问题，提出了五项方法解决措施，主要包括简历筛选、求职面试、征信调查、情景模拟和能力评估测试，如图 3 所示。

　　对受训人员提出了一些技术性要求：具备基本的操作机械设备的能力，熟悉基础焊接术

图 3　五项主要措施

语与标准，能够对生产的产品质量进行预评判，对于复杂的图纸具有较强的分析能力，能够理解特殊符号的含义，能够对工艺参数定量评估。除此之外，还要评估受训人员的专业写作能力和对专业术语的理解能力。

　　除了培养受训人员的专业操作能力以外，教授他们专业知识也是非常必要的。培养的焊接人员能够精准对接企业需求，保证培训技能与实际工作相结合。2019 年至今，该机构已经培养了 132 名专业焊接人员，预计今年还会增加 25%，并且不断地为工业界输出更多优质的焊接专业人才。

2.2　女性焊接工人

　　焊接领域不仅存在资质焊工的短缺问题，性别差异问题也长期存在。为此，意大利液化空气公司的 Giuliana Crocco[3] 从女性在焊接历史中的贡献出发，提出《打破固有观念，重视

女性工作者》的报告。目前，发达国家中的女性焊工仅占焊工总体数量的 4%；即使是在美国，女性焊工也仅占焊工总体数量的 4.9%；在欧盟，男女焊工的收入差异平均为 16%。女性无法承担体力劳动的陈旧思想和固有观念，对于劳动力女性化的恐惧和潜在的收入竞争，使大量女性无法从事焊接工作。

从历史角度来看，女性对焊接领域的发展有着巨大的贡献。第一次世界大战期间，以法国、意大利和德国为例，有大量的女性焊工参与了战时炸弹的焊接工作。英国于 1916 年成立世界范围内的第一个女性焊工协会，并为其女性成员颁发了焊工徽章，以示对焊接领域女性工作者的认可，女性焊工的工资也提升为每小时 8 便士以改善其经济条件（男性焊工工资为每小时 12 便士）。

第二次世界大战期间，女性焊工的工作发生了变化。在英国伦敦，女性焊工参与了滑铁卢大桥的制造。1942 年，美国的 DE-279 船体制造项目中有大量的女性工人参与了焊接任务。时任美国总统罗斯福出台了一系列新政策来扩编美国军队和恢复在大萧条中千疮百孔的经济。美国造船厂招募了大量黑人女性参与焊接。自此，黑人女性在焊接领域登上历史舞台。

目前，各个国家也开始注重本土女性焊接人才的培养，但是，女性在焊接领域仍受到一定程度的歧视。为了改变这种现状，报告人提出了三条举措：①打破固有观念，认同女性可以胜任焊接工作；②增加聘用女性劳动力的力度，并着力提升其专业技能；③积极推广专业的培训课程，降低女性培训的成本。

3 焊接青年学者的交流与发展

IIW 十分重视青年一代在焊接及相关领域的发展，无论是学生、一线焊工、企业研发人员还是科学家。对此，德国耶拿研究所的 Simon Jahn[4] 总结了 IIW 为焊接青年人的发展所做的新举措。包括提供给青年学者的"破冰"活动和特别晚会，在一些成员协会中成立了 IIW 学生分会，为 IIW 的学生开设专门的论坛。未来，IIW 还会为青年学者在主流社交媒体上运营一些媒体账号，提升行业信息的传播速度；建立 IIW 导师项目，鼓励 IIW 成员亲身指导青年学者；为 IIW 成员与相关行业建立更广阔的交流平台与合作渠道。

IIW 之所以重视青年学者的引进，原因在于国际焊接学会的发展需要青年学者的支持来丰富其技术和科学知识的信息库，保持 IIW 源源不断的生命力。通过吸引从焊工到焊接专家等青年人员扩大焊接领域的影响力。Simon Jahn 分享了他从作为青年学者参会到成长为分会副主席的经历与感受。他认为 IIW 从成员年龄分布上来看，缺失 2010—2020 年一代的专家参与，年长一代的研究者早已熟知 IIW，主动参与度较高，而年轻的一代需要导师、研究所或成员国分会的资助才能参会，这一现象更凸显了吸引青年学者参与 IIW 相关活动的必要性。

2014 年，IIW 新增了青年焊接专业人才国际会议（YPIC）倡导各国定期举行相应的焊接青年论坛。YPIC 会议旨在汇聚世界各地对焊接及相关技术感兴趣的年轻专业人士，交流专业知识，提供一个分享学术思想与交流焊接技能的平台。

2019 年 YPIC 会议的可参会范围更广、要求也更严格，更加注重技术创新与技能发展。此次 YPIC 会议共有 4 个分场会议，12 张宣传海报，共有来自阿尔及利亚、法国、德国、匈牙利、意大利、以色列、日本、波兰、罗马尼亚、韩国、乌克兰、美国等 12 个国家的 38 名与会者参加了交流活动（图 4）。

图 4　2019 年 YPIC 会议

中国机械工程学会焊接学会（Chinese Welding Society，CWS）也非常重视青年焊接学者的成长与发展。为促进我国广大青年焊接专家学者的交流与合作，在焊接学会相关领导的大力支持下，在我国焊接青年专家学者的广泛参与下，经过精心筹备，中国机械工程学会焊接学会青年工作委员会成立大会于2016年10月12日在郑州隆重召开。会议通过了《焊接学会青年工作委员会条例》，选举了青年工作委员会第一届委员会组成人员。

首届中国焊接青年学者论坛于2016年12月9—11日在北京召开。目前已经连续举办4届青年焊接学者论坛，第二、三、四届论坛分别于2018年、2019年、2021年在镇江、哈尔滨（图5）和天津召开，广大青年焊接学者踊跃参加，参会人数达200~300人。

与会代表深入交流探讨，充分展现了焊接青年工作者的科研活力，对促进新时期焊接产业技术发展起到了积极作用。

图5　中国机械工程学会焊接学会青年焊接学者论坛（哈尔滨）参会人员合影

4　结束语

（1）欧洲焊接学会完成了第一个增材制造技术认证体系的建立与实施工作，他们基于工业界的需求或国家需求，建立了一个完善AM技术认证体系，主要包括焊接与连接的人员培训和认证、员工或企业的专业认证、技术信息搜集、技术咨询等，开展了AM技术资质认证体系的推广工作，目前已经有46个国家支持并参与其中，取得了良好的效果。

（2）据相关调查报告显示，全球半数以上的企业出现了焊接技能型人才短缺的问题，严重影响了企业的生产效率和产品质量，降低了企业的经济效益。来自美国的报告人提出了加强焊接技能型人才培养的倡议，并针对问题提出了五项方法解决措施，介绍了焊接技能型人才的培养与培训经验。

（3）长期以来，焊接领域一直存在焊接工人性别差异的问题。来自意大利企业的报告人，从女性在焊接历史中的贡献出发，提出打破固有观念，重视女性焊接工人，并提出了值得借鉴的三条改变现状的举措。

（4）IIW十分重视青年一代在焊接及相关领域的发展，来自德国的报告人分享了IIW为焊接青年人的发展所做的新举措，如提供给青年学者的"破冰"活动和特别晚会，以IIW导师项目鼓励IIW成员指导青年学者，建立青年学者与相关行业的交流平台与合作渠道。IIW新增了青年焊接专业人才国际会议，倡导各国定期举行相应的焊接青年论坛。

（5）中国机械工程学会焊接学会也非常重视青年焊接学者的成长与发展。为促进我国广大青年焊接专家学者的交流与合作，于2016年成立了青年工作委员会，目前已经连续举办4

届青年焊接学者论坛，青年焊接学者参加踊跃，参会人数达 200~300 人。与会代表深入交流探讨，充分展现了焊接青年工作者的科研活力，对促进新时期焊接技术的发展起到了重要作用。

参考文献

[1] ASSUNÇÃO E, LOPEZ B, ALMEIDA A, et al. The implementation of the first additive manufacturing qualification system [Z]. XIV-0907-2021.

[2] SCHUELER A. Pre-employment evaluators as predictors of future success in field [Z]. XIV-0911-2021.

[3] GIULIANA C. Women in welding: An historical path among war heroines, pin-ups, actresses and professionals [Z]. XIV-0912-2021.

[4] JAHN S, BAKOS L. Young professionals in IIW [Z]. XIV-0909-2021.

作者：闫久春，工学博士。现任哈尔滨工业大学教授、博士生导师；中国机械工程学会焊接分会理事；IIW 2020 年度 C-XVI 委员会 CWS 代表（Delegate），IIW 2021 年度 C-XIV 委员会 CWS 代表；主要研究方向为连接界面结构设计及力学行为、超声波钎焊、焊接冶金研究。发表论文 100 余篇，已授权国家发明专利 20 余项，其中美国发明专利 1 项。

审稿专家：胡绳荪，工学硕士。天津大学教授、博士生导师；中国机械工程学会焊接分会常务理事；主要研究方向为焊接过程控制及自动化，机器人焊接技术及应用研究，焊接新方法与新工艺研究。发表论文 150 余篇，已授权国家发明专利 15 项。

焊接结构设计、分析和制造（IIW C-XV）研究进展

张敏[1] 张建勋[2] 褚巧玲[1]

（[1]西安理工大学材料科学与工程学院 西安 710048；
[2]西安交通大学智能焊接与再制造研究中心 西安 710049）

摘　要：2021 年 7 月 12—21 日国际焊接学会（IIW）召开了第 74 届年会和国际会议。受新冠肺炎疫情的持续影响，会议继续以线上方式进行报告和交流。本届线上会议，第十五专委会（C-XV）共有来自中国、日本、韩国、意大利、法国、美国、荷兰、加拿大、匈牙利、德国、芬兰等 11 个国家的 20 余位专家学者参加，听取了各分专委会的年度报告和 7 篇学术报告，学术报告的主要内容包括：工字钢梁腹板过焊孔形状对其脆性断裂的影响、加强筋对 KT 形管接头抗疲劳开裂的作用、大厚板对接接头热丝 CO_2 焊工艺条件优化、钢构桥单道全熔透对接接头激光 - 电弧复合焊接、横焊和立向上焊激光 - 电弧复合焊接、焊接钢结构的数字化生产、基于全局 - 局部方法的焊接结构成本计算等。

关键词：脆性断裂；疲劳性能；热丝 CO_2 焊；激光 - 电弧复合焊接；数字化生产；成本计算

0　序言

C-XV 专委会细分为 XV-A 分析、XV-B 设计、XV-C 制造、XV-D 平面结构、XV-E 管状结构、XV-F 经济，以及与 C XIII-XV 联合的疲劳设计准则共 7 个分专委会，涉及桥梁、建筑、机械、车辆、船舶等工程领域的焊接结构设计、分析和制造。

关于焊接结构设计的讨论，在本届会议中主要为脆性断裂和疲劳失效两个方面。在工字梁结构设计中，改善过焊孔的形状可以降低应力集中；同时采用薄腹板和 PCFW 工艺可以显著提高焊接接头的塑性变形能力；这些焊接细节的改善有效地避免了焊接结构的脆性断裂。在 KT 形管接头的结构设计中，通过对其疲劳裂纹进行分析，发现增加内、外加强筋改变了疲劳裂纹的萌生位置，为焊接修复提供了可能；同时采用内部的环形加强筋，可以显著降低应力集中，提高焊接接头的疲劳性能，有效地增加了产品的疲劳寿命。在焊接结构制造方面，针对以厚板为主要部件的船舶和桥梁大型钢结构焊接制造，低热输入高效率的热丝 CO_2 焊、高性能桥梁钢单道全熔透激光 - 电弧复合焊接，以及适用于横焊和立向上焊的激光 - 电弧复合焊是本届会议的研究热点。同时，会议提出了涵盖"设计、制造及服役"理念的数字化生产，以及基于全局 - 局部方法的焊接结构成本计算。这些学者的研究成果为焊接结构的优化设计，高质量、高效率和高经济效益制造，以及高使用可靠性提供了科学依据。

1　工字钢梁腹板过焊孔形状对其脆性断裂的影响

日本崇城大学的 K. AZUMA 等人[1]采用试验和有限元分析研究了工字钢梁腹板过焊孔形状对结构应力集中的影响。梁 - 横隔板连接模型的循环加载试验表明，改进后的结构的埋弧焊趾处萌生的裂纹为延性开裂，承载能力得到提高。基于有限元计算还进行了韦布尔应力方法与换算模型在预测脆性断裂方面的比较，并验证了其可行性。

研究者在研究中设计了 6 种结构，具体参数如表 1 所示，图 1 为整体结构示意图，图 2 为过焊孔形状示意图。其中"JASS"表示日

本建筑研究所（AIJ 1996）推荐的复合圆弧结构，"AISC"表示 AISC 规定的一段圆弧结构，"F6"表示采用部分切割角焊缝（PCFW）工艺，"F0"表示未采用 PCFW 工艺。所有钢板均为 SN490B，下翼缘埋弧焊（SAW）焊缝尺寸随腹板厚度的变化而变化，翼缘与隔板之间采用全熔透（CJP）焊缝坡口。

表1 试样参数

样品	类型	腹板厚度/mm	PCFW
JASS16F0	JASS	16	否
JASS09F0	JASS	9	否
AISC09F0	AISC	9	否
AISC09F6	AISC	9	是
AISC12F0	AISC	12	否
AISC12F6	AISC	12	是

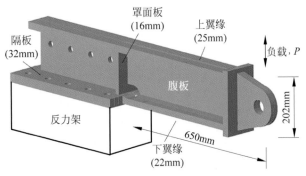

图1 结构示意图

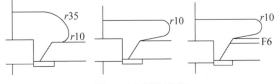

图2 过焊孔形状

图3为梁-横隔板连接模型的循环加载测试装置，采用液压泵对悬臂梁端部施加水平方向的循环荷载，试样通过隔板用高强度螺栓固定在反力架上。结构的全塑性弯矩 M_p 根据材料的实测强度计算，全塑性弯矩下的转角 θ_p 通过 M_p 除以悬臂梁的弹性刚度进行计算，弹性刚度通过滞回环卸载部分的斜率确定。悬臂梁的弯矩 M 和转角分别由公式（1）和公式（2）计算得出：

$$M = P \cdot L \tag{1}$$

$$\theta = \frac{u_1 - u_3}{L} - \frac{u_2}{700} \tag{2}$$

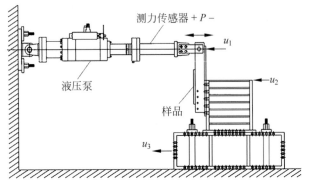

图3 施加载荷和位移测量

研究者对材料的力学性能进行了详细测试，如不同缺口位置的夏比冲击韧性（V形缺口）、-45℃拉伸强度、单边缺口弯曲试验（SENB）和全尺寸试验，试验结果如表2和表3所示。

表2 夏比冲击试验结果

位置	$_VE(0)$/J	$_VE_{shelf}$/J	$_VT_{re}$/℃
底缘	129	205	-19
隔板	170	268	-13
腹板（$t_w = 9$mm）	66	74	-46
DEPO	150	175	-24

表3 拉伸试样试验结果

样品	位置	屈服强度 σ_y/MPa	抗拉强度 σ_u/MPa
JASS16F0	腹板（$t_w = 16$mm）	365.29	561.14
	下翼缘	357.84	574.88
	隔板	389.11	579.72
JASS09F0 AISC09F0 AISC09F6	腹板（$t_w = 9$mm）	393.64	581.53
	下翼缘	345.81	573.01
	隔板	389.11	579.72
AISC12F0 AISC12F6	腹板（$t_w = 12$mm）	374.00	594.21
	下翼缘	350.72	565.62
	隔板	389.11	579.72

图4为 JASS09F0 和 AISC09F6 试样的断裂形貌，6种试样的承载能力如表4所示。JASS09F0 试样在经过 $7\theta_p$ 循环后，过焊孔的焊趾处出现了脆性断裂，而 JASS16F0 试样在经过 $3\theta_p$ 循环后即出现断裂。AISC09F0 试样在下翼缘受拉时产生局部屈曲，即使经过 $8\theta_p$ 循环加载并且载荷达到设备上限后也未发生失效，而 AISC09F6 试样在埋弧焊焊趾和角焊缝焊趾处发生韧性断裂。AISC12F0 试样则由于存在缺陷，其变形能力低

于其他 AISC 试样。AISC12F6 试样循环 $7\theta_p$ 后在过焊缝焊趾处发生脆性断裂。图 5 为试样弯矩 - 转角曲线，其中 JASS16F0 试样的变形能力远低于其他试样。

(a)

(b)

图 4 试样断裂形式
（a）JASS16F0；（b）AISC09F6

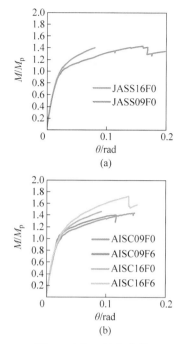

图 5 弯矩 - 转角曲线
（a）JASS 样品；（b）AISC 样品

表 4 承载能力

样品	失效模式	θ_{max} /rad	M_p /（kN·m）	M_{max} /（kN·m）	M_{max} /M_p
JASS16F0	B	0.07	178.3	250.8	1.41
JASS09F0	B	0.16	175.0	250.8	1.43
AISC09F0	N	0.15	178.6	257.1	1.44
AISC09F6	D	0.12	176.0	247.5	1.41
AISC12F0	B	0.09	169.8	248.5	1.46
AISC12F6	B	0.15	169.9	293.2	1.73

注：B—脆性断裂；N—未失效；D—韧性断裂。

研究者采用 ABAQUS 有限元软件对试样进行有限元分析，图 6 为 JASS16F0 和 AISC09F6 试样过焊孔附近的等效塑性应变云图。对于 JASS16F0 试样，应变集中在过焊孔焊趾，并向翼缘板流动。对于 AISC09F6 试样，应变集中在 SAW 的焊趾处，沿腹板与 SAW 之间的焊趾流动。上述结果显示，过焊孔的形状对试样的断裂方式影响较大。

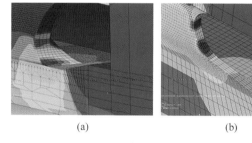
(a)   (b)

图 6 等效塑性应变云图
（a）JASS16F0；（b）AISC09F6

为了预测低塑性约束下的脆性断裂，研究者使用韦布尔应力方法和换算模型（TSM）对 6 种梁 - 横隔板连接模型进行了研究，结果如表 5 所示。两种方法所得到的预测值基本相同，这主要是因为两种方法对高应力区的定义不同，TSM 方法的高应力区仅限于断裂过程区，而韦

表 5 失效时刻的预测

样品	测试	Weibull 方法			TSM 方法		
	M_{max}/（kN·m）	$\sigma_{w.cr}$/（N/mm²）	M_{pre}/（kN·m）	M_{max}/M_{pre}	$_{app}J_c$/（N/mm）	M_{pre}/（kN·m）	M_{max}/M_{pre}
JASS16F0	250.8		239.1	1.05	239.3	238.4	1.05
JASS09F0	250.8		198.5	1.26	381.2	208.4	1.20
AISC09F0	257.1	1366	216.1	1.18	—		—
AISC09F6	247.5		199.3	（1.24）	630.9	247.5	（1.00）
AISC12F0	248.5		259.6	0.96	190.6	208.6	1.19
AISC12F6	293.2		227.5	1.28	300.5	222.4	1.31

应力方法的高应力区则包含裂纹尖端的整个区域。通过对比各试样的连接强度，发现过焊孔的形状对连接强度有影响，即合适的过焊孔尺寸将提高其连接强度。

2 加强筋对 KT 形管接头抗疲劳开裂的作用

韩国中央大学的 S. MUZAFFER 等人[2] 的研究工作主要涉及焊接结构的疲劳寿命。研究的主体结构为管与管焊接制造的 KT 形接头导管架，焊接过程的变形和残余应力、导管架在服役过程中所经受的周期性载荷（海浪和风载），导致其焊接接头处易萌生疲劳裂纹，从而大大减少结构的服役寿命。

为了抑制疲劳裂纹的萌生，研究者在导管结构内部和外部添加加强筋，研究其对导管架焊缝疲劳开裂的影响，并采用基于迭代弹塑性模型和连续损伤力学的有限元分析方法，对疲劳寿命和疲劳裂纹进行了分析。结果表明，两种加强筋均能有效地防止疲劳裂纹的产生，提高疲劳寿命。

采用符合韩国标准的轧制钢板（SM490A）制备钢管构件，焊接方法为药芯焊丝电弧焊（FCAW），焊丝牌号为 Coreweld11RB。图 7 为疲劳试样的取样位置和试样尺寸。采用 MTSTM810-250KN 伺服液压试验机进行高周疲劳试验，应力范围为 30~300MPa，频率为 5Hz，应力比为恒定值 $R = 0.1$。

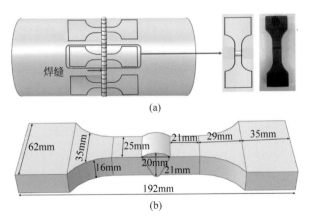

图 7 疲劳试样取样位置和试样尺寸
（a）疲劳试样取样位置；（b）疲劳试样尺寸

采用电位法（electric potential drop method，EPDM）检测裂纹的萌生。电位法属于无损检测方法，在进行试验之前，将传感器连接到试样上，持续获取读数，当裂纹开始萌生时，电位差会突然增大，在曲线上表现为 V 形上升，如图 8 所示。

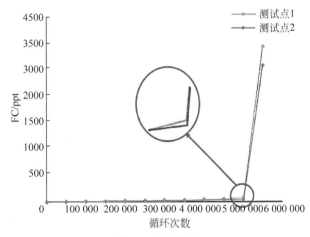

图 8 电位差图

在试验的基础上，研究者采用有限元技术对研究焊接残余应力和变形对 KT 形管接头起裂和承载的影响。图 9 分别展示了 KT 形管管接头无加强筋、有内加强筋和外加强筋的结构尺寸。为了在保证计算精度的同时有效提高计算效率，用八节点等参单元，在焊缝和 HAZ 区域采用较细的网格尺寸（1mm），远离焊缝区域采用较粗的网格划分，如图 10 所示。

焊接残余应力如图 11 所示。3 种结构中的最大残余应力出现在周向（X 方向），即平行于焊缝的方向（357MPa，354MPa 和 413MPa），最小残余应力在厚度方向。在焊接过程中，径向膨胀和随后的冷却导致周向收缩，局部向内变形，导致焊缝附近产生残余应力。残余应力在焊缝附近为拉应力，远离焊缝处为压应力。

为了预测疲劳寿命、裂纹萌生位置和承载降低的情况，研究者采用 in-house 集群进行结构的疲劳计算。针对多轴高周疲劳问题，建立了基于连续损伤力学的非线性损伤累积模型。采用疲劳损伤模型来预测质点处的损伤值，并利用循环次数估计结构的寿命。三维应力状态

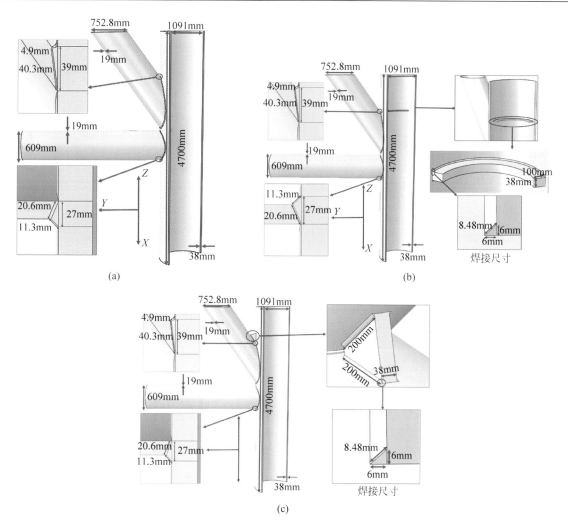

(a)

(b)

(c)

图9　导管架结构和加强筋尺寸

（a）原始结构尺寸；（b）内加强筋结构尺寸；（c）外加强筋结构尺寸

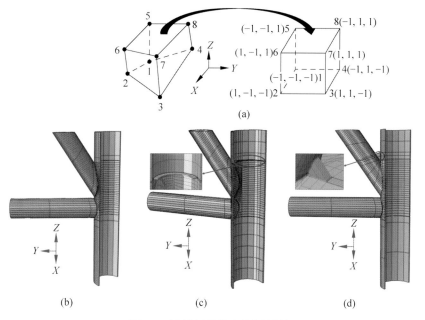

(a)

(b)　　　　　　　　(c)　　　　　　　　(d)

图10　导管架结构有限元网格

（a）八节点等参立体单元；（b）原始结构；（c）内加强筋结构；（d）外加强筋结构

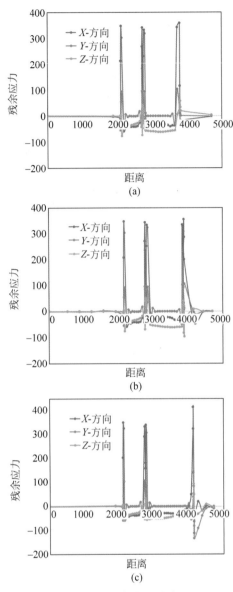

图 11　残余应力分布

（a）原始结构；（b）内加强筋结构；（c）外加强筋结构

下的三维疲劳损伤模型如下：

$$\delta D = [1-(1-D)^{\beta+1}]^{\alpha}\left[\frac{A_n}{M\sigma_m(1-D)}\right]^{\beta}\Delta N$$

$$（3）$$

在分析中，焊接结构同时受循环载荷和焊接残余应力的作用。在循环加载中，最大外加应力为

$$\sigma_{\max} = \sigma_\alpha - \sigma_m$$

$$（4）$$

为了考虑残余应力的影响，将 σ_m（平均应力）替换为有效平均应力

$$\bar{\sigma}_m = \sigma_r - \sigma_m$$

$$（5）$$

3 种结构的疲劳计算结果如图 12 所示。从

图中可以看出，增加加强筋可显著提高 KT 形管接头的承载能力，从而提高其疲劳寿命；内环加强筋结构的疲劳寿命略长于外环加强筋结构的疲劳寿命。

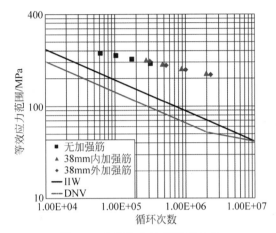

图 12　疲劳寿命计算结果比较

图 13 显示了 3 种结构裂纹萌生位置的变化。在无加强筋时，裂纹在斜撑管的焊趾处萌生，结构强度较低，疲劳寿命较短。在增加了内部环形加强筋后，主管的承载能力提高，应力集中水平降低，裂纹萌生位置从不可接近区域转变到易于修复的可接近区域。同时，增加内部环形加强筋后结构的疲劳强度比增加外部加强筋的高，其裂纹萌生期也较长。

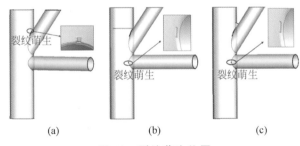

图 13　裂纹萌生位置

（a）原始结构；（b）内加强筋结构；（c）外加强筋结构

3　大厚板对接接头热丝 CO_2 电弧焊焊接工艺优化

日本广岛大学的 N. SUWANNATEE 等人[3] 对厚板热丝 CO_2 对接焊进行了研究，借助高速摄像机观察熔池形成过程，并结合力学性能测试，最终获得了最优的焊接电流和送丝速度匹配方案。

采用厚度为 36mm 的 K36E-TM（490MPa级）钢板作为母材，直径为 1.2mm 和 1.6mm 的 MG-50（JIS Z 3312 YGW11）焊丝作为普通 CO_2 焊和热丝 CO_2 焊的填充金属，热丝 CO_2 焊的实验装置如图 14 所示。

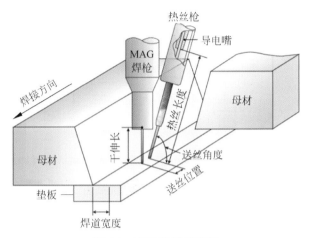

图 14　实验装置示意图

研究分为两个阶段：第一阶段，利用模拟试样观察热丝送丝速度（5~7.5m/min，7.5~10m/min，10~12.5m/min）和焊缝宽度（7mm，11mm，15mm）对熔池稳定性和熔池金属流动性的影响现象；第二阶段，采用第一阶段获得的合适的焊接参数进行全尺寸试样焊接。其中，打底采用普通 CO_2 焊进行，焊接电流选择 300A 和 400A，两种电流下焊缝的宽度分别为 8mm 和 10mm。在随后的焊道中，采用热丝 $+CO_2$ 复合焊进行，焊接电流均采用 400A。

图 15 为第一阶段试验中热丝 CO_2 弧焊过程中高速摄像机拍摄的熔池和热丝尖端的图像。在普通 CO_2 弧焊过程中，所有焊缝宽度下的熔池前部均保持稳定的椭圆形。对于在 7mm 宽焊道上的热丝 CO_2 焊，当送丝速度提高到 7.5m/min 时，无法继续形成稳定的熔池；而当送丝速度为 5m/min 时，由于熔池向前延伸的长度相对较小，在 7mm 焊道上可以形成稳定的熔池。在 11mm 宽的焊道上也观察到类似的现象。但是，在 15mm 宽的焊道上，即使采用 12.5m/min 的送丝速度，也未出现上述现象。因此，较宽的焊道有利于形成稳定的熔池。

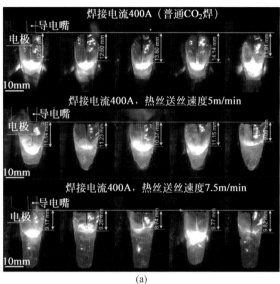

(a)

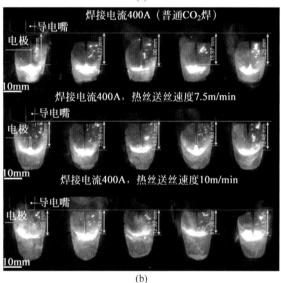

(b)

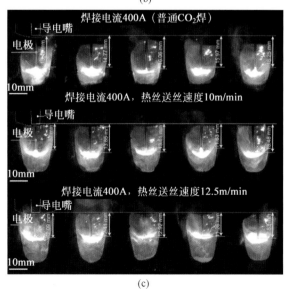

(c)

图 15　模拟试件热丝 CO_2 焊过程中的高速摄影图像

（a）焊道宽度为 7mm；（b）焊道宽度为 11mm；
（c）焊道宽度为 15mm

此外，高速图像还显示了焊丝干伸长度随热丝送丝速度和焊道宽度的变化：当提高送丝速度时，熔池的高度将增加，由于CO_2焊电源为恒压特性，电弧长度为恒定值，焊丝的干伸长减小；当送丝速度相同时，增加焊缝宽度，熔池的高度将降低，焊丝的干伸长增加。

图16为热丝CO_2焊熔池形成过程示意图。如图16（a）所示，当送丝速度较慢，焊道宽度较宽时，熔池的高度较小，焊丝干伸长较长，电弧力使熔池前端保持稳定。另一方面，如图16（b）所示，当送丝速度较大，焊道宽度较窄时，熔池的高度和体积越大，焊丝的干伸长越短，从而形成不稳定的液态金属熔池。

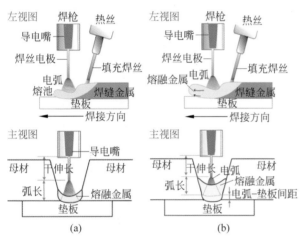

图16 熔池的形成及其稳定性

（a）稳定熔池；（b）不稳定熔池

图17为形成稳定熔池的焊接条件，包括焊道宽度、焊丝干伸长度、熔池体积，图中的绿色区域为形成稳定熔池的焊接条件。

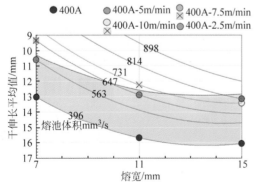

图17 熔池成形的观察结果

根据上述结果，进行36mm厚板全尺寸焊接。第一焊道（根部）采用普通CO_2焊，选用两种焊接电流300A和400A，所形成的焊道宽度为8mm和10mm。由图18中的第二道和第三道热丝CO_2焊高速图像分析可知，当进行第二道焊接，形成稳定熔池所对应的合适的送丝速度分别为5m/min和7.5m/min时，焊接后的焊道宽度为13mm和15mm；当进行第三道焊接时，形成稳定熔池所对应的合适的送丝速度分别为10m/min和12.5m/min，当送丝速度超过12.5m/min时，熔池开始不稳定。

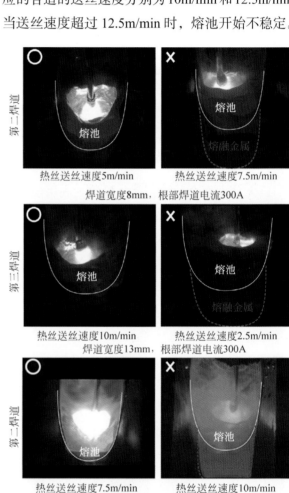

图18 36mm全厚度接头热丝CO_2焊高速摄影图像

图 19 为最终得到的焊缝横截面形貌。每道焊缝均采用最匹配的热丝送丝速度，在 300A 打底焊后，分别采用 5m/min，10m/min 和 10m/min 的送丝速度进行第二、三和四道的焊接，在 400A 打底焊后，分别采用 7.5m/min，7.5m/min 和 12.5m/min 的送丝速度进行第二、三和四道的焊接。所得到的接头成形良好，无缺陷。

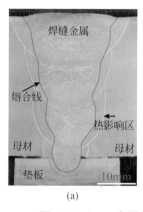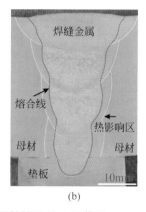

(a)　　　　　　　(b)

图 19　36mm 全厚焊接接头的宏观截面

（a）打底焊电流 300A；（b）打底焊电流 400A

4　激光 - 电弧复合焊接 SBHS 桥梁用钢焊接变形与应力研究

日本大阪大学的 H. Mikihito 等人[4] 通过一系列试验和分析，研究了激光 - 电弧复合焊接在钢桥构件制造中的可行性。和传统电弧焊相比，复合焊在控制焊接变形、残余应力和焊接时间等方面更具优势。

激光 - 电弧复合焊接是一种将两种不同的热源（激光与电弧）结合起来的焊接方法，此方法不仅有激光的高能量密度且保留了电弧的高热输入量。而且，基于激光与电弧两者之间的协同效应，提高了激光能量的耦合特性和电弧的稳定性，可以获得更好的焊接效果和接头质量。大型桥梁结构往往板厚较大，焊接变形、接头质量要求较高，由于激光 - 电弧复合焊具有变形小、熔深大、力学性能优异等突出优势，正逐渐成为大型桥梁结构制造的首选。

研究选用 SBHS400 桥梁用高性能钢（JIS

G 3140），板厚 15mm，焊丝为 G49AP3M16（JIS Z 3312）。激光 - 电弧复合焊是光纤激光焊接和 MIG 电弧焊的结合，其示意图如图 20 所示。焊接参数如表 6 所示，保持电弧电流和电压不变，通过改变激光功率和焊接速度研究 15mm 厚试样一次焊透的条件。

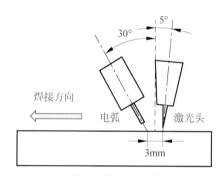

图 20　激光 - 电弧复合焊示意图

表 6　焊接参数

条件	激光功率 /kW	焊接速度 /（m/min）	电弧电流 /A	电弧电压 /V	试样数量
1	13.1	1.4	250	28	2
2	13.1	1.6	250	28	2
3	13.1	1.8	250	28	2
4	15.3	1.6	250	28	1
5	12.5	1.6	250	28	1

图 21 为焊接接头的横截面图片，可以看出工艺 2 焊缝成形良好，工艺 1（为焊满）和工艺 3（背面大量熔化）成形较差，因此采用工艺 2 的焊接速度（1.6m/min）进行进一步研究。和工艺 4、工艺 5 对比发现，工艺 5（激光功率 12.5kW）焊缝的正面和背面焊道平滑，成形美观。基于上述结果，确定复合焊接的工艺参数：激光功率为 12.5kW，焊接电流为 250A，电弧电压为 28V，焊接速度为 1.6m/min。采用该参数进行单道全焊透对接试验。

工艺条件	1	2	3	4	5
激光功率/kW	13.1	13.1	13.1	15.3	12.5
焊接速度/(m/min)	1.4	1.6	1.8	1.6	1.6

宏观照片

正面　背面

图 21　焊接接头的宏观照片

对焊后试板进行焊接变形和残余应力的测试，图22为测量点布置示意图。采用热电偶测量焊接热循环曲线，垂直焊缝方向布置4个位置（$x = -10$mm，$y = -15$mm，-30mm，-50mm，-80mm）。焊接完成后，在三个测量线（$x = -75$mm，0，75mm）处测量焊接变形，并通过XRD测量纵向和横向的残余应力（$x = -20$mm，$y = -20$mm，-15mm，-10mm，-5mm，5mm，10mm，15mm，20mm）。

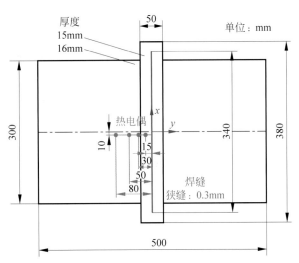

图22　复合焊变形和残余应力测量试样示意图

基于热-弹塑性理论，采用 Abaqus Version 6.18 软件进行焊接过程有限元计算，图23是计算所用的有限元模型，采用移动热源，使用生死单元技术再现焊缝金属的填充过程。

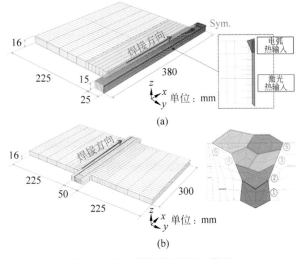

图23　热-弹塑性有限元模型

（a）复合焊模型；（b）电弧焊模型

考虑复合焊接中较高的冷却速度导致焊缝金属的硬化，采用维氏硬度对上述接头进行测试。结果显示，在复合焊条件下，母材与焊缝金属的硬度比约为 1∶1.5。因此，在复合焊的计算模型中使用的焊缝金属的屈服强度和抗拉强度是母材的 1.5 倍。在电弧焊条件下，焊缝金属的维氏硬度与母材相当，因此使用与母材相同的参数进行计算。

选择体热源进行温度场计算，激光和电弧的热效率分别选择 0.6 和 0.7。图24 为复合焊接过程的热循环曲线，试验结果和有限元计算结果相吻合。

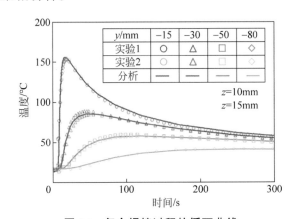

图24　复合焊接过程热循环曲线

图25 为两种接头角的变形测试结果，复合焊和电弧焊的角变形量分别为 0.6mm 和 10.8mm，复合焊的角变形比电弧焊小 95%。在电弧焊中，在钢板第1道焊接后，冷却过程将发生收缩，导致 V 形角变形。由于后续焊道的收缩量均比前道次大，V 形角变形被保持。而在复合焊中，由于采用一次全熔透焊接，有效控制了热输入，钢板正反面之间的温差也比电弧焊小，因此角变形较小。

图26 展示了复合焊和电弧焊接头的残余应力分布，可以看出复合焊和电弧焊的纵向（平行焊缝方向，σ_x）拉伸残余应力最大值分别为 721MPa 和 689MPa，压缩残余应力的最大值分别为 -52MPa 和 -122MPa。与电弧焊相比，复合焊的拉伸残余应力作用范围较小，峰值压缩残余应力也较小。

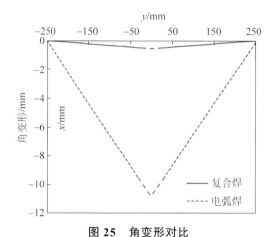

图 25　角变形对比

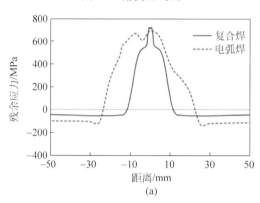

(a)

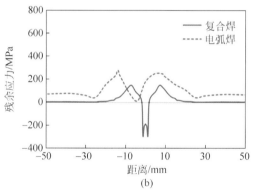

(b)

图 26　残余应力对比

（a）横向焊接残余应力；（b）纵向焊接残余应力

两种接头横向（垂直焊缝方向，σ_y）的拉伸残余应力的最大值分别为 149MPa 和 274MPa。通常，横向拉伸残余应力影响结构的疲劳强度，复合焊接头的横向拉伸残余应力较小，推测其接头的疲劳强度可能较电弧焊高。

5　激光－电弧复合横焊和立向上焊研究

日本九州大学的 T. UEMURA 等人[5] 采用激光 - 电弧复合焊（LAHW）进行船体结构厚板

横焊和立向上焊的工艺探索，所获得的接头质量满足日本船级社相关标准要求。

研究选用 SM400B 轧钢（JIS G3106：2015）和 KA36 高强钢（Class NK）进行焊接，其中横焊选择 KC-550 实心焊丝，立向上焊选择 J-STAR 药芯焊丝。焊接工艺参数如表 7 所示。LAHW 系统由数字化逆变控制脉冲自动焊机和 20kW Yb 光纤激光器组成。

表 7　水平和垂直向上位置的焊接工艺

试验编号	HB1	HB2	VB1	VB2
厚度 /mm	12	16	12	12
试样等级	SM400B	KA36	SM400B	SM400B
坡口形状	I 形	I 形	I 形	I 形
切割方法	等离子	激光	等离子	机械
坡口间隙 /mm	约 0.0	约 0.0	约 0.0	约 1.0
焊接电流 /A	300	300	150	200
电弧电压 /V	26.0	26.0	20.0	24.0
激光功率 /kW	10.0	15.0	6.0	6.0
焊接速度 /（mm/min）	800	800	200	400
垫板	不使用	不使用	使用	不使用

横焊位置的焊接性测试主要考察离焦量、激光 - 电弧间距和激光束角度这 3 个参数对焊缝成形的影响，参数设置如表 8 所示。

表 8　横焊位置的焊接性试验条件

试样编号	离焦量 /mm	激光与电弧间距 /mm	激光束角度 /（°）
HB1	15.0	2.0	10.0
HB1-A1	10.0	2.0	10.0
HB1-A2	20.0	2.0	10.0
HB1-B1	15.0	0.0	10.0
HB1-B2	15.0	5.0	10.0
HB1-C1	15.0	2.0	5.0
HB1-C2	15.0	2.0	15.0

在焊接接头横截面的目视检查和宏观观察中，不同的离焦量和不同的激光 - 电弧间距的焊缝成形均为无缺陷焊缝成形，但不同激光束角度的焊接性出现差异，在激光束角度为 15° 时，背面产生未熔透，如图 27 所示。

研究者也对立向上焊接时的焊缝成形进行了研究，图 28 为不同焊缝长度处熔池的形貌。

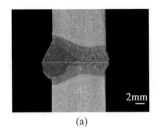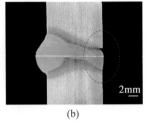

(a)　　　　　　　　　(b)

图 27　横焊位置焊接接头横截面宏观形貌
（a）HB1；（b）HB1-C2

当焊接长度为 100mm 时，熔池后方形成足够的熔渣层，而当焊接长度为 280mm 时，熔池金属出现下淌。该现象是使用药芯焊丝进行 LAHW 焊接过程中特有的。

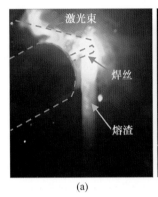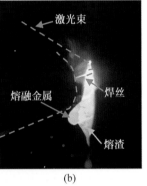

(a)　　　　　　　　　(b)

图 28　焊缝不同位置的熔池成形
（a）100mm；（b）280mm

按表 7 中的焊接工艺参数制备长度为 1000mm 的对接接头，按照表 9 中的要求对接头进行检测。表 10~ 表 12 为接头的力学性能测试结果。

表 9　合格性检验类型和要求

试验类型	要　求			
	HB1	HB2	VB1	VB2
超声探伤	ClassNK			
射线检验	ISO 5817 级别 B			
拉伸试验	抗拉强度 /MPa			
	≥ 400	≥ 490	≥ 400	≥ 400
侧弯试验	裂纹长度 <3mm			

表 10　拉伸试验的结果

试样编号	截面积 /mm²	断裂载荷 /kN	抗拉强度 /MPa	断裂位置
HB1	360	167	464	母材
HB2	480	265	552	母材
VB1	345	171	496	母材
VB2	360	167	464	母材

表 11　冲击试验结果（最小值 /J）

试样编号	焊缝	熔合线	距熔合线 2mm HAZ
HB1	73	100	86
HB2	65	109	123
VB1	14	12	33
VB2	112	57	42

表 12　维氏硬度测试结果（最大值 /HV1）

试样编号	硬度最高点所处位置	硬度值
HB1	焊缝金属正面	258HV
HB2	熔合线背面	255HV
VB1	熔合线背面	216HV
VB2	焊缝金属背面	234HV

试样 VB1 超声检验和夏比冲击试验未达到 ClassNK 要求；X 射线检测中，胶片观察到沿整个焊缝的阴影线（图 29（a）），与之对应的是在超声检测中的缺陷回波。阴影线在焊缝背面的焊道上（图 29（b）），推测是由于激光束穿透母材照射到垫板上导致垫板材料发生升华而形成的蒸气。垫板的某些化学成分可能因此进入熔池从而导致试样整体韧性较低。在 VB2 试样侧弯试验中观察到 1.5mm 裂纹（图 30（a）），但在其接头的宏观照片中未观察到内部缺陷（图 30（b））。

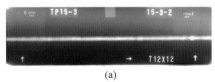

(a)　　　　　　　　　(b)

图 29　VB1 试样 X 射线检测照片和焊缝背面形貌照片
（a）X 射线检测照片；（b）焊缝背面

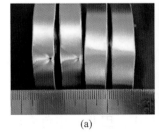

(a)　　　　　　　　　(b)

图 30　VB2 试样的力学性能试验照片
（a）侧弯试验；（b）宏观形貌观察

研究者还进行了 LAHW 与传统 MAG 焊接的对比研究，研究选择 12mm 厚板材，传统 MAG 焊采用多层多道焊缝形式，焊接工艺参数如表 13

所示。根据图 31，测量焊接方向上相同位置的四个点（例如 L6，L1，R1 和 R6）的挠度计算焊接角变形，如表 14 所示。

表 13　MAG 焊工艺参数

试样编号	HB MAG	VB MAG
焊接电流 /A	140~230	160~180
电弧电压 /V	23~29	20~23
焊接速度 /（mm/min）	125~520	90~160
坡口形式（间隙 4~7mm，角度 40°）		

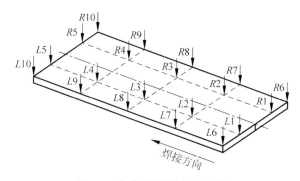

图 31　角变形测试点示意图

表 14　横焊和立向上焊角变形　　　（°）

横截面编号	试样编号			
	HB MAG	HB1 LAHW	VB MAG	VB1 LAHW
L6-L1-R1-R6	3.05	0.35	1.40	0.45
L7-L2-R2-R7	3.55	0.40	1.75	0.40
L8-L3-R3-R8	3.85	0.35	1.90	0.35
L9-L4-R4-R9	3.60	0.30	1.70	0.05
L10-L5-R5-R10	3.00	0.20	1.25	0.20

从结果可以看出，传统的多层多道 MAG 焊引起的角变形均大于 LAHW，尤其是在横焊位置。而 LAHW 可实现单道全熔透焊接，焊缝正面和背面之间的温差较小，因此焊接角变形也较小。

6　焊接钢结构数字化生产

芬兰拉彭兰塔工业大学的 T. SKRIKO 等人[6]介绍了焊接钢结构数字化生产中涉及的概念和实践课题。数字化生产包括产品设计、制造和使用寿命，数字化生产的优势主要是在大大提高生产质量的同时，可以最大限度地减少人为因素导致的失误。此外，研究者指出针对质量要求高的小批量焊接结构产品，如何在有效控制成本的同时推行自动化生产也是研究的关键。通常这类结构选用高强度或者是超高强度钢来制备。尽管在该类型的结构中推行焊接自动化生产存在诸多挑战，但是随着先进疲劳设计方法的出现，配合高质量机器人的焊接和实际载荷信息的收集，实现这些目标指日可待。

数字化焊接生产的概念建立在焊接产品的标准生命周期的基础上（从产品设计到最终的材料回收）。图 32 比较了传统工艺流程和数字化流程在焊接产品的设计、制造和服役环节中的关键步骤。

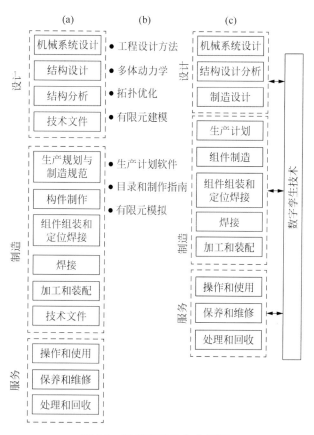

图 32　焊接产品的生命周期

（a）工艺流程；（b）工具；（c）数字化生产

数字化生产与传统生产之间的主要区别在于，制造过程的设计是产品设计的重要组成部分。传统生产是由结构设计师和／或分析师指定产品的几何形状和材料特性，由焊接工程师和操作员负责确定焊接参数并进行生产制造。以上工艺步骤是分开进行的，而配备焊接机器人的数字化生产则是将制造过程的设计也纳入整个产品的设计环节中。值得一提的是，基于物理实体、虚拟模型及两者之间耦合的数字孪生技术，是数字化焊接生产的重要组成部分。使用数字孪生技术，可以在整个产品生命周期中形成和处理技术文档、设计和制造规范，从而最大限度地减少信息获取与传输方面的工作量。数字化生产包括结构的设计、制造和服役，如图33所示。

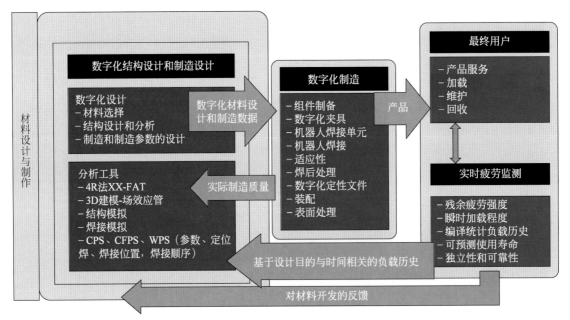

图33　数字化生产

数字化生产中的设计包括材料选择、结构设计和制造设计。由于结构设计前需完成材料的优化选择，设计人员必须要拥有所有可选材料的基本数据，包括机械性能和其他特殊要求的性能（如耐磨性、耐气候性、耐腐蚀、耐低温等）。与每个潜在的制造过程相关的所有材料信息也必须包括，例如板材不同轧制方向的冷成形能力（r/t 比值）。焊接在整个产品制造中起着重要作用，因此在设计时必须考虑材料的焊接性，例如碳当量 C_{EV}、裂纹敏感性指数 P_c 及CCT曲线。

图34为焊接结构的典型加载历史。在多数情况下，结构在服役期间要经受单一高静载荷峰值和波动载荷的作用。利用结构最小屈服强度 f_y 的计算工具优化结构设计，获取包括局部（厚度的影响，局部边界等）和潜在的质量改进的有效途径。

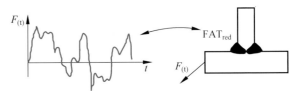

图34　焊接结构的典型加载历史

结构的最小屈服强度 f_y 为

$$f_y > \gamma_F \gamma_{M0} \gamma_f F_{max} \sqrt[m]{\dfrac{2 \times 10^6}{j \sum\limits_{\Delta F_i = \Delta F_{th}}^{\Delta F_{max}} \Delta F_i^m n_i}} \ FAT_{red}$$

（6）

式中，γ_F 为外载荷 F 分项的安全系数（1.5）；γ_{M0} 为材料屈服分项安全系数（1.0或1.1）；γ_f 为疲劳分项安全系数（1.0，…，1.35）；F_{max} 为最大载荷（力、力矩等）；ΔF_i 为有效载荷范围；ΔF_{th} 为载荷有效范围内的最小（阈值）值；ΔF_{max} 为载荷有效范围内的最大值；n_i 为参考周期内的循环次数；j 为接头或结构的总寿命（N_f）

的参考期数（$= N_f/N_{ref}$）；FAT_{red} 为降低结构的疲劳等级，包括局部（厚度的影响，局部边界等）和潜在的质量改进。

在数字化设计中，上述计算工具可以有效简化材料的选择，例如根据上述公式可以轻松地进行材料强度的选择。除此之外，还可以处理针对不同使用工况所进行的焊缝厚度的设计，包括通过控制热输入（Q）来获得最佳冷却速率（$t_{8/5}$）及按《EC3：钢结构设计规范》进行角焊缝或偏心角焊缝的静强度校核。对称角焊缝的焊缝厚度定义了热输入 Q 和 $t_{8/5}$，可由式（7）、式（8）和式（9）估算获得。

$$Q = k\frac{UI}{v} \approx \xi a^2 \qquad (7)$$

$$t_{8/5, 2D} = (4300 - 4.3T_0)10^5\frac{Q^2}{t^2} \cdot$$
$$\left[\left(\frac{1}{500-T_0}\right)^2 - \left(\frac{1}{800-T_0}\right)^2\right]F_2 \qquad (8)$$

$$t_{8/5, 2D} = (6700 - 5T_0)Q^2\left(\frac{1}{500-T_0}\right) - \left(\frac{1}{800-T_0}\right)F_3 \qquad (9)$$

式中，Q 为热输入（kJ/mm）；k 为焊接过程的热效率；U 为电弧电压（V）；I 为焊接电流（A）；v 为焊接速度（mm/s）；ξ 为材料系数（kJ/mm³）；a 为焊缝厚度（mm）；t 为试板厚度（mm）；T_0 为焊前预热温度或材料温度（℃）；F_2 为 2D 形状因子；F_3 为 3D 形状因子。

数字化设计工具包包括所有的计算程序。基于 $t_{8/5}$ 时间和 CCT 曲线，熔合线附近的临界区域的硬度和显微组织就可以估计获得。此外，还可以获得焊接热输入导致的材料软化对材料静强度的影响，特别是针对超高强度钢，这一方面的数据非常重要。

焊接结构数字化设计的主框架由传统的 CAD-FEA-CAD 程序组成，如图 35 所示。基于有限元分析（FEA）获得优化的焊接结构，并同时传递相关的数字化信息（材料、焊接参数）指导该焊接结构的制造过程。

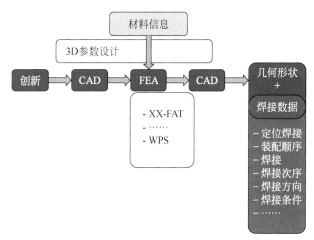

图 35　焊接结构设计的主体框架

这个主框架中可以有几个子循环，其一是前文提及的焊缝厚度设计，另一个是疲劳强度设计，它在需要承受循环载荷的结构设计中起着重要作用。图 36 展示了带有 XX-FAT 库的数字化工具包所包含的最典型的焊接接头。设计师或强度分析师可以采用不同的疲劳强度评估方法来分析结构的临界情况。所设计的结构均应包含其受载情况和材料参数。使用此工具包，设计人员可以快速、高效地对设计或测量的参数进行敏感性分析。

在数字化生产中，制造设计意味着指导制造过程所需的所有信息都必须包含在设计数据中。与传统的手工或半手工制造相比，数字化生产的每个制造阶段都必须详细设计。所有信息都是数字化形式，因此制造数据可以下载到加工设备上，而无需任何手动工作或隐性知识。数字化夹具和服务机器人可以完成零件和组件的精确定位与装配，从而最大限度地减少了点焊工艺。每个流程阶段的所有必备信息都可以通过二维码（QR）从云端读取。

无论是通过哪种方式制备的焊接结构件，他们的最终归宿都是服役。那么在该环节中是否也有数字化的应用呢？拉彭兰塔工业大学正在开发一种使用 4R（一种疲劳强度评估准则）方法的新型实时疲劳监测系统，如图 37 所示。监控系统使用给定的数据（生存概率和置信等级并假设加载过程是周期重复的），来评估结构

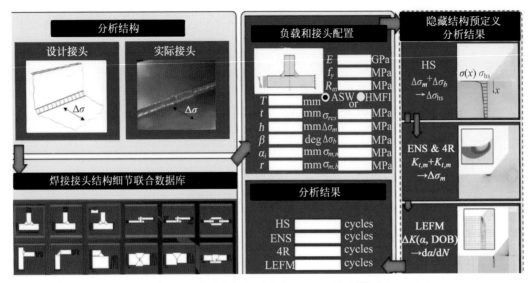

图36　疲劳分析原理和 XX-FAT 用户界面

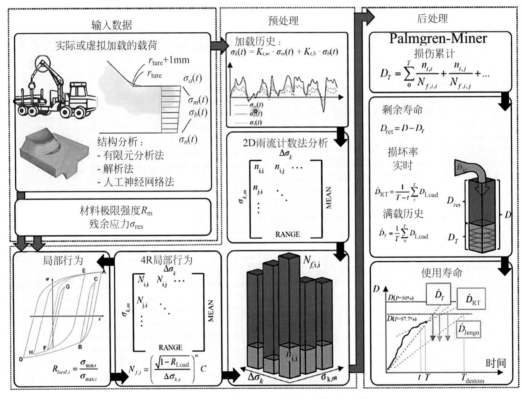

图37　疲劳速率和累积的实时控制系统

的剩余疲劳寿命。系统还会报告当前加载状态的损伤率。以上两项结果都是可视化的，并且可以远程读取，这对于操作人员来说非常实用。

接头的疲劳寿命评估是最难的一个环节。虽然服役载荷的实时监测并不是一个新方法，但是它可以对设计、制造和材料的改进提供反馈，在数字化生产中发挥着重要作用。比如，在设计环节中可以基于真实的受载情况进行结构的设计与优化。由于当前损伤率的可视化，设备用户或工艺操作人员可以直观地看到他们的工作方式对结构寿命的影响，从而促使他们学习更有效的方法来使用设备而不会造成额外的损坏。

由于能够有效获取结构的剩余疲劳寿命，服务部门可以及时安排必要的设备维护或维修，避免生产中断。而对于设备所有者来说，可以轻松地做出决定，比如设备是否需要报废，是否需要重新采购，以及维修是否还能解决问题。

数字化生产从设计（材料性能在理论上是否达标）、制造（材料在不同制造工艺下的特性）和服役（产品结构在不同载荷和环境下的服役行为）等环节中获得有关材料开发的重要信息。因此，在这种情况下，材料可以无限循环使用，并不断提供新信息来优化数字化生产。

7 基于全局–局部方法的焊接结构成本计算

匈牙利米什科尔茨大学的 K. Jármai 等人[7]采用全局 - 局部方法对不同焊接技术下的成本进行了估算。综合考虑设计、制造和经济因素，获得了最优方案。

在局部方法中，成本计算主要基于材料成本和制造成本两种因素，这两种因素与结构的形状、尺寸密切相关。而在全局方法中，必须考虑环境因素，比如全球增温潜势、臭氧消耗潜势、酸化潜势、富营养化潜势、光化学臭氧生成潜势、非生物资源消耗潜势。

在局部方法中，一个实体结构的成本计算函数由材料成本、装配成本和其他制造成本（如焊接、表面处理、涂装、切削等）组成。其中，材料成本的计算公式如下：

$$K_M = k_M \rho V \qquad (10)$$

材料的成本只受厚度和材料牌号的影响。式中，K_M（kg）表示材料成本；k_M（\$/kg）为相匹配的材料成本因子；V（mm^3）表示结构体积；ρ为材料密度。如果使用几种不同的材料，则式中可能同时使用多个材料成本因子。

制造成本为加工时间和生产成本的函数，如下所示：

$$K_F = k_F \sum_i T_i \qquad (11)$$

式中，K_F（\$）为制造成本，k_F（\$/min）为制造成本因子；T_i（min）为制造时间。在焊接过程中，成本控制的关键是针对现有设备选择一

种高效的焊接方法和焊接材料，但是这并没有想象中的容易。在焊接过程中，时间主要包括准备、装备、定位焊、焊接、更换电极、清渣、下料等步骤的时间。

下料切割时间可用式（12）来计算：

$$T_{CP} = \sum_i C_{CPi} t_i^n L_{ci} \qquad (12)$$

式中，t_i 为厚度（mm），L_{ci} 为切割长度（mm），n 值由曲线拟合得到。

准备、装配、定位焊时间可用式（13）来计算：

$$T_{w1} = C_1 \Theta_{dw} \sqrt{k \rho V} \qquad (13)$$

式中，C_1 为焊接工艺参数（一般等于1），Θ_{dw} 为难度因子，k 为待装配结构件数量。

式（14）可以用来计算实际焊接时间：

$$T_{w2} = \sum_i C_{2i} a_{wi}^2 L_{wi} \qquad (14)$$

式中，a_{wi} 为焊缝尺寸，L_{wi} 为焊缝长度，C_{2i} 一般为常量。更换电极、清渣时间可按式（15）计算：

$$T_{w3} = 0.3 \sum C_{2i} a_{wi}^2 L_{wi} \qquad (15)$$

T_{w2} 大约为 T_{w3} 的30%，两个时间总和为

$$T_{w2} + T_{w3} = 1.3 \sum C_{2i} a_{wi}^n \qquad (16)$$

表面准备是指利用喷砂等工艺清洗表面。清洗时间（T_{sp}（min））与表面积（A_s（mm^2））的函数为

$$T_{sp} = \Theta_{ds} a_{sp} A_s \qquad (17)$$

式中，Θ_{ds} 为难度系数，$a_{sp} = 2 \times 10^{-6}$min/mm^2。

焊件涂装时间（T_p（min））与表面积（A_s（mm^2））的函数为

$$T_p = \Theta_{dp}(a_{gc} + a_{tc}) A_s \qquad (18)$$

式中，Θ_{dp} 为难度系数；$a_{gc} = 2 \times 10^{-6}$min/mm^2 为底漆参数；$a_{tc} = 2.85 \times 10^{-6}$min/mm^2 为面漆参数。

综上所述，采用局部方法计算的总成本为

$$K = \rho V k_M + k_F \sum_i T_i \qquad (19)$$

$$\frac{K}{k_M} = \rho V + \frac{k_F}{k_M} \sum_i T_i \qquad (20)$$

k_F/k_M 的范围为 0~2kg/min。若 $k_F/k_M = 0$，则质量最

小；$k_F/k_M = 2.0$，表示日本、美国的劳动力成本；$k_F/k_M = 1.0$，表示西欧劳动力成本；$k_F/k_M = 0.5$，表示发展中国家的劳动力成本。因此，即使生产率相近，劳动力成本的不同也将造成显著的总成本差异。

局部方法下的成本计算主要针对某一具体的焊接结构的制造，而全局模式下的成本计算则考虑了环境的影响。焊接产生的气体和化学物质对全球环境的影响可用生命周期评价（LCA）来表征。LCA作为一种量化评估产品、过程、活动、系统环境影响的管理工具，能够客观、全面、定量地评价焊接污染物对人体健康和生态环境的影响。除了计算温室气体排放量（或碳排放）外，LCA还可以评估臭氧层消耗、酸化、富营养化和对人类健康的影响等，如图38所示。LCA可以基于现有设计数据自动运算，并完全集成到工作流中，且不会打乱或减缓它，从而实现成本效益的标杆管理。

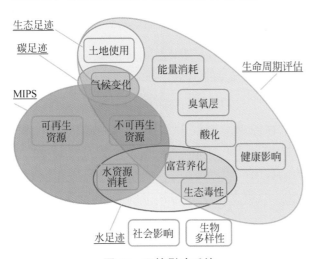

图38　环境影响系统

需考虑的主要环境影响的一般计算方法为

$$\text{impact}_{cat} = \sum_i m_i \times \text{charact\_factor}_{cat,i} \quad (21)$$

式中，m_i 为 i 的质量，$\text{charact\_factor}_{cat,i}$ 为影响不同物质要素 i 的表征因子。

CO_2，CH_4，N_2O 等气体对来自太阳辐射的可见光具有高度透过性，而对地球发射出来的长波辐射具有高度吸收性，能强烈吸收地面辐射中的红外线，导致地球温度上升，即温室效应。全球增温潜势（global warming potential，GWP）的计算由联合国政府间气候变化专门委员会（Intergovernmental Panel on Climate Change，ICPP）给出，如表15所示。分别计算了20年、100年和500年三个时间段的GWP，并给出了"全球变暖"指标的公式（式（22）），该指标以每千克 CO_2 当量表示。该式只考虑10年的时间跨度。

$$\text{Global Warming} = \sum_i \text{GWP}_i \times m_i \quad (22)$$

表15　给定时间的GWP（CO_2 eq./kg）

	20年	100年	500年
CO_2	1	1	1
CH_4	62	25	7
N_2O	275	298	156

臭氧消耗潜势（ozone depletion potential，ODP）是衡量一种物质对臭氧累积的破坏效果。ODP的定义为：分别在一定的时间间隔内排放一定质量的气体和CFC-11，当臭氧总量的损耗达到稳定值时，2种气体损耗臭氧总量的比值。表16列举了某几种物质的ODP值。

表16　某些物质的OPD（CFC-11 eq./kg）

	稳态
CFC-11	1
CFC-10	1.2
Halon 1211	6.0
Halon 1301	12.0

臭氧消耗指标的确定为

$$\text{Ozone Depletion} = \sum_i \text{ODP}_i \times m_i \quad (23)$$

酸化是空气污染物（主要是氨（NH_3）、二氧化硫（SO_2）和氮氧化物（NO_x））转化为酸性物质的过程。酸化是一种区域化的影响类型，表17为欧洲的酸化平均特征因子。酸化指标如式（24）所示：

$$\text{Acidification} = \sum_i \text{AP}_i \times m_i \quad (24)$$

表17　酸化潜势（SO_2 eq.）

	氨（NH_3）	氮氧化物（NO_x）	二氧化硫（SO_2）
AP_i	1.60	0.50	1.20

富营养化的主要因素是氮化合物，如硝酸盐、氨、硝酸和磷酸化合物。以磷酸盐为对照品，所选物质的特征因子见表18。

表18　富营养化电位（OP_4^{3-} eq.）

	氨（NH_3）	氮氧化物（NO_x）	氮（N）	磷（P）
EP_i	0.35	0.13	0.10	1.00

富营养化指标由式（25）确定：

$$\text{Eutrohication} = \sum_i EP_i \times m_i \quad (25)$$

光化学臭氧生成潜势（photochemical ozone creation potential，POCP）用来衡量挥发性有机物在光照条件下与氮氧化物（NO_x）发生光化学反应生成臭氧的能力。联合国欧洲经济委员会（United Nations Economic Commission of Europe，UNECE）提供了POCP的表征因子。表19提供了某些物质的表征因子，光-氧化指标为

$$\text{Photo-oxidant formation} = \sum_i POCP_i \times m_i \quad (26)$$

表19　不同浓度的 NO_x 和某些物质的 POCP（C_2H_4 eq./kg）

	高浓度-NO_xPOCP	低浓度-NO_xPOCP
乙醛（CH_3CHO）	0.641	0.200
丁烷（C_4H_{10}）	0.352	0.500
一氧化碳（CO）	0.027	0.040
乙烯（C_2H_2）	0.085	0.400
甲烷（CH_4）	0.006	0.007
氮氧化物（NO_x）	0.028	—
丙烯（C_3H_6）	1.123	0.600
硫氧化物（SO_x）	0.048	—
甲苯（$C_6H_5CH_3$）	0.637	0.500

非生物资源消耗潜势（abiotic depletion potential，ADP）从资源的储量和开采量角度定义资源的稀缺度。表20列举了某些资源的稀缺度因子。

表20　某些元素的非生物耗竭势（Sb eq./kg）

资源	元素资源消耗潜值
铝	1.09E-09
镉	1.57E-01
铜	1.37E-03
铁	5.24E-08
铅	6.34E-03

非生物消耗指标的测定为

$$\text{Abiotic Depletion} = \sum_i ADP_i \times m_i \quad (27)$$

8　结束语

2021年C-XV专委会研究报告的重点体现在焊接结构的脆性断裂和疲劳失效分析，高效热丝 CO_2 焊和激光-电弧复合焊接，数字化生产，以及制造成本和环境成本计算等方面。

脆性断裂、疲劳失效是焊接结构通常的损伤模式，研究者采用试验研究和理论方法与物理模型为基础的数值分析相结合，对脆性断裂和疲劳性能进行分析。使用了韦布尔应力方法和韧性换算模型（TSM）方法预测低塑性约束下的脆性断裂和含缺陷焊接接头的脆性断裂。采用电位法（EPDM）检测裂纹的萌生，同时采用基于迭代弹塑性模型和连续损伤力学的疲劳有限元分析方法，对疲劳寿命和疲劳裂纹进行了分析。热丝 CO_2 焊和激光-电弧复合焊接的高效焊接方法在研究人员和工程人员的努力下不断由试验研究向实际生产大量应用转变。数字化生产不再局限于采用自动化设备生产制造的概念范畴，它应包括产品的设计、制造和使用，以达到材料选择、结构设计及工艺优化，以及服役性能检测智能化的目的，最终实现产品的科学设计、高质、高效制造和可靠服役。随着大数据和人工智能的发展，数字化生产的理念和技术将有进一步的更新和突破。对于焊接结构经济成本的计算，除考虑制造成本，还应考虑制造对全球环境所造成的影响，本次会议的报告中给出了具体的环境成本计算方法，该研究对于提高焊接工程的效益具有重要的意义。

参考文献

[1] AZUMA K, IWASHITA T, ITATANI T. Improvement of weld details to avoid brittle fracture initiating at the toes of weld access hole of the beam end -prediction of ultimate

strength of welded joint with conventional detail [Z]// XV-1622-2021.

[2] MUZAFFER S, CHANG K H, WANG Z M, et al. Verification of the effect of stiffener to prevent fatigue cracking in KT-type pipe joint by fatigue FE-analysis [Z]// XV-1632-2021.

[3] SUWANNATEE N, WONTHAISONG S, YAMAMOTO M, et al. Optimization of welding conditions for hot-wire CO_2 arc welding on heavy-thick butt-joint [Z]// XV-1619-2021.

[4] HIROHATA M, CHEN G, MORIOKA K, et al. An investigation on laser-arc hybrid welding of one-pass full-penetration butt-joints for steel bridge members [Z]// XV-1621-2021.

[5] UEMURA T, GOTOH K, UCHINO I. Studies on expansion of laser-arc hybrid welding to horizontal and vertical-up welding [Z]// XV-1620-2021.

[6] SKRIKO T, AHOLA A, BJÖRK T. Overview on the digitized production of welded steel structures [Z]// XV-1631-2021.

[7] JÁRMAI K. Global and local cost calculations at welded structures [Z]// XV-1623-2021.

作者：张敏，西安理工大学教授，博士生导师。主要从事焊接成形过程的力学行为及其结构质量控制，以及焊接凝固过程的组织演变行为及其先进焊接材料等方面的研究工作。发表论文200余篇。获陕西省科技进步奖3项、获陕西省教育厅科技进步奖2项，授权发明专利60余项。E-mail: zhmmn@xaut.edu.cn。

审稿专家：张建勋，博士，西安交通大学二级教授，博士生导师。长期从事先进材料焊接与接合、机器人智能焊接、增减材制造与修复、焊接结构可靠性等教学科研工作。发表论文300余篇，发明专利50余项，获得国家级、省部级教学与科技奖10余项。E-mail: jxzhang@mail.xjtu.edu.cn。

聚合物连接与胶接技术（IIW C-XVI）研究进展

许志武　马钟玮　闫久春

（哈尔滨工业大学　先进焊接与连接国家重点实验室　哈尔滨　150001）

摘　要： IIW C-XVI专委会（聚合物连接与胶接专委会）于2021年7月13—14日召开了为期两天的学术会议，共交流7篇学术报告，主要集中在聚合物及聚合物与其他异种材料的连接与焊接两个领域。报告内容涉及焊接设备、焊接参数优化方法、接头表征方法、树脂及其复合材料的连接、树脂及其复合材料与金属连接、木质材料连接等方面。本年度在焊接设备与表征手段方面取得了一些进步，树脂及其复合材料的连接仍是研究重点，树脂及其复合材料与金属之间连接的研究热点本年度依旧持续，并取得显著进步。

关键词： 聚合物焊接；木材连接；聚合物-金属焊接；纤维增强树脂基复合材料焊接

0　序言

在本届年会上，来自美国和德国的专家代表进行了7个学术报告的交流，主要围绕聚合连接、聚合物与金属连接两个主题。学术报告主要集中于焊接设备、试验设计及表征方法，木材的连接，树脂及其复合材料的连接和树脂与金属的连接等几个方面。

焊接工艺和机理的研究离不开焊接设备的发展，超声焊用于树脂及其复合材料的连接越来越受到重视，其焊接设备也取得了长足的发展，主要体现在自动化水平的提高和可控参数的丰富。在试验设计方面，随着计算机技术的不断发展，人工智能算法在焊接参数优化方面的优势逐渐显现。焊后接头形貌的表征是聚合物焊接研究的必要环节，通过简单的处理使接头融合形貌更加清晰是每一个研究人员的愿景，通过焊后热处理的方法使界面融合形貌得以显现或许是一个简单实用的方法。

木材是一种天然材料，其中包含的木质素和纤维素等天然高分子聚合物使其具备了可焊性，通过焊接方法连接木质材料还处于起步阶段，目前的研究重点在于探索木材的焊接新工艺、拓展可焊木材的种类，以及探索木材与其他材料的连接三个方面。随着相关技术的不断积累，木质材料的焊接开始有面向实际生产需求转变的趋势，其中的突破点是通过焊接方法对木质包装纸材料进行连接。

经过多年的研究，树脂及其复合材料的焊接技术储备相对丰富，该领域目前的研究重点在于面向实际应用和接头的进一步强化，其中包括大尺寸焊接工艺的优化、接头无损检测、难相容异种树脂连接、树脂与加热元件连接等。近年来，随着聚合物材料应用范围的不断扩大，它与其他材料之间连接的情况逐渐浮现。例如，新能源汽车制造领域开始出现对树脂及其基复合材料与金属组成的复合结构件需求，因此树脂及其复合材料与金属的焊接是近年来的热点，并在焊接工艺和连接机理研究方面多点开花。3D打印技术可用于优化金属侧的表面结构进而提升机械咬合，因而受到追捧。搅拌摩擦焊能在较低温度下实现树脂及其复合材料与金属之间的连接，并形成复杂机械咬合，接头具有较高强度。对搅拌摩擦焊技术进行改进，以使其更好地适用于树脂基复合材料与金属的连接是近期关注的热点。在连接机理方面，实现树脂与金属接头中的机械连接和化学连接对接头强度贡献的量化可用于指导焊接工艺的优化，具有重要的探索价值。

本文对会上的报告内容进行了分类和整理，同时对报告内容进行了适当的评述。在总结报告内容的基础上，也额外挑选了近两年发表的一些具有代表性和突出进展的研究论文加以介绍，以丰富相关技术背景，力图为读者呈现一个比较全面的研究现状和进展。

1 焊接设备、试验设计及表征方法

1.1 新型超声焊接设备

超声焊接是树脂及纤维增强树脂基复合材料的主要连接方法，超声焊通过超声振动产生的摩擦热和黏弹性热使焊缝处的导能筋受热熔化实现接头的焊接。超声振幅、焊接时间、焊接能量及焊接压力是最基本的超声焊接参数；然而，面对日益提高的接头质量要求，除精准监测和控制基本参数外，研究人员还需要对焊接过程进行更全面的了解和动态调整。近年来，超声设备逐渐朝着控制更加简便、智能，过程检测更加精准，以及可控参数更加丰富的方向发展，逐渐满足着生产和科研的需求。

来自美国 Denkane 公司的 Leo[1]对本公司用于树脂焊接的最新焊接设备进行了介绍（图1）。在硬件上，该公司推出的最新焊接设备具有可靠的"Ultimate ultrasonic"系统，其中超声波发生器的能量转化效率达90%以上。在软件上，其配备的 IQ Explorer 3 操作系统具有现代化的数字用户界面、详尽的图表展示、清晰的操作菜单和丰富的参数设定入口。尤其瞩目的是设备对焊接过程的多维控制能力，在焊接起始阶段，Melt-Detect™技术可以精准检测导能筋熔化的起始点，为焊接起始状态时的超声头位置、焊接压力和功率提供参照。在焊接过程中，Melt-Match™功能可以设定超声头的位移速度，速度的控制节点多至10个，焊接压力会根据设定的位移速度实时动态变化，焊缝处的

熔融树脂材料的流动得以更好地控制。焊接完成后的固化需要在一定压力下进行，新型焊接设备不仅可以设定静态压力，还可设定动态压力进行保压。Denkane 公司的工业用超声焊机在塑料包装的密封方面得到广泛应用，工业焊机配备了丰富的 I/O 接口和工业以太网协议，可与 PLC 进行系统集成，为未来实现"工业4.0"提供了基础。

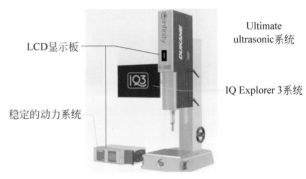

图1　新型超声焊接设备

1.2 工艺参数优化设计

焊接工艺参数的优化一直是焊接领域关注的重点，优化过程影响着最终的优化结果和试验量的大小。在焊接领域，参数优化方法经历了控制变量法、正交试验法和人工智能法的发展。来自德国帕德博恩大学的 Gevers 等人[2]使用三种优化方法对 PMMA/ABS 异种树脂的热板焊过程进行了研究（图2）。优化的参数包括 PMMA/ABS 各自的焊接峰值温度、各自的焊接时间、热板加热时间、焊接压力和焊接距离。结果表明，控制变量法、正交试验法和人工智能算法优化的接头最大强度分别为49.5MPa，47.42MPa 和50.1MPa（图3）。他们认为人工智能算法在寻找全局优化参数方面具有很好的优势，但需要一定的数据量对模型进行训练，试验量相对较大。如果试验者具有丰富的焊接经验，从工作量的角度来说，控制变量法更为实用。人工智能算法近年来发展迅速，在焊接参数优化方面得到重要应用，随着算法的不断成熟，必将出现更多优秀的人工智能优化算法助力焊接技术的发展。

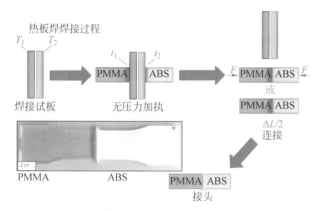

热板焊焊接过程

焊接试板　无压力加执　连接

PMMA　ABS

接头

图 2　热板焊焊接过程及接头成形

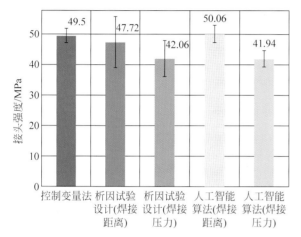

图 3　不同优化方法所得接头最高强度

1.3　接头形貌表征方法

　　树脂焊接接头的连接界面处会因为熔化和流动而发生组织变化，因此焊缝附近的树脂与周围树脂间存在视觉上的差异，然而抛光过程改变了抛光面的树脂表层组织，使这种差异在光镜或者电镜下难以分辨。为此，来自美国阿克伦大学的 Marcus[3] 提出了一种新的焊后处理方法，使焊接界面与周围的组织可以在光镜下显示出明显差异。首先用常规处理方法，包括将待观察的焊缝横截面先用 400 目砂纸打磨和再依次用 3μm 和 0.5μm 的金刚石抛光粉抛光。经以上处理后，使用红外回流焊装置将待观察的抛光面加热，加热温度为树脂的临界流动温度，之后冷却即可。对于半结晶树脂，加热到熔点；对于非晶树脂，加热到其玻璃化转变温度以上，红外回流焊装置加热 15s 左右即可满足要求。热处理过程使树脂分子链具有一定的

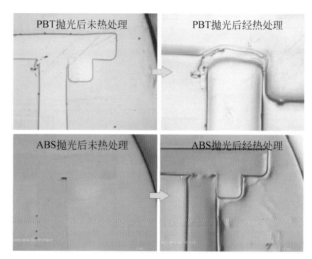

流动能力，使由抛光破坏的树脂表面组织结构得到恢复，从而使接头形貌差异得以显现。图 4 分别为 ABS 和 PBT 树脂接头经常规抛光处理和加热处理后在光学显微镜下的形貌对比。经热处理后，接头处树脂的融合形貌明显清晰。需要注意的是，加热温度不宜过高，以防止对接头原有融合形貌造成过大影响。这种表面处理方法具有简单高效的优势，但会对界面处分子链的微观连接造成影响，不建议用于树脂接头界面的微观观测和研究。

图 4　PBT 和 ABS 树脂热处理前后
光学显微镜成像对比

2　木材的连接

　　木材中富含的木质纤维素是天然的高分子聚合物，主要由木质素、半纤维素和纤维素组成。木质纤维素使木材具备了可焊性，木材焊接具有无污染、连接快速等特点，接头最高强度可达十几兆帕，该焊接技术有望在木质包装和家具制造领域得到应用，近年来受到人们的关注。

　　焊接木材的方法主要是旋转摩擦焊和线性振动焊，已报道的被焊接木材有松木、枫木、榉木和橡木。本次会议上来自美国艾奥瓦州立大学的 Grewell 等人[4] 介绍了用于包装制作的漂白竹浆板的线性振动焊接。焊接时将竹浆板置于木板上，振动焊的夹具夹住木板来带动竹

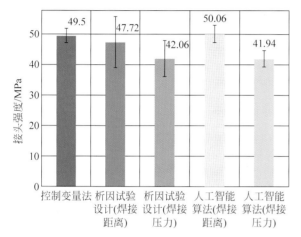

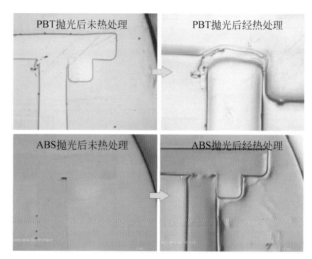

Final:

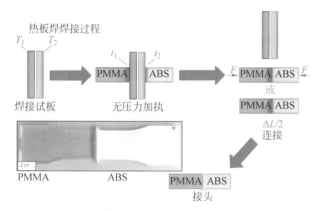

浆板间发生摩擦以完成焊接过程（图5）。线性振动焊的振幅为0.76~1.77mm，焊接时间为2~5s，焊接压力为25~75psi。如图6所示，焊缝核磁共振检测到竹浆板焊缝含有约10%的无纤维素组织，半晶态纤维素，结晶度大约为40%，这与木材焊缝中的芳香化材料有所区别。尽管如此，结晶和高纤维素含量反映出接头具有类似于木质焊缝的成分。剪切试验中的接头均呈现内聚断裂模式，断于竹浆板焊缝中。剪切强度随焊接时间的增大呈先增大后减小的趋势，随焊接振幅的增大呈现波动，随焊接压力的增大而增大（图7）。随着木材或木质材料焊接技术的不断成熟，其研究方向已从理论和试验室研究转向实际生产应用，开拓了焊接领域的新的应用场景。

图 5　竹纸板焊接过程

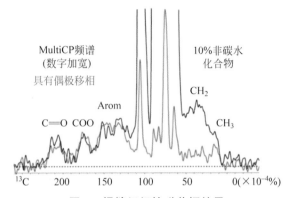

图 6　焊缝组织核磁共振结果

(a)

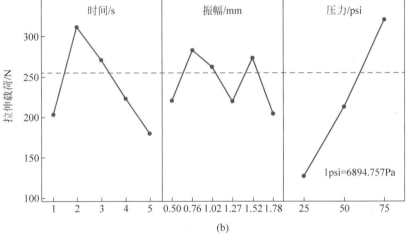

(b)

图 7　接头拉伸试验结果

（a）接头断裂路径；（b）焊接参数对接头拉伸强度的影响

3　树脂及其复合材料焊接

3.1　激光透射焊

　　激光透射焊是树脂焊接的重要方法，根据焊接扫描方式的不同，激光透射焊可细分为轮廓焊接、同步焊接和准同步焊接。在准同步焊接中，一束激光投射到待焊接工件，然后激光束沿着待焊接区域的轮廓做高速扫描，从而完成焊接。对于形状类似但尺寸不同的结构，单纯等比例扩大激光焊接轨迹难以获得稳定的接头质量。来自德国帕德博恩大学的Schöppner[5]介绍了用ABAQUS仿真模拟的方法研究准同步焊接中焊接参数的影响规律的方法，以期放大焊接尺寸后仍能获得质量稳定的接头，研究对象为两种大小不同但形状类似的焊缝。该模型的优势在于可模拟焊接过程温度场分布和计算焊后的接头强度；在温度场模拟过程中考虑了熔池流动对热源变化的影响，使仿真结果更加准确。随着对焊接过程认识的不断深入，模拟仿真技术在近年来也得到不断完善，逐渐发展出从焊接过程到焊后接头质量评估的全过程仿真模拟，焊接过程参数优化的研究得以受益。

3.2 超声焊

超声焊是纤维增强树脂基复合材料焊接领域近年来发展迅速的焊接方法，已经由实验室小面积焊接接头的研究发展到大尺寸接头的焊接研究，超声焊用于大尺寸焊接接头的主要有多点超声焊和连续超声焊两种。多点超声焊是超声头一次完成一点焊接后再抬起挪至下一点进行焊接，焊点与焊点之间间隔一定距离，这种方法焊接效率较低。北京理工大学的 Zhao 等人[6]研究了通过改变超声头尺寸实现了一次焊接多点超声焊接方法。试验使用了直径分别为 10mm，20mm 和 40mm 的超声头，随着超声头直径的增大，焊点产热速率和焊接效率增大，焊后接点的融合面积扩大，接头强度得以提高。据此，他们使用大直径超声头一次焊接两个焊点（图 8），结果表明一次多点焊接和单点依次焊接具有相近的融合面积且连接强度相当（图 9），这种方法有效提升了超声点焊的焊接效率。

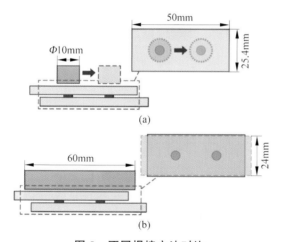

图 8　不同焊接方法对比

（a）小直径超声头单点依次焊接；（b）大直径超声头一次多点焊接

随着高性能树脂的应用的不断扩大，具有不同特性的树脂之间需要连接组成复合结构件的情况不可避免，异种树脂间的焊接逐渐受到重视，异种树脂焊接的难点在于熔点的差异和树脂间较低的相容性。相容性差的树脂接头连接强度往往不足 10MPa，长时间使用还有开裂的风险，难以用于实际应用。为此，日本秋田县立大学的

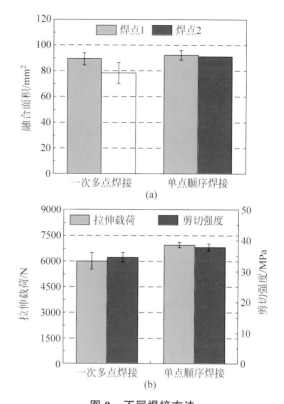

图 9　不同焊接方法

（a）焊接面积对比；（b）焊接强度对比

Zhang 等人[7] 使用在界面处插入能与两种树脂形成良好互溶夹层的方法对难相容树脂进行焊接。聚甲基丙烯酸酯（PMMA）和聚甲醛（POM）是两种难相容树脂，聚乳酸（PLA）却和二者均能良好相容。Zhang 等人按照 PMMA/PLA/POM 的顺序将 3 种树脂薄膜堆叠，然后经热压工艺制成厚度为 1mm 的梯度材料（functionally gradient material，FGM），将 FGM 作为中间插入层（IPS）用于 PMMA 和 POM 的超声焊接（图 10），焊接时 IPS 的 PMMA 侧和 POM 侧分别面对接头中的 PMMA 和 POM，IPS 层的加入使异种材料之间的融合转变为同种材料间的融合，接头强度得以提升。如图 11 所示，IPS 与两侧的材料在界面处形成了良好的融合，界面处的分子链形成了充分的相互扩散，接头强度达到 47MPa。IPS 由所焊接的异种树脂和第三种与两种待焊接树脂都能良好融合的树脂组成，IPS 法为难互容异种树脂的高强度焊接提供了新的思路，但也存在难以找到可与待焊异种树脂同时互容且熔点合适的第三种树脂制作 IPS 的情况，因此其使用范围可能存在局限。

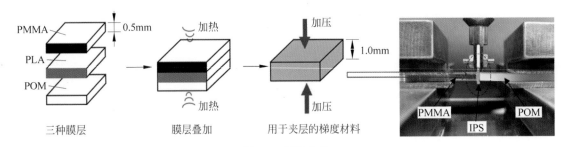

PMMA
PLA
POM
0.5mm
加热
加热
加压
加压
1.0mm
PMMA   POM
IPS

三种膜层　　　　膜层叠加　　　用于夹层的梯度材料

图 10　焊接方法

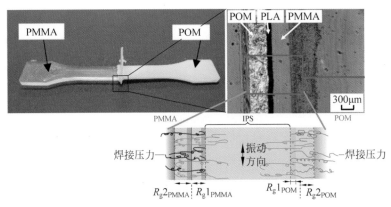

PMMA　　　　　　POM
POM PLA PMMA
300μm
PMMA　　IPS　　　POM
焊接压力　　　振动方向　　　焊接压力
R_g2_{PMMA}　R_g1_{PMMA}　　R_g1_{POM}　R_g2_{POM}

图 11　接头界面成形

3.3　感应焊

感应焊是一种通过电磁感应加热完成焊接的技术，连续感应焊是一种待焊试件固定并感应线圈沿预定轨道移动以实现焊缝连续焊接的技术，可用于大尺寸树脂基复合材料结构的自动化焊接，近年来备受关注，但感应焊对感应磁场和待焊试件的耦合关系十分敏感，在构造大尺寸焊缝时很容易产生局部缺陷，因此需要较高的控制精度。焊接接头的缺陷检测一直是焊接领域关注的重点，无损检测是其中最受青睐的检测方法，在焊接过程中实时地进行无损检测并调整焊接参数从而及时消除缺陷是一种理想的自动化焊接状态。

涡流探伤是一种常见的无损检测方法，其原理是用激磁线圈使导电构件内产生涡电流，借助探测线圈测定涡电流的变化量，从而获得构件缺陷的有关信息。但将其用于碳纤维增强树脂基复合材料的焊接的缺陷检测时会受到编织碳纤维或者单相碳纤维的影响，因此检测的可靠性和敏感性难以保证。为此，英国巴斯大学的 Flora 等人提出使用热成像原理对连续感应焊接头中的缺陷进行在线检测（图 12）。其原

理是，对于无缺陷接头，其在纵向和横向上的传热是连续和均匀的。当接头出现裂纹或孔洞缺陷时，其在空间上的传热受到阻碍，造成热分布不均匀，通过检测这种不均匀分布的热成像可以获得接头中缺陷的形状、种类和位置信息。如图所示，研究人员将红外热成像检测装置安装在连续感应焊装置上，跟随连续感应焊装置实时获取焊后的试件表面的温度分布并传送给电脑做进一步处理，进而得出温度场分布用于缺陷分析。该技术的另一创新点在电脑对热成像的处理环节，电脑温度场处理系统中已经预存了无缺陷接头的温度场分布作为基准温度场（图 13（a）和图 13（c）），焊接过程中将实时获得的带缺陷接头的温度场（图 13（b）和

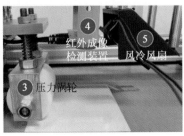

图 12　带红外成像的连续感应焊接装置

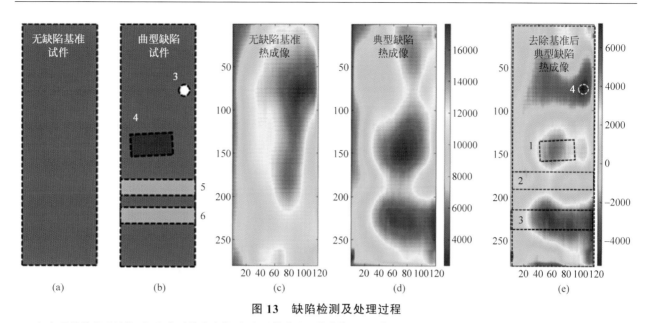

图 13　缺陷检测及处理过程

（a）无缺陷基准试件；（b）典型缺陷试件；（c）无缺陷基准热成像；（d）典型缺陷热成像；（e）去除基准后典型缺陷热成像

图 13（d））减去无缺陷基准温度场，输出最终的含缺陷接头的温度场分布（图 13（e）），缺陷位置和形貌更加明显。利用引进基准温度场对温度场进行处理，使接头内缺陷引起的温度场变化更加明显，有效提高了缺陷辨识度。另外，这种连续感应焊方法以感应焊过程中的焊接热为热成像无损检测的激励热源，实现焊接与无损检测并行，大大提高了检测效率，为树脂基复合材料焊接过程的在线检测与参数实时调整，以及与高度自动化焊接技术的并行实现提供了基础。

4　树脂与金属的焊接

树脂和树脂基复合材料与金属的焊接接头主要依靠化学连接和机械连接两种方式形成可靠连接，了解这两种连接方式对接头连接强度的影响可以有针对性地对焊接工艺进行优化。德国伊尔梅瑙工业大学的 Schricker 等人[12]提出使用磁控溅射碳层屏蔽化学连接的方法来分别研究接头中的机械连接和化学连接对接头强度的影响。焊接材料为不锈钢和 PA6 树脂，研究人员使用激光刻蚀的方法在 304 不锈钢表面构造密度不同的微米级微沟槽，使金属和树脂之间形成不同程度的机械咬接（图 14（a）和图 14（b））。利用磁控溅射方法在不锈钢表面构造一层厚度为 30nm

的碳层（图 14（c）和图 14（d）），碳层与不锈钢和树脂之间均不发生化学连接，因此可消除树脂和不锈钢之间的化学连接。焊接后的树脂充分填满金属表面沟槽，形成充分接触和机械互锁（图 15（a）），接头在不同机械互锁程

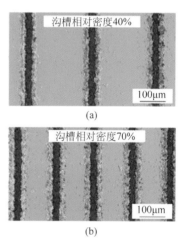

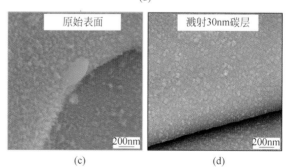

图 14　接头机械连接和化学连接构造

（a）沟槽相对密度 40%；（b）沟槽相对密度 70%；
（c）不锈钢原始表面；（d）溅射 30nm 碳层

度和有无碳层情况下的拉伸强度如图15（b）所示。随着接头互锁程度的提高，接头拉伸强度变化明显，而碳镀层隔绝化学连接对拉伸强度影响较小，这说明机械连接对此类接头强度的影响占据主要地位。随后，研究人员用相同方法对PA12和PP与304不锈钢焊接，得到了类似的结果。这种利用磁控溅射碳涂层以隔绝化学连接的方法为量化机械连接和化学连接对接头强度的贡献比例提供了可行思路，有望在其他焊接方法的研究中得到推广应用。

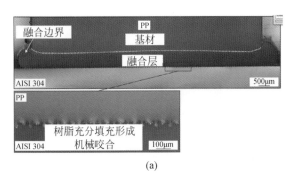

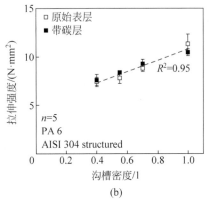

图15 试验结果

（a）接头成形；（b）接头拉伸强度

持续提高接头的连接强度和质量稳定性是研究的热点，围绕化学连接和机械连接接头的形成机理，开展了如下具有代表性的工作。

4.1 引入偶联剂

电阻焊和感应焊是焊接纤维增强树脂基复合材料的重要手段，可以实现大尺寸高质量的焊接，这两种焊接方法均需要在焊缝中植入产热元件来产生焦耳热。加热元件在焊后留在接头中，因此加热元件与树脂基体之间的结合是影响接头强度的重要因素。金属网或金属颗粒

与树脂组成的复合材料是最常用的加热元件，带有羧基、氨基等极性官能团的树脂能在焊接高温下直接与金属表面氧化层反应，形成具有共价键的化学连接。然而，PPS等不含极性官能团的树脂与金属之间难以形成化学连接，因此这类树脂和金属之间的结合强度不高，是接头强度进一步提升的瓶颈。为此，加拿大魁北克大学高等技术学院的Rohart等人[8]通过使用硅烷偶联剂加强Cf/PPS电阻焊中不锈钢网加热元件与树脂之间的结合。如图16所示，硅烷偶联剂经水解后发生聚合反应，形成含有两种官能团的聚合物，其羟基官能团可与金属表面的羟基结合，在金属表面构建起偶联剂层，其另一有机官能团则可与树脂发生连接。在微观上，硅烷偶联剂在金属和树脂之间起到了"桥接"的作用。偶联剂能效的发挥和金属表面状态、水解pH值、偶联时间、偶联温度等参数有关，Rohart等人对这些参数进行优化后得到表面带有偶联剂的不锈钢用于焊接。利用TEM观测接头中金属网与树脂结合界面处的形貌，发现PPS和不锈钢之间形成了一层由偶联剂构建的过渡层（图17）。拉伸试验表明，与未使用偶联剂的情况相比，接头强度提升了32%。偶联剂为加强电阻焊接头中金属加热元件与树脂的化学结合提供了有效方法，为进一步提升无极性官能团树脂及其复合材料的接头强度奠定了基础。然而，将耦联剂应用于焊接工况尚处于起始阶段，焊接高温对耦联剂能效发挥的影响尚未明确，未来应继续致力于此方面的研究，并有针对性地优化偶联剂的化学成分结构，使其更好地服务于焊接过程中树脂和金属的连接。

4.2 3D打印机械互锁结构

作为一种新兴的材料设计和制造技术，3D打印在制造复杂结构方面扮演着越来越重要的角色。在焊接领域，3D打印技术可用于在焊接面构造凸起结构，以此增加接头的机械咬合。来自德国格拉茨技术大学的Carvalho[10]利用3D打印技术制作了带有不同锥形凸起的316L

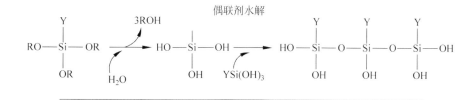

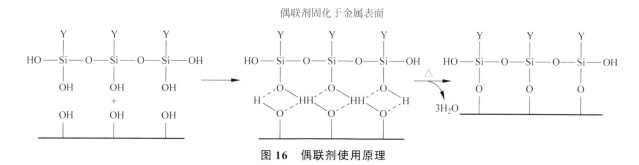

图 16　偶联剂使用原理

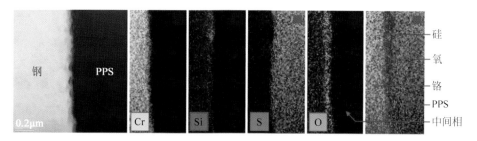

图 17　使用偶联剂后金属 - 树脂界面结合情况

不锈钢试板（图 18（a）），然后使用超声焊对不锈钢和 PEEK 树脂进行焊接。研究发现，打印角度对构造试板的表面粗糙度和密度有着重要影响，优化的打印角度为 45°，在此参数下可以兼顾试板的表面粗糙度和密度（图 18（b））。热成像仪显示焊接时的最高温度达到 696 ℃（图 19（a）），因此导致了 PEEK 的分解，使连接界面局部出现气孔（图 19（b）），这是影响接头强度的重要因素。316L 钢表面的锥形凸起和板材之间连接牢固，拉伸试验后接头的失效模式为试板连同锥形凸起的一起拔出，未出现锥形凸起的断裂。接头边缘位置发生的是树脂

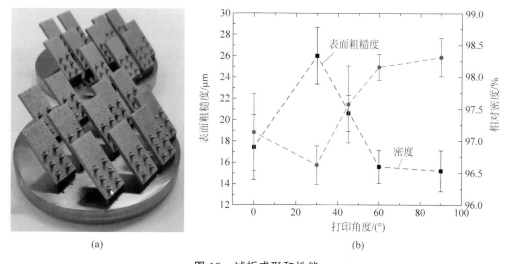

(a)　　　　　　　(b)

图 18　试板成形和性能

（a）3D 打印 316L 不锈钢试板；（b）打印角度对强度影响

和金属之间的黏接断裂，而在接近接头中心接近凸起的位置为黏接断裂和树脂内的内聚断裂的混合断裂模式（图20）。金属试板表面的锥形凸起在接头连接中发挥了重要作用，与无凸起的板材相比，剪切强度提升了2.7倍（图21）。

这种树脂-金属连接方法具有实际应用前景，已成功用于如图22所示的PEEK-316L不锈钢复合结构件的制造。该研究团队今后将继续关注凸起结构的研究，以进一步优化接头中的机械互锁结构。

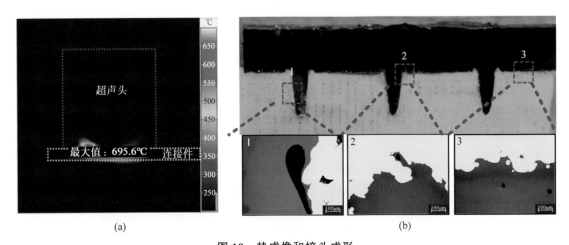

图19 热成像和接头成形
（a）焊接温度场分布；（b）接头横截面形貌

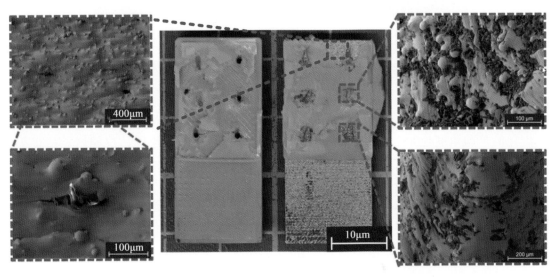

图20 断口形貌

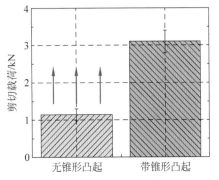

图21 接头剪切强度

图22 实际应用案例

4.3 协同调控产热与流动

搅拌摩擦焊用于树脂基复合材料和金属的焊接，近年来发展迅速，它可在较低的焊接温度下与树脂基复合材料和金属的接头中构造大尺寸的机械互锁，因而接头具有较高的强度。然而，要获得高质量树脂基复合材料与金属的搅拌摩擦焊焊接接头仍有一些问题亟须解决：一是焊接过程中熔融树脂的过度流出，造成焊缝中树脂缺失，引起孔洞缺陷；二是树脂和金属之间巨大的热膨胀系数差异使接头中形成高残余应力，导致焊后接头中树脂和金属之间形成裂纹。针对这两个问题，沈阳航空航天大学

的 Li 等人[11]提出了顶部加热结合新型阶梯搅拌头（图 23）的方法（TT-FSLW），以应对 7075 铝合金和短玻璃纤维增强的聚醚醚酮焊接中出现的以上问题，如图 24 所示为该焊接方法的优势原理示意图。在焊接过程中使用加热条铺设在焊缝两侧，起到焊前预热和焊后缓慢降温的作用，由此产生的热张力效应可有效抑制树脂和金属间的残余应力，防止裂纹的产生，促进接头两侧边缘融合。阶梯型搅拌头能阻止搅拌针周围的树脂向上流动，从而减少向上流动的树脂沿轴肩边缘流出，由树脂缺失导致的孔洞或沟槽缺陷得以消除。阶梯形接头产生的另一个效果是在

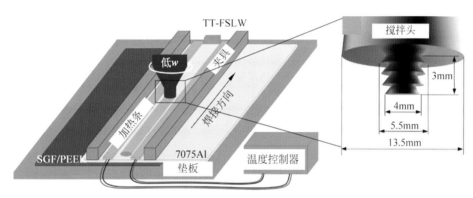

图 23 焊接装置示意图

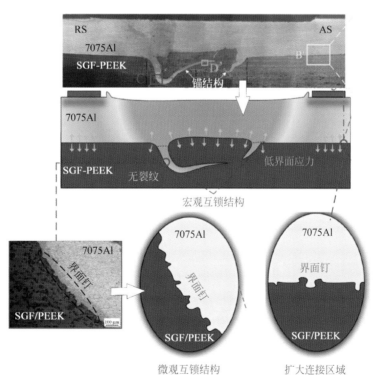

图 24 顶部加热结合阶梯搅拌针优势原理图

树脂和金属界面处构造齿形咬合，提升接头中的微观互锁，提升接头连接强度。通过以上焊接方案，接头强度达到59.9MPa，与常规焊接方案相比，接头强度提升了52.4%，高出已报道的接头强度。产热和流动是搅拌摩擦焊的核心，单一方面的调控对接头质量的提升效果往往有限，这种顶部加热条结合新型阶梯形搅拌头的焊接方法能对搅拌摩擦焊的温度场分布和材料流动方式这两个核心要素进行调控，是一种有益探索。

4.4 机械连接过程参数优化

螺栓连接和铆接是两种常见的重要连接手段，螺栓盲铆接技术是一种将螺栓连接和铆接技术特点相融合形成的连接方法。其原理如图25所示，利用螺栓紧固驱动塑料外壳变形，最终在接头两侧形成铆接结构。这种方法具有单侧实施、连接耗时短、适用材料广泛、密封性好、可拓力高等特点。形成铆接过程中螺栓的旋转角度决定着树脂外壳的变形、紧固力的大小和接头的密封质量，但一直以来，该过程的关键参数优化比较缺乏。来自德国帕德博恩大学的Johannes等人[13]对螺栓紧固过程中旋入角度对接头的影响进行了研究。旋入角在720°～1800°，接头成形如图26所示，随着旋入角的增大，树脂外壳变形量增大，树脂外壳对预制孔的密封性逐渐提高。拉伸施压表明，当旋入角度为1440°时，角度达到1440N（图27），根据一系列试验结果，该团队总结出旋入角度与连接强度的关系方程，丰富了螺栓盲铆技术工艺参数的研究内容，为该技术的实际应用提供了可靠参考和指导。

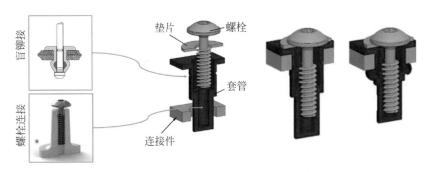

图25 螺栓盲铆接技术原理

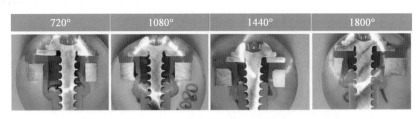

图26 旋入角度对接头成形的影响

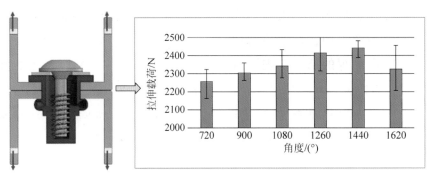

图27 旋入角度对接头强度的影响

5　结束语

随着全球制造业水平的不断提高，人们对绿色可回收、轻量化、高强度、耐腐蚀材料的需求与日俱增，聚合物材料很好地满足了这一趋势，应用量呈井喷趋势，焊接作为一种重要连接技术也得到了快速发展，逐渐在聚合物连接方面展现出独特优势。

得益于各类传感器的发展和对焊接过程的认识深化，焊接设备的自动化水平不断提高，可控焊接参数也不断丰富，对焊接过程的检测和过程控制逐渐上升到新的水平。在试验设计方面，依托计算机技术的人工智能算法逐渐应用于树脂焊接过程的参数优化，在一些方面的结果优于传统试验设计方法。接头成形表征手段对于接头连接机理的研究是不可忽视的一环，利用聚合物高温下分子链的移动性能的提升原理，通过焊后热处理方法来恢复抛光过程破坏的表面形貌是一种简单高效的方法。

同种树脂及树脂基复合材料焊接技术和机理日渐成熟，研究方向有需求导向趋势，越来越注重解决实际生产应用中的问题。例如大尺寸焊缝的实现、纤维增强树脂基复合材料接头的无损检测等。随着聚合物材料应用范围的不断扩大，异种树脂以及树脂与金属之间的焊接成为现实需求，受到越来越多的关注。此外，研究对象不再局限于常规的树脂聚合物，已扩展到木材和纸板等含有天然聚合物的材料。

在焊接工艺方面，聚合物焊接中前景广泛的超声焊、感应焊和电阻焊不断取得新的进展。在超声焊方面，单次多焊点成形用于大尺寸构件的高效率焊接；在感应焊方面，基于热成像原理的无损检测与连续电阻焊的结合实现了对焊接缺陷的高分辨率实时检测；在电阻焊方面，偶联剂的使用有效解决了树脂与植入的金属加热元件间结合强度弱导致的接头强度受限的问题。3D打印技术可在金属表面构造复杂结构，被应用于增强聚合物与金属焊接接头中的机械

咬合，应用前景广阔。除上述外，搅拌摩擦焊在聚合物以及聚合物与金属连接中的关注度近年来迅速攀升，通过热辅助和优化搅拌头的方法，搅拌摩擦焊具有获得很高强度聚合物-金属焊接接头的潜力，已成为时下研究的热点。

聚合物及其与其他异种材料的焊接技术在我国起步较晚，但发展迅速，尤其是聚合物与金属焊接这一新兴领域，我国研究水平已处于世界前列，但存在重工艺、轻机理的问题，未来在注重机理研究的同时也要关注市场需求动态，积极推动聚合物焊接的产业化发展。

参考文献

[1] LEO K. Latest innovation in ultrasonic welders from Dukane [Z]. ⅩⅥ-1001-2021.

[2] KARINA G. Heated tool butt welding of two different materials-established methods versus artificial intelligence [Z]. ⅩⅥ-1004-2021.

[3] MIRANDA M. A method for cross-sectional analysis of polymer welds [Z]. ⅩⅥ-1007-2021.

[4] DAVID G. Vibration welding of bleached bamboo pulp board [Z]. ⅩⅥ-1006-2021.

[5] VOLKER S. Development of scale up rules for quasi-simultaneous laser transmission welding of thermoplastics [Z]. ⅩⅥ-1003-2021.

[6] ZHAO T, ZHAO Q, WU W, et al. Enhancing weld attributes in ultrasonic spot welding of carbon fibre-reinforced thermoplastic composites: Effect of sonotrode configurations and process control [J]. Composites Part B, 2021, 211: 108648.

[7] ZHANG G, QIU J. Ultrasonic thermal welding of immiscible thermoplastics via the third phase [J]. Journal of Materials Processing Technology, 2022, 299: 117330.

[8] ROHART V, LEBEL L L, DU M. Improved adhesion between stainless steel heating element and PPS polymer in resistance welding of thermoplastic composites [J]. Composites Part B, 2020, 188: 107876.

[9] FLORA F, BOCCACCIO M, FIERRO G P M, et al. Real-time thermography system for composite welding: Undamaged baseline approach [J]. Composites Part B, 2021, 215: 108740.

[10] CARVALHO W S, AMANCIO-FILHO S T. Mechanical performance optimization of additively-manufactured 316L stainless steel-PEEK hybrid joints produced by ultrasonic joining [Z]. XVI-1002-2021.

[11] LI M, XIONG X, JI S, HU W, et al. Achieving high-quality metal to polymer-matrix composites joint via top-thermic solid-state lap joining [J]. Composites Part B, 2021, 219: 108941.

[12] SCHRICKER K, SAMFAß L, GRÄTZEL M, et al. Bonding mechanisms in laser-assisted joining of metal-polymer composites [J]. Journal of Advanced Joining Processes. 2021, 1: 100008.

[13] HILLEMEYER J. Materials specific predicting of the optimal joining parameters for the screw blind rivet joining process [Z]. XVI-1005-2021.

作者：许志武，博士，教授，博士生导师。主要研究领域：超声波钎焊，先进材料及异种材料连接。发表论文 60 余篇，获国家发明专利 20 余项。E-mail: xuzw@hit.edu.cn。

审稿专家：李永兵，博士，上海交通大学教授，博士生导师。研究领域为载运工具薄壁结构先进焊接与连接技术。发表论文 100 余篇，授权发明专利 35 项，获省部级一等奖 1 项，二等奖 2 项。E-mail: yongbinglee@sjtu. edu. cn。

钎焊与扩散焊技术（IIW C-XVII）研究进展

曹健

（哈尔滨工业大学　先进焊接与连接国家重点实验室　哈尔滨　150001）

摘　要： 本文综述了国际焊接学会（IIW）第74届年会钎焊与扩散焊（XVII）分会场报告的主要内容。本次分会共有来自10余个国家的150余位学者参加，累计交流学术报告27篇，所作的报告主要包括陶瓷及陶瓷基复合材料与金属的钎焊连接、金属的钎焊连接、新型钎料的开发、扩散焊接与陶瓷连接新的方法开发共5个方面。报告内容在一定程度上反映了目前国内外钎焊与扩散焊方面的主要研究进展与未来的发展趋势，可为该方向后续研究工作的开展提供一定的指导。

关键词： 钎焊；扩散焊接；软钎焊；陶瓷与金属连接

0　序言

国际焊接学会第74届年会第17委——钎焊与扩散焊专委会线上学术会议于7月13—17日召开，来自中国、德国、瑞士、斯洛伐克、美国、英国、奥地利、意大利、日本、法国、瑞典、瑞士、葡萄牙等10余个国家的专家学者参会，其中包括C-XVII专委会主席熊华平研究员、C-XVII委前主席Warren Miglietti博士、美国科罗拉多矿冶学院Stephen Liu教授等知名专家。

我国有来自中国航空发动机集团北京航空材料研究院、哈尔滨工业大学、清华大学、北京工业大学、北京航空航天大学、上海工程技术大学、吉林大学、北京有色金属与稀土应用研究所、郑州机械研究所有限公司的代表参会。分会共吸引参会代表150余人次，共交流报告27篇，主要包括陶瓷及陶瓷基复合材料与金属的钎焊、金属的钎焊连接、新型钎料开发、扩散焊接与陶瓷连接的新方法5个方面，报告展示了钎焊与扩散焊接领域的一些研究成果与技术进步，在一定程度上反映了本领域的发展动态。

1　陶瓷及陶瓷基复合材料与金属的钎焊

1.1　陶瓷材料与金属的钎焊连接

陶瓷及其复合材料具有强度高、耐腐蚀性能好、高温性能优良等优点，被广泛地应用于航空航天、能源、化工等诸多领域。但由于陶瓷及其复合材料具有较大的硬度与脆性，很难被加工成复杂的形状。实现陶瓷及其复合材料与自身或与金属的连接可以在一定程度上解决该类问题，拓展陶瓷材料在工业中的应用。

ZrO_2陶瓷具有高熔点、良好的热稳定性和耐腐蚀性，具有巨大的应用潜力，常采用钎焊的方法制备形状复杂的结构。哈尔滨工业大学的亓钧雷等人[1]在空气条件下以金属Al为钎料，实现了ZrO_2陶瓷的钎焊连接。他们还研究了在惰性气氛和空气中，金属Al在ZrO_2陶瓷表面的铺展状态。在空气中，Al表面的氧化能够改善其铺展行为。在975℃/h的条件下，获得了界面结合良好的接头。ZrO_2/Al界面的透射图像（图1（a））与高分辨率图像（图1（b））表明，Al元素向ZrO_2侧发生了明显的扩散，实现了界面连接。

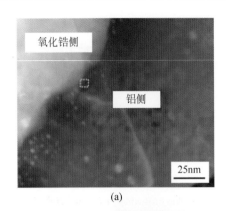

(a)

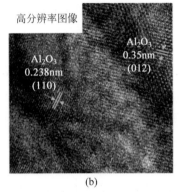

(b)

图1　空气条件下金属Al作钎料连接ZrO₂陶瓷的接头组织

（a）界面处的透射图像；（b）图（a）中界面处的高分辨率图像

氧化铍（BeO）是波导型高功率微波输出窗的窗片材料，通常需要将其与金属连接使用。北京有色金属与稀土应用研究所的元琳琳等人[2]采用Cu-8Sn-5Ti钎料完成了BeO与Kovar合金的钎焊。结果表明，当连接温度为900℃时，保温10min即可获得良好的接头。接头的剪切失效主要发生在Cu-8Sn-5Ti钎料层中，接头的剪切强度为154MPa，能够满足使用要求。

蓝宝石是单晶Al₂O₃材料，具有高强度、耐高温、透光性良好等优点，其与Kovar合金的连接常用于观察窗等结构，在航空航天领域具有重要应用。

哈尔滨工业大学的张书野等人[3]采用AgCu28+TiH₂复合钎料实现了蓝宝石与Kovar合金的真空钎焊连接。在800℃/10min的条件下，接头各界面结合良好，主要结构为Kovar/Ag（s，s）+Cu（s，s）+TiFe₂+TiNₓ+TiFe₂/TiO/Al₂O₃，断口的典型XRD如图2所示。另外，研究者还研究了钎料成分与保温时间对接头微观组织与力

学性能的影响，发现随着TiH₂含量和保温时间的增加，钎料与母材的反应加剧，陶瓷侧界面反应层的厚度逐渐增大，并且钎缝中的脆性组分逐渐增多。另外，钎焊温度对陶瓷侧界面反应层和脆性组分也有较大影响，随着钎焊温度的升高，合金溶解加剧，脆性组分增多。为了减少接头中的脆性组分，他们向AgCuTi钎料中添加了一定含量的B元素，实现了蓝宝石与Kovar合金的良好连接。B的添加能够消耗钎缝中大量的Ti元素，使脆性组分减少并均匀分布，优化了钎缝组织。接头的剪切试验表明，添加适量的B元素能够大大提高接头的剪切强度。随着钎焊过程的进行，Ti元素向合金表面富集，合金中的Fe和Ni等元素向钎缝中溶解，形成了脆性的金属间化合物，同时Ti元素与陶瓷表面的O元素反应形成了TiO界面反应层。

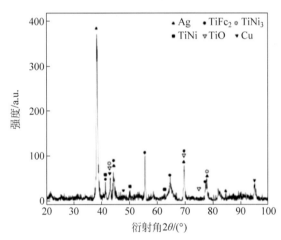

图2　采用AgCu28+TiH₂复合钎料连接的蓝宝石与Kovar合金接头断口XRD谱

多晶Al₂O₃陶瓷在工业中也有较多的应用，其中将钛合金连接到Al₂O₃陶瓷材料有助于克服钛合金存在的局限性，然而，钛合金和Al₂O₃陶瓷材料之间的高质量和高强度连接是一个重大挑战。葡萄牙的Ramos等人[4]分别采用直流磁控溅射具有纳米周期的多层薄膜和单层Ti薄膜作为中间层，实现了钛合金与Al₂O₃的可靠扩散连接。当选用纳米周期的Ni-Ti多层薄膜作为中间层时，在750℃/5MPa/60min的条件下即可获得良好的接头，从Ti6Al4V侧到Al₂O₃侧的金

属间化合物相依次为（Ti）+ NiTi$_2$/NiTi + NiTi$_2$/NiTi。当采用单层 Ti 薄膜作为中间层时，在950℃和1000℃下，只需将 Ti 包覆的氧化铝与Ti6Al4V 基体接触，即可获得良好的接头。

固体氧化物燃料电池（solid oxide fuel cell，SOFC）是一种清洁高效的能源转化装置，其中平板型 SOFC 由于功率密度高，且易于构建电池堆，广泛用于中小型分散电站、车辆及船舰用辅助动力电源中。在电池堆的构建过程中，常采用空气反应钎焊（reactive air brazing，RAB）方法进行电池片 YSZ 陶瓷与金属支撑体不锈钢的连接。RAB 连接中使用最广泛的是 Ag-CuO 钎料，但钎焊接头经过长时间的高温氧化过程后，CuO 会在不锈钢表面聚集，与不锈钢中的 Fe 和Cr 剧烈反应生成脆性的（Fe，Cr，Cu）O 复合氧化物层，严重影响电池的性能。

哈尔滨工业大学的司晓庆等人[5]在 Crofer 22 APU 不锈钢表面制备了 10μm 厚的 Mn-Co 尖晶石涂层（主要成分为（Mn，Co）$_3$O$_4$），并采用 Ag-CuO 钎料的空气反应钎焊连接不锈钢与YSZ。此外，他们还研究了不同成分的 Ag-CuO（mol.%）在 Mn-Co 尖晶石涂层上的润湿性。发现随着 CuO 含量的增加，钎料在涂层表面的接触角急剧降低。采用 Ag-8mol.% 的 CuO 钎料，在1050℃/10min 条件下获得的钎焊接头界面结合良好。在钎焊过程中，Mn-Co 尖晶石涂层的结构未发生破坏，并且能够有效地阻止不锈钢中的 Fe 和Cr 元素向钎缝中扩散。同时，YSZ 一侧的 STEM图像表明，Ag 与 CuO 都与 YSZ 基体形成了良好的连接，HRTEM 图像显示 CuO/YSZ 界面与YSZ/Ag 界面都形成了原子键合，晶格失配分别为1.3% 和 3.4%。钎焊接头经过 800℃/200h 的高温氧化测试后，其微观组织和剪切强度没有发生明显变化，并且不锈钢基体也没有进一步氧化，表明钎焊接头具有良好的抗高温氧化性能（图3）。

陶瓷和金属在实际应用中往往需要通过钎焊连接组成复合构件，而它们之间巨大的 CTE差容易导致接头中产生显著的残余应力，严重

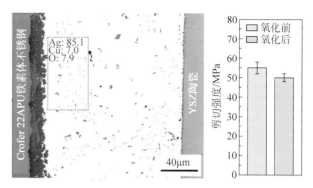

图3 采用 Ag-8mol.% CuO 钎料连接 Crofer 22不锈钢与 YSZ 的接头组织及性能

影响接头性能。然而，接头中残余应力的测量十分困难，因此需要建立一种方法获得陶瓷/金属接头中残余应力/应变的分布。哈尔滨工业大学的李淳等人[6]采用同步辐射 XRD 成功地原位测量了 Ag-CuO 钎料钎焊氧化铝陶瓷与不锈钢接头中残余应力的分布与深度的关系。如图4所示，测量结果表明，残余应变从表面到界面处先增大，后略有减小，随后再次增大；并且残余应变为压缩应变，随温度的降低而增大。在室温下，接头中的最大残余应变可达 −0.0089。此外，他们还研究了微观组织对接头残余应力分布的影响规律，在没有 CuFeO$_2$ 反应层时，残余应

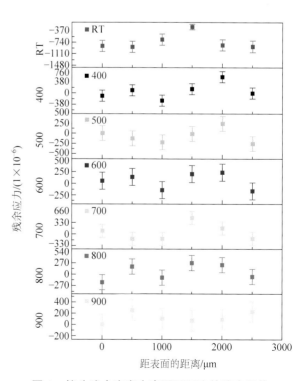

图4 接头残余应变在表面下深度的演变规律

力从表面到界面逐渐增大。而当有 $CuFeO_2$ 反应层时，接头中的残余应力分布则会出现"跳跃"。分析结果也表明，钎缝内的孔洞会降低接头的残余应力，而钎角则会增加接头的残余应力。

1.2 陶瓷基复合材料与金属的钎焊连接

纤维增强陶瓷基复合材料因其比强度高、耐蚀性优良等特性广泛用于航天器隔热材料、发动机喷管及汽车骨架结构中。在工程应用中，通常采用钎焊的方法形成陶瓷/金属复合结构以满足多种复杂情况的需求。由于钎料与陶瓷基复合材料的热膨胀系数（coefficient of thermal expansion，CTE）差异较大，钎焊接头中往往产生较大的残余应力，严重影响接头的力学性能。

哈尔滨工业大学的霸金等人[7]在 AgCu 钎料中引入负热膨胀 $Zr_2P_2WO_{12}$（ZWP）纳米颗粒，在880℃/10min条件下获得了性能良好的C/SiC-Ti6Al4V 钎焊接头，接头界面组织如图5所示，接头共分为 Ⅰ，Ⅱ，Ⅲ 三个反应区。在研究 ZWP 含量对钎焊接头微观组织和力学性能的影响时发现，3wt.% 的 ZWP 纳米粒子均匀分散在钎缝（Ⅱ区）中，接头的最大剪切强度比未添加 ZWP 颗粒时提高了70.8%。当 ZWP 含量较低时，ZWP 颗粒在钎缝中分散不均匀。当 ZWP 质量分数较高时，ZWP 颗粒会发生团聚。有限元分析表明，在用纯 AgCu 钎焊的接头中，应力集中在 C/SiC 反应层；当引入 3wt.% 的 ZWP 时，残余应力降低，消除了反应层间的应力集中。

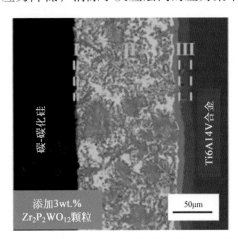

图5 采用 AgCu+ZPW 颗粒连接 C/SiC 与 Ti6Al4V 的接头组织

C/C 复合材料由于轻质、高比强度及耐高温等优点在航空航天领域中有广阔的应用前景。然而，其制备工艺复杂、成形困难，难以制造尺寸较大和结构的复杂组件，这极大地限制了其实际应用。将其与加工性能好的金属连接组成复合构件可以有效地解决这一问题。镍基单晶高温合金由于其优异的耐高温、抗蠕变、抗疲劳及高强度等优点，在先进航空发动机等领域得到了广泛应用。因此，将 C/C 复合材料与单晶镍基高温合金连接可以进一步拓宽二者在航空航天领域的应用。哈尔滨工业大学的 Guo Xiajun 等人[8]采用 AgCuTi 活性钎料实现了 C/C 复合材料与 DD3 单晶镍基高温合金的可靠连接。结果表明，DD3 合金与钎料之间发生了强烈的扩散，在接头中生成了大量小颗粒状的 $AlNi_2Ti$ 化合物。同时在界面处生成了一层较厚的扩散层，包括（Cu，Ni）固溶体和（Ni，Cu）$_3$（Al，Ti）等组织；在 C/C 复合材料界面处生成了一层连续的 TiC 反应层。如图6所示，进一步的 TEM 分析结果表明，在 C/C 复合材料界面处，C 与 TiC 形成了良好的原子结合，因此界面处实现了可靠的冶金结合。此外，C/C 复合材料与反应层界面处存在（Ag，Cu）颗粒的分布，并且（Ag，Cu）颗粒与碳基体也形成了良好的原子结合。而 C/C 复合材料与钎料界面的 TEM 分析结果也表明，TiC 反应层由靠近碳基体的细晶 TiC 层与靠近钎料层的粗晶 TiC 层构成。由于碳材料表面较为疏松，反应过程中其提供了大量的形核质点。同时，由于界面处的反应是一个快速、剧烈的过程，二者共同促成了界面处细晶 TiC 层的形成。

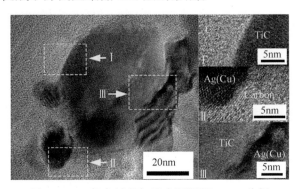

图6 C/C 复合材料与反应层界面 TEM 分析

此外，还研究了保温时间对接头微观组织和力学性能的影响。结果表明，随着保温时间从5min延长到20min，C/C复合材料界面的反应层和DD3合金界面处的扩散层均明显变厚。同时，钎料中的Ag向DD3合金中强烈扩散，逐渐将合金界面处的（Ni，Cu）$_3$（Al，Ti）层分割为许多孤立的岛状相。力学测试的结果表明，接头的最高剪切强度约为36MPa。

SiC$_f$/SiC复合材料是一种广泛应用于航空航天工业的高温结构材料，但由于其可加工性能差，实际应用中需要与自身或者金属连接组成复合构件。哈尔滨工业大学的Yang Jia等人[9]首先采用具有高塑性的AuCuTi钎料钎焊SiC$_f$/SiC复合材料自身，所得接头的典型界面结构如图7所示。

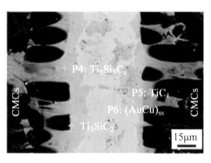

图7 AuCuTi钎焊SiC$_f$/SiC复合材料接头典型界面结构

结果表明，复合材料与钎料实现了紧密的连接，在界面处主要生成了Ti$_3$SiC$_2$，TiC和Ti$_5$Si$_3$C$_x$相，而钎缝主要由（Au，Cu）固溶体和TiC/Ti$_5$Si$_3$C反应相组成。随后，其采用AuCuTi钎料成功钎焊了SiC$_f$/SiC复合材料和GH536镍基高温合金。研究表明，SiC$_f$/SiC复合材料界面生成的化合物种类没有发生明显变化，在高温合金界面形成了多种复杂的化合物，包括钛镍化合物、复杂硅化物及碳化物、富Mo相及（Au，Cu）固溶体等。接头断口SEM和XRD的分析结果表明，在断裂表面存在大量的复杂硅化物和碳化物。

由以上分析可知，本次分会的陶瓷及陶瓷基复合材料与金属钎焊连接方面的报告主要集中在接头组织分析、金属母材的防护、接头残余应力的调控，以及接头残余应力的测量等方面。

2 金属的钎焊连接

钢具有强度高和价格低的特点，而铜及其合金具有导热性、导电性和耐蚀性均较好的优势，在汽车、核电、航空航天和化学工业等领域，常常需要把这两种材料连接在一起使用。电子束钎焊相比于真空钎焊和熔化焊，升温速度快、焊接时间短、热输入精确可控，因此斯洛伐克的Hodúlová E等人[10]采用了电子束作为热源，使用50μm厚的72%Ag-28%Cu钎料箔片对304不锈钢和纯铜进行了钎焊，结果如图8所示。在钎焊接头界面上，不锈钢侧和铜侧未观察到气孔和裂纹，在界面上未形成金属间化合物相，接头由铜和银铜共晶组成。

图8 AISI304/Cu电子束钎焊接头形貌

硬质合金刀具在工业领域有重要的应用，其制造过程通常是将不锈钢与硬质合金刀头焊接起来。德国多特蒙德大学的Tim Ulizka等人[11]采用Cu87.75Ge12Ni0.25钎料，对比研究了有无Ni镀层对真空钎焊马氏体不锈钢与硬质合金连接质量的影响。连接工艺为1100℃/15min，冷却速度为5℃/min，连接后在580℃下回火3h。结果表明，不锈钢上的镀Ni层对连接质量有重要的影响。当无镀层时，在钎料与马氏体不锈钢界面出现了连续的裂纹，接头的平均剪切强度为（151.5±47.5）MPa；而当有镀层时，接头质量得到明显的改善，接头的最高抗剪强度达（326.5±17.7）MPa，由于Ni的扩散固溶强化，接头硬度为（426.6±7.0）HV1，能够达到刀具使用的期望值。

由于铝和铁之间容易形成 Al_3Fe，Al_5Fe_2 等多种化合物，尤其是脆性 Al_5Fe_2 相极易引发接头中的裂纹，因此在铝和铁的钎焊过程中避免其直接接触非常重要。德国多特蒙德工业大学的 Wojarski Lukas 等人[12]首先采用传统 AlSi 钎料直接钎焊铝和钢，所得接头的微观组织形貌如图9所示。从图中可以看出，接头中形成了多种铝和铁的化合物，使接头在冷却过程中在界面产生了裂纹。接头失效主要发生在铝和铁的化合物界面，其剪切强度低于 19MPa。随保温时间的延长，铁和铝的化合物层急速变厚。在保温时间为 10min 时，化合物层厚度约为 10.7μm，而在保温时间为 100min 时，其最大厚度已经达到 52.6μm。这种过厚的脆性层显著弱化了接头的性能。

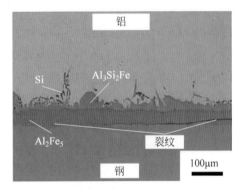

图9 采用 AlSi 钎料钎焊铝和钢接头界面结构

随后，其利用 PVD 沉积 Cu 中间层及添加 Ti 阻隔层的方法钎焊铝和钢。研究表明，当单独使用铜的中间层时，依然无法阻止接头中铝和铁的化合物的生成。当保温时间为 3min 时，Al_5Fe_2 相的厚度依然达到了 5.4μm。而添加 3μm 厚的 Ti 阻隔层后，在保温时间为 3~40min 时，接头中都没有生成 Al_5Fe_2 脆性化合物相，如图10所示。使用 Cu/Ti 复合钎料所得的接头强度可达 36MPa，相比于利用传统 AlSi 钎料所得的接头，强度提高了 50% 以上。

超薄壁毛细管板式结构由于能够对高温气体实现良好的冷却，被广泛应用在航空发动机的吸气式联合推进系统和预冷系统中。其中，毛细管板之间主要采用钎焊连接，大量毛细钎

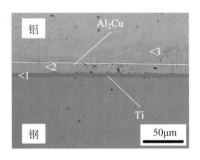

图10 采用 Cu/Ti 复合钎料钎焊铝和钢接头界面结构

焊接头的存在决定了发动机的可靠性。因而，研究其钎焊接头的组织和力学性能具有重要意义。北京航空航天大学的 Han Wenpen 等人[13]采用 BNi-5 及其复合钎料钎焊了 Inconel 718 毛细管板结构。使用颗粒增强相复合钎料可以改善钎缝的微观组织和性能，图11 为含不同颗粒增强相的复合钎料对微观结构演变的影响。当使用纯 BNi-5 钎料时，在钎角边缘上出现了连续的共晶结构，而在使用 $BNi-5_{Ni}$ 复合钎料后，连续的共晶结构被 γ-Ni 固溶体替代。在使用 $BNi-5_{IN718}$ 复合钎料后，共晶结构的分散程度更高。复合钎料的使用降低了超薄壁组织的溶解率，显著提高了超薄壁组织的力学性能。当使用 $BNi-5_{IN718}$ 复合钎料时，可以获得最佳性能，因而其更适合于钎焊的超薄壁结构。

在钎焊连接时，母材的几何形状和接头间隙尺寸对接头强度有重要的影响。为了研究钎焊工艺和间隙尺寸对接头疲劳强度的影响，德国弗劳恩霍夫研究所（LBF）的 Andre Jöckel 等人[14]设计了剥离和拉剪两种试样，采用真空钎焊、连续炉中钎焊和感应钎焊三种焊接方法连接 X5CrNi18-10。三种焊接方法的连接参数分别为：1100℃/5min，1120℃/2min 和 1100℃/1.5min。其中，真空钎焊时的间隙尺寸为 50μm，100μm 和 200μm；连续炉中钎焊气氛为氢气，间隙尺寸为 100μm；感应钎焊时采用氩气作保护气，间隙尺寸为 100μm。研究结果表明，钎焊的几何形状对疲劳强度有重要影响，在三种方法中，无论是剥离试样还是剪切试样，采用真空钎焊获得的接头具有最高的疲劳强度，其中，当剪

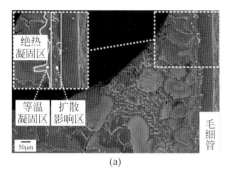

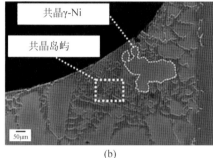

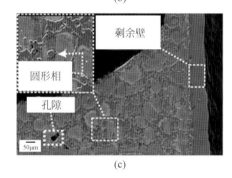

图 11　不同复合钎料对微观结构演变的影响

（a）采用 BNi-5 钎料；（b）采用 BNi-5$_{Ni}$钎料；
（c）采用 BNi-5$_{IN718}$钎料

切试样的间隙尺寸为 50μm 时，接头的疲劳强度最高。

无氧铜和 Au 的构件在实验室中得到了广泛应用，瑞士 Listemann 公司的 Sabrina Puidokas[15] 采用 Au75Cu20Ag5（熔点：885~895℃）钎料实现了无氧铜和 Au 的连接，连接后发现 Au 箔发生了部分熔化，分析认为是 Cu 扩散进入 Au 后降低了熔点所致。为了避免 Au 的过度熔化，Sabrina 等人在缩短了连接时间（<30s）的同时改进了连接设备，最终获得了质量可靠的接头。

本次分会关于金属钎焊连接的研究主要集中于接头组织分析，界面处脆性金属间化合物的调控，以及接头结构对接头组织与性能的影响。

3　新型钎料的开发

3.1　适用于合金的新型钎料开发

对于某些结构复杂和工作环境严苛的铜 - 钢钎焊，传统的钎料已经不能满足要求，而药芯钎料具有的诸多优点使其在钎焊过程中能够高效使用。郑州机械研究所有限公司的 Zhang Guanxing 等人[16] 开发了含 CuSn 粉或 Ni 粉的药芯银钎料并用于 Q235 钢和铜的钎焊，结果如图 12 所示。研究发现，随着 CuSn 粉含量的增加，钎缝中的 Ag 逐渐增加到互连状态，最终粗化为灰白色相分布在晶界处，Cu 的尺寸逐渐增大，AgCuZn 共晶组织逐渐减少至消失，当 CuSn 粉的含量在 30wt.% 时，接头抗拉强度最高可以达到 200MPa。当添加镍粉后，接头强度显著提高，在添加 10wt.% 的 Ni 粉时，Q235/Cu 接头的组织更加均匀，剪切强度从 277MPa 提高到 335MPa。随着镍粉含量的增加，在钢侧界面形成了连续的灰色（Cu，Ni）层，并以柱状延伸至钎焊接头中心，铜侧扩散层厚度增加，柱状晶逐渐粗化，钎焊接头中的 Ag-Cu 共晶组织逐渐减少至消失。

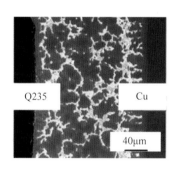

图 12　Q235/Cu 钎焊接头组织

316L 不锈钢具有耐腐蚀性好、蠕变性能强、热稳定性好、高温强度高等优点，在航空航天、汽车、高铁等领域得到广泛应用。当使用硬钎料钎焊 316L 不锈钢时，钎焊温度较高，钎焊过程中母材与钎料在界面处容易发生剧烈的溶解扩散，对母材的组织和性能产生一定的不利影响。北京有色金属与稀土研究所的 Huang Xiaomeng[17] 研究了 Ag-Cu-In-Sn-Ni，Ag-Cu-In-Sn-Ge-Ni 和 Ag-Cu-In-Ti 中温钎料在 316L 不锈钢表面的润湿行为，发现 Ni 元素的添加会导致界面扩散减弱，结合强度低；而加入 Ti 和 Ge 可以提升钎料的润湿性，但 Fe-Ge 相较脆，易形成裂纹。Ag-Cu-In-Ti 钎料在 650℃ 下成功与 316L 不锈钢发生了冶金反应，当保温时间为 45min 时，接头的显微组织主要由富 Cu 相、FeTi（Fe_2Ti）、CuTi 和富 Ag 相组成，接头可以达到最高的剪切强度为 122.8MPa，断口具有延展性。典型的接头微观结构和剪切强度随保温时间的变化如图 13 所示。

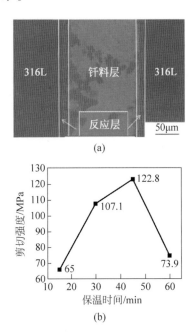

(a)

(b)

图 13   650℃/45min 的接头微观结构和剪切强度随保温时间的变化

（a）接头微观组织；（b）接头剪切强度随保温时间的变化

钎焊技术作为一种高效、优质、低耗的技术，在连接技术领域得到迅速发展，并在生产中得到广泛应用。北京航空材料研究所的 Jing Yongjuan 等人[18] 开发了 Ti-15.6Zr-16.2Cu-11.8Ni 钎料应用于钎焊蜂窝结构的 Ti6Al4V 钛合金。研究表明，与 Ni 相比，添加 Cu 元素对钎料的延展性更有好处，在 920℃、保温时间为 60min 的条件下可以得到无金属间化合物的精细魏氏组织的接头，接头的平均抗拉强度可以达到 905MPa。同时，Jing Yongjuan 等人还对蜂窝结构进行了优化，当蜂窝的直径、厚度和高度分别为 6.4mm，0.1mm 和 15mm 时，蜂窝具有最高的比强度，

断裂位置位于钎焊蜂窝的界面，表明接头的延展性和强度平衡良好。

铝合金蜂窝板具有轻质高强的性能，广泛用于航空航天、民用建筑等领域。采用钎焊的方法可以获得力学性能优良，耐热、抗老化性能良好的铝合金蜂窝板结构。

郑州机械研究所的 Shen Yuanxun 等人[19] 采用 Al-Si 钎料真空钎焊制备了 6063 高强铝合金蜂窝板结构。使用 0.15mm 厚的蜂窝板在 585℃/20min 条件下可以获得良好的蜂窝板结构。该结构随着钎料中 Si 元素的沿晶界扩散，产生母材溶解。他们还研究了蜂窝板厚度对焊接结构的影响。当蜂窝板厚度较小时（0.1mm），蜂窝板与蒙皮的连接界面会坍塌。同时还发现钎焊温度对蜂窝板结构有较大的影响。随着钎焊温度的增加，母材的溶解加剧，并与钎料中的 Si 元素剧烈反应，使钎缝中生成较多的富 Si 相。铝合金蜂窝板在经过 540℃/40min+180℃/12h 的热处理工艺后，接头的抗拉强度比未经过热处理时提高了 2 倍，抗压强度提高了 4 倍。

3.2   适用于金属间化合物的新型钎料开发

TiAl 合金是一种优异的轻质高温结构材料，其服役温度相比于 Ti 基合金得到了大幅提高，而密度则远低于 Ni 基高温合金，其在低压发动机涡轮叶片、扩散泵、汽车发动机等领域有极其广阔的应用前景。因此，研究 TiAl 合金的连接具有重要意义。为了满足其高温应用需求，开发新型高温钎料非常必要。北京航空材料研究院的 Ren Xinyu 等人[20] 设计了一种 Ti-Ni-Nb-Zr 钎料，并研究了 Zr 元素含量对 TiAl 合金钎焊接头微观组织和力学性能的影响规律。在钎焊温度为 1010℃、保温时间为 10min 时，采用 Ti-（15~23）Ni-（15~18）Nb-（8~12）Zr（wt.%）钎料成功钎焊了 TiAl 合金，其接头微观结构如图 14 所示。钎料中的 Zr 含量对接头微观结构有明显的影响，当 Zr 含量为 5wt.%~12wt.% 时，接头由 Ti_2Al、Ti-Al-Ni、Ti_3Al 和溶解 Zr 的 Ti_2AlNi 组成。而当 Zr 含量约为 25wt.% 时，

元素 Ni, Zr 和 Nb 在接头的中间区域发生了富集。接头中的反应区主要由含 Nb 的（Ti, Zr）₂AlNi 相组成，其对于接头强度是有害的。当钎料中的 Zr 含量为 38wt.%~42wt.% 和 58wt.%~63wt.% 时，在焊后接头中出现了明显的长裂纹。当钎料中的 Zr 含量为 5wt.% 时，接头平均剪切强度约为 133.6MPa；而当钎料中的 Zr 含量为 8wt.%~12wt.% 时，接头的平均剪切强度可以提高至 280.2MPa；在 Zr 含量为 25wt.%~60wt.% 时，接头的剪切强度明显降低，强度值位于 105.7~144.6MPa。

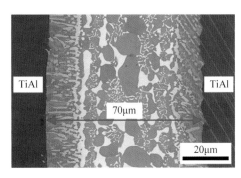

图 14　当钎料中的 Zr 含量为 8wt.%~12wt.% 时，TiAl 钎焊接头的微观结构

Ni 基高温合金是目前在先进航空发动机中广泛应用的高温结构材料，而轻质 TiAl 合金是实现发动机减重的重要候选材料。因此，实现二者的坚固连接对发展先进航空发动机具有重要意义。北京航空材料研究院的 Ren Haishui 等人[21] 设计了一种 NiCoFeCuSiB 高熵合金钎料，并用其实现了 TiAl 合金和 GH536 镍基高温合金的钎焊连接。钎料成分的设计主要考虑 4 个方面，Cu, Fe, Co 和 Ni 的作用主要是获得与母材良好的冶金相容性；Fe, Co 和 Ni 的作用主要是获得良好的高温性能；Si 和 B 的作用是降低钎料的熔点；而 Ni 含量较低主要是为了控制 Ti 和 Ni 之间的反应。钎料采用电弧熔炼制备而成，呈铸态组织，主要是由（Co, Fe, Ni）固溶体和（Ni, Co, Fe, Cu, Si）高熵固溶体组成。在钎焊过程中，Ni 和 Cu 向 TiAl 母材发生了扩散，并形成了由 TiAl 相和 TiAl（Cu, Ni）相组成的扩散区。Ti 和 Al 的分布是类似的，而 Cu 主要分布在靠近 TiAl 合金的界面处。钎缝中富集了 Ni, Fe, Cr,

Co 和 Cu 元素，表明钎缝主要由 NiFeCrCoCu 高熵合金固溶体组成。而当钎焊温度提高到 1150℃ 时，更多的 Ti 原子和 Al 原子扩散进入钎缝中，从而在钎缝中形成了 NiAlTiCoFeCu, NiAlCoFeCu 和 NiFeCoCuCr 高熵固溶体。

3.3　适用于功能材料的新型钎料开发

基于 SiC/GaN 等第三代半导体材料的功率器件以其优良的材料自身属性能够在高温下服役，但是这种新型半导体材料制成的电子元器件能否被可靠地连接到基板上成为制约器件自身性能稳定发挥的关键。瞬时液相烧结（TLPS）是一种基于扩散的烧结方法，低熔点材料 A 熔化并扩散到高熔点材料（颗粒）B 的基体中。液体和固体成分形成金属间化合物，其熔化温度高于材料 A。因此，该技术具有能够在低加工温度下制备耐高温接头的特点。瞬时液相烧结方法作为一种潜在的互连技术被引入半导体器件的封接。北京工业大学的 Li Hong 等人[22] 采用 Cu@Sn@Ag 核壳粉末代替高铅和纳米烧结银焊料用于 TLPS 封接 Cu 基板，在 280℃ 的焊接条件下获得了致密的 Cu₃Sn/Ag₃Sn/Cu 网格结构接头，接头的综合性能优于高铅合金，甚至可与纳米烧结银媲美。

Ni-Cr-P 钎料（BNi-7）是一种应用广泛的镍基钎料，具有低熔点、耐腐蚀等优点，但也存在易产生脆性化合物、高硬度相集中分布等问题。因此，进一步对 BNi-7 钎料进行改进显得尤为重要。北京航空航天大学的 Tan Jiafei 等人[23] 通过化学镀的方法在 BNi-7 粉末表面制备了一层厚度约为 2μm、结合紧密的 Cu 层，得到了核壳式 Cu@BNi-7 复合钎料。随后，其采用 Cu@BNi-7 复合钎料钎焊了 Inconel 718 合金，在钎缝中形成了大量均匀的网状 Ni（Cu, Cr, Fe）固溶体。当钎焊温度为 1050℃ 时，相比于采用纯 BNi7 钎料所得的钎焊接头，采用 Cu@BNi-7 所得的接头表现出更高的力学性能，接头剪切强度从 165MPa 提升至 220MPa，提升了约 33%。钎焊过程中的 Cu 层可以阻止 Cr 的扩散，而富集的 Cr 将会导致复杂颗粒状结构的形成。随着 Cu 扩散的进行，扩散壁垒逐渐消失。随后，Ni（Cu，Cr，Fe）固溶体的形成使聚集分布的 Ni₃P 脆性化合物得到了分散，并因此提高了接头的力学性能。随着钎焊温度的升高，采用 BNi-7 钎料所得的接头的剪切强度逐渐升高，而采用 Cu@BNi-7 所得的接头的剪切强度先升高随后趋于平缓。采用 Cu@BNi-7 所得的钎焊接头的断口分析表明，接头的断裂方式为准解理断裂，并且随着钎焊温度的提高，断口表面撕裂脊的数量明显增加，断口表面变得更平坦，接头的强化机制如图 15 所示。

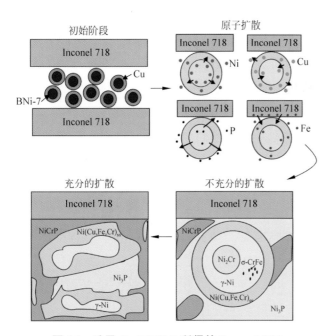

**图 15　采用 Cu@BNi-7 所得的 Inconel 718
接头的强化机制**

烧结 NdFeB 永磁体具有高残余磁化强度和高矫顽力，广泛应用于汽车电机、磁共振成像设备和电磁弹射器中。然而，材料自身的脆性极大地限制了其应用，将其与钢进行连接可以提高其强度并极大地扩展应用范围。为了避免钎焊过程对材料的磁损伤，选用合适的钎料实现二者的可靠连接具有重要意义。吉林大学的 Luo Cui 等人[24] 设计了一种 Zn-Sn-Bi 钎料。Zn 具有合适的熔点，不会对材料产生磁损伤，并且与 Fe 有良好的反应性。向 Zn 中添加 Sn 可

以降低熔点，同时不会形成脆性金属间化合物，从而避免增加钎料的脆性。为了进一步提高钎料的耐腐蚀性，向 Zn-Sn 钎料中进一步添加 Bi。如图 16 所示为 Zn-6Sn 钎料的微观组织，结果表明，Zn-Sn 钎料主要是由 Zn 基体和 β-Sn 晶粒构成，钎料中添加 Bi 后会产生一定的析出。采用 Zn-6Sn-5Bi 钎料成功实现了 NdFeB 永磁体和钢的钎焊连接。研究表明，由于 Bi 颗粒具有刚性，并且其与 β-Sn 基体为弱结合，当 Bi 的含量超过一定值时，钎缝中会出现裂纹。

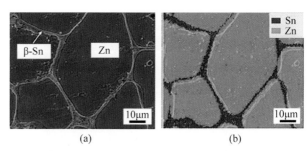

图 16　Zn-6Sn 钎料的微观组织
（a）Zn-6Sn 钎料的微观组织；（b）Zn-6Sn 钎料的面扫描图像

本次分会在新型钎料开发方面的研究主要是通过开发新型钎料优化接头组织以提升接头性能，实现金属间化合物自身及其与合金的连接，开发适用于功能材料的钎料。

4　扩散焊接

扩散连接适合进行内部连接和多点、大面积构件的连接，扩散连接技术对装配等条件要求严格，使它成为一种高精密的连接方式。目前，传统的扩散连接技术需要在高温（通常约为熔点的 70%）高压条件下进行，往往会导致母材性能退化和变形，严重影响零部件的使用性能。哈尔滨工业大学的 Lin Tong 等人[25] 通过在待连接面上电沉积纳米镍作为中间层，在 600℃ 的超低温（比传统的铜连接温度低约 100℃）下实现了铜的扩散连接（图 17），接头的拉剪强度可达 228MPa，为在低温下获得可靠的扩散连接接头提供了一种新的策略。研究发现，中间层的纳米晶结构可以为铜原子的快速扩散提供大量的通道，同时，纳米晶镍中大量的储存能

和非平衡缺陷可以降低扩散激活能，进一步加速铜和镍的互扩散。

图 17　在 600℃/60min/10MPa 条件下 Cu/ 纳米
Ni/Cu 扩散连接接头 SEM 图像

美国科罗拉多矿业大学的 Stephen Liu 等人[26] 为了研究 Ti 在 RB-SiC（反应烧结 SiC）基体中的扩散机制，采用射频磁控溅射法在 RB-SiC 表面溅射了不同厚度的 Ti 层。溅射参数为 180W，氩气流量为 8 SCFH，压力为 3.8×10^{-5} Torr（1Torr = 133.3Pa）。在完成镀膜后，将镀 Ti 的 RB-SiC 试样以 15℃ /min 的速率升至 1250℃、保温 30min 来模拟钎焊的升温过程。通过测定距自由表面不同距离下的 Ti 元素的浓度，建立了 Ti 在 RB-SiC 中扩散的数学模型：

$$C(x,t) = A_1\exp\left(-\frac{x^2}{4Dt}\right) + A_2\exp\left(-\frac{x^{6/5}}{b}\right)$$

式中，b 正比于 $2Dt$，$A_1\exp\left(-\frac{x^2}{4Dt}\right)$ 是晶内扩散的贡献，而 $A_2\exp\left(-\frac{x^{6/5}}{b}\right)$ 是晶界扩散的贡献。结果表明，Ti 在 RB-SiC 中的扩散是通过晶内扩散和高扩散路径扩散同时进行的。

本次分会在扩散焊接方面的研究主要集中于低温扩散焊接方法的开发，以及元素扩散路径与扩散机理的研究。

5　陶瓷连接新方法

$M_{n+1}AX_n$ 相（MAX 相）陶瓷是近年来开发的一种三元层状材料，其中 M 为过渡族金属元素；A 为主族元素，主要为ⅢA 和ⅣA 族元素；X 是 C 或 N 元素。MAX 相材料因其兼具金属和陶瓷的诸多优异特性，如高导电导热、高弹

性模量、高温抗氧化等性能得到了研究人员的广泛关注。为拓宽 MAX 相陶瓷的应用范围，常采用连接的方法制备大型或复杂形状的构件。

哈尔滨工业大学的杨博等人[27] 提出了一种在压力辅助下直接在空气中实现 Ti_3AlC_2 陶瓷连接的新策略。图 18 给出了在 1100℃温度下施加 10MPa 压力连接 30min 后获得的 Ti_3AlC_2-Ti_3AlC_2 接头界面组织。可以看出接头界面无缺陷、结合良好，界面间有一层薄的灰色相断续存在。为了确认该相的成分，研究者利用 FIB 技术制样，并进行了 TEM 分析。结果发现该层主要由 Al 和 O 元素组成，厚度约为 100nm。进一步的选区电子衍射确定该层是 Al_2O_3。研究者分析其连接机理主要是通过外加压力的作用，控制了 Ti_3AlC_2-Ti_3AlC_2 界面间用于氧化的氧含量，从热力学的角度来看，Ti_3AlC_2 在氧化时容易首先发生 Al 的选择性氧化，从而在界面处形成了 Al_2O_3，接头的界面结构为 Ti_3AlC_2/Al_2O_3/Ti_3AlC_2。力学性能的测试结果表明，施加外部压力可以显著提高 Ti_3AlC_2-Ti_3AlC_2 接头的剪切强度，测得施加 10MPa 压力条件下比未加外压下的接头剪切强度提高约 3 倍，为（157 ± 9）MPa。

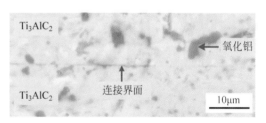

图 18　施加 10MPa 压力在空气条件下获得的
Ti_3AlC_2-Ti_3AlC_2 接头组织

6　结束语

对上述报告内容进行总结，可以看出：

（1）陶瓷及其复合材料与金属的连接研究集中于钎料中间层的设计、空气反应钎焊金属侧保护层的制备、复合材料的高温钎焊，陶瓷金属接头残余应力的缓解与测量等方面。采用纯 Al 作为中间层实现氧化锆陶瓷可靠连接的方法，可以在不锈钢表面制备抗氧化涂层，有效

抑制了空气反应钎焊过程中不锈钢的氧化。Au基高温钎料的使用实现了 SiC$_f$/SiC 复合材料与金属的可靠连接。添加有负膨胀系数增强颗粒的复合钎料有效缓解了陶瓷／金属接头中的残余应力。而基于同步辐射 XRD 的适用于陶瓷／金属接头残余应力的测量方法则实现了氧化铝／不锈钢接头残余应力的原位测量。

（2）金属的钎焊连接研究主要聚焦于金属钎焊接头微观组织的表征和接头中金属间化合物的调控。揭示了 Al/ 钢，Al/Cu 钎焊接头的典型微观组织，研究了毛细管板结构的失效机理，并对比了真空钎焊、连续炉中钎焊和感应钎焊三种焊接方法连接 X5CrNi18-10 接头的性能；通过添加 Ti 作为阻隔层，抑制了 Al/Cu 钎焊接头中脆性金属间化合物的生成。

（3）在新型钎料开发方面，本次报告的研究主要集中于提升接头强度，实现半导体与永磁体材料的可靠连接。通过在银钎料中添加药芯粉，实现了 Q235 与 Cu 的可靠连接，Ni 元素的添加会降低不锈钢钎焊接头的强度。NiCoFeCuSiB 高熵合金钎料的设计，实现了 TiAl 与 Ni 基高温合金的可靠连接，并开发了适用于 SiC/GaN 等第三代半导体材料和烧结 NdFeB 永磁体连接的钎料。

（4）针对扩散焊接的研究主要集中于降低扩散焊接温度与揭示元素扩散机制方面。开发了一种通过表面电镀制备纳米 Ni 层来实现 Cu 低温扩散焊接的方法，同时揭示了 Ti 元素在反应烧结 SiC 陶瓷中的扩散路径与机理。

（5）在陶瓷连接新方法的研究方面，开发了一种适用于 Ti$_3$AlC$_2$（MAX 相）陶瓷在大气环境下直接连接的新方法，获得了强度较好的接头，并揭示了接头的连接机理。

参考文献

[1] QI J L, YAN Y T, CAO J, et al. Joining of ZrO$_2$ ceramic through Al based interface design [Z]. XVII A-0207-2021.

[2] YUAN L L. Joining BeO with CuSnTi active braze alloy [Z]. XVII A-0219-2021.

[3] ZHANG S Y. An insight into the single crystal Al$_2$O$_3$/Kovar alloy dissimilar joint [Z]. XVII A-0211-2021.

[4] SILVA J R M, RAMOS A S, VIEIRA M T, et al. Diffusion bonding of Ti6Al4V to Al$_2$O$_3$ using different interlayer materialsc [Z]. XVII B-0055-2021.

[5] SI X Q, WANG D, LI C, et al. Exploring the role of Mn-Co spinel coating on Crofer 22 APU in adjusting reactions with the Ag based sealant during reactive air brazing [Z]. XVII A-0212-2021.

[6] LI C, WANG Z Q, SI X Q, et al. Understanding the residual strain distribution as a function of depth in alumina/stainless steel brazing joint [Z]. XVII A-0213-2021.

[7] QI J L, BA J, CAO J, et al. Residual stress relief of the composites alloy brazing joint modified by the materials of negative thermal expansion [Z]. XVII A-0208-2021.

[8] GUO X J, SI X Q, LI C, et al. Active brazing of C/C composites and single crystal Ni-based superalloy: Interfacial microstructure and formation mechanism [Z]. XVII A-0209-2021

[9] YANG J, LIN P P, LIN T S, et al. An insight into the SiC$_f$/SiC composite/Ni-based superalloy dissimilar joint [Z]. XVII A-0210-2021.

[10] HODÚLOVÁ E, LI H, SAHUL M, et al. Electron beam brazing of AISI 304 and Copper dissimilar materials [Z]. XVII A-0202-2021.

[11] ULITZKA T. Integration of steel heat treatment in the manufacture of vacuum brazed cemented carbide-steel joints [Z]. XVII A-0203-2021.

[12] WOJARSKI L, TILLMANN W. Vacuum brazing of iron aluminide-free aluminium-steel-joints [Z]. VII-0216-21 XVII A-0204-2021.

[13] HAN W P, WAN M, KANG H, et al. Influence

of brazing parameters on microstructure and mechanical performance with different brazed structure [Z]. XVII A-0222-2021.

[14] BAUMGARTNER J, JÖCKEL A, BOBZIN K, et al. Influence of brazing process and gap size on the fatigue strength of shear and peel specimens [Z]. XVII A-0201-2021.

[15] PUIDOKAS S. Brazing of a copper/gold mount for laboratory applications [Z]. XVII A-0206-2021.

[16] ZHANG G X, DONG H W, DONG X, et al. Regulatory mechanism and application of alloy powders on flux-cored silver filler meta [Z]. XVII A-0217-2021.

[17] HUANG X M. Wetting behavior of 316L stainless steel in vacuum brazing at medium temperature [Z]. XVII A-0220-2021.

[18] JING Y J, SHANG Y L, REN X Y, et al. Brazing technique for honeycomb structure of Ti6Al4V alloy [Z]. XVII A-0216-2021.

[19] SHEN Y X, LI Y Y. Research on brazing and heat treatment strengthening technology of high strength aluminum alloy honeycomb plate [Z]. XVII A-0218-2021.

[20] REN X Y, SHANG Y L, REN H S, et al. Effect of element Zr in Ti-Zr-Ni-Nb system brazing filler alloys on the microstructure and strength of TiAl/TiAl joints [Z]. XVII A-0215-2021.

[21] REN H S, REN X Y, SHANG Y L, et al. Brazing of TiAl and Ni-based superalloy with a high entropy filler metal [Z]. XVII A-0214-2021.

[22] LI H, LIU X, XU H Y, et al. Fabrication and properties of TLPS joint based on Cu@Sn@ Ag core-shell powder for high-temperature applications [Z]. XVII C-0053-2021.

[23] TAN J F. Comparison of the core-shell and mechanical mixing of the Ni-Cr-P-Cu composite filler metal [Z]. XVII A-0221-2021.

[24] LUO C. Microstructure and interfacial evolution of sintered NdFeB permanent magnet/steel joint soldered with Zn-Sn-xBi alloy [Z]. XVII C-0054-2021.

[25] LIN T, LI C, SI X Q, et al. High-quality of diffusion bonding of metals/alloys at ultra-low temperature [Z]. XVII B-0057-2021.

[26] LIU S, WEI J, MADENI J C, et al. Diffusion of Ti into RB-TiC substrate during brazing [Z]. XVII A-0205-2021.

[27] YANG B, LI C, SI X Q, et al. Pressure-assisted direct joining of Ti3AlC2 ceramics in air [Z]. XVII B-0056-2021.

作者：曹健，哈尔滨工业大学教授，博士生导师。研究方向为陶瓷／复合材料与金属的连接组织与应力分析、异种材料的连接机理与性能优化、自蔓延反应连接、表面与界面行为研究。发表论文170余篇，授权发明专利50余项。E-mail: cao_jian@hit.edu.cn。

审稿专家：黄继华，北京科技大学材料科学与工程学院教授／博士生导师，材料先进焊接与连接首席教授，中国焊接学会常务理事。主要研究领域："先进材料及异种材料连接""电子封装微连接技术、材料及可靠性""材料涂层技术""焊接／连接新技术新工艺"等。以第一作者和通讯作者发表SCI收录论文180余篇，获国家发明专利30余项。E-mail: jihuahuang47@sina.com。

焊接物理（IIW SG-212）研究进展

樊丁 肖磊 黄健康

（兰州理工大学 材料科学与工程学院 兰州 730050）

摘 要：本文对 2021 年线上举办的第 74 届国际焊接学会年会焊接物理研究组（IIW SG-212）交流和讨论的论文、报告情况作了简要评述。本次会议提交的论文包含国内外焊接物理研究人员在焊接与电弧增材制造中的电弧物理、熔滴过渡、熔池和金属蒸气行为等方面的最新研究成果。针对这些成果的特色和创新性，对会议论文和报告作了整理和评述。

关键词：国际焊接学会年会；焊接物理；研究进展

0 序言

IIW SG-212 焊接物理研究组的宗旨是通过研究电弧物理、熔滴过渡、熔池行为和传热、传质等焊接物理过程与机理，为优化焊接工艺参数、提高焊接效率、改善焊缝成形、减少焊缝缺陷、改进和研发新的焊接工艺、方法、设备、材料及焊接过程自动化和智能化提供理论基础。受到新冠肺炎疫情的影响，第 74 届国际焊接学会（IIW）年会于 2021 年 7 月 12—17 日在线上举行。7 月 14 日，国际焊接学会 IIW SG-212（焊接物理）研究组共交流讨论了 6 篇论文，其中中国 3 篇，日本 1 篇，德国 1 篇，澳大利亚 1 篇。从本届会议交流的情况可以看出，国内外焊接科技工作者始终关注着传统焊接物理中的电弧行为、质量、能量传输等焊接物理现象。值得关注的是，除上述传统焊接物理的研究外，SG212 焊接物理研究小组还对当前热点的电弧增材制造过程中的电弧物理、熔滴过渡、熔池行为等直接影响制造质量的各类物理现象进行了交流与讨论。国内外的众多研究小组通过数值模拟与实验测量手段相结合的方式，获得了最前沿的研究成果，现将本届会议相关的研究报告与成果进行综述介绍。

1 焊接电弧

焊接过程往往伴随着较为复杂的传热传质行为，这些行为的复杂性导致了焊接质量和接头组织性能等的巨大差异。为了探究相关的物理机制，研究人员做了很多工作。近年来，电弧等离子体的热和化学非平衡特性已成为焊接电弧行为研究中的关键问题之一。在 2020 年的会议中，大阪大学的 Ogino 教授课题组[1]考虑到熔化极气体保护焊（gas metal arc welding，GMAW）部分电弧区域中的电子和重离子并不处于热、化学平衡状态，在不考虑熔滴过渡条件下建立了非平衡条件下的 GMAW 电弧二维模型。

在本届会议报告中，该课题组在之前研究的基础上考虑了 GMAW 的熔滴过渡行为，更好地揭示了 GMAW 的非平衡电弧特性，除了耦合求解电弧和液态金属的质量、动量、能量守恒方程外，还单独求解了重离子的质量守恒方程，以及电子和重离子的能量守恒方程。模型采用的基本假设包括：①模型考虑的电弧等离子体中的化学组分包括 e^-，Ar，Ar^+，Ar^{2+}，Fe，Fe^+，Fe^{2+}；②所有重离子温度保持一致；③电弧等离子体始终处于电中性状态。不考虑熔滴过渡时的电弧、熔滴温度场的计算结果如图 1 所示，左边显示的是熔滴温度，右边显示的是电弧区域中的电子温度和重离子温度差值，差值大小反映了非平衡状态的强弱。图 2 为考虑熔滴过渡的 GMAW 非平衡电弧、熔滴温度场数值计算结果。对比去年和今年的模型可以发现，熔滴过渡对非平衡状态下电弧的影响效果明显，由于熔滴表面温度高，大量金属蒸气聚集在电弧中心，导致 Fe^+ 分布在电弧中心，而 Ar^+ 分布在电弧外围，在熔滴脱落之前，由于熔滴表面积增大，铁蒸气浓度降低，电弧中心温度逐渐升高，当熔滴脱落之后，焊丝端部液态金属表面积迅速减小，电弧重新在该处聚集，导致金属蒸气浓度再次升高，在金属蒸气强烈的辐射散热作用下，电弧的中心温度开始下降。研究还发现，在电弧外侧和阳极表面，由于电弧温度较低，电子温度和重离子温度差值达到3000K，局部热平衡状态假设在该区域不再适用。下一阶段，该课题组将进一步考虑电极鞘层的影响，完善 GMAW 非平衡电弧 - 熔滴耦合模型。

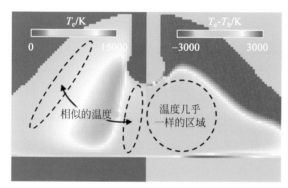

图1　不考虑熔滴过渡的 GMAW 非平衡电弧温度场的数值计算结果

左侧：电子温度；右侧：电子温度（T_e）- 重离子温度（T_h）

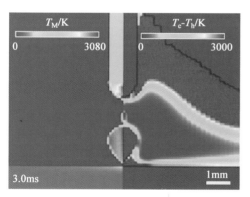

图2　考虑熔滴过渡的 GMAW 非平衡电弧、熔滴温度场的数值计算结果

左侧：熔滴温度场；右侧：电子温度（T_e）- 重离子温度（T_h）

北京工业大学的陈树君教授课题组与大阪大学接合科学研究所的 Tanaka 教授课题组[2]合作研究了铝合金厚板变极性等离子弧焊接熔池

流动行为和接头不均匀性的物理机制。变极性等离子弧（variable polarity plasma arc，VPPA）的焊接方法常用于航空航天领域，适用于厚板铝合金焊接，其焊接示意图如图3所示。通过形成穿孔焊接，能够有效减少铝合金焊接时的气孔缺陷。该研究结合 X 射线高速摄像和数学物理建模分析的方法，阐明了厚铝合金板 VPPA 焊接过程中焊缝组织的晶粒不均匀性、焊道微观结构、能量传递和熔池流动行为之间的关系。在焊接前，预先将一定尺寸的钨粒子通过打孔埋入母材中，X 射线高速摄像系统拍摄下的等离子弧焊熔池中的示踪粒子成像如图4所示。

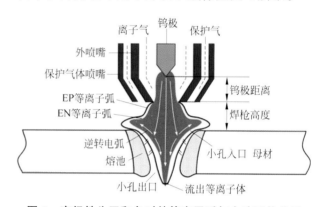

图3　变极性为正和负时的等离子弧与小孔形状差异

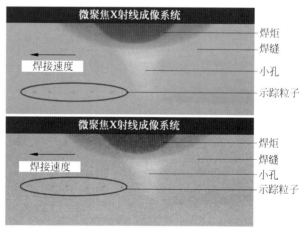

图4　等离子弧焊熔池中示踪粒子运动

图5显示了 VPPA 焊接过程中示踪粒子代表的6条流线。st_1，st_2 和 st_3 位于小孔壁面的不同位置上，st_4，st_5 和 st_6 位于熔池内的不同位置上。研究结果表明，用示踪粒子的速度近似代替熔池内部的金属流速，每一条流线所表示的速度在不同位置均有所变化，但对比它们的平

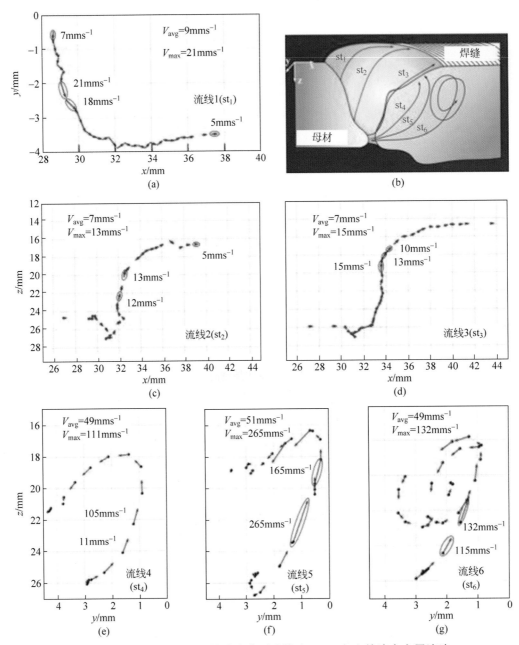

图 5　厚板 VPPA 焊小孔熔池中典型流线（$st_1 \sim st_6$）上的液态金属流速

均速度可以发现，熔池内部液态金属的流动速度明显比小孔壁面上液态金属的流动速度大。

　　液态金属的这种流动行为导致了焊缝组织在不同部位呈现不同形态，在图 6 的焊缝组织图像中可以发现，位于焊缝截面上方的晶粒细小，下方的晶粒粗大。这是由于小孔下方孔径狭小，对等离子弧造成约束，强大的电弧压力驱动液态金属高速流入后方熔池，同时形成涡流，如图 7 所示。熔池后方的高速涡流具有搅拌作用，细化焊缝晶粒，这被认为是焊缝上部

出现较细晶粒的主要原因。这些机理的阐明为优化 VPPA 焊接技术以实现较厚铝合金板焊接，并获得具有细小晶粒组织的均匀焊缝提供了理论指导。

　　德国亚琛大学[3] 根据 EDACC（evaporation determined arc cathode coupling）原则，提出了一种简化 GMAW 熔池表面热流密度分布的模型，根据该模型能够预测熔池的表面温度分布与形貌。借助该模型，在不具备建立电弧 - 熔池耦合计算模型的基础上，同样能够相对准确地

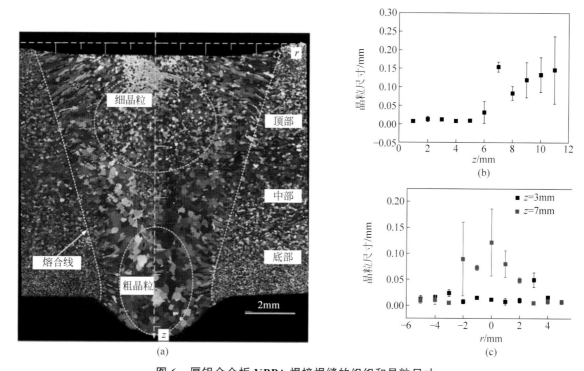

图 6　厚铝合金板 VPPA 焊接焊缝的组织和晶粒尺寸

（a）焊缝金相组织；（b）轴向晶粒尺寸分布；（c）径向晶粒尺寸分布

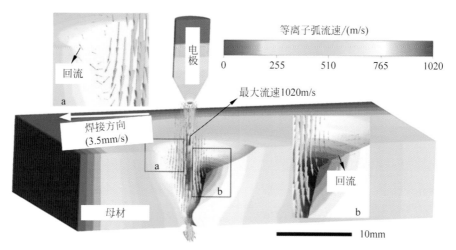

图 7　厚铝合金板 VPPA 焊接电弧 - 熔池耦合计算电弧速度场结果

获得熔池动量和热量传递过程。所谓 EDACC 原则，是指基于非难熔金属在电弧热作用下的蒸发效应获取熔池表面热流密度与电流密度。该模型通过设定电弧体积温度和阴极压降值，指定熔池达到沸点时的最大热流密度与电流密度值，同时加入权重因子来考虑金属蒸气对电弧 - 熔池传热的影响。

针对脉冲 GMAW 峰值电流状态下熔池表面的传热过程，运用 EDACC 原则进行建模并求解，图 8 显示的是数值模拟与实验测量熔池表面的温度与形貌结果，熔池轮廓尺寸吻合良好，但由于模型简化了物理过程，计算得到的温度场并不如实验所测量的非均匀分布。如图 9 所示，电弧中金属蒸气的分布受到边界效应和等离子体流动的影响，同时在阴极边界附近扩展开，其对熔池表面传热过程的影响必须加以考虑，这也是在热流、电流密度公式中加入权重因子的主要原因。

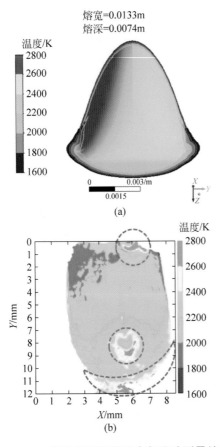

熔宽=0.0133m
熔深=0.0074m

(a)

(b)

图8　EDACC熔池表面温度分布与实验测量结果对比

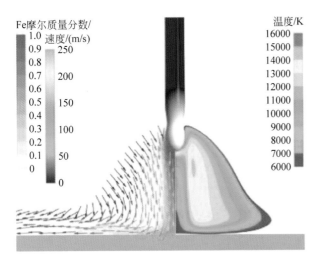

**图9　纯氩保护气氛下250A时MIG焊金属蒸气
摩尔质量分数和电弧温度场分布**

2　激光焊接

为了适应不同材料对于焊接质量的焊接要求，激光焊接等特种焊接方法的应用日益广泛，对其物理行为的研究也进一步发展，主要集中在对于其焊接过程中出现的飞溅等严重缺陷。

上海交通大学的卢凤桂教授课题组[4]针对激光焊接过程中出现的飞溅问题建立了考虑锌蒸气与熔池相互作用的三维热流体数值模型，研究了镀锌钢部分熔透激光搭接焊中锌蒸气诱导飞溅的发生过程。全部计算域和网格划分如图10所示。通过将预测的小孔形状与通过高速X射线成像观察到的小孔形状进行比较来校准数值模型，如图11所示，并将其应用于不同焊接条件下。研究表明，较大的金属蒸气压力会引起小孔后壁的剧烈波动，导致小孔不稳定和熔池湍流。一个大的阻力将小孔表面附近的液态金属向上推，加速了液态金属的运动，其速度达到1m/s或更高，容易导致焊接飞溅的发生。研究通过设置上下板之间的间隙能够有效降低焊接飞溅，并通过数值模拟方法分析了使焊接飞溅降低的原因。

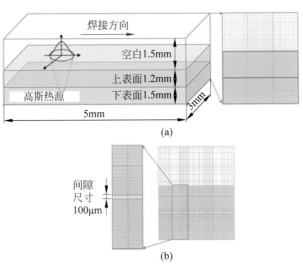

图10　激光焊接热流体模拟的网格区域

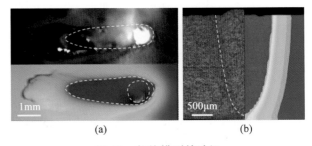

图11　数值模型的验证

（a）实验和模拟熔池形貌；（b）实验焊缝横截面与模拟熔池截面

研究发现锌蒸气的产生和流动与飞溅的产生有密切联系。图12为锌蒸气对于小孔形貌和

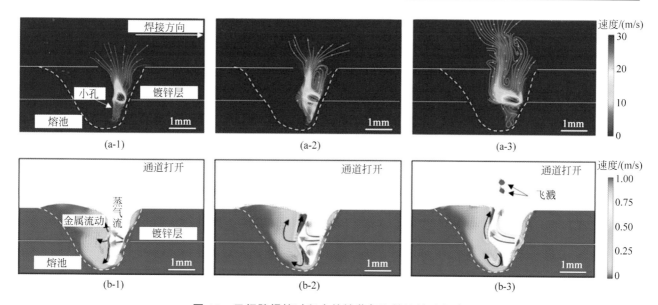

图 12　无间隙焊接过程中的锌蒸气和熔池流动行为

（a-1）$t = T_0$；（a-2）$t = T_0 + 0.5\mathrm{ms}$；（a-3）$t = T_0 + 1\mathrm{ms}$；（b-1）$t = T_0$；（b-2）$t = T_0 + 0.5\mathrm{ms}$；（b-3）$t = T_0 + 1\mathrm{ms}$

液态金属流动行为的影响过程，可以明显看出在激光热源作用下，熔池中出现小孔，锌蒸气在小孔壁面的约束下只能向上流出，小孔中部位置的液态金属在锌蒸气的冲击下沿横向流入熔池后方。随着锌蒸气的持续作用，熔池中部的液态金属被向两侧排开，被向上排开的液态金属的流动行为是导致焊接飞溅形成的重要因素。当高速向上的流动从熔池脱离时，形成如图 12（b-3）所示的飞溅。

　　为了解决该问题，在镀锌钢板之间设置了100μm 间隙，使金属蒸气压力降低，从而对小孔壁面的冲击力降低，进而避免产生焊接飞溅。从图 13 中可以看出，在100μm 预设间隙的情况下，锌蒸气进入小孔的速度显著降低，对小孔几何形状的影响很小。对比有无间隙条件下的金属蒸气和熔池流动行为，如图 14 所示，当没有间隙时，锌蒸气被高度压缩后喷出，导致小孔壁面严重变形，液态金属被高速排开，形成飞溅；当存在100μm 间隙时，锌蒸气能够沿着间隙和小孔出口排出，小孔内锌蒸气的流速大大降低，其对小孔壁的挤压作用也大大降低，焊接飞溅不易形成。

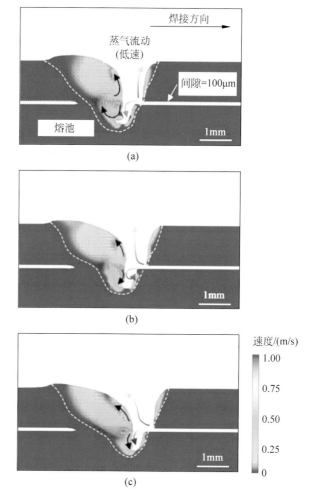

图 13　100μm 间隙激光焊接过程中液态金属流动行为

（a）$t = T_0$；（b）$t = T_0 + 5\mathrm{ms}$；（c）$t = T_0 + 10\mathrm{ms}$

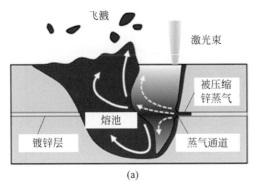

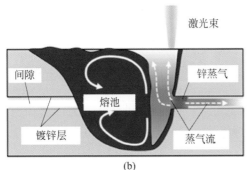

图 14　锌蒸气和液态金属的流动行为
（a）无间隙；（b）100μm 间隙

3　电弧增材制造

　　电弧增材制造技术采用逐层堆焊的方式制造致密金属实体构件。以电弧为载能束，热输入高，成形速度快，适用于大尺寸复杂构件的低成本、高效、快速近净成形。特殊金属结构件正逐步向大型化、整体化、智能化发展，该技术在大尺寸结构件的成形上具有不可比拟的效率与成本优势，受到了众多学者的关注与讨论。

　　澳大利亚联邦科学与工业研究组织（CSIRO）的 Murphy 教授课题组[5]针对电弧增材制造（wire arc additive manufacturing，WAAM）的熔滴过渡过程，提出了考虑下述情况的数学物理模型：①电弧相对母材的移动；②熔滴过渡行为产生的质量、动量和能量传输；③熔池流动与表面变形；④金属蒸气效应；⑤熔池中焊丝材料与母材的混合效应。通过计算求解得到的电弧与母材边界的热流密度等结果，将其作为输入条件导入有限元热力学模型中，计算焊缝温度场与残余应力，分析增材制造的工艺特

性与质量。由于该数值模型采用"时间平均"的方式处理熔滴过渡过程，相比于流体体积（volume of fluid，VOF）方法，在能够反映熔滴对电弧和熔池流动行为的影响的同时具有更快的计算速度，通常能够借助普通台式电脑在数小时内得到计算结果。需要指出的是，将冷金属过渡（cold metal transfer，CMT）焊接波形做时间平均处理，虽然计算速度快，但也可能无法描述其独特的熔滴过渡行为。

　　采用该方法对冷金属过渡增材制造进行模拟，参数选用如下：峰值电流为 150A（2ms），基值电流为 70A（9ms），短路电流为 40A（6ms），电弧弧长控制在 3~5mm，送丝速度为 5.15m/min，焊丝选用直径为 1.2mm 的 AA4043 焊丝，母材为 6mm 铝板，焊接速度为 0.9m/min。图 15 为数值模拟计算得到的六层金属沉积形态。

　　Murphy 教授在研究中也提到电弧增材制造的数值模拟研究依旧存在待解决的问题，包括沉积形态对称性问题和建模中对倾斜电极的处理，如何将热通量根据电流、焊接速度、层数等进行参数化都是未来研究的方向。

　　在电弧增材制造（wire and arc additive manufacturing，WAAM）工艺中，熔池的流动行为决定了成形精度和成形缺陷。因此，了解WAAM中熔池行为的复杂物理过程尤为关键。兰州理工大学的樊丁教授课题组[6]采用实时 X 射线成像和数值模拟方法对熔滴过渡和熔池流动行为进行研究。首先，借助 X 射线成像系统拍摄 WAAM 过程中的熔池流动和熔滴过渡行为；其次，基于 VOF 方法建立包括熔池和液滴的三维数值模型，研究分析熔池的温度分布和流动状态。X 射线的成像结果表明，在 TIG 填丝电弧增材制造的过程当中，熔滴以相对高的速度进入熔池，保持球形，然后随着熔池的流动而分散。观察到两种典型的过渡模式，包括自由过渡和接触过渡。

　　在 X 射线的成像观测中，自由过渡阶段如图 16 所示。熔滴在下落时保持一定的速度，并

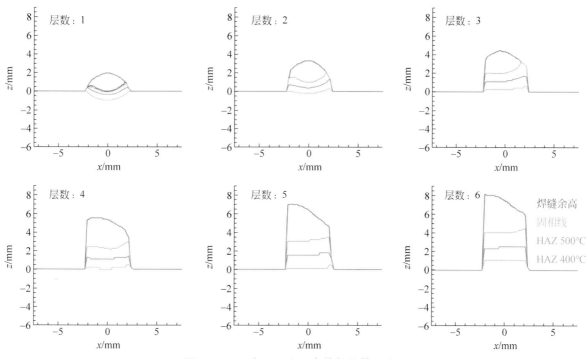

图 15　六层金属沉积形态的数值模拟结果

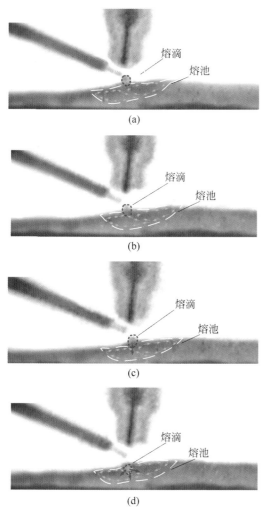

图 16　自由过渡 X 射线成像拍摄图像

携带能量撞击熔池表面，使表面下沉。值得注意的是，液滴保持相对完整的球形冲入熔池，然后随着熔池的流动逐渐"溶解"。图 17 为自由过渡阶段的示意图。与自由过渡不同的是，在接触过渡中，熔滴在先接触表面后迅速铺展，之后随熔池流动逐渐扩散。如图 18 所示。图 19 为接触过渡的示意图。

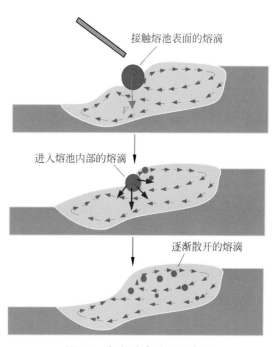

图 17　自由过渡过程示意图

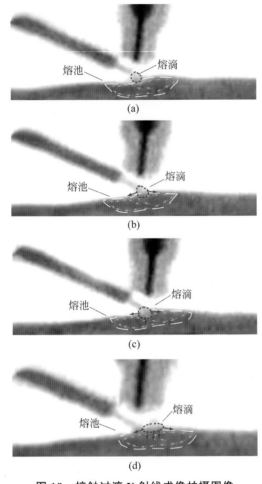

图18 接触过渡X射线成像拍摄图像

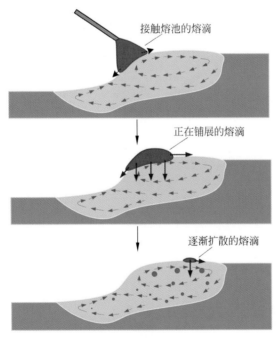

图19 接触过渡过程示意图

对沉积7层后的熔池进行分析，图20为X-Z平面上熔池中的对流模式。根据熔池中不同

位置的流动特性，可将其分为四个区域。其中，区域1是电弧作用区域，主要由电磁力和表面张力决定。由自由表面引起，熔融金属从熔池中心流向周围。在熔池的中心，熔融液体从熔池的底部流向表面。在区域2和区域3中，表面张力是流动的主要驱动力，并且可以同时发现正表面张力梯度和负表面张力梯度。表面张力倾向于将高温流体带到熔融边缘。同时，由熔池后部的较冷区域产生的流动倾向于将低温流体输送到熔池的前部。两个相反的表面流在电弧和熔池边缘之间的中点碰撞并混合。在碰撞点，流体表面温度等于转变温度 T_i。区域4是熔池背面的熔合线附近的区域。该区域不受电弧的任何力，其主要驱动力由区域1的流动引起。区域1产生流向熔池表面的流动，并且液态金属在表面张力梯度的作用下流动到区域2。熔池中的最大流速出现在区域1和区域2之间的边界线上，最大速度为0.277m/s。区域1底部的流体空位需要由来自区域4的液态金属填充，并引起该区域的流动。

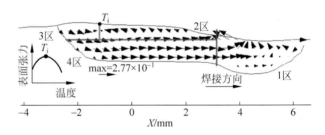

图20 X-Z截面上熔池的流场

4 结束语

SG-212焊接物理研究组在2021年国际焊接年会上进行了深入的交流与讨论，主要涉及在焊接和电弧增材制造过程中出现的电弧物理及熔滴过渡、熔池流动、金属蒸气行为等方面的最新研究成果。目前，对于焊接与电弧增材制造过程中的电弧行为、熔池流动和熔滴过渡等数理模型的建立都有了更深入的研究，但如多物理场耦合和非平衡模型的建立仍处于初步探索阶段，需要对其相关控制方程、边界条件

和求解方式等建模过程进行进一步研究与优化。除此之外，对于电弧增材制造过程中的实时传感控制、精确建模，以及相关物理现象与缺陷形成分析将成为未来几年的研究热点。

参考文献

[1] EDA S, OGINO Y, ASAI S. Non-equilibrium modeling of gas metal arc welding process with molten metal behavior [R]. IIW Doc.212-1698-2021.

[2] XU B, TASHIRO S, TANAKA M, et al. Physical mechanisms of fluid flow and joint inhomogeneity in variable polarity plasma arc welding of thick aluminum alloy [R]. IIW Doc.212-1696-2021.

[3] MOKROV O, SIMON M, SHARMA R, et al. Validation of evaporation-determined model of arc-cathode coupling in the peak current phase in pulsed GMA welding [R]. IIW Doc.212-1700-2021.

[4] HAO Y, LI Z G, LU F G. Spattering behavior caused by zinc evaporation in laser overlap welding of zinc-coated steels [R]. IIW Doc.212-1695-2021.

[5] MURPHY A B, CHEN F F, THOMAS D G, et al. Development of a computational model of wire–arc additive manufacturing [R]. IIW Doc.212-1699-2021.

[6] HUANG J K, LI Z X, YU S R, et al. Real-time observation and numerical simulation of molten pool flow and mass transfer behavior during wire arc additive manufacture [R]. IIW Doc.212-1697-2021.

作者：樊丁，教授，博士生导师，享受国务院政府特殊津贴专家，甘肃省领军人才第一层次，国际焊接学会 IIW-SG212 焊接物理研究组成员。主要研究领域：焊接物理、焊接方法与智能控制及激光加工等。发表论文 300 余篇。E-mail: fand@lut.cn。

审稿专家：武传松，山东大学教授，博士生导师，美国焊接学会会士（AWS Fellow），国际焊接学会（IIW）C-XII（焊接质量与安全）分委会主席，IIW SG-212 焊接物理研究组委员。国际刊物 *Science and Technology of Welding and Joining* 编委，*Chinese Journal of Mechanical Engineering* 编委会副主席。E-mail: wucs@sdu.edu.cn。

焊接培训与认证（IIW IAB）研究进展

解应龙[1, 2]　关丽丽[1]　于晶[1]

（[1] 国际授权（中国）焊接培训与资格认证委员会；
[2] 机械工业哈尔滨焊接技术培训中心　哈尔滨　150046）

摘　要：IIW-IAB 国际焊接学会国际授权委员会建立的三个体系分别是人员培训资格认证体系（PQS）、企业资质认证体系（MCS）和人员资质认证体系（PCS）。目前已有授权的人员资格认证机构（ANB）为 41 个，认证各类人员总数达 16.9 万多人，较上年增加 3.82%；授权的企业认证机构（ANBCC）为 23 个，认证企业总数为 2700 多家，较上年增加 7.7%；授权的人员资质认证机构（ANB/PCS）为 15 个，人员资质认证数量为 2200 多人。虽然受到疫情的影响，但在各成员国的积极应对下，各类认证数量仍有增长。广泛应用远程在线等技术，并在 2021 年 IIW-IAB 会议上针对相关技术规程进行优化升级，提升了体系可持续发展的能力与水平。

关键词：焊接培训；国际认证；企业认证

0　序言

国际焊接学会国际授权委员会（IIW-IAB）建立至今，已经形成了完善的体系构架（图 1），其中包括焊接人员培训资格认证体系（PQS）、焊接企业资质认证体系（MCS）和焊接人员资质认证体系（PCS），这个体系构架在各成员国和授权机构的积极参与和共同努力下得到了持续

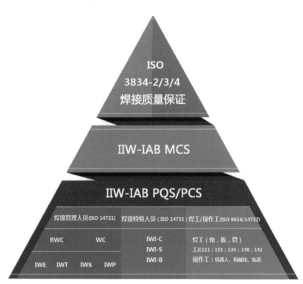

图 1　IIW-IAB 体系构架

发展。尤其是在 2020 年的疫情影响下，焊接人员培训资格认证数量较 2019 年度下降了 30%，但焊接企业和人员的资质认证数量与 2019 年相比均保持了稳定。非常积极的一面是，远程教育与数字技术的应用越来越得到重视并有更加广泛的参与，正在成为促进焊接培训国际认证发展的主要途径之一，相关技术规程的完善与优化也都在积极推进中，这些都将有利地促进与保障 IIW 人员培训与资格认证体系的健康、持续发展。

1　IIW-IAB 焊接人员培训与资格认证体系的最新发展

1.1　IIW 人员资格认证体系的最新发展状态

IIW-IAB 在全球授权的人员培训与资格认证机构（ANB）截至 2020 年年底为 41 个，2020 年度统计的发证数为 6223 份，较 2019 年度减少 30%，见表 1。证书总数累计达 169159 份，较上年增长 3.82%。

表 1　各类资格认证 2020 年度发证数量与上年度对比

MC + OMC 2020		MC + OMC 2019		增长 /%
IWE	2292	IWE	3144	−27%
IWT	521	IWT	652	−20%
IWS	1607	IWS	2107	−24%
IWP	75	IWP	134	−44%
IWI-C/S/B	594	IWI-C/S/B	923	−36%
IMORW	1	IMORW	18	−94%
IW	1133	IW	1919	−41%
IWSD	0	IWSD	17	−100%
合计	6223	合计	8914	−30%

注：
MC—在授权 ANB 国内颁证；OMC—在授权 ANB 国外颁证；
IWE—国际焊接工程师；IWT—国际焊接技术员；
IWS—国际焊接技师；IWP—国际焊接技士；
IWI—国际焊接质检员；
IMORW—国际机械轨道与机器人焊接人员；
IW—国际焊工；IWSD—国际焊接结构师。

由统计数据可以看出，2020 年疫情影响波及面广，持续时间长，对各类人员培训与资格认证均产生了较大的冲击，使 IIW 焊接培训各类人员认证数量分别较上年度下降了 20%~100%，总数下降了 30%，这在历史上还是第一次。统计分析与预测调查的结果显示，2021 年仍会受到一定程度的不利影响，大部分国家的 ANB 预测认证数量均较低，总体显示不乐观，见图 2。

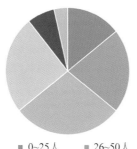

■ 0~25人　■ 26~50人
■ 51~100人　■ 101~250人
■ 251~500人　■ 大于500人

图 2　对 2021 年 IIW 资格认证数量预测统计图

表 1 包含了在授权 ANB 国内（MC）和在授权 ANB 国外（OMC）开展 IIW 资格认证数量的年度变化对比，在授权 ANB 国内开展 IIW 资格认证占比达 99% 以上，而在授权 ANB 国外进行 IIW 资格认证数量不足 1%，详细数据的统计与分析见表 2~ 表 6。

表 2　2020 年在授权 ANB 国内颁证数及累计数量汇总表

级　别	2019 年仅 MC 累计	MC 2020	2020 年累计
IWE	54740	2269	57009
IWT	11824	517	12341
IWS	44478	1589	46067
IWP	4012	75	4087
IWI-C/S/B	14617	594	15211
IMORW	28	1	29
IW	28719	1120	29839
IWSD	230	0	230
合计	158648	6165	164813

表 3　2020 年在授权 ANB 国内颁证数量对比

MC 2020		MC 2019		增长 /%
IWE	2269	IWE	3124	−27
IWT	517	IWT	632	−18
IWS	1589	IWS	2052	−23
IWP	75	IWP	134	−44
IWI-C/S/B	594	IWI-C/S/B	898	−34
IMORW	1	IMORW	18	−94
IW	1120	IW	1919	−42
IWSD	0	IWSD	17	−100
合计	6165	合计	8794	−30

表 4　2020 年在授权 ANB 国外颁证数量统计

国家	IWE	IWT	IWS	IWP	IWIP-C/S/B	IW	IWSD	合计
葡萄牙（ISQ）	0	0	14	0	13	0	0	27
塞尔维亚（DUZS）	9	4	0	0	0	0	0	13
斯洛文尼亚（SDVT）	11	0	0	0	0	0	0	11
西班牙（CESOL）	3	0	0	0	0	0	0	3
英国（TWI）	0	0	4	0	0	0	0	4
合计	23	4	18	0	13	0	0	58

表5　2020年度在授权ANB国外颁证及累计数量汇总表

级　别	2019年仅OMC累计	OMC 2020	2020年累计
IWE	2004	23	2027
IWT	304	4	308
IWS	418	18	436
IWP	222	0	222
IWI-C/S/B	1231	13	1244
IMORW	0	0	0
IW	0	0	0
IWSD	76	0	76
合计	4255	58	4313

表6　2020年在授权ANB国外颁证数量对比

OMC 2020		OMC 2019		增长/%
IWE	23	IWE	20	15
IWT	4	IWT	20	−80
IWS	18	IWS	55	−67
IWP	0	IWP	0	0
IWI-C/S/B	13	IWI-C/S/B	25	−48
IMORW	0	IMORW	0	—
IW	0	IW	0	—
IWSD	0	IWSD	0	—
合计	58	合计	120	−52

　　由表2可见，各ANB在其授权国内2020年资格认证的总数为6165份，截至2020年累计达164813份。较上年度同样下降约为30%（表3）。而2020年在授权国外开展资格认证的数量和ANB均减少，仅有5个ANB进行了58份资格认证（表4），累计数量达到了4313份（表5），而其较上年度对比降幅达52%（表6）。截至

2020年，IIW资格认证的数量总计达169159份，总数较上年度增长了约3.82%，见图3和表7。

　　2020年德国（DVS-Perszert）以占年度总数27%、共计1698份资格证书列第一位，中国（CWTQC-CANB）以15%、共计945份证书列第二位，法国（AFS）以6%共计363份证书列第三位，见表8。

图3　IIW证书累计增长曲线

表7　2020年颁发证书综合统计与汇总表

级　别	2019 MC+OMC累计	MC 2020	OMC 2020	MC+OMC 2020累计
IWE	56744	2269	23	59036
IWT	12128	517	4	12649
IWS	44896	1589	18	46503
IWP	4234	75	0	4309
IWI-C/S/B	15881	594	13	16488
IMORW	28	1	0	29
IW	28795	1120	0	29915
IWSD	230	0	0	230
合计	162936	6165	58	169159

表 8　IIW 的各 ANB 在成员国内开展各类认证详情统计

	2020 年度各成员国在国内颁发证书											
	IWE	IWT	IWS	IWP	IWI-C	IWI-S	IWI-B	IMORW	IW	IWSD-C	IWSD-S	合计
澳大利亚（Weld Australia）	9	2	15	0	0	8	76	0	0	0	0	110
奥地利（SZA）	72	35	124	0	0	0	0	0	0	0	0	231
比利时（ABS-BVL）	1	8	15	0	9	1	0	0	144	0	0	178
保加利亚（BWS）	13	1	0	0	0	0	0	0	0	0	0	14
加拿大（CWB）	1	1	2	0	0	0	0	0	0	0	0	4
中国（CWTQC-CANB）	656	5	268	0	13	3	0	0	0	0	0	945
克罗地亚（HDZTZ）	30	3	4	0	0	0	0	0	0	0	0	37
捷克（CWS-ANB）	38	42	5	13	10	1	0	0	2	0	0	111
丹麦（FORCE）	6	0	13	0	0	6	0	0	0	0	0	25
芬兰（SHY）	13	0	61	1	8	1	0	0	42	0	0	126
法国（AFS）	91	93	99	0	7	7	0	0	66	0	0	363
德国 DVS	513	87	776	14	14	3	0	0	291	0	0	1698
希腊（WGI）	18	2	0	0	0	0	0	0	36	0	0	56
匈牙利（MHtE）	31	26	19	9	0	0	0	0	0	0	0	85
印度（IndIW）	18	8	2	0	0	0	0	0	18	0	0	46
印尼（IWS）	35	0	4	0	32	0	0	0	22	0	0	93
意大利（IIS）	35	25	3	0	3	6	6	1	2	0	0	81
日本（JWES）	20	2	6	0	0	0	0	0	0	0	0	28
哈萨克斯坦（Kazweld）	31	2	0	2	0	3	7	0	16	0	0	61
韩国（KWJS）	0	0	0	0	0	0	0	0	0	0	0	0
马来西亚（MIW）	5	0	14	0	0	0	0	0	0	0	0	19
荷兰（NIL）	5	73	12	22	9	0	0	0	0	0	0	121
新西兰（HERA）	0	0	0	0	0	0	10	0	0	0	0	10
尼日利亚（NIW）	0	0	0	0	0	0	0	0	0	0	0	0
挪威（NSF）	21	13	1	0	0	63	0	0	0	0	0	98
波兰（L-IS）	116	0	17	4	36	5	0	0	0	0	0	178
葡萄牙（ISQ）	9	2	16	0	40	0	0	0	81	0	0	148
罗马尼亚（ASR）	62	0	3	0	28	6	0	0	0	0	0	99
俄罗斯（RUS-NTSO）	49	12	1	0	9	0	3	0	0	0	0	74
塞尔维亚（DUZS）	67	14	0	0	36	0	0	0	0	0	0	117
斯洛伐克（VUZ）	26	16	0	0	8	0	0	0	0	0	0	50
斯洛文尼亚（SDVT）	63	31	13	0	0	0	0	0	0	0	0	107
南非（SAIW）	6	6	17	1	0	25	48	0	33	0	0	136
西班牙（CESOL）	20	3	5	0	0	0	0	0	0	0	0	28
瑞典（SVETS）	11	4	44	0	0	9	0	0	288	0	0	356
瑞士（SVS-ASS）	6	1	32	5	0	0	0	0	0	0	0	44
新加坡（SWS）	0	0	0	0	0	0	2	0	0	0	0	2
泰国（WIT）	0	0	2	4	0	0	0	0	0	0	0	6
土耳其（GEV/TKTA）	164	1	0	0	0	0	20	0	0	0	0	185
乌克兰（PATON）	22	2	2	0	6	4	1	0	79	0	0	116
英国（TWI）	9	1	12	0	0	0	0	0	0	0	0	22
越南（VNANB）	0	0	0	0	0	0	15	0	0	0	0	15
合计	2292	521	1607	75	228	191	188	1	1120	0	0	6223

1.2 IIW 人员培训与资格认证统计与分析

2020年，从地区分布来看，欧洲占比为76%，共颁发4690份IIW证书，亚洲占比为20%，共颁发1215份IIW证书，大洋洲与非洲地区占比为4%，共颁发256份IIW证书，而美洲占比仅为0.06%，共颁发4份IIW证书。IIW-IAB的人员培训与资格认证体系（PQS）在各地区发展不均衡的现状，在本年度没有得到任何改善。

2020年，从资格认证数量分布来看，在IIW开展的8类人员认证中，IWE占比为36.8%，IWS占比为25.8%，以上两类人员占总数为62.6%。各类人员资格认证总数增长变化曲线见图4。

2020年IIW各类人员印章共计颁发482枚，与上年比较仅下降4%，有41%的ANB开始推广IIW印章的使用。

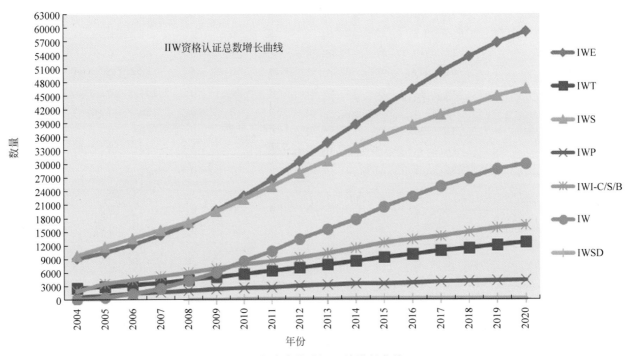

图4　各类资格认证累计增长曲线

2　IIW-IAB 企业认证体系

2.1　ANBCC 的最新发展

截至2020年年底，IIW企业认证机构（ANBCC）的获授权成员共23个：澳大利亚（Weld Australia）、加拿大（CWB）、中国（CWTQC-CANBCC）、捷克（CWS-ANB）、法国（AFS）、希腊（WGI）、匈牙利（MHtE）、印度（IndIW）、意大利（IIS-Cert）、哈萨克斯坦（Kazweld）、荷兰（NIL）、新西兰（Hera-ANBCC）、波兰（L-IS）、罗马尼亚（ISIM-Cert）、俄罗斯（PROMETEY-Cert LLC）、塞尔维亚（ZAVOD-Cert）、斯洛伐克（CERTIWELD VUZ）、斯洛文尼亚（SDVT）、

南非（SAIW）、西班牙（CESOL）、乌克兰（PATONCERT）、英国（TWI Cert）、美国（USA ANBCC），较上年度增加了一个。

2020年各ANBCC新认证企业为196家，复审认证企业为300家，两项合计为496家，较上年度增加1%，而新认证企业较上年度减少14%，复审认证企业较上年度增加14%，两项合计较上年度增加1%。如图5所示，截至2020年年底，新认证企业达2740家，较上年度新认证企业总数增长7.7%。由表10可见，意大利（IIS-Cert）以826家位列第一，中国（CWTQC-CANBCC）以588家位列第二，排在第三位的是南非（SAIW），共认证244家企业。

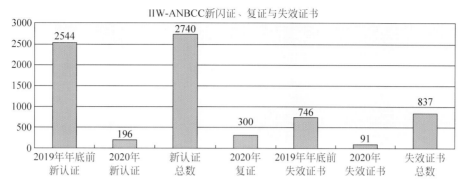

图 5　IIW-ANBCCs-ISO3834- 认证 2020 年度汇总

2.2　IIW 企业认证统计与分析

2020 年仅有 3 个 ANBCC 在授权国外开展了企业认证业务，分别是法国（AFS）：进行了一个新企业认证；罗马尼亚（ISIM-Cert）：进行了两个新企业认证和 4 家复审；英国（TWI）：进行了一个企业复审；共计 3 个新认证和 5 个复审认证，占比仅为当年企业认证的 1.6%。

2020 年企业认证在各地区的开展情况见表 9，新认证加复证总数为 496，通过计算分析得出，欧洲占初、复审总量的 53.6%，亚洲占 25.4%，大洋洲与非洲占 21%，而美洲本年度为 0。

2021 年的预测统计见图 6。大部分国家的 ANBCC 对下一步 IIW 企业认证的开展不持乐观态度，尤其是在疫情影响下，新企业认证占比增长的难度越来越大。

表 9　2020 年度各地区企业认证情况的汇总

地　区	新认证	占比 /%	复审认证	占比 /%
欧洲	102	52	164	55
美洲	0	0	0	0
亚洲	41	21	85	28
大洋洲 / 非洲	53	27	51	17
合计	196	100	300	100

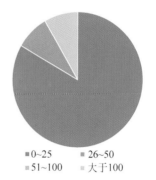

■ 0~25　■ 26~50
■ 51~100　■ 大于 100

图 6　对 2021 年 IIW MCS 体系颁发资质证书
数量预测统计图（新证和复证）

表 10　IIW-ANBCC 企业认证体系数据统计

	2020 年在授权地区新认证企业	2020 年异地新认证企业	2020 年新认证企业总数	截至 2020 年年底新认证总数	2020 年授权地区内复审	2020 年在异地复审	2020 年复审总数
澳大利亚（Weld Australia）	18	0	18	73	0	0	0
加拿大（CWB）	0	0	0	2	0	0	0
中国（CWTQC-CANBCC）	36	0	36	588	83	0	83
克罗地亚（CROATIA）	0	0	0	119	0	0	0
捷克（CWS-ANB）	10	0	10	64	1	0	1
法国（AFS）	2	1	3	40	0	0	0
德国（DVS）	0	0	0	52	0	0	0
希腊（WGI）	1	0	1	1	0	0	0
匈牙利（MHtE）	10	0	10	91	3	0	3
印度（IndIW）	5	0	5	26	1	0	1
意大利（IIS-Cert）	44	0	44	826	95	0	95
哈萨克斯坦（Kazweld）	0	0	0	3	1	0	1

续表

	2020 年在授权地区新认证企业	2020 年异地新认证企业	2020 年新认证企业总数	截至 2020 年年底新认证总数	2020 年授权地区内复审	2020 年在异地复审	2020 年复审总数
新西兰（Hera-ANBCC）	10	0	10	47	6	0	6
荷兰（NIL）	1	0	1	44	5	0	5
波兰（L-IS）	2	0	2	48	6	0	6
罗马尼亚（ISIM-Cert）	12	2	14	112	8	4	12
俄罗斯（PROMETEY-Cert LLC）	2	0	2	13	2	0	2
塞尔维亚（ZAVOD-Cert）	0	0	0	22	0	0	0
斯洛伐克（CERTIWELD VUZ）	0	0	0	0	0	0	0
斯洛文尼亚（SDVT）	3	0	3	116	11	0	11
南非（SAIW）	25	0	25	244	45	0	45
西班牙（CESOL）	0	0	0	29	1	0	1
土耳其（GEV/TKTA）	0	0	0	1	0	0	0
乌克兰（PATONCERT）	4	0	4	30	3	0	3
英国（TWI Cert）	8	0	8	144	24	1	25
美国（USA ANBCC）	0	0	0	3	0	0	0
合计	193	3	196	2738	295	5	300

3 IIW 人员资质认证体系的最新发展

截至 2020 年年底，获 IIW 人员资质认证的国家（IIW-ANB/PCS）共计 15 个，较上年度增加一个：澳大利亚（Weld Australia）、克罗地亚（HDZTZ）、捷克（CWS-ANB）、法国（AFS）、德国（DVS-PersZert）、匈牙利（MHtE）、意大利（IIS-Cert）、哈萨克斯坦（Kazweld）、波兰（L-IS）、罗马尼亚（ASR CertPers）、塞尔维亚（DUZS-CertPers）、斯洛文尼亚（SDVT）、斯洛伐克（VUZ）、瑞士（SVS-ASS）、英国（TWI Cert），其中主要是欧洲国家，仅两个是欧洲之外的国家。

2020 年 IIW 的人员资质认证情况见表 11、表 12 与图 7，共计新认证 178 项。其中，CIWE 为 122 项，占比为 68.5%，总数较上年度减少 18%，而当年的复审认证为 364 项，较上年度增长 11%，综合两项计算，总数较上年度仅下降了 0.2%。

2020 年 IIW 人员资质认证（PCS）排在第一位的是意大利（IIS-Cert），总数为 318 项，

其中新认证 66 项和复审认证 252 项，占比达 58.7%，见表 13。由表 12 可见，在 2020 年的新认证中有 96% 来自欧洲，复审认证中有 98% 来自欧洲，新认证与复审仅有 4% 和 2% 来自欧洲以外的地区，IIW-PCS 体系发展的地区差异仍非常大，一直没有得到任何有效的改善。2021 年的 IIW-PCS 发展预测统计分析见图 8，图中数据是由 IAB 管理团队根据各授权机构预测 2021 年资质认证人员数量汇总得出。

表 11 新认证人员资质证书统计

	CIWE	CIWT	CIWS	CIWP	TOTAL
截至 2019 年	1150	497	347	34	2028
2020 年	122	22	32	2	178
累计	1272	519	379	36	2206

表 12 2020 年不同区域颁证情况

地区	新认证	占比 /%	复审认证	占比 /%
欧洲	171	96	356	98
美洲	0	0	0	0
亚洲	0	0	0	0
大洋洲 / 非洲	7	4	8	2
合计	178	100	364	100

人员资质认证统计(仅针对新认证)

图 7　新认证资质证书与分类

表 13　2020 年 IIW-PCS 统计数据

国　　家	新认证	复审认证	证书合计（新证＋复审认证）	新认证累计	失效证书	有效证书合计
澳大利亚（Weld Australia）	7	8	15	174	7	111
克罗地亚（HDZTZ）	2	12	14	98	10	65
捷克（CWS-ANB）	0	0	0	0	0	0
法国（AFS）	0	1	1	12	1	3
德国（DVS）	26	6	32	141	12	85
匈牙利（MHtE）	1	0	1	32	0	32
意大利（IIS-Cert）	66	252	318	1054	59	658
哈萨克斯坦（Kazweld）	0	0	0	2	0	1
波兰（L-IS）	28	54	82	275	0	275
罗马尼亚（ASR）	0	0	0	21	0	12
塞尔维亚（DUZS）	2	0	2	2	0	2
斯洛伐克（VUZ）	28	19	47	152	1	145
斯洛文尼亚（SDVT）	2	2	4	35	0	20
瑞士（SVS-ASS）	14	0	14	51	0	51
英国（TWI）	2	10	12	157	2	124
合计	178	364	542	2206	92	1584

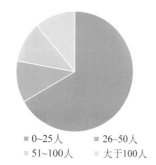

图 8　2021 年 IIW PCS 体系（CIWE，CIWT，CIWES，CIWP）的发展预测统计分析图（新认证和复审认证）

4　IIW–IAB 技术规程的创新与发展

4.1　IIW-IAB 远程在线技术在培训与认证方面的应用发展

近年来，远程教育在 IIW-IAB 中得到高度关注，尤其是受到 2020 年疫情的影响，远程在线培训得到了高度重视与快速发展。对 ANB 开展远程培训的国家明显增多，远程培训课程的范围也正在扩大，近期，IWIP 也被放入远程培训的规程中。在本届 IIW-IAB A 组的会议上，国际焊接结构设计师（IWSD）、国际机械化轨道与机器人焊接人员（IMORW）等工作组的报告中均提及计划开展远程培训。目前看来，远程线上培训已经成为在疫情期间进行教学的有效方式，不仅是培训教学，远程在线技术在 IIW-MCS 企业认证领域的应用也取得了良好的效果，见图 9。

目前，远程在线技术越来越成熟，已经可以应用于 IIW-IAB 的相关培训、认证和考试等方面，也是 IIW-IAB 倡导的应对疫情影响的主要技术途径。

图9 远程开展 ISO 3834 企业在线评审图
（a）文件评审；（b）专业谈话；（c）现场评审

4.2 IIW-IAB 将启动数字证书的应用

数字技术在人员培训的过程中应用较多，尤其在模拟教学方面应用广泛，目前已经拓展到数字证书的应用。在 2019 年的 IIW-IAB 会议上，IAB B 组主席 S.Morra 先生在会议上对相关技术与应用方法作了专题介绍，建议在 IIW-IAB 认证体系中采用。

在 2020 年年初的 IIW-IAB 冬季会议上，就数字证书系统的安全性及信息保护等相关技术和法律问题进行了专题讨论。在本届会议上，提交了非常完整的技术方案（图10）和技术规程草案，并表决通过。预计将在下一届会议上

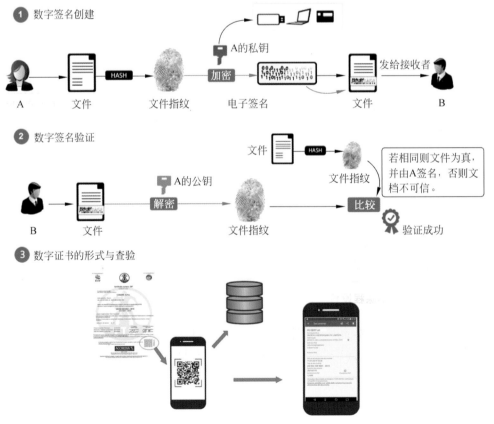

图10 IIW-IAB 数字证书技术方案框图

正式表决通过后实施。

4.3 IWIP 考试与资质认证体系的最新进展

将 IWIP 由资格认证引入资质认证体系中是近期 IAB 的热点之一，也是 IAB 2020 年 A 组与 B 组同时推进的重点工作，且取得了诸多进展。将 IWIP 培训纳入远程教学（BLC）后，IWIP 考试将采取 IIW-IAB 统一规定并授权认可的考试试件，理论考试也将由 IIW-IAB 中心试题库直接出题，CIWIP 的相关规程、与资质认证相关的工作均在有序进行中。

4.4 IWSD 等规程的修订与完善

在本届会议上，有多个工作组对相关规程提出了修改完善的工作报告，均得到了各国代表的广泛支持，并将在下一步积极推进。其根本目的和积极意义在于推进 IIW-IAB 相关培训与认证工作的开展。IWSD 规程修改方案得到了高度关注，主要技术内容包括，将原有的两个技术等级合并为一个，将原有的课程学时数进行压缩，并采用模块化的教学课程设置（图 11），使课程更加优化并突出针对性，同时开展远程教学。

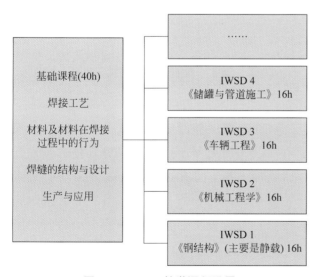

图 11　IWSD 教学课程设置

4.5 对入学考试等一致性要求备受关注

IWIP 人员考试开始采用全球统一的试题库和完全同样的实际操作考试试件。在本届会议上，欧洲一些国家提出，IWE 等入学资格也应采用全球统一的规则，即将修改原来一直延用的满足 IIW-IAB 关于入学条件的最低要求，再根据各授权国的教育体系差异形成入学条件，并报 IAB B 组审议表决通过后实施的方式。这个建议得到了本届会议上多数代表的支持，将组成专门工作组推进。

5　分析与讨论

IIW-IAB 3 个体系经历了疫情考验，各成员国 ANB 与 ANBCC 的共同努力显示了这个体系日趋成熟，从表 14 统计的近 5 年 IIW-IAB 3 个体系较上年度对比的增长率可以看出，IIW-IAB 人员资格认证体系 PQS 近 5 年均处在负增长区间，这与体系建立时间较长和资格认证的特点有关。2020 年主要是受到疫情冲击影响而造成 30% 的负增长，3 个体系中的 IIW-PQS 建立最早，已经近 25 年，累计完成人员资格认证近 17 万，且证书终身有效，其增长只能依靠新人员认证，且地区发展不均衡非常突出，见表 15。减少地区发展差异是可持续发展的关键，增加新课程和新的人员资格认证种类也是有效的途径，而促进现有 8 类人员资格认证的均衡与同步发展也是解决问题的关键。

表 14　近 5 年 IIW-IAB 3 个体系增长率　%

	2016 年	2017 年	2018 年	2019 年	2020 年
IIW-IAB PQS 增长率	−10	−2	−10	−1	−30
IIW-IAB MCS 增长率	−10	7	9	−11	1
IIW-IAB PCS 增长率	−21	3	53	−21	−0.2

表 15　IIW-IAB 3 个体系 2020 年在各地区的发展情况　%

	欧洲	亚洲	大洋洲/非洲	美洲
PQS 地区占比	76	20	4	0.06
MCS 地区占比	53.6	25.4	21	0
PCS 地区占比	97.2	0	2.8	0

另外两个体系均为资质认证，有复审认证的持续影响因素。2020 年的企业认证 MCS 能够实现正增长是复审认证数量增长影响的，人

员资格认证 PCS 也是如此。如果要实现企业认证与人员资质认证的良性发展，减少地区发展的巨大差异仍是关键，而这种差异在近几年未见根本改善。

国际合作是推广和促进 IIW-IAB 体系在全球发展壮大的成功方式，以中国 CANB 的发展为例，其能够成为欧洲以外第一个获得 IIW 授权的认证机构[2]，主要得益于中德的合作项目。早在 1984 年，中德就已开始国际合作，将德国焊接培训与资格认证体系引入中国，并在近40 年的时间里一直保持并不断加深在人员培训认证和企业认证等方面的良好合作，这也是中国 CANB/CANBCC 在获得国际授权后，能够取得 IWE 培训认证全球第一和企业认证全球第二，并分别占亚洲地区人员资格认证和企业认证数量的 70% 和 75% 的重要原因之一。这一成功合作得到了 IIW-IAB 的高度认可，更是中德双方长期坚持与共同努力的结果（图 12）。积极开展和加强国际间的交流与合作将会推进 IIW-IAB 国际认证的可持续发展。

**图 12　IIW-IAB 主席与中德合作机构负责人
共同参加中德合作 30 周年纪念**

参考文献

[1] EWF/IIW-IAB MANAGEMENT TEAM, Report on IIW-IAB qualification and certification systems activities during 2020 [Z]. IAB-MM-106-2021.

[2] ITALO FERNANDES, State of the Art of the International Qualification & Certification System in Welding and Joining Technologies. 国际焊接学会（IIW）2019 年研究进展 [M]. 北京：机械工业出版社，2020：288.

作者：解应龙，教授，国际焊接工程师，欧洲焊接质检师，欧洲无损检测（UT，RT，PT，MT，VT）Ⅲ级主考官，国际焊接学会（IIW）国际授权委员会（IAB）执行委员会委员，国际授权（中国）焊接培训与资格认证委员会 CANB 副主席兼秘书长，国际授权（中国）焊接企业认证委员会 CANBCC 副主席兼秘书长，中国机械工业教育协会副理事长，全国焊接标准化委员会检验检测分委员会主任委员，中国焊接学会焊接生产制造与质量保证专业委员会主任委员，机械工业哈尔滨焊接技术培训中心首席专家，主要从事焊接培训国际认证、焊接企业认证、欧洲无损检测人员认证等，发表论文 60 余篇。

审稿专家：金世珍，机械科学研究总院集团有限公司研究员。长期从事焊接技术研究及科研管理，参与国家 04 专项、智能专项、重点研发计划、国际合作专项管理等工作，组织完成国家工程研究中心创新能力建设项目管理工作。E-mail: 852348724@qq.com。

国际焊接学会（IIW）第 74 届年会综述

黄彩艳　李波

（哈尔滨焊接研究院有限公司　哈尔滨　150028）

摘　要： 国际焊接学会（IIW）第 74 届年会于 2021 年 7 月 7—21 日在线召开。会议内容涵盖焊接材料、工艺、装备、设计、检测与评定、培训与认证等领域，对焊接标准制订、青年焊接人才成长、焊接科技创新发展等内容也进行了全面讨论。中国机械工程学会焊接分会（CWS）派出了 20 余位专家学者全面参与 IIW 学术与管理工作。随着全球一体化进程的深入，CWS 与 IIW 的合作也越来越紧密，双方在科技交流和人才培养等领域合作取得了突出成绩。IIW 所呈现的前沿焊接科技对推动中国焊接技术发展、促进中国青年创新人才成长也发挥了重要作用。

关键词： 国际焊接学会；IIW 第 74 届年会；中国机械工程学会焊接分会

0　序言

国际焊接学会（International Institute of Welding，IIW）成立于 1948 年，当时正值第二次世界大战后欧洲工业逐步复苏的阶段。随着焊接技术的广泛应用，焊接材料和工艺等技术问题逐渐增多。在此背景下，IIW 应运而生，作为国际性的平台，为各国焊接学者实现经验交流、问题研讨、合作共赢提供支撑。在成立之初，IIW 将其目标设为与各国焊接组织合作，推动焊接技术进步。2018 年，在 IIW 的发展战略中提出的新愿景是，作为全球焊接领域的领导者，通过国际网络化平台，引领"产、学、研"共同推动焊接与连接技术发展，创造更加安全、可持续发展的新世界[1]。

经过 70 余年的发展，IIW 已拥有来自全球 50 个国家的 66 个组织，成为全球最具影响力的国际焊接组织[2]。IIW 聚集了全球焊接"产、学、研"界的精英人才，在学术前沿、焊接培训与资格认证、焊接标准化、人才培养等领域引领着国际焊接的发展。

每年一次的年会是 IIW 的重要工作，也是全球焊接科技人员的盛会。传统面对面的会议通常有来自 40 余个国家的 800 余位专家学者参会。近两年，受新冠肺炎疫情影响，IIW 年会改为网络会议。2021 年 7 月 7—21 日，在 IIW 秘书处的组织筹备下，IIW 第 74 届年会在线召开。会议围绕焊接材料、工艺、装备、设计、检测与评定、培训与认证等主题，进行了 19 个专业方向的学术交流活动和全面的工作会议。

中国机械工程学会焊接分会（Chinese Welding Society，CWS）成立于 1962 年，是全国性的焊接专业学科及相关技术工作者的学术团体。CWS 以团结广大焊接工作者，提高学术水平，繁荣发展我国焊接事业为宗旨和目标。CWS 设有技术工作委员会，标准化、教育培训与资格认证、地方工作委员会，生产应用、编辑出版、国际联络、青年工作委员会等机构，从学术交流、技术合作、人才培养、标准制订等方面推动我国焊接科技的发展。

CWS 与 IIW 的交流始于 1963 年 7 月。当时，我国著名冶金学、航天材料专家姚桐斌首次率领学会代表团一行四人以观察员的身份参加了 IIW 在芬兰首都赫尔辛基召开的第 16 届年会。会后，学会即着手准备材料申请加入 IIW 国际组织。1964 年 7 月在捷克首都布拉格举行的 IIW 第 17 届年会上，CWS 被正式批准为会员，成为代表中国参加 IIW 的唯一组织。

半个多世纪以来，CWS 始终保持与 IIW 在学术、焊接培训与认证等领域的交流与合作，先后有一批优秀的专家学者在 IIW 管理机构和学术机构任职，如担任 IIW 副主席、执行委员会委员、技术管理委员会委员、专业委员会主席等职务，也有多位专家在 CWS 的推荐下获得 IIW Granjon、Arata、Paton、Ugo、Fellow 等一系列奖项。

1 IIW 第 74 届年会概况

受全球持续新冠肺炎疫情的影响，IIW 第 74 届年会延续了网络会议形式，于北京时间 2021 年 7 月 7—21 日晚 7:00—10:00 在线召开（会议网址为 iiw2021.com）。共有来自 44 个国家的 773 位代表注册参会，其中，来自中国的学者有 65 位，各国代表参会情况见图 1。

网络会议设会议室、展览区、留言墙、投票箱四个模块。会议室模块是实现在线会议的主要载体。根据议程点击进入不同的会议室，即可实现在线互动功能，会议室模块下设有"IIW 2021 奖项发布"和"焊接摄影艺术展"两部分内容。展览区展示的是 IIW 2021 赞助商和 IIW 2022、2023 年会承办方——日本和新加坡的宣传片。各成员国委派代表（delegate）参加 IIW 成员国代表大会及各专业委员会会议时会有投票环节，对会议相关决定或人员选举等进行投票表决，"投票箱"从技术上保证了这一投票环节的顺利进行，各成

员国代表登录后即可在投票箱模块查看自己的投票权限和时段，在主持人发起投票时点击"赞成""反对""弃权"，即可完成投票。IIW 2021 网络会议界面、IIW 2021 会议室模块见图 2 和图 3。

本次会议公布了 IIW 2021 年度奖项评选结果，来自美国、德国、瑞典、新加坡、芬兰等国家的 18 位专家学者获得了本年度的 11 个奖项。会议表彰范围包括：对焊接科技相关领域有突出贡献的专家学者（如 Evgeny Paton Award 和 Yoshiaki Arata Award）；长期为 IIW 工作、对 IIW 发展有重要贡献的人员（如 Walter Edstrom Medal，Fellow of the IIW Award 和 Arthur Smith Award）；在焊接标准制订领域做出突出贡献的专家（如 Thomas Medal）；以及焊接软件创新（Heinz Sossenheimer Software Innovation Award）和青年人才优秀博士论文等（如 Henry Granjon Award）。2021 年度的获奖人员见表 1。

受网络会议的限制，颁奖仪式无法举行，但获奖人录制了获奖感言的视频，在不同的国家、不同的背景下讲述了获奖的历程和感受。这些视频也很好地传递了 IIW 聚集英才、连接世界的人文精神。

今年的焊接摄影艺术展上展出了来自 15 个国家的 42 件焊接摄影作品。值得一提的是，展品创作者均是焊接领域的从业人员和青年学生。摄影作品从公园和街头的陈列艺术品到金属波浪抽象画，充分展现了焊接制造技术的艺术性和焊接人热爱焊接、热爱艺术、热爱生活的情怀。

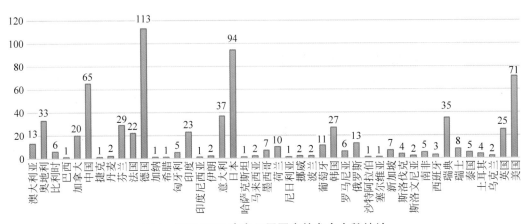

图 1 IIW 2021 来自不同国家的参会人数统计

图 2   IIW 2021 网络会议界面

图 3   IIW 2021 会议室模块

表 1   IIW 2021 年度获奖人员名单

奖　　项	获　奖　人	国　　籍
Walter Edström Medal	Mr. Christian Ahrens	德国
Fellow of the IIW Award	Prof. Bruno de Meester	比利时
	Prof. Arun Kumar Bhaduri	印度
	Dr. Murali Tumurulu	美国
	Dr. Vincent Van Der Mee	美国
	Dr. Lars Johansson	瑞典
Arthur Smith Award	Prof. Gary Marquis	芬兰
Evgeny Paton Award	Prof. Michael Gehde	德国
Chris Smallbone Award	Mr. Ang Chee Pheng	新加坡
Thomas Medal	Mr. Walter Sperko	美国
Yoshiaki Arata Award	Prof. Américo Scotti	巴西
Halil Kaya Gedik Award（C 类）	Mr. Carl Peters	美国
Welding in the World Best Paper Award（A 类）	Dr. Stephan Egerland	瑞典
Welding in the World Best Paper Award（B 类）	Dr. Arne Kromm	德国
Welding in the World Best Paper Award（C 类）	Mr. Andreas Deinböck	德国
Henry Granjon Award（A 类）	Dr. Zongyao Chen	美国
Henry Granjon Award（C 类）	Dr. Mayhar Asadi	加拿大
Heinz Sossenheimer Software Innovation Award	Dr. Zhili Feng 及其团队	美国

2   IIW 第 74 届年会国际会议

7 月 8 日，以"人工智能助力焊接与连接技术创新"为主题的国际会议（International Conference，IC）在线召开，这是本次年会新增加的会议环节。

在以往现场会议的形式中，国际会议安排在年会结束后召开，为期 2 天，由承办国组织。本次会议由 TMB 组织实施，TMB 主席 Stephan Egerland 博士任组织委员会主席。TMB 在全球范围内邀请了 6 位人工智能领域的专家，介绍了人工智能在焊接领域的创新应用与发展。

来自奥地利的 Bernhard Geiger 博士的报告——"理论驱动的机器学习——旨在知识与数据的协同"被列为"IIW Portevin Lecture"。报告指出，理论驱动的机器学习结合了模型和数据优势，形成了更精准、更简单、更迅捷的培训或推理模式。报告介绍了几种关键的理论驱动的机器学习方法，并就其实际应用进行了讨论。

法国焊接研究所的 Slah Yaacoubi 博士做了"利用人工智能提升焊接无损检测的最新研究案

例"的报告。无损检测（non destructive testing, NDT）对保证焊缝的质量起着尤为重要的作用。但在实践中，NDT的检验结果并不及时，所以采用人工智能辅助NDT检测的方法及时干预、节省时间和生产成本就显得尤为重要。报告从数学模拟和运算法则等建立人工智能模型的技术背景出发，介绍了人工智能在欧洲和国际项目（如EIT Digital，Clean Sky，World Autosteel等）中的现代生产制造的成功案例，以及在役结构缺陷如裂纹、腐蚀、微观损伤等方面的检测。

日本国立材料科学研究所的Masahiko Demura博士做了题为"计算机模拟材料集成——从工艺、结构到性能与功能"的报告。工艺、结构、性能和功能是材料科学与工程领域的关键因素。"材料集成"是使用实验、理论、数据库、数值模拟等方法，利用计算机模拟将上述四个因素建立起联系的一种概念。Demura博士依此概念开发了一个网络平台"Mint System"（MInt系统），将不同因素之间的联系设为不同的模块，并最终组成一个工作流。比如，通过工艺建立由焊接模块、微观结构模块、蠕变性能模块、蠕变损伤分析模块组成的工作流，预测焊缝的蠕变断裂时间。MInt系统可用于优化焊接条件、最大化蠕变断裂的时间。报告介绍了MInt系统的开发状况，并详细介绍了材料集成所采用的人工智能方法。

日本川崎重工有限公司的Ryoichi Tsuzuki博士做了题为"飞机制造业焊接与检验自动化与人工智能技术的发展"的报告。川崎重工建立了"川崎生产系统"（KPS）作为其创新制造的标志性概念。在飞机制造（机体和发动机）领域，公司建设了数字化智能工厂，利用自动化与人工智能实现焊接与检验的高质高效。报告介绍了KPS的背景、飞机发动机焊接与检验所使用的智能制造系统，包括机器人焊接系统、自动成像与检验系统等。

美国肯塔基大学电子与计算机工程学院的张裕明教授做了题为"自适应智能焊接制造——传统的传感/模拟/控制与现代的机器学习和人机互动"的报告。报告分析并提出了自适应机器人焊接所面临的挑战，回顾了应对挑战所做的工作；介绍了如何采用机器学习/深度学习，向人学习及人机互动等先进方法解决自适应机器人领域的诸多问题。

爱迪生焊接研究所的Alex Kitt博士做了题为"合于使用条件判断机器学习的三种类型"的报告。报告重点介绍了机器学习/人工智能对合于使用进行条件判断的三种类型。第一种是使用过程监控和机器学习分类算法预测超声波焊接的电池接线片是否具有足够的拉力；第二种是使用Bayesian Network预测增材制造部件的疲劳寿命；第三种是使用图像识别技术对服役部件的NDT数据进行分类。最后，Kitt博士总结了如何综合使用三种判断方法确定部件是否合于使用。

本届国际会议契合了当下数字化、智能化的主题。人工智能助力焊接技术创新已成为科技发展的浪潮，焊接技术的发展也必将走向更加深刻的变革。

3 IIW第74届年会学术机构会议

IIW原设有18个专业委员会（Commission）和SG-212焊接物理研究组，研究方向涉及焊接材料、工艺、装备、设计、检测与评定、培训与认证等多个方向。在本届年会上，SG-212研究组被改组成为C-XII委的分委会，但在研究领域上仍承接原来的工作。IIW各专业委员会的名称见表2。

本届年会的IIW专业委员会和SG-212研究组共进行了48个单元的学术会议。其中，C-II委与C-VIII委，C-VII委与C-XVII委还召开了联合会议。会议共持续144小时，交流论文200余篇。

C-II委听取学术报告10篇，内容主要涉及异质焊接接头的截面组织研究、交替保护气氛

表 2   IIW 专业委员会列表

专业委员会名称		研 究 领 域
C-I	增材制造、堆焊和热切割	增材制造、堆焊和热切割等相关工艺的研究及其工业应用
C-II	电弧焊与焊接金属	焊缝金属冶金、焊缝金属测试与测量和焊缝金属的分类与标准化
C-III	摩擦焊、固态焊及相关工艺	电阻焊、固相连接及相关工艺研究；相关 ISO 标准的制订
C-IV	高能束流焊接	电子束加工技术（如激光、激光复核、电子束流焊接等）的研发与应用，重点关注高强钢、不锈钢、轻合金及异种材料焊接等领域
C-V	焊接结构的无损检测与质量保证	焊接质量保证与无损检测新方法的研究
C-VI	焊接术语	使用现代信息技术用多种语言创造、收集焊接术语，促进焊接术语在学术界与工业界应用的一致性
C-VII	微纳连接	微连接和纳连接新方法、新材料研究及其在工业器件和系统封装中的应用研发
C-VIII	健康安全与环境	焊接过程中影响健康、安全与环境的因素，确保焊接操作对人身和环境的保护
C-IX	金属材料焊接性	金属材料的冶金性、焊缝及接头组织性能的研究
C-X	焊接接头性能与断裂预防	评估焊接结构的强度与完整性；重点关注残余应力、强度不匹配及异种钢接头对结构强度的影响
C-XI	压力容器、锅炉与管道	分析焊接对压力容器使用寿命的影响，具体包括焊接材料、应力、缺欠、可靠性等内容
C-XII	电弧焊方法与生产过程	弧焊工艺与生产系统的研发
C-XIII	焊接构件和结构的疲劳	关注焊接接头和结构疲劳失效的最新理论研究进展，以及提高焊接接头与结构的疲劳寿命的新技术，为工程实际中焊接结构的疲劳设计与疲劳寿命改善提供科学指南
C-XIV	教育与培训	分享成员国组织在培训与认证、数字学习、远程教育等创新性的培训活动的经验、制订最佳实践方案，促进成员国家焊接能力的提升
C-XV	焊接结构设计、分析和制造	为建筑桥梁、管状结构、机械设备等焊接结构的分析、设计与制造
C-XVI	聚合物连接与胶接	聚合物连接和胶接技术研究
C-XVII	钎焊与扩散焊技术	钎焊、扩散焊材料及部件的冶金和力学性能研究，尤其是新型钎焊材料及同种 / 异种材料钎焊材料及技术
C-XVIII	焊接及相关工艺质量管理	制定焊接质量管理体系相关的文件和标准，为技术人员、质量管理人员、生产人员等提供文件支撑

的不锈钢 GMAW 焊工艺、高脉冲氩弧焊接工艺、高强钢修复焊接结构组织与应力分析、双相钢焊接热影响区铁素体控制研究、镍基合金焊缝 DDC 裂纹敏感性研究、火电马氏体钢焊接材料评估和不锈钢焊缝金属铁素体规范与测量等。会议还对焊接材料相关标准的立项与修订进行了审议，对 2022 年需要修订的 11 项标准进行了系统评价。中国科学院金属研究所的陆善平研究员作为中国代表参会。哈尔滨焊接研究院郭枭高级工程师、上海核工厂研究设计院的学者在会上做了报告。

C-III 委共听取报告 21 篇，涉及的热点内容

包括电池电阻焊研究、异种材料电阻焊研究、超声辅助搅拌摩擦焊、钢搅拌摩擦焊、线性摩擦焊等。西北工业大学的李文亚教授作为中国代表参会。上海交通大学的陈楠楠博士、西北工业大学和北京理工大学的学者在会上做了报告。

C-IV 委听取学术报告 7 篇，主要涉及激光焊接、激光电弧复合焊、激光切割、激光增材、电子束焊接，以及焊接过程稳定性控制和质量控制方法研究的最新进展。中国航空制造技术研究院的陈俐研究员作为中国代表参会。华中科技大学的学者在会上做了报告。

C-V 委交流学术论文 11 篇，内容涉及射线

检测，超声检测，结构健康监测，基于电、磁、光学方法的焊缝检测等领域。中冶建筑研究总院有限公司的马德志教授级高级工程师作为中国代表参会。

C-Ⅶ委交流学术论文20篇，内容涉及微纳连接冶金机理、新型微纳连接技术、微纳连接器件应用等方面。其中，功率芯片低温连接技术、纳米自蔓延微连接技术、表面活化直接键合技术是热点内容。委员会主席、清华大学的邹贵生教授主持会议。清华大学的刘磊副教授作为中国代表参会。另有哈尔滨工业大学、北京航空航天大学、天津工业大学等单位的9位学者在会上做了报告。

C-Ⅷ委听取学术报告7篇，内容涉及焊接烟尘中高溶解度六价铬对人体致病的机理、小鼠亚慢性致病模型中焊接烟尘吸入对呼吸系统及全身免疫系统的影响、人体工程学在焊接中的作用等。委员会与C-Ⅱ委的联合会议内容涉及焊接烟尘暴露场景、电弧焊烟尘特性研究、焊接烟尘颗粒的基因毒性和引发炎症的潜在危险等内容。兰州理工大学的石玗教授作为中国代表参会。北京工业大学的李红副教授在会上做了交流报告。

C-Ⅸ委听取论文22篇。内容涉及低合金钢、不锈钢、镍基合金、铝合金、钛合金等材料在多种焊接与增材制造条件下的显微组织与性能特征。会议关注的热点是：双相不锈钢的焊接、不锈钢及镍基合金的热裂纹、异质材料连接、有色金属的搅拌摩擦加工、抗蠕变钢的焊接等问题。清华大学的常保华副教授作为中国代表参会。

C-Ⅹ委共听取学术论文10篇。内容涉及断裂模拟与分析、焊接部件残余应力以及断裂力学试验的发展等。上海交通大学的学者在会上做了交流报告。

C-Ⅺ委的会议进行了主席选举，CWS理事、北京航空航天大学的吴素君教授当选委员会主席。会议听取学术论文7篇，内容包括：利用

串联等离子转移弧焊制备具有梯度结构的高效多层材料和高沉积涂层、利用金属磁记忆技术探测发电锅炉中奥氏体过热器线圈的微观应力集中、工程关键评估中用于评定围焊焊趾部位缺陷的放大系数 M_k 的研究成果等。吴素君教授和来自天津大学的学者在会上做了论文交流。吴素君主席还组织委员和代表对委员会未来的发展和工作重点进行了探讨。

C-Ⅻ委共听取论文16篇，内容主要聚焦在新型弧焊方法和弧焊工艺参数对熔池及焊接质量的检测评估与过程模拟、熔丝电弧增材制造的新应用与过程模拟。上海交通大学的华学明教授作为中国代表参会。山东大学的武传松教授、兰州理工大学的顾玉芬教授、上海交通大学的沈忱副教授在会上做了交流报告。

C-ⅩⅢ委共交流报告25篇，内容涉及焊接接头与结构的疲劳强度评定、疲劳强度的改善方法与强化技术等。

C-ⅩⅣ委的会议听取了欧洲焊接协会（EWF）关于增材制造培训与认证体系的实施办法、焊接培训的创新方法。会议还听取了IIW青年领袖工作组相关工作的介绍以及青年焊接工作者国际会议举办的情况等。

C-ⅩⅤ委听取学术报告7篇，内容涉及焊接结构的脆性断裂和疲劳失效分析，高效热丝 CO_2 焊和激光-电弧复合焊接，数字化生产以及制造成本和环境成本计算等方面。委员会负责 IIW Ugo Guerrera Prize 的评审工作。在本届会议上，委员会对CWS推荐的参评项目"港珠澳大桥"进行了评审，建议将 Ugo Guerrera Prize 于2022年年会授予申请人团队。按程序，委员会将评审意见上报 TMB 和 BoD，最终结果将由 IIW 决定和公布。

C-ⅩⅦ委共听取报告27篇，其中，偏重学术基础研究的报告16篇，体现工业背景的报告11篇。内容涉及铝合金、钛合金、TiAl 金属间化合物、单晶高温合金、陶瓷与陶瓷基复合材料、异质接头的钎焊扩散焊连接等领域。复合

钎料、高熵合金钎料、电子束钎焊、异种接头界面化合物控制、中低温钎焊、瞬态液相扩散焊、接头残余应力缓解、接头疲劳性能、轻质蜂窝结构钎焊等是热点内容。会议由委员会主席、中国航发北京航空材料研究院的熊华平研究员主持。哈尔滨工业大学的曹健教授作为中国代表参会。哈尔滨工业大学、清华大学等单位的 20 位学者在会上做了交流报告。

SG-212 研究组共听取了 6 篇报告，内容涉及 GMAW、变极性等离子弧焊、激光焊及电弧增材制造过程中的电弧、熔滴、熔池数学建模与实验观测研究的最新进展。兰州理工大学的樊丁教授作为委员参会。来自上海交通大学、北京工业大学和兰州理工大学的学者在会上做了交流报告。

IIW 各专业委员会的学术会议是反映全球焊接技术发展动态最直观的窗口。从各委的论文报告中不仅可以分析总结出各专业领域的热点问题、技术问题，还能够分析出不同国家对相关焊接技术方向性的探索与研究，引发中国学者对焊接科技发展的思考。IIW 2021 年会上各委的论文文献资料可在 CWS 秘书处获取。

4　IIW 第 74 届年会工作机构会议

IIW 的成员国代表大会（General Assembly，GA）是最高权力机构；执行委员会（Board of Directors，BoD）是管理机构，负责 IIW 重大事项的提案与相关政策的制订；IIW 秘书处是执行机构。IIW 学术活动的主体由技术管理委员会（Technical Management Board，TMB）及其下设的 18 个专业委员会构成，负责推动焊接技术的发展与成果转化。国际授权委员会（International Authorization Board，IAB）负责全球范围 IIW 体系的焊接培训与资格认证工作。此外，IIW 还设有青年领袖工作组（Task Group-Young Leaders，TG-YL）、焊接标准工作组（Stand）、地区活动工作组（Regional Activities，RA）等机构，全面引领 IIW 在学术交流、焊接培训与认证、标准制订、人才培养等方面发挥全球引领者的作用。

本次会议 IIW 各工作机构共召开了 14 个单元的会议，包括成员国组织代表大会、执行委员会会议、技术管理委员会工作会议、国际授权委员会会议、青年领袖工作组会议、地区工作委员会会议等。

成员国组织代表大会于 7 月 7 日召开，共有来自 44 个成员国的代表参会。CWS 李晓延副理事长作为 IIW 执行委员会委员参会，IIW 中方对接联系人黄彩艳参会。

会议审议通过了 IIW 章程附则文件的修改，涉及 IIW 组织机构、会议活动、组织管理、技术信息等方面。比较重要的修改是补充了一些条款，明确了特殊情况下 IIW 召开网络会议的有效性等。会议对 IIW 与欧洲焊接协会合作开展"增材制造体系"的培训与认证工作事宜进行了通告。该体系的培训认证工作将于 2021 年启动，IIW 的成员国获得授权后即可开展增材制造领域的培训与认证工作。因拖欠会费，立陶宛和以色列的会员身份被解除，会议表决通过了吸收加纳、伊朗、墨西哥的焊接组织为新成员的决定。会议提出了关于 IIW 会费新计算方法的提案，原有会费的计算方式主要依据各国的粗钢产量，新算法将主要根据人均国内生产总值等方式进行计算。新算法总体上会造成部分成员国家的会费上涨，因而提案没有通过，决定延期再做讨论。

李晓延副理事长在此次年会上卸任了执委，经会议批准，他将担任 TMB 副主席，任期为 2021—2024 年。

技术管理委员会会议于 7 月 20 日召开。会议公布了 TMB 工作机构的调整，新增副主席职位，新增技术工作组（Technical Working Group，TWG）负责对 18 个专业委员会的垂直管理。TMB 同时负责对青年领袖工作组、标准工作组、《世界焊接》编委会的管理工作。

针对 IIW 的战略规划，TMB 出台了行动计划[3]，其核心一是通过机构调整，加强对各工作机构的管理，提高效率；二是加强 IIW 与工业界的合作，提升其在工业界的影响力，包括推进 IIW 制订的最佳实践指南和焊接标准等文献、指南、资料在工业界的应用。

TMB 目前制订了两个建议案推进行动计划的落地：一是与 Springer 合作，将 IIW 起草的最佳实践指南（Best Practice）正式出版，并在全球范围发行；二是加入"WELDX 焊接数据库"项目，该项目的目标是开发电弧焊技术数据共享平台，通过平台促进相关研究数据的共享，避免重复劳动、提高工作效率。

青年领袖工作组会议于 7 月 9 日召开。青年领袖工作组的主要目标是推动青年焊接人才的成长，使更多的青年人关注并参与 IIW 的工作。近年工作组开展了一系列活动吸引青年人才，如 IIW 年会有专门针对青年人优惠的注册费、青年学者分享个人成功故事的"破冰"见面会、青年焊接工作者网站和国际性的青年学者会议等。

此次会议介绍了工作组与在校大学生建立联系的新进展。该项目由工作组发起，希望通过更多青年学生的参与，扩大焊接及 IIW 在青年学子中的影响力。会议还讨论了"IIW 指导项目"（IIW Mentoring Program）的进展，该项目计划通过 IIW 的专家团队在专业知识、领导力、沟通力、管理能力等方面给予青年学者指导和帮助，促进青年人成长、培养 IIW 的青年领导人才。

国际授权委员会分别于 7 月 12 日、13 日、14 日召开了 A 组、B 组和成员国代表大会。

IAB-A 组负责焊接教育培训资格的认证，职责包括制订培训课程指南、编制考题数据库、标准技术解释文件等。IAB-B 组负责焊接人员与企业资质的认证，职责包括制订认证体系的规则与流程文件、对申请机构进行评估与授权等。IAB 通过授权 IIW 成员国组织（或成员国组织指定的机构）推行 IIW 焊接培训与认证体系。这些授权国家机构的代表为 IAB 会员，每年召开一次成员国代表大会，对 IAB 相关的共性问题进行探讨，审议有关提案或决议等。

国际授权（中国）焊接培训与资格认证委员会（CANB）秘书长、IAB 执委解应龙教授参加了上述会议。

IAB-A 组会议听取了工程师/技术员/技师/技士规程工作组、焊工规程工作组、焊接检验人员规程工作组、企业与人员注册体系工作组等在培训规程、考试试题等内容上的修改与补充；IAB-B 组会议审议了条例与操作规程工作组、企业与人员注册体系工作组、远程/在线考试/监考工作组等有关操作规程、认证体系文件等的补充与修改。成员国代表大会听取了 2020 年度 IAB 工作报告。受全球疫情影响，IAB 2020 年度颁发证书总数减少了近 30%。会议还听取了 IAB 的财务报告、探讨了 IAB 发展战略的修改以及疫情时期 IAB 应对挑战的策略与方法。

地区工作委员会会议于 7 月 19 日召开。委员会的主要任务是协调 IIW 在全球的会议及活动，推进先进焊接技术的传播，提升 IIW 成员国家的焊接能力与水平。

会议听取了 IIW 新成员——加纳、伊朗焊接学会的介绍；听取了 IIW 2021 年度在德国亚琛、罗马尼亚雷希察召开的 IIW 地区会议的报告；听取了 IIW 2022 年度冠名会议和 2023 年度德国埃森世界焊工大赛的筹备进展。IIW 2022 年、2023 年年会的主办国日本和新加坡的代表也在会上做了宣讲。会议确定了 IIW 未来几年各类会议活动的时间和地点，详见表 3。

自 2018 年 IIW 提出了新的战略计划以来，IIW 在机构和管理上进行了积极的变革，并提出了契合各委员会工作实际的行动计划，并逐一分解落实。从上述会议的内容可以看出 IIW 一年来工作的新进展，如推进焊接标准和最佳实践指南的刊发以促进 IIW 科技成果在工业界的应用，出台了对青年领袖的培养方案，新开展了增材制造领域的培训与认证等。相信各机构的协调努力必定能将 IIW 的发展推向新的阶段。

表 3 IIW 未来会议与活动

时间	地点	名称
2022 年 6 月 13—16 日	法国，梅兹	IIW 第三届焊接、增材制造与无损检测国际会议 Third IIW International Congress on Welding, Additive Manufacturing and Associated Non-destructive Testing Methods
2022 年 7 月 17—22 日	日本，东京	IIW 第 75 届年会及国际会议 The 75th IIW Annual Assembly and International Conference
2023 年 7 月 16—21 日	新加坡	IIW 第 76 届年会及国际会议 The 76th IIW Annual Assembly and International Conference
2022 年 9 月 8—9 日	匈牙利，米什科尔茨	第四届车辆与车辆工程会议 The 4th Vehicle and Automotive Engineering Conference 2022
2022 年 10 月 12—15 日	中国，北京	第 18 届管状结构焊接论坛 The 18th International Symposium on Tubular Structures
2022 年 10 月 26—28 日	乌克兰，基辅	第六届青年工作者焊接与相关技术国际会议 The 6th Young Professionals International Conference on Welding and Related Technologies
2023 年 9 月 11—15 日	德国，埃森	国际焊工大赛 The International Welders Competition
2023 年 12 月 13—16 日	印度，班加罗尔	IIW 2023 国际会议 The IIW International Conference 2023
2024 年 7 月 6—12 日	希腊，罗德岛	IIW 第 77 届年会及国际会议 The 77th IIW Annual Assembly and International Conference
2025 年 6 月 22—27 日	意大利，热那亚	IIW 第 78 届年会及国际会议 The 78th IIW Annual Assembly and International Conference

5 CWS 与 IIW 的合作与共赢

CWS 自 1964 年正式加入 IIW 以来，持续参加 IIW 的会议和活动，双方的合作已跨过了半个多世纪。IIW 在不同的历史时期所展现的先进的焊接技术和对未来发展趋势的把握一直为 CWS 所学习和借鉴。早期，在网络通信欠发达的年代，中方专家将 IIW 的文献资料翻译、汇编成册，与国内的焊接工作者共享。最近几年，CWS 的专家代表们深入 IIW 各专业委员会，全面掌握 IIW 各专业领域的最新发展动态，并结合国内发展的实际情况做出综合评述，汇编成"IIW 研究进展"，为国内从事焊接相关领域的科学研究、工程应用、认证与培训等方面的人员提供参考，对推进我国焊接技术的发展、推动国际焊接领域研究热点与前沿技术的传播有着不可替代的作用。2021 年度，CWS 向 IIW 16 个专业委员会派出了代表，人员名单见表 4。

表 4 2021 年度 CWS 向 IIW 各专业委员会派出的代表

委员会	姓名 / 职称	单位
C-Ⅰ	叶福兴 / 教授	天津大学
C-Ⅱ	陆善平 / 研究员	天津大学
C-Ⅲ	李文亚 / 教授	西北工业大学
C-Ⅳ	陈俐 / 研究员	北京航空制造工程研究所
C-Ⅴ	马德志 / 教授级高工	中冶建筑研究总院有限公司
C-Ⅶ	刘磊 / 副教授	清华大学
C-Ⅷ	石玗 / 教授	兰州理工大学
C-Ⅸ	常保华 / 副教授	清华大学
C-Ⅹ	徐连勇 / 教授	天津大学
C-Ⅺ	吴素君 / 教授	北京航空航天大学
C-Ⅻ	华学明 / 教授	上海交通大学
C-ⅩⅢ	邓德安 / 教授	重庆大学
C-ⅩⅣ	闫久春 / 教授	哈尔滨工业大学
C-ⅩⅤ	张敏 / 教授	西安理工大学
C-ⅩⅥ	许志武 / 副教授	哈尔滨工业大学
C-ⅩⅦ	曹健 / 教授	哈尔滨工业大学

李晓延 教授　　熊华平 研究员　　邹贵生 教授　　吴素君 教授　　解应龙 教授
TMB副主席　　C-XⅦ委主席　　C-Ⅶ委主席　　C-XI委主席　　IAB执委

图4　2021年度IIW任职的中国专家

在焊接人员培训与认证方面，CWS也较早开启了与IIW的合作。1998年，IIW推出了面向全球的焊接培训与认证体系。CWS随即筹建了国际授权（中国）焊接培训与资格认证委员会（CANB），并于2000年获得IIW的正式授权，在国内开展焊接人员培训，颁发IIW认可的资格证书。经过20余年的发展，CANB的业务覆盖了焊接人员培训资格认证（PQS）、焊接企业资质认证（MCS）、焊接人员资质认证（PCS）三个领域。2019年度的IAB统计数据显示，CANB的PQS认证人员总数居世界第一，发证总数1754份；MCS体系认证业绩稳居世界第二。从亚洲地区分析，CANB占该地区颁发证书总数的70%以上。2020年受全球疫情的冲击，IIW颁证总数减少了30%，在这样的情况下，CANB仍保持了相对稳定的业绩。CANB的工作在IIW、中国的高校和工业界也得到了广泛认可。

随着全球化进程的不断深入，CWS与IIW的合作也越来越紧密。CWS在吸收IIW先进的焊接科技与管理经验的同时，也向IIW不断输出人才和智慧。十多年来，中国代表参与IIW会议和活动的人员呈现出逐年增加的趋势，即使在网络会议诸多不便的情况下，中国代表的参会人数也保持在60人以上。在任职方面，CWS新增加了C-XI委主席和TMB副主席的职位。在IIW 18个专业委员会中，已有3位主席来自中国。目前，CWS共有5位专家在IIW管理机构、学术机构、培训与认证机构任职，也

有诸多青年学者在专业委员会下设的分委员会任职，为IIW的发展贡献中国的智慧和力量。2021年度在IIW任职的中国专家见图4。

随着中国经济与科技的发展，相信CWS将在国际焊接标准制订、最佳焊接实践指南的制定、人员与企业国际认证、新兴焊接技术的倡导等方面为IIW做出更多、更重要的贡献。

6　结束语

受全球疫情的影响，IIW第74届年会延续了网络会议的形式。会议共吸引了来自44个国家的700余位代表参会。为期两周的会议共进行了186小时，开展了19个专业方向的学术交流会议和14个单元的工作会议，发布学术成果210余项。与上一届年会相比，本届会议增加了国际会议、开幕式与闭幕式等环节，在组织和技术保障上均有很大提升。

中国共有65位专家学者参加了此次年会。CWS向IIW 16个专业委员会派出了代表，负责专委会相关议题的审议与投票；另有多位专家参加了IIW成员国代表大会、技术工作委员会、IAB等的工作会议；中国学者在10个专业委员会做学术交流报告50余篇，展示了中国焊接在相关领域的最新研究成果。

多年来，CWS与IIW紧密联系，合作共赢。IIW所呈现的全球先进焊接科技的发展成果和所具有的前瞻视界为中国焊接的发展所借鉴；CWS也在培训与认证、人才与智力输出等多方

面为 IIW 的发展做出了贡献。相信在国际化、网络化的大背景下，CWS 与 IIW 将更为紧密地联系在一起，互相促进，在焊接科技传输与转移、人才培养、焊接标准的制订与应用等领域不断取得新进步。

参考文献

[1] International Institute of Welding. IIW Strategic Plan [Z].IIW-Doc-Board-0097-2019.

[2] The IIW Members Worldwide [EB/OL]. [2021-09-24]. http: // iiwelding.org/iiw-members.

[3] International Institute of Welding. TMB Operational Plan [Z].IIW-Doc-TMB-0432-2021.

作者：黄彩艳，中国机械工程学会焊接分会副秘书长，中方对接 IIW 联络人。E-mail: cws86322012@126.com。

审稿专家：金世珍，机械科学研究总院集团有限公司研究员。长期从事焊接技术研究及科研管理，参与国家 04 专项、智能专项、重点研发计划、国际合作专项管理等工作，组织完成国家工程研究中心创新能力建设项目管理工作。E-mail: 852348724@qq.com。